计算机辅助设计（AutoCAD平台）

AutoCAD 2012 职业技能培训教程

（绘图员级）

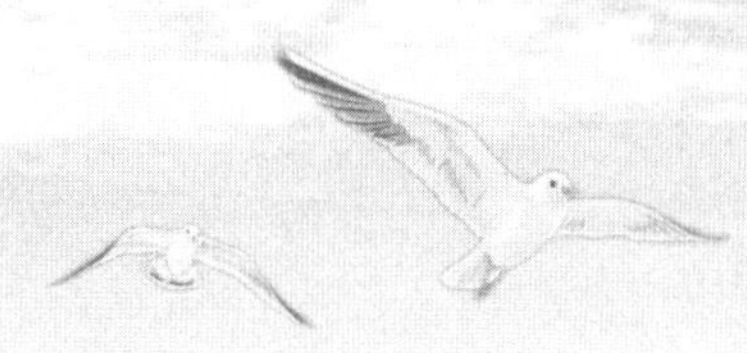

教材编写委员会 编著

北京希望电子出版社
Beijing Hope Electronic Press
www.bhp.com.cn

内 容 简 介

本书根据计算机辅助设计模块（AutoCAD 平台）培训考核标准及绘图员级考试大纲编写，共分 9 章：第 1 章介绍 AutoCAD 2012 的基础知识；第 2～9 章依次介绍文件操作、简单绘图、图形属性、图形编辑、精确绘图、尺寸标注、三维绘图、综合绘图等方面的知识内容，这 8 章内容与配套的《试题汇编》教材保持对应关系，每章选取一道真实试题，分析其技能考核点，并以图文对照的方式进行详细讲解。

本书可作为大中专院校、技校、中高职、职高、高校和社会相关领域培训班进行计算机辅助设计技能培训与测评的首选教材，还可适用于对学习 AutoCAD 制图知识、自测 AutoCAD 制图技能的广大读者。

为方便考生练习，书中的素材文件、最终文件和部分样题的操作视频将在北京希望电子出版社微信公众号、微博，以及北京希望电子出版社网站（www.bhp.com.cn）上提供。

图书在版编目（ＣＩＰ）数据

计算机辅助设计（AutoCAD 平台）AutoCAD 2012 职业技能培训教程：绘图员级 / 教材编写委员会编著．—北京：北京希望电子出版社，2017.12

ISBN 978-7-83002-295-2

Ⅰ.①计… Ⅱ.①全… Ⅲ.①AutoCAD 软件－技术培训－教材 Ⅳ.①TP391.72

中国版本图书馆 CIP 数据核字(2017)第 289272 号

出版：北京希望电子出版社

地址：北京市海淀区中关村大街 22 号
中科大厦 A 座 10 层

邮编：100190

网址：www.bhp.com.cn

电话：010-82620818（总机）转发行部
010-82626237（邮购）

传真：010-62543892

经销：各地新华书店

封面：张 洁

编辑：李小楠

校对：全 卫

开本：787mm×1092mm 1/16

印张：18

字数：427 千字

印刷：北京中科印刷有限公司

版次：2024 年 12 月 1 版 6 次印刷

定价：46.80 元

国家职业技能鉴定专家委员会
计算机专业委员会名单

主 任 委 员：路甬祥

副主任委员：张亚男　周明陶

委　　　员：（按姓氏笔画排序）

丁建民　王　林　王　鹏　尤晋元　石　峰

冯登国　刘　旸　刘永澎　孙武钢　杨守君

李　华　李一凡　李京申　李建刚　李明树

求伯君　肖　睿　何新华　张训军　陈　钟

陈　禹　陈　敏　陈　蕾　陈孟锋　季　平

金志农　金茂忠　郑人杰　胡昆山　赵宏利

赵曙秋　钟玉琢　姚春生　袁莉娅　顾　明

徐广懋　高　文　高晓红　唐　群　唐韶华

桑桂玉　葛恒双　谢小庆　雷　毅

秘　书　长：赵伯雄

副 秘 书 长：刘永澎　陈　彤　何文莉　陈　敏

教材编写委员会

顾　　　问： 陈　宇　陈李翔

主任委员： 刘　康　张亚男　周明陶

副主任委员： 袁　芳　张晓卫

委　　　员：（按姓氏笔画排序）

丁文花　马　进　王新玲　石文涛　叶　毅

皮阳文　朱厚峰　刘　敏　许　戈　李文昊

肖松岭　何新华　邹炳辉　张训军　张发海

张灵芝　张忠将　陈　捷　陈　敏　赵　红

倪建达　徐建华　阎雪涛　温兆晔　雷　波

本书执笔人： 张忠将　李　敏

出 版 说 明

本书根据计算机辅助设计模块（AutoCAD 平台）培训考核标准及绘图员级考试大纲编写，共分 9 章：第 1 章介绍 AutoCAD 2012 的基础知识；第 2～9 章依次介绍文件操作、简单绘图、图形属性、图形编辑、精确绘图、尺寸标注、三维绘图、综合绘图等方面的知识内容，这 8 章内容与配套的《试题汇编》教材保持对应关系，每章选取一道具有代表意义的真实试题，分析其技能考核点，并以图文对照的方式进行详细讲解。

本书可供培训教师在组织培训、操作练习等方面使用，同时也可作为大中专院校、技校、中高职、职高、高校和社会相关领域培训班进行计算机辅助设计技能培训与测评的首选教材。本书对学习 AutoCAD 制图知识、自测 AutoCAD 制图技能的广大读者同样适用。

参与本书编写工作的有张忠将、李敏、张兵兵、陈方转、计素改、王崧、王靖凯、贾洪亮、张小英、张中乐、徐春玲、张政、张雪艳、付冬玲、张人明、腾秀香、张人栋、张程霞、张人大、韩莉莉、张美芝、张雷达、张冬杰、张翠玲、齐文娟等。

本书的不足之处敬请批评指正。

目　　录

第1章　AutoCAD 2012基础知识

作为当前最流行的图形辅助设计软件，AutoCAD以其强大的功能、简便快捷的操作在各领域得到广泛的应用，越来越多的用户在学习和研究它。

本章首先介绍AutoCAD 2012的主要功能，然后介绍AutoCAD 2012的工作界面，最后介绍AutoCAD 2012的入门操作技巧，以帮助读者建立对AutoCAD 2012的初步印象，为以后的深入学习奠定坚实的基础。

本章主要内容

- AutoCAD 2012功能概览
- AutoCAD 2012界面组成与环境配置
- AutoCAD使用入门

本章导读

AutoCAD是美国欧特克（Autodesk）公司为在计算机上应用CAD技术而开发的绘图软件，是重要的工程图纸绘制工具。AutoCAD的优势在于实现了图纸的代码化，即代替画板而使用计算机来绘制和存储图形，这样既提高了工作效率，也方便了图形的存储和修改。因此，掌握AutoCAD成为工程人员的一项必备技能。

不过，计算机绘图与手工绘图也有相通之处，手工绘图是使用笔和尺子等在纸上绘图，而计算机绘图则是使用软件工具在屏幕上绘图。只是在进行计算机绘图时，可用的工具会更多，操作区也会相对更大。

下面就来了解一下AutoCAD操作界面，并熟悉使用各种工具（命令）的方法，以及图形文件的创建和保存等基础内容。

1.1　AutoCAD 2012功能概览

实际上，在计算机屏幕上绘制图纸（如机械、建筑、电子等各领域的图纸），即将原来需要在绘图板上使用尺子和铅笔手工绘制的图纸转变为通过计算机绘制的代码化的图纸（然后直接打印输出），是AutoCAD最初、最主要的功能，如图1-1所示。

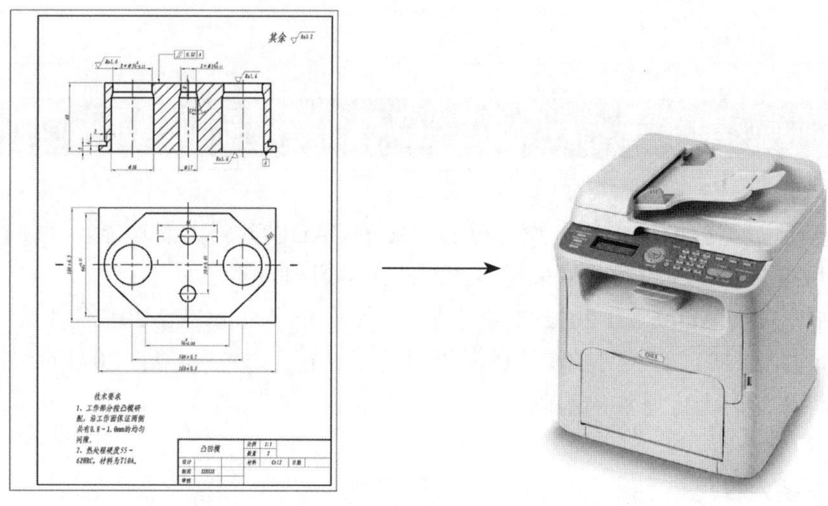

图1-1

此外，随着版本升级（以及满足某些绘图需要），使用AutoCAD也可以绘制三维图形（如图1-2所示）；而为了展示一些设计效果，使用AutoCAD还可以将绘制的三维图形渲染出来，以模拟三维图形制造出来的真实形态（如图1-3所示）。

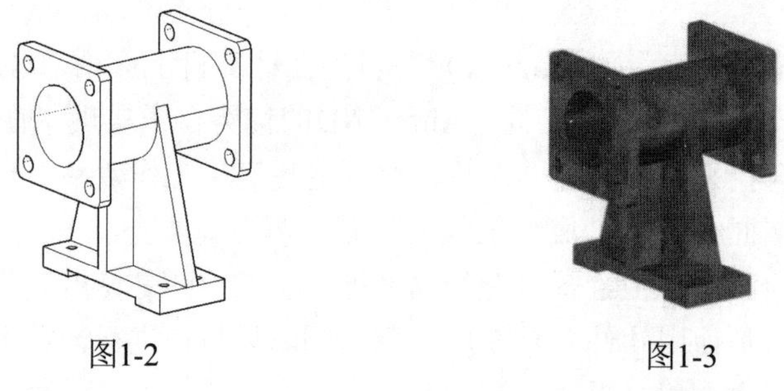

图1-2　　　　图1-3

1.2 AutoCAD 2012界面组成

本节介绍AutoCAD的基本绘图环境，包括工作空间、软件各个组成部分的基本功能和绘图设置等内容。

1.2.1 工作空间

自2007版本开始，AutoCAD引入了“工作空间”的概念。工作空间是经过分组和组织的菜单、工具栏、选项板和面板的集合，使用户可以在自定义的、面向任务的绘图环境中工作。

AutoCAD 2012默认包括“AutoCAD 经典”“二维草图与注释”“三维基础”“三维建模”四种工作空间模式。不同的工作空间模式下，软件的操作界面有所不同，如图1-4所示为“AutoCAD经典”工作空间操作界面；如图1-5所示为“二维草图与注释”工作空间操作界面；如图1-6所示为“三维基础”工作空间操作界面；如图1-7所示为“三维建模”工作空间操作界面。

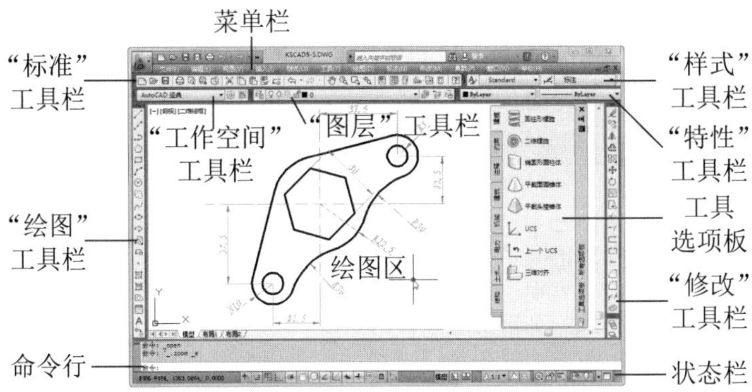

图1-4

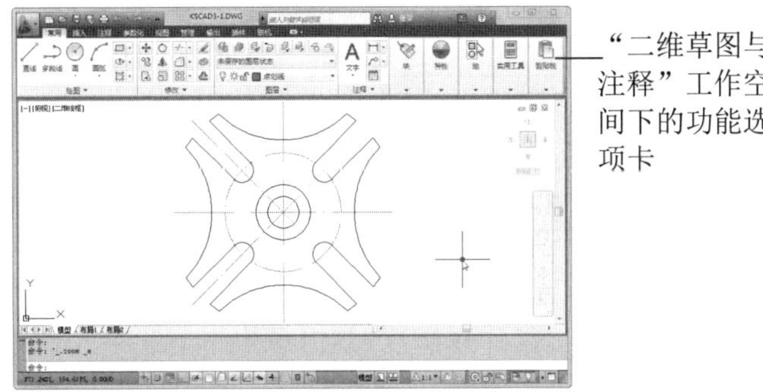

图1-5

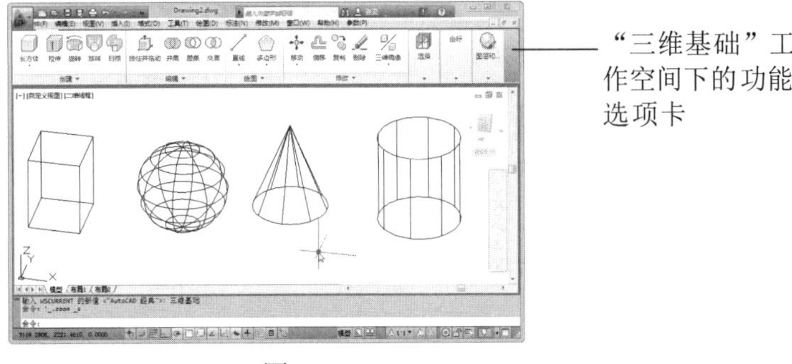

图1-6

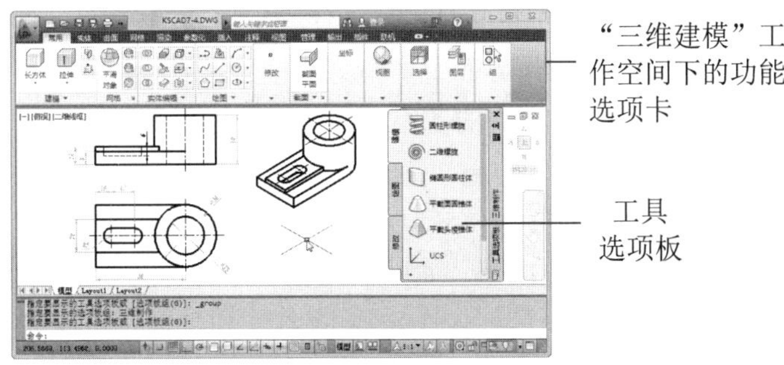

图1-7

实际上，在上述任何一个工作空间模式中，都可以使用AutoCAD的几乎全部功能来完成大多数图形的绘制。之所以要分为不同的工作空间，主要是为了方便用户绘制某方面的图形。例如，在“三维建模”空间中可以方便地进行三维图形的绘制。四种工作空间模式应用场合的不同之处如表1-1所示。

表1-1 不同工作空间模式的应用场合

工作空间模式	应用场合
AutoCAD经典	对于习惯于AutoCAD传统操作界面的用户，可以使用此工作空间，以使操作界面与旧版本保持一致（在此工作空间中，结合菜单和工具栏，可以方便地调出软件的所有功能，并可以绘制各种图形，本书以此工作空间模式为基础讲解软件的功能）
二维草图与注释	是二维工程图时建议使用的工作空间。系统将默认显示只与二维绘图相关的选项卡
三维基础	是绘制基本三维图形时建议使用的工作空间。在此模式下，“功能区”选项板中只提供基本三维图形的创建工具（如“长方体”“球体”等），以及“拉伸”和“旋转”等三维图形的调整工具
三维建模	是绘制复杂三维图形时建议使用的工作空间。在此模式下，“功能区”选项板中集成了“三维建模”“视觉样式”“渲染”等各种面板，三维图形绘制按钮齐全

执行“工具”→“工作空间”菜单中的相应命令，或单击状态栏中的“切换工作空间”按钮，或单击“工作空间”工具栏中的下拉按钮，或在“快速访问”工具栏中单击“工作空间”的下拉按钮，或执行WSCURRENT命令，都可在四种工作空间中进行切换，如图1-8所示。

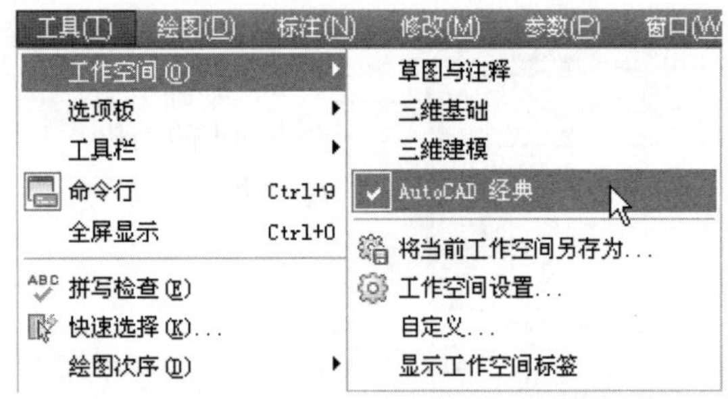

执行“工具”→“工作空间”菜单中的相应命令

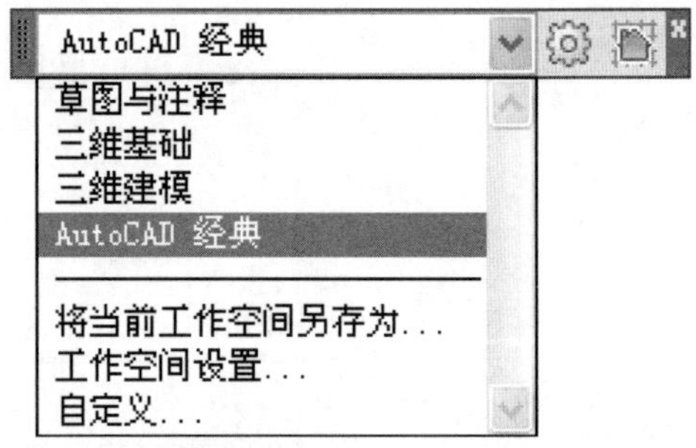

单击“工作空间”工具栏中的下拉按钮

图1-8

“AutoCAD 经典”工作空间是AutoCAD的传统工作空间（传统操作界面），也是最常使用的工作空间，其操作界面主要由菜单栏、工具栏、状态栏、命令行和绘图区五部分组成。下面将对操作界面中的各组成部分进行详细介绍。

1.2.2 标题栏

标题栏位于操作界面的顶部，如图1-9所示，其左侧为“菜单浏览器”按钮和“快速访问”工具栏，其中部显示有软件名称/版本号和当前正在编辑的文件名称，其右侧为“信息中心”工具栏和一组窗口控制按钮。

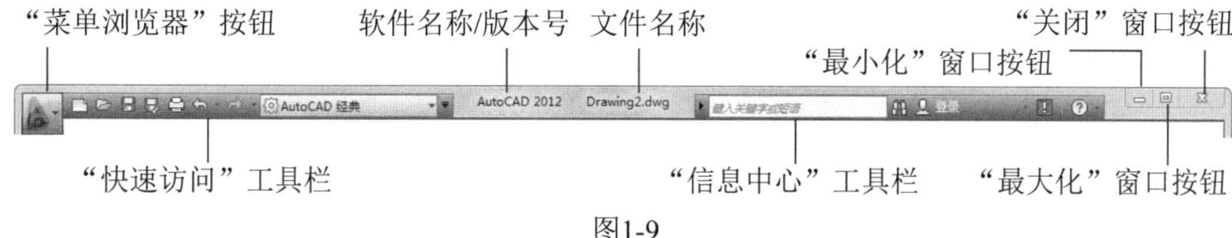

图1-9

在“快速访问”工具栏中是一些经常会使用到的命令按钮，如“打开”“保存”“打印”等，用户可进行快速访问。

单击“菜单浏览器”按钮，可弹出下拉面板，该面板中的菜单命令与“快速访问”工具栏中的命令按钮有相通之处，也主要是针对文件操作的“打开”“保存”“打印”等。此外，该面板中还显示有“最近使用的文档”列表，并在其右上角显示有“搜索”文本框，在此框中输入某绘图命令，可搜索出该命令的相关信息。

在“信息中心”工具栏中有“搜索”“登录”“通信中心”“帮助”等按钮，主要用于提供软件应用的帮助信息。其中，在“搜索”文本框中输入待查询的信息，按Enter键，可在线获得帮助信息；“通信中心”用于提供软件升级和软件功能（特别是新版本的新功能）在线讲解服务。

1.2.3 菜单栏与快捷菜单

菜单栏是执行AutoCAD命令的另一种方式，由“文件”“编辑”“视图”“工具”“帮助”等十二个菜单组成。各菜单的主要功能如下。

- “文件”菜单：用于管理图形文件，如新建、打开、保存、打印、输入和输出等。
- “编辑”菜单：用于文件常规编辑，如复制、剪切、粘贴和链接等。
- “视图”菜单：用于管理图形和操作界面显示，如图形缩放、图形平移、视图和视口设置、图形着色和渲染，以及显示或隐藏工具栏等。
- “插入”菜单：用于在当前图形中插入图块或其他格式的图形文件。
- “格式”菜单：用于设置与绘图环境有关的参数，包括绘图单位、图形界限、图层、颜色、线型、文字样式、标注样式、点样式等。
- “工具”菜单：用于设置绘图环境和执行一些不太常用的操作，如设置绘图选项、创建UCS坐标系、选择工作空间、打开和关闭各种操作面板，以及执行拼写检查、快速选择和查询等。
- “绘图”菜单：包含一组绘图命令。
- “标注”菜单：包含一组尺寸标注命令。
- “修改”菜单：包含一组图形编辑命令。
- “参数”菜单：用于参数化绘图操作。
- “窗口”菜单：在同时编辑多个图形时，利用该菜单中的命令可切换图形或调整屏幕布局。
- “帮助”菜单：可查看软件帮助或了解软件的新功能。

单击某个菜单的名称，弹出其下拉菜单，在其中选择某个命令，可执行某项操作或者打开其子菜单，如图1-10所示。此外，某些菜单命令的右侧显示有快捷键，表示直接按该快捷键就可执行相应的命令，如图1-11所示。

提示：实际上，右击绘制的图形或其他位置，都可根据当时的绘图状况，弹出对应操作的快捷菜单，选用这些快捷菜单中的命令，也可执行相应的操作，如图1-12所示。

此外，在绘制或编辑图形的过程中，有时也会弹出快捷菜单，以供用户选择下一步要采取的操作（如图1-13所示为编辑多段线时弹出的快捷菜单）。

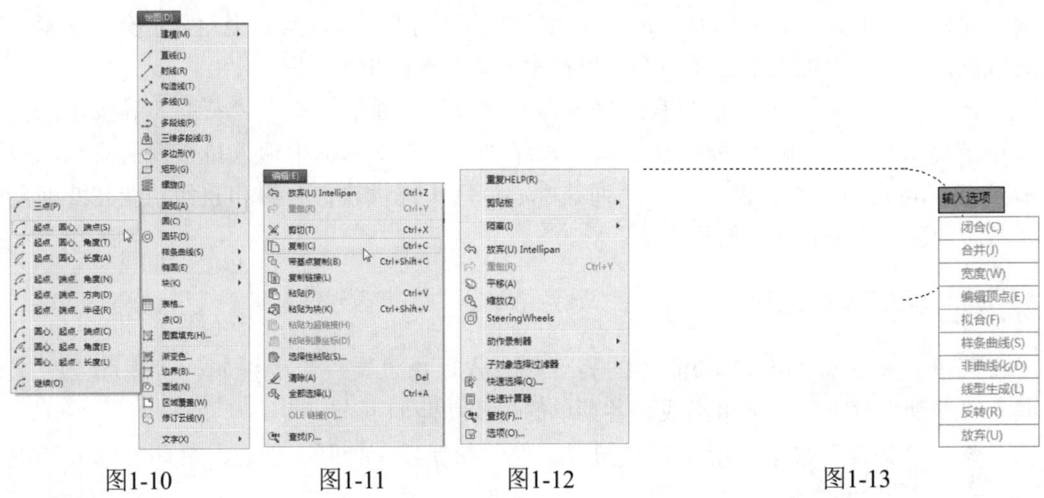

图1-10　图1-11　图1-12　图1-13

1.2.4 工具栏

工具栏中汇集了绘制图形的常用按钮，可用其方便地调用AutoCAD中的命令来绘制图形。AutoCAD软件提供了30多个工具栏，基本涵盖了AutoCAD的常用功能。

“AutoCAD经典”操作界面中，在绘图区顶部显示有“标准”“特性”“样式”“图层”“工作空间”工具栏，“绘图”和“修改”工具栏则位于绘图区的左右两侧，各工具栏的主要作用如图1-14和图1-15所示。

通过拖动工具栏一端的控制柄，可以随意移动工具栏位置，此时可将工具栏调整为固定状态，也可将其调整为浮动状态（浮动状态下，工具栏可被调整为任意形状）。

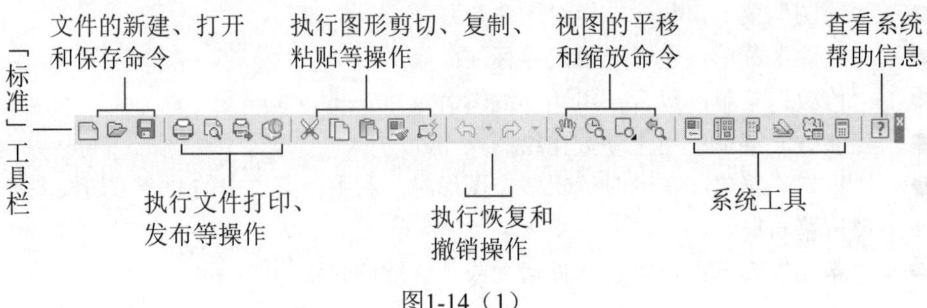

图1-14（1）

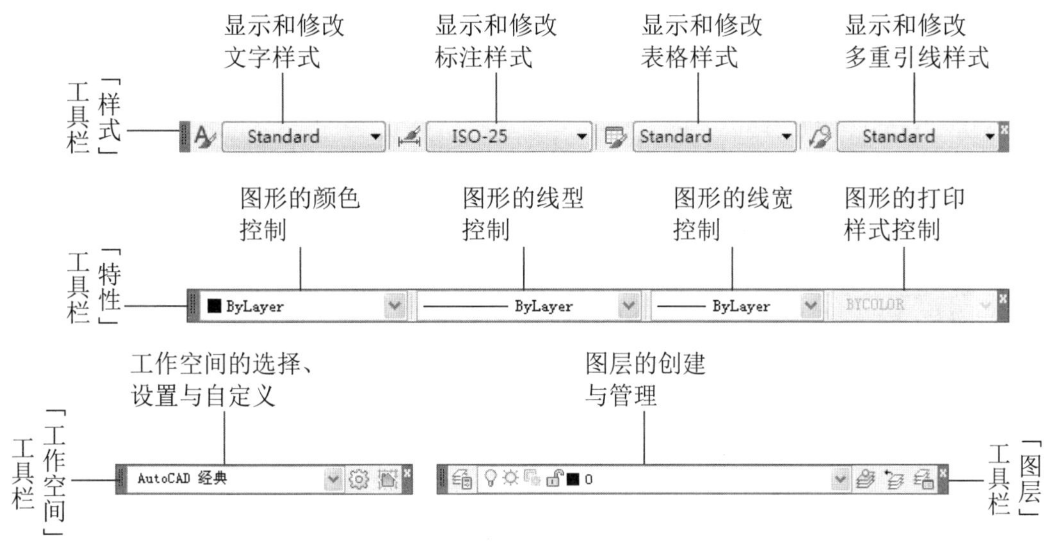

图1-14（2）

提示：右击工具栏空白处，在弹出的快捷菜单中选择要调出的工具栏，可将需要使用的工具栏调出或关闭，如图1-16所示。

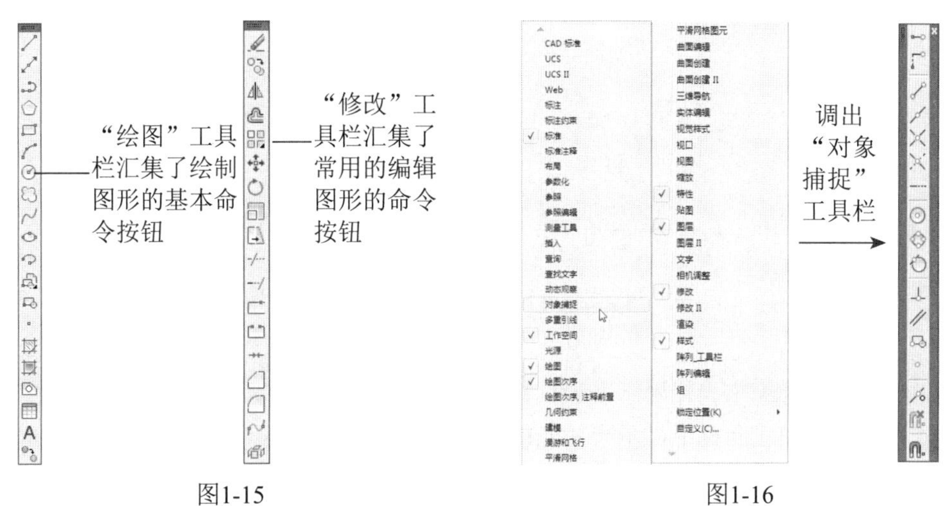

图1-15　　　　图1-16

1.2.5 工具选项板

工具选项板是AutoCAD提供给用户的一种用来组织、共享和放置块、图案填充及其他工具的有效方法，用户也可以基于现有的几何图形轻松地创建工具选项板的工具。

执行“工具”→“选项板”→“工具选项板”菜单命令，或者按Ctrl+3组合键，或者单击“标准”工具栏中的“工具选项板窗口”按钮，均可打开工具选项板。有关工具选项板的操作如图1-17所示。

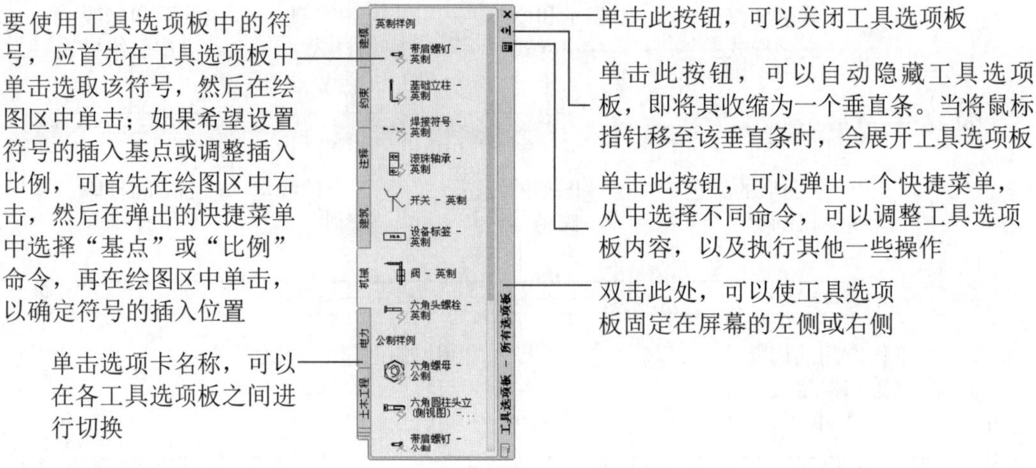

要使用工具选项板中的符号，应首先在工具选项板中单击选取该符号，然后在绘图区中单击；如果希望设置符号的插入基点或调整插入比例，可首先在绘图区中右击，然后在弹出的快捷菜单中选择“基点”或“比例”命令，再在绘图区中单击，以确定符号的插入位置
单击选项卡名称，可以在各工具选项板之间进行切换
单击此按钮，可以关闭工具选项板
单击此按钮，可以自动隐藏工具选项板，即将其收缩为一个垂直条。当将鼠标指针移至该垂直条时，会展开工具选项板
单击此按钮，可以弹出一个快捷菜单，从中选择不同命令，可以调整工具选项板内容，以及执行其他一些操作
双击此处，可以使工具选项板固定在屏幕的左侧或右侧
英制样例
带肩螺钉 - 英制
基础立柱 - 英制
焊接符号 - 英制
滚珠轴承 - 英制
开关 - 英制
设备标签 - 英制
阀 - 英制
六角头螺栓 - 英制
公制样例
六角螺母 - 公制
六角圆柱头立（侧视图）- …
带肩螺钉 - 公制
建模
约束
注释
建筑
机械
电力
土木工程
工具选项板 - 所有选项板

图1-17

1.2.6 绘图区

绘图区是用户绘图的工作区域，类似于手工制图时的图纸，用户所绘制的图形都显示在该区域中，如图1-18所示。

R8
R52
Ø38
Ø44
Ø3
48
Ø31
Ø7
R4
5
8
43
模型
布局1
布局2

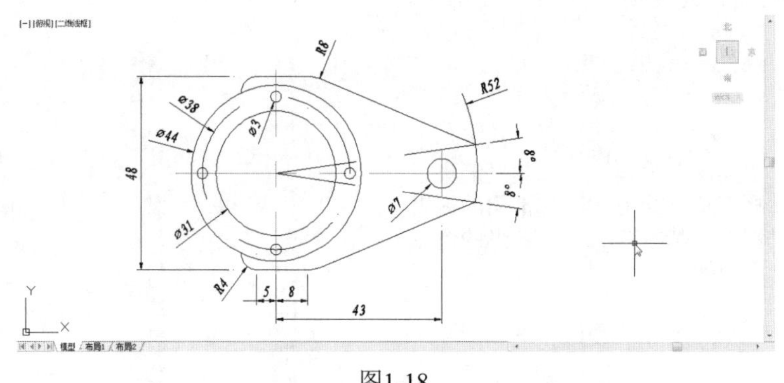

图1-18

绘图区中的十字光标用于表示鼠标指针的当前位置，移动鼠标指针时，十字光标将跟随移动，并在状态栏中显示十字光标所在位置的坐标值。绘图区的左下角显示有当前使用的坐标系的图标。

单击绘图区下方的“模型”或“布局”选项卡标签，可以在模型空间或图纸空间之间相互切换。其中，模型空间主要被用来绘制图形，图纸空间主要被用来安排图纸的输出（如打印）。

提示：AutoCAD的绘图区理论上无限大，用户可以随心所欲地在绘图区中绘制各种各样实际尺寸的图形。

1.2.7 命令行与文本窗口

在命令行中输入AutoCAD的各种命令，按Enter键执行命令，即可绘制图形，并且

在命令行中也会显示出各命令操作的具体过程和提示信息。

例如，在命令行中输入“CIRCLE”并按Enter键，命令行会提示用户指定圆心等，如图1-19所示。

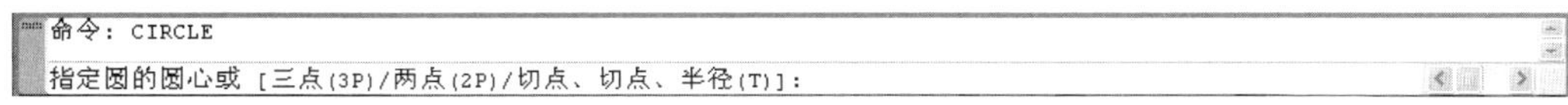

图1-19

提示：使用AutoCAD时，无论采用哪种命令输入方式（菜单命令或命令行），都应关注命令行的提示信息，从而可以按照命令行的提示信息逐步完成操作。此外，在执行命令过程中可随时按F1键，查看关于这个命令的详细解释。

按F2键或执行“视图”→“显示”→“文本窗口”菜单命令，都可以打开AutoCAD的文本窗口，如图1-20所示。

文本窗口是记录AutoCAD执行过的命令的窗口，实际上是放大的命令行窗口。此外，按Ctrl+9组合键可以控制是否显示命令行。

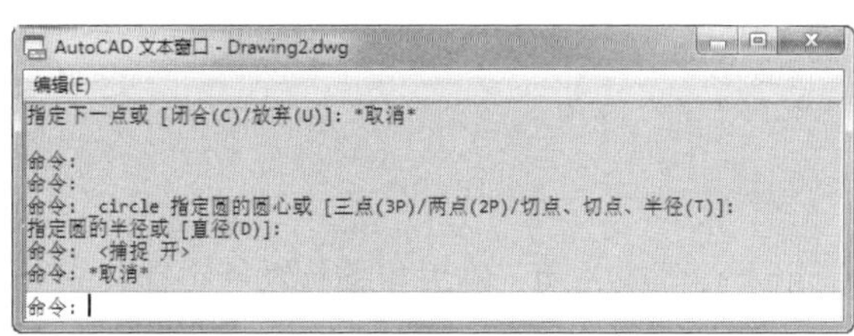

图1-20

1.2.8 状态栏

状态栏主要用于显示当前十字光标的坐标值（左下角），以及控制捕捉、栅格、正交、DUCS、DYN、线宽等选项的打开或关闭，并提供注释比例、注释可见性、全屏显示等工具按钮，如图1-21所示。

2448.4461, 905.7610, 0.0000 INFER 捕捉 栅格 正交 极轴 对象捕捉 3DOSNAP 对象追踪 DUCS DYN 线宽 TPY QP SC 模型 1:1

图1-21

各项的功能如下。

- INFER：即“推断约束”，用于在绘制图线时自动添加约束（“约束”在一些三维设计软件中较常用，本书对其不作过多讲解）。
- 捕捉：打开捕捉后可以控制鼠标指针沿x、y轴或极轴按指定的间距移动，从而方便用户直接通过移动鼠标指针来绘图，而不需要再输入具体数值。
- 栅格：通过在屏幕上显示一组小点或直线（如图1-22所示）来供用户在绘图时进行参照。
- 正交：控制鼠标指针只能沿x、y轴移动，从而绘制水平线或垂直线。
- 极轴：通过定义合适的极轴，可以快速绘制斜线，如图1-23所示。此外，极轴和正交为互斥开关，二者只能取其一。

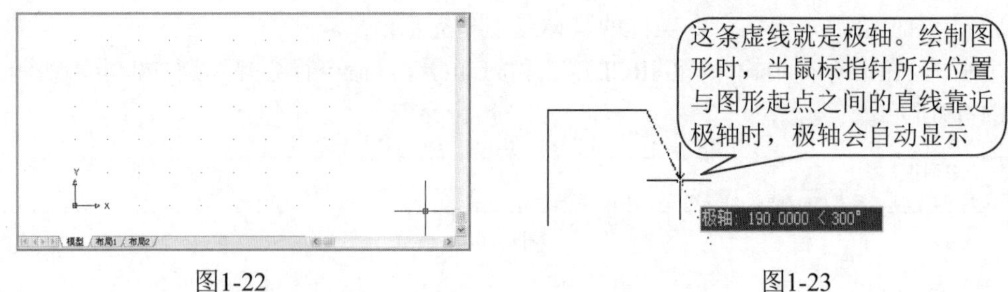

图1-22　　　　图1-23

- 对象捕捉：通过捕捉已绘制图形的特征点（如直线的端点和中点、圆的圆心和象限点等，如图1-24所示）来精确绘制后续图形。

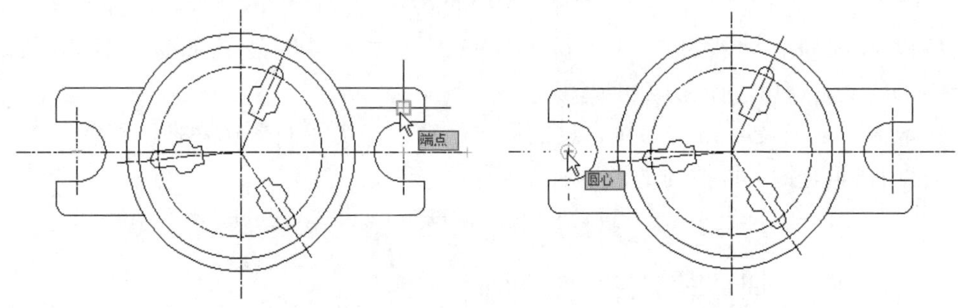

图1-24

- 3DOSNAP：用于打开或关闭三维对象捕捉功能。在“三维对象捕捉”模式下，可通过“草图设置”对话框设置捕捉三维对象的“边中点”“节点”“最靠近的面”等（否则只能捕捉“顶点”）。
- 对象追踪：此功能必须与“对象捕捉”配合使用。打开此功能后，在绘图时当系统捕捉到特征点后会显示水平、垂直或极轴对齐路径，从而便于快速绘图。
- DUCS：主要用于三维绘图，即“动态UCS”。使用DUCS功能，可以在创建对象时使UCS的*x y*平面自动与实体模型上的平面临时对齐。
- DYN：即“动态输入”，控制在绘图时是否显示鼠标指针所在位置的坐标、尺寸标注和提示信息等，显示相关信息时的状态如图1-25所示。

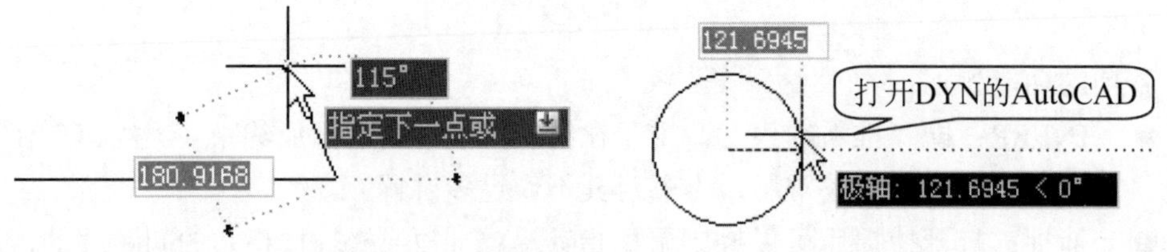

图1-25

- 线宽：单击此按钮，可以打开或关闭线宽的显示，此设置不影响线宽打印。
- TPY：用于设置是否显示图线在图层中所设置的透明度。
- QP：单击此按钮，可以打开或关闭“快捷特性”状态。“快捷特性”面板是“特性”面板的简化形式，例如，打开“快捷特性”状态，在选择对象时即可显示所选对象的“快捷特性”面板，如图1-26所示，从而方便修改对象的属性。

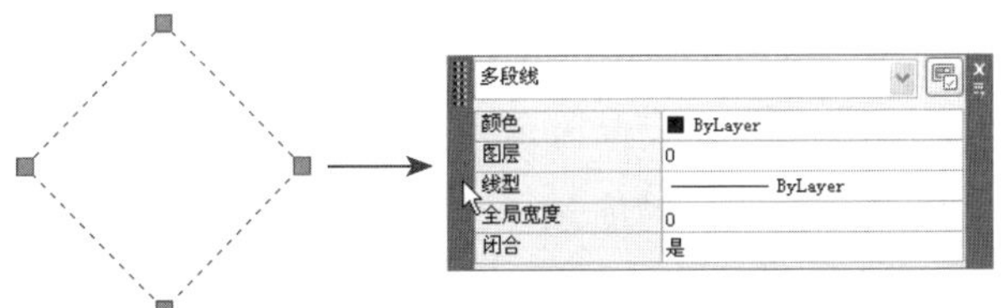

图1-26

提示：由于打开“快捷特性”状态往往会妨碍图形的绘制，所以通常将其关闭。

- SC：单击此按钮，可以打开或关闭“选择循环”状态。打开该状态后，每次单击叠加的图线，将顺序选择不同的图线。
- “注释比例”按钮：选择注释性对象在模型空间显示的注释比例（关于“注释性对象”的解释，详见下面提示）。
- “自动添加比例”按钮：激活该按钮，则在更改注释比例时，系统会自动将注释比例添加至当前图形中的全部注释性对象。

提示：注释图形的对象在启用“注释性”特性后被称为“注释性对象”。注释性对象的大小可以随着注释比例的改变而改变，从而使注释的缩放过程自动化，并令注释在图纸上以正确的大小打印。

- “注释可见性”按钮（/）：当激活该按钮时，将显示所有的注释性对象；当未激活该按钮时，将仅显示使用当前比例的注释性对象。
- “工具栏/窗口位置锁定”按钮：单击该按钮，弹出相应的菜单，选择不同的菜单命令，可以分别锁定/解锁工具栏和窗口。
- “状态栏菜单”按钮：单击该按钮，弹出相应的菜单，选择不同的菜单命令，可以控制在状态栏中显示哪些工具。
- “全屏显示”按钮：单击该按钮，可以隐藏屏幕上的全部工具栏，从而最大化显示绘图区；再次单击该按钮，可恢复正常显示。按Ctrl+0组合键与单击此按钮功能相同。

提示：“模型”按钮用于在模型空间和图纸空间之间进行切换；“快速查看布局”按钮用于打开布局缩略图，以查看当前文件中模型和布局的显示状态；“快速查看图形”按钮用于查看打开的图形和它们的布局预览；“切换工作空间”按钮用于切换工作空间。其他按钮不再一一解释。

1.3　环境配置

执行“工具”→“选项”菜单命令，或执行OPTIONS命令，可以打开“选项”对话框，在此对话框中可以设置一种利于用户操作的工作环境。

在“选项”对话框中可以设置的内容很多，下面重点介绍几个常用设置项，具体如下。

- “文件”选项卡：其中的内容通常只在使用辅助工具时才需要进行单独设定，而单独使用AutoCAD时则不需要设定，所以此处不作过多介绍。
- “显示”选项卡：如图1-27所示。“显示精度”选项组主要用于设置圆弧、线等的平滑度，其值越大，显示得越平滑，设置效果如图1-28所示；单击“颜色”按钮，可以对软件界面的颜色进行设置，如设置绘图区的背景色等；拖动“十字光标大小”滑块，可以调整十字光标的大小，设置效果如图1-29所示。
- “打开和保存”选项卡：如图1-30所示。在“文件保存”选项组中可以设置另存文件默认的文件版本，为了方便交流，可以将其设置为较低的版本；在“文件安全措施”选项组中可设置自动保存文件的间隔时间，单击“安全选项”按钮，可以为文件设置访问密码。

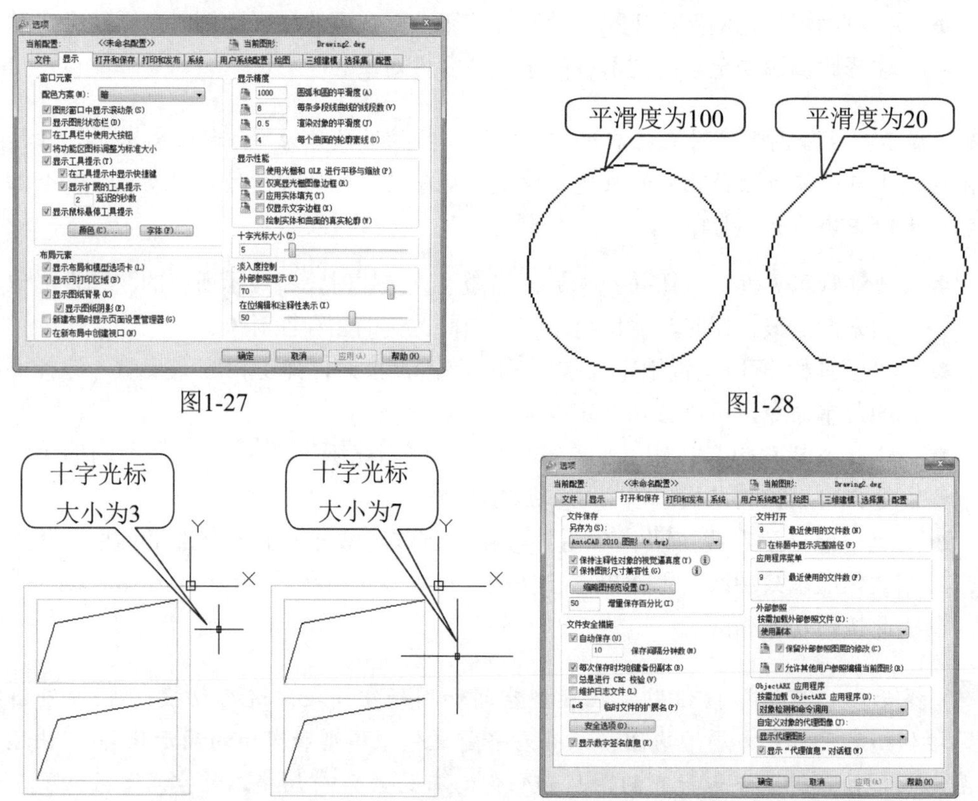

图1-27　图1-28

图1-29　图1-30

- “用户系统配置”选项卡：如图1-31所示。取消此选项卡中“绘图区域中使用快捷菜单”复选框的选中状态，可取消右键菜单的显示。对于一个熟练的绘图员来说，通常不需要使用系统提供的右键菜单。
- “绘图”选项卡：如图1-32所示。在此选项卡中，可以对自动捕捉功能、自动追踪功能及对齐点等进行设置，也可以设置自动捕捉标记及靶框的大小等。

- “选择集”选项卡：可以设置在编辑图形时拾取框和夹点的大小等，也可以设置选择集和夹点的颜色等（参见5.3.1节）。

提示：“打印和发布”选项卡用于设置默认打印机等；“系统”和“三维建模”选项卡用于设置在绘制三维图形时的软件性能等，此处不再赘述。

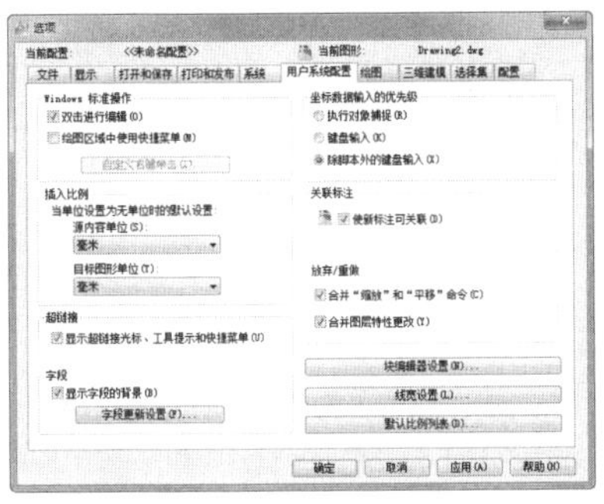

图1-31

图1-32

1.4　AutoCAD使用入门

在正式绘制图纸之前，首先需要了解AutoCAD的一些基本操作方式，如视图的平移和缩放、命令的执行方法，以及如何选择和删除对象等。下面就来学习这些内容。

1.4.1　栅格的显示和隐藏

启动AutoCAD后，系统默认创建一个AutoCAD空白文件，此时绘图区中显示有栅格。很多用户不太喜欢这些栅格（可能会感觉有些乱），如图1-33左图所示，不妨将其关闭。关闭方法非常简单，单击状态栏中的“栅格”按钮栅格，即可关闭绘图区中默认显示的栅格了，如图1-33右图所示。

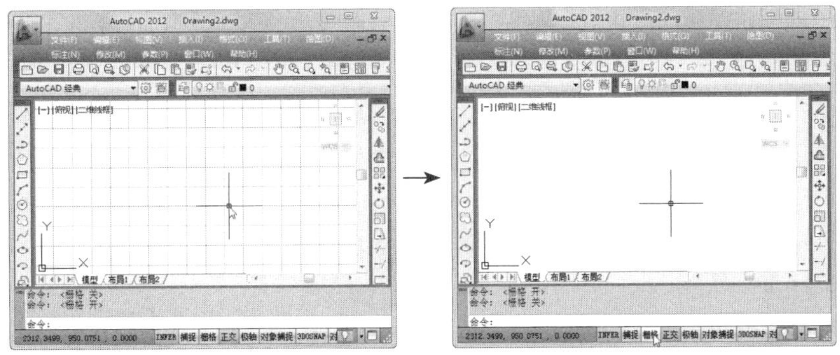

图1-33

关闭栅格的显示后，在绘制图线时，系统默认还是会捕捉到隐藏的栅格角点位置（即此时非栅格角点位置不能使用鼠标指针绘制图形端点）。实际上解决起来也很简单，单击状态栏中的“捕捉”按钮捕捉，将“捕捉”功能关闭即可。

提示：右击状态栏中的“栅格”按钮，在弹出的菜单中选择“设置”命令，打开“草图设置”对话框（参见6.4.1节），然后取消“显示超出界限的栅格”复选框的选中状态，则可以只在图形界限范围之内显示栅格，如图1-34所示（关于“图形界限”的定义和使用，参见第2章）。

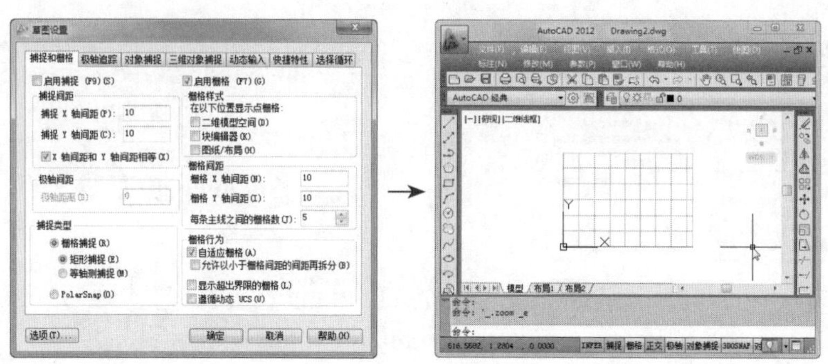

图1-34

1.4.2 视图的平移与缩放

在绘制图形时，经常需要缩放视图。例如，为了观察图形的整体效果，需要缩小视图；为了仔细查看图形的细节，需要放大视图；为了查看图形的其他部分，则需要平移视图，等等。本节介绍视图的平移、缩放、重画、重生成和视口操作等技巧。

执行PAN命令（关于命令的执行和使用，参见1.4.6节），可以平移视图。激活PAN命令后，视图中会出现手形光标，单击并拖动鼠标指针即可平移视图。要想退出实时平移视图状态，可以按Esc键或Enter键。

提示：平移视图时，如果手形光标出现尖角符号（如），表示视图已经被移动到图形界限的某个边缘，无法再向此方向移动。此时，可以执行“视图”→“重生成”菜单命令，然后再执行视图平移操作。

“视图的缩放”是指通过放大和缩小操作只改变视图的比例，而不改变图形中对象的绝对大小的操作。

实际上，使用鼠标滚轮既可以方便、快捷地调整视图的大小，又可以平移、旋转视图等。向上拨动鼠标滚轮，可以放大视图；向下拨动鼠标滚轮，可以缩小视图；按住鼠标滚轮并拖动鼠标指针，可以实时平移视图；按住Ctrl键的同时按住鼠标滚轮并拖动鼠标指针，可以动态平移视图；按住Shift键的同时按住鼠标滚轮并拖动鼠标指针，可以在三维空间中任意旋转视图。

提示：如果在按住鼠标滚轮时出现的不是手形光标（即不能实时平移视图），而是对象捕捉快捷菜单，此时在命令行中输入“mbuttonpan”，按Enter键，然后再输入“1”，按Enter键，即可进行设置。

除了拨动鼠标滚轮缩放视图外，还可以执行“视图”→“缩放”菜单中的命令或单击“标准”工具栏中的按钮进行更复杂的缩放操作，如图1-35所示。此外，也可以直接执行ZOOM命令，然后根据提示进行缩放操作。

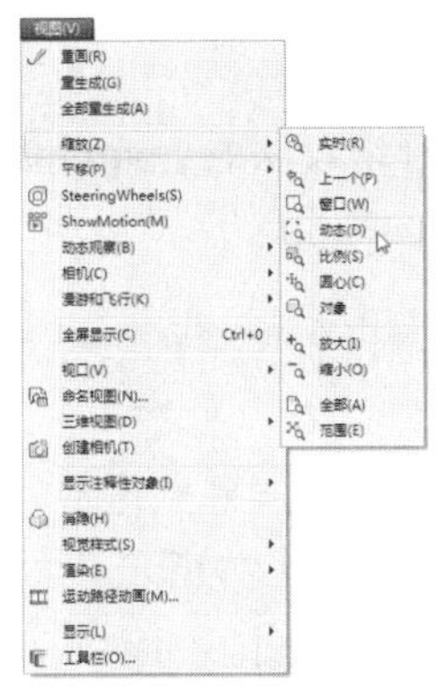

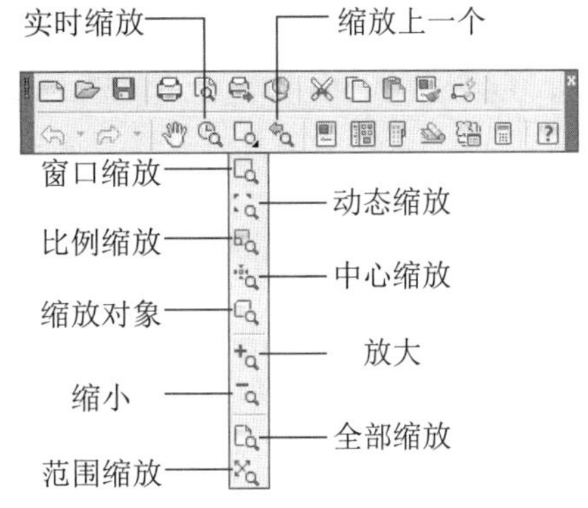

图1-35

下面具体讲解这些缩放操作。

- 实时缩放：用于动态缩放当前视图。单击该按钮后，光标显示为带有加号（+）和减号（-）的放大镜形状（Q+）。此时，单击并向上拖动鼠标指针将放大视图，单击并向下拖动鼠标指针将缩小视图。

提示：当达到放大极限时，光标的加号会消失，表示不能再放大；当达到缩小极限时，光标的减号会消失，表示不能再缩小。

- 缩放上一个：用于快速回到前一个视图，最多可恢复此前的10个视图。
- 窗口缩放：用于缩放由两个对角点所确定的一个矩形区域，如图1-36所示。
- 动态缩放：用于缩放显示在视图框中的部分图形。视图框即视口，可以通过鼠标的单击和拖动操作来改变其中显示内容的大小。
- 比例缩放：用于以指定的比例放大或缩小视图，例如，输入“3”，按Enter键，则表示放大3倍当前视图。
- 中心缩放：用于缩放显示由中心点和放大比例（或高度）所定义的窗口（此时指定的放大比例越大，图形的显示越小）。

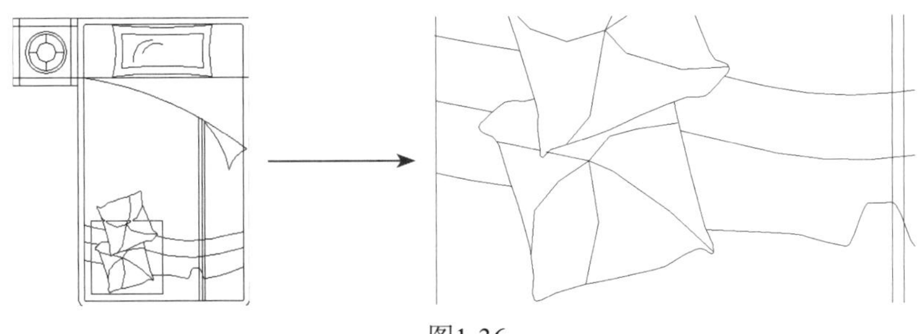

图1-36

- 缩放对象：选择某个对象，并以其为界限完全显示此对象。
- 放大、缩小：放大，将当前视图放大为原视图的两倍；缩小，将当前视图缩小为原视图的1/2。

- 全部缩放：在当前视口中缩放显示所有图形。在平面视图中，所有图形将被缩放显示到栅格界限和当前范围两者中较大的区域中。
- 范围缩放：在当前窗口中显示所有图形。

提示：在执行ZOOM命令时，实际上系统默认处于实时缩放状态，此时拨动鼠标滚轮可以缩放视图，框选图形可以以窗口形式缩放视图。

1.4.3 视图重画和重生成

在绘图或编辑图形的过程中，屏幕上常常会留下临时标记，令屏幕显得混乱、不清晰，这时可以使用重画（或重生成）功能清除这些临时标记，如图1-37所示。

执行RA命令或执行“视图”→“重画”菜单命令，可以重画视图；而执行RE命令或执行“视图”→“重生成”菜单命令，则可以重生成视图（关于该命令的执行和使用，参见1.4.6节）。

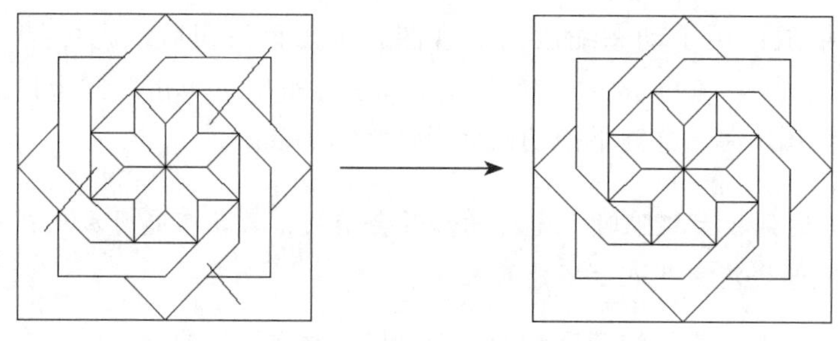

图1-37

利用“重画”命令可以在显示内存中更新屏幕；而利用“重生成”命令可以重生成整个图形并重新计算所有对象的屏幕坐标，所以“重生成”命令比“重画”命令的执行速度慢。

提示：在AutoCAD中，如果使用某个命令修改、编辑图形后，似乎看不出该图形发生了什么变化，可以使用“重生成”命令更新屏幕显示。

1.4.4 绘制第一个图形

启动AutoCAD后，首先切换到“AutoCAD 经典”工作空间，然后将栅格关闭，并取消栅格捕捉功能。下面随意绘制一个铜钱图形，以初步接触AutoCAD的绘图功能。

（1）单击“绘图”工具栏中的“圆”按钮，然后在绘图区中单击任意一点，拖动一定距离后再单击，绘制一个圆（效果如图1-38左图所示）。

（2）再次单击“绘图”工具栏中的“圆”按钮，将鼠标指针拖动到已绘制的圆的上方，显示出圆心位置，拖动鼠标指针至第一个圆的圆心位置处单击，然后拖动一定距离后再单击，绘制一个小圆（效果如图1-38中图所示）。

（3）单击“绘图”工具栏中的“多边形”按钮，输入“4”，按Enter键，捕捉圆心后单击，在弹出的快捷菜单中选择“内接于圆”命令，将鼠标指针向右拖动一定距离后单击，即可完成铜钱图形的绘制（效果如图1-38右图所示）。

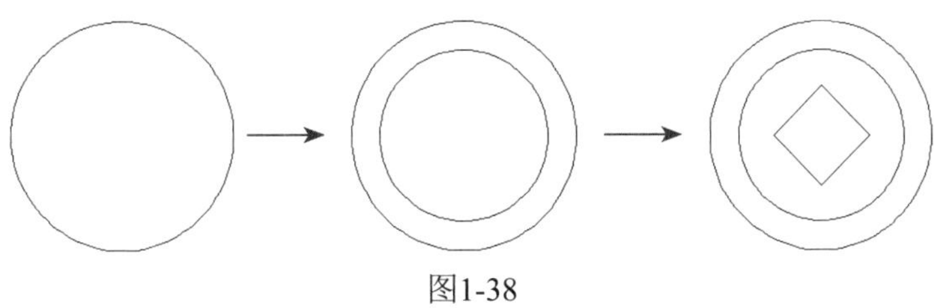

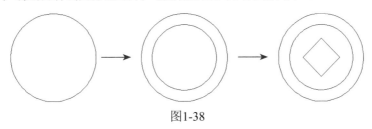

图1-38

1.4.5 对象的选择与删除

使用鼠标左键单击可以选择对象，使用鼠标左键框选可以一次选择多个对象。下面分别介绍选择对象的方法。

- 单击选择对象：直接单击对象可以选择单个对象，连续多次单击对象可以选择多个对象，如图1-39所示。

提示：所有被选中的对象将形成一个选择集，要从选择集中取消选择某个对象，可以按Shift键单击该对象；而要取消选择全部对象，可以按Esc键。

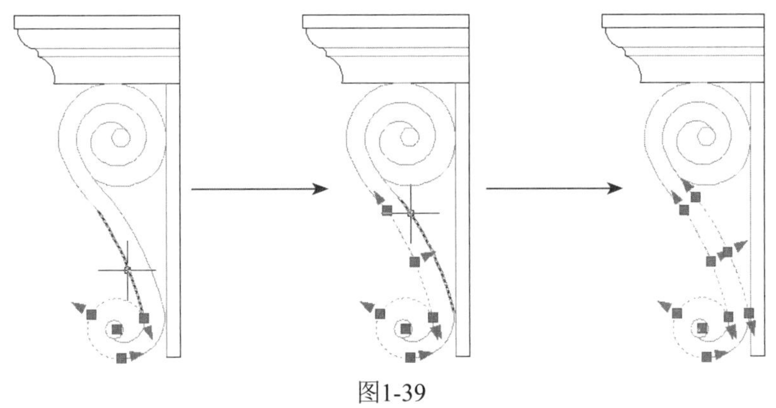

图1-39

- 窗选选择对象：自左向右拖出选择窗口，即首先单击一点确定选择窗口左侧的角点，然后向右移动鼠标指针，确定选择窗口右侧的对角点，此时所有完全包含在选择窗口中的对象均会被选中，如图1-40所示。

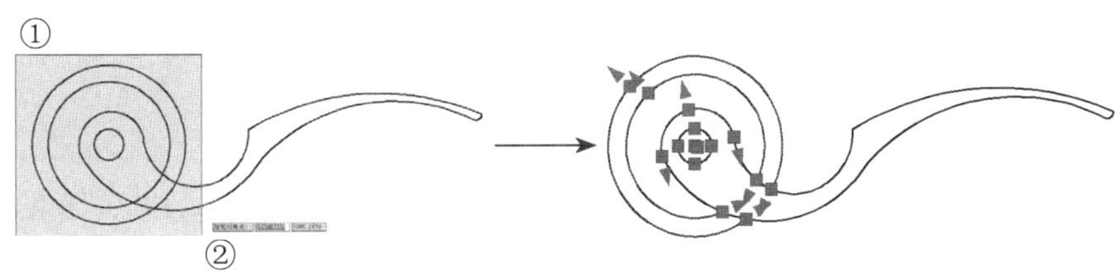

图1-40

- 窗交选择对象：自右向左拖出选择窗口，即先确定选择窗口右侧的角点，然后向左移动鼠标指针，确定选择窗口左侧的对角点，此时所有完全包含在选择窗口中以及所有与选择窗口相交的对象均会被选中，如图1-41所示。

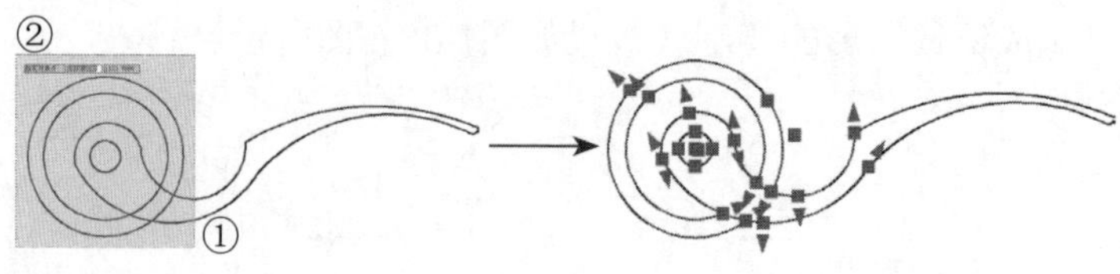

图1-41

选定对象后，按Delete键，或者单击“修改”工具栏中的“删除”按钮，或者直接在命令行中输入“E”（ERASE命令的缩写）并按Enter键，都可以删除选定的对象。

1.4.6 使用命令

AutoCAD的早期版本是以执行命令为手段的软件，这一特点一直被保留至今。例如，要保存文件，可以执行SAVE命令；要画直线，可以执行LINE命令。不过，由于命令太多且难于记忆，AutoCAD逐步丰富了菜单和工具栏，从而大大减轻了用户的记忆负担。

在AutoCAD操作界面下方的命令行中直接输入命令全名或其缩写，按Enter键或Space键，即可执行相应的命令。除此之外，还有几种调用命令的方式，用户可根据需要选择使用，具体如下。

- 单击工具按钮。
- 选择主菜单或快捷菜单。
- 按快捷键。

无论使用哪种方式执行命令，用户都应密切关注命令提示信息，从而确定下面该执行什么操作，对于初学者而言更应如此。

提示：在AutoCAD中执行命令时，输入命令或参数不需要先定位（即不需要将光标定位到命令行）而直接输入即可。此外，输入命令或参数后，应按Enter键进行确认。

如何终止命令的执行，如何快速重复执行命令，如何放弃已经执行的命令，如何重新执行命令，什么是透明命令，下面分别进行介绍。

1．命令终止

在AutoCAD中执行命令时，有的命令执行完毕后会自动回到无命令状态，而有的命令则要求用户执行终止操作才能结束此命令，否则系统会一直等待用户响应。例如，在绘制直线时如果不执行终止操作，系统将一直等待用户指定直线的下一个端点。

通常按Space键或Enter键可以结束命令；也可以按Esc键，或右击并在弹出的快捷菜单中执行“确认”命令，结束此次命令的执行。

提示：在命令行中输入值或选择命令选项时，按Space键或Enter键表示“确认”而不是“终止命令”。

2．重复执行

通过上面的讲解，可以知道AutoCAD的某些命令在执行完毕后将自动结束，此时如果再次执行此命令，则需要重复输入此命令或重复单击相应的按钮。

为避免重复执行命令时的麻烦，可执行MULTIPLE命令，然后输入要重复执行的命令，如输入“CIRCLE”（绘制圆命令），即可在绘图区中连续绘制多个圆了。

提示：在上一个命令刚执行结束后，直接按Enter键或者Space键，也可以重复执行上一个命令（或在绘图区中右击，在弹出的快捷菜单中选择重复执行某个命令）。

3．取消操作

单击“标准”工具栏中的“放弃”按钮，或者按Ctrl+Z组合键，或者执行“编辑”菜单中的第一个菜单命令，均可撤销最近执行的一步操作。

如果希望一次撤销多步操作，可以单击“放弃”按钮右侧的下拉按钮，在打开的操作列表中上下移动鼠标指针选择多步操作，然后单击鼠标左键撤销指定的操作，如图1-42所示。

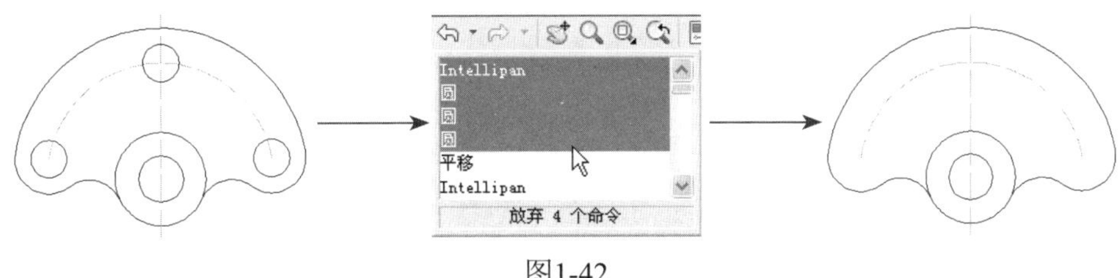

图1-42

也可以执行UNDO命令，然后输入想要撤销的操作步数并按Enter键撤销多步操作。

提示：输入“U”并按Enter键将只撤销一步操作。此外，UNDO命令功能强大，除了可以撤销多步操作外，使用其子选项还可以实现对命令的编组、合并，放弃某些命令，以及放弃UNDO命令信息，等等，用户可以灵活使用。

4．恢复操作

恢复操作是撤销操作的逆过程，单击“标准”工具栏中的“重做”按钮，或者按Ctrl+Y组合键，或者执行“编辑”菜单中的第二个菜单命令，均可恢复最近执行的一步撤销操作。

如果希望一次恢复多步撤销操作，可以单击“重做”命令按钮右侧的下拉按钮，在弹出的操作列表中上下移动鼠标指针选择多步撤销操作，然后单击鼠标左键，如图1-43所示。

图1-43

也可执行MREDO命令，然后输入想要恢复的操作步数并按Enter键恢复多步操作（不输入撤销步数则将撤销单步操作）。

5．透明命令

在AutoCAD系统中有一部分命令可以在使用其他命令的过程中嵌套执行，这种方式被称为“透明”地执行，而可以透明执行的命令则被称为“透明命令”。

透明命令通常都是一些查询命令，以及改变图形设置或绘图辅助工具的命令，如SNAP（捕捉命令）和ZOOM（缩放命令）等。

要使用透明命令，需要在命令前面输入单引号“'”。在命令行中，透明命令前有一个双折号“>>”，提示用户AutoCAD正在执行透明命令。完成透明命令的执行后，将恢复执行原命令。例如下列操作。

```
命令:line
指定第一点:0,0
指定下一点或[放弃 (U) ]: 'P                //P为平移命令，此时鼠标指针变为
'PAN                                       //“手”形，单击鼠标左键，可拖动
                                           //绘图区域，以显示出直线的起点
                                           //位置（0,0)
>>按Esc键或Esc键退出，或单击右键显示快捷菜单。//完成平移后按Esc键退出
指定下一点或[放弃 (U) ]: 500,500                    //恢复执行LINE命令
//按Esc键退出
```

提示：在执行透明命令时需要注意如下几点。

①在使用透明命令的过程中，不能再嵌套使用其他透明命令。

②在出现命令提示信息“COMMAND：”时调用透明命令，其结果与执行正常（非透明）命令相同。

③只有在不需要重新生成而且快速缩放状态为“ON”时，才能透明地使用ZOOM、PAN、VIEW（视图管理）命令。

④在执行SKETCH（徒手画线）、PLOT（打印）命令和输入文字时，以及在执行外部命令时，不能使用透明命令。

1.4.7 使用帮助

和大多数优秀的Windows软件一样，在AutoCAD 2012中，用户可以随时随地获取帮助信息。AutoCAD 2012提供了如下几种方法获取“帮助”。

- 当用户执行某项操作命令时，按F1键，AutoCAD就会显示该命令的具体定义和操作过程等内容。
- 当用户在进行对话框操作时，单击对话框中的“帮助”按钮，系统将弹出帮助界面，显示关于该对话框的操作及各项命令的定义等内容。
- 在“信息中心”工具栏的“搜索”文本框中输入要搜索的帮助内容，可以在其下拉菜单中查找需要的帮助信息。
- 通过“帮助”菜单中的命令，可以打开相应的帮助项目。

1.5 习题

1．填空题

（1）“AutoCAD 经典”工作空间的操作界面主要包括______、______、________、________、________五个组成部分。

（2）要重复执行命令，可按________键；要终止执行命令，可按_______键。

（3）____________是AutoCAD提供给用户的一种用来组织、共享和放置块、图案填充及其他工具的有效方法。

（4）按_______键，可以打开AutoCAD的文本窗口。

（5）状态栏中的_______按钮用于控制在绘图时是否显示鼠标指针所在位置的坐标、尺寸标注和提示信息等。

（6）执行_______命令，然后输入要重复执行的某命令，可以重复执行该命令。

2．问答题

（1）何谓“工作空间”？AutoCAD 2012有几种工作空间？简述每种工作空间的特点及其应用领域。

（2）“信息中心”工具栏中的“搜索”文本框有什么用？

（3）在AutoCAD中，选择对象的常用方法有哪些？

（4）要打开或关闭某个工具栏，应该如何操作？

（5）什么是窗选选择对象？什么是窗交选择对象？它们的区别是什么？

（6）如何获得即时帮助？试列举两种获得帮助的方式。

3．操作题

绘制如图1-44所示的零件图，以复习本章学习的知识（不要求标注尺寸）。

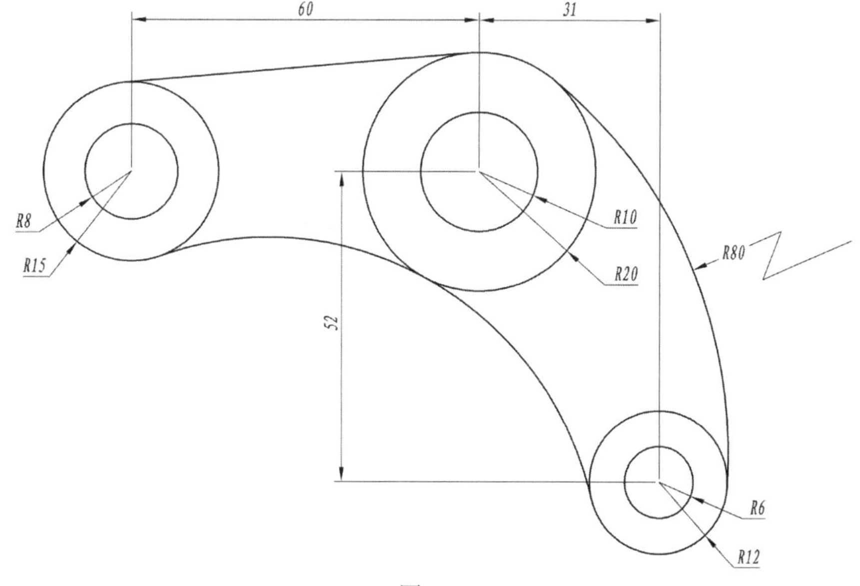

图1-44

提示：

步骤1　执行NEW命令，选择系统默认目录下的acadiso.dwt文件作为样板文件，新建一个图形文件。

步骤2　顺序执行如下操作，绘制如图1-45所示的图形。

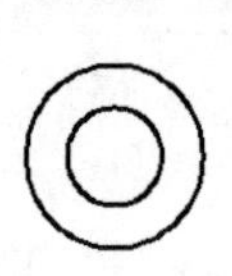

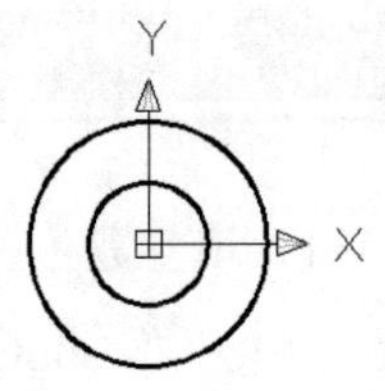

图1-45

```
命令:Multiple
输入要重复的命令名:c
CIRCLE指定圆的圆心
或[三点(3P)/两点(2P)/相切、相切、半径(T)]:0,0
指定圆的半径或[直径(D)]<20.0000>:20
CIRCLE指定圆的圆心
或[三点(3P)/两点(2P)/相切、相切、半径(T)]:0,0
指定圆的半径或[直径(D)]<20.0000>:10
CIRCLE指定圆的圆心
或[三点(3P)/两点(2P)/相切、相切、半径(T)]:-60,0
指定圆的半径或[直径(D)]<10.0000>:15
CIRCLE指定圆的圆心
或[三点(3P)/两点(2P)/相切、相切、半径(T)]:-60,0
指定圆的半径或[直径(D)]<15.0000>:8
CIRCLE指定圆的圆心
或[三点(3P)/两点(2P)/相切、相切、半径(T)]:31,-52
指定圆的半径或[直径(D)]<8.0000>:12
CIRCLE指定圆的圆心
或[三点(3P)/两点(2P)/相切、相切、半径(T)]:31,-52
指定圆的半径或[直径(D)]<12.0000>:6
//按Esc键退出重复绘制圆命令
```

步骤3　通过如下操作，绘制一个与三个圆相切的圆，如图1-46所示。

```
命令:c
CIRCLE 指定圆的圆心
或[三点(3P)/两点(2P)/相切、相切、半径(T)]:3p
指定圆上的第一个点: _tan
到        //在绘图区中选择左侧大圆
指定圆上的第二个点: _tan
到        //在绘图区中选择右侧大圆
指定圆上的第三个点: _tan
到        //在绘图区中选择中间大圆
```

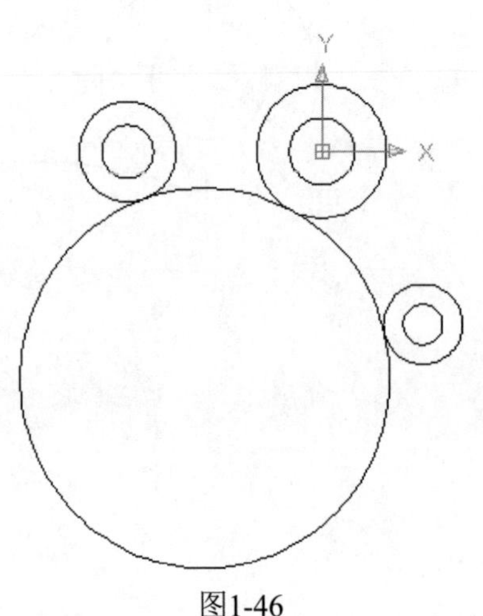

图1-46

步骤4　通过如下操作，对步骤3中绘制的大圆执行修剪操作，将圆的下面部分剪掉，如图1-47所示。

```
命令:_tr
当前设置:投影=UCS，边=无
选择剪切边...
选择对象或<全部选择>:找到1个
选择对象:找到1个，总计2个
//选择半径为15和12的外部小圆，并按Enter键
选择对象:
选择要修剪的对象，或按住Shift键选择要延伸的对象，
或[栏选(F)/窗交(C)/投影(P)/边(E)/删除(R)/放弃(U)]:
//选择下方大圆进行修剪，并按Esc键退出
```

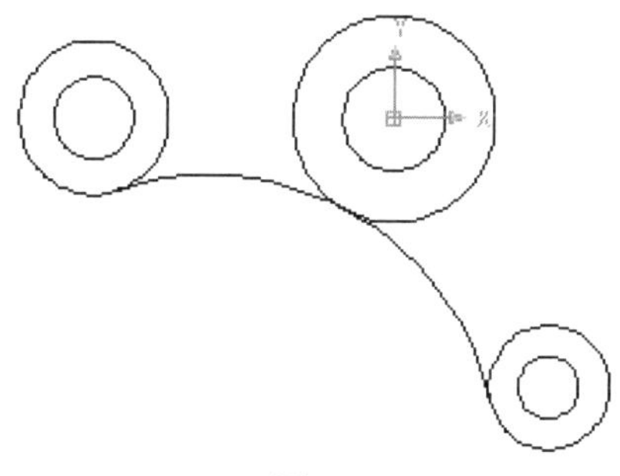

图1-47

步骤5　通过如下操作，绘制一个与右侧两个大圆相切的、半径为80的圆，如图1-48所示。

```
命令:c
CIRCLE 指定圆的圆心
或[三点(3P)/两点(2P)/相切、相切、半径(T)]:t
指定对象与圆的第一个切点:          //单击上方圆的图示位置
指定对象与圆的第二个切点:          //单击下方圆的图示位置
指定圆的半径<80.0000>:80
```

步骤6　通过与步骤4相同的操作，选择与大圆相切的两个圆，再选择大圆要修剪的部分，对圆进行剪裁，效果如图1-49所示。

步骤7　通过如下操作，绘制一条与上方两个圆相切的直线，完成图形的绘制操作，如图1-50所示。

```
命令:l
指定第一点:_tan
到                         //选择左侧大圆上方指定的一个切点
指定下一点或[放弃(U)]:_tan
```

到　　　　　　　　　　　//选择右侧大圆上方指定的另外一个切点
指定下一点或[放弃(U)]:　　　//按Esc键退出此命令

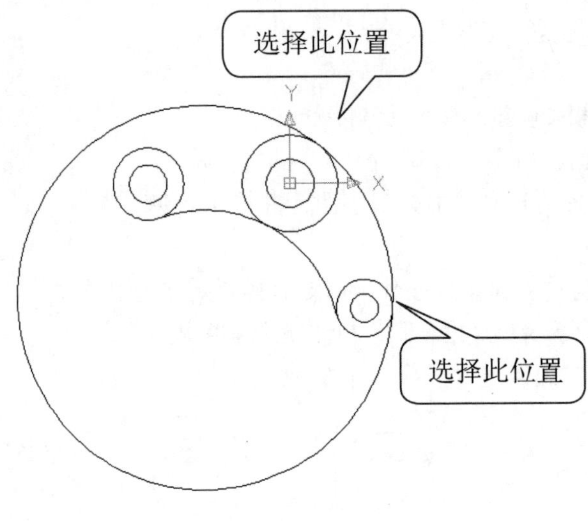

图1-48

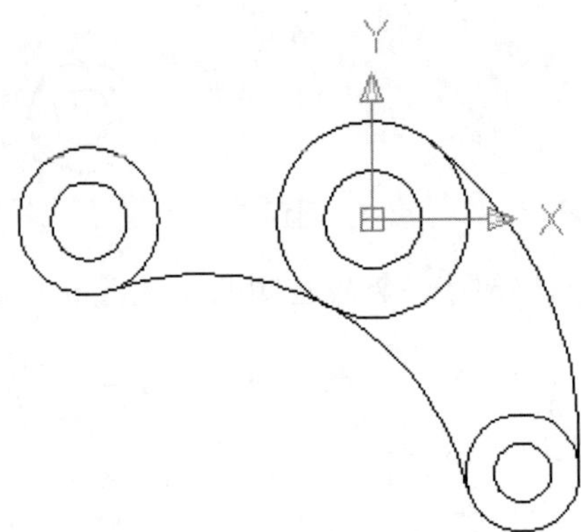

图1-49

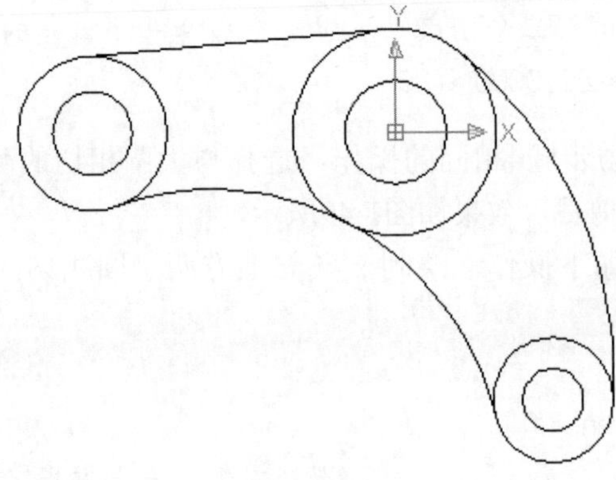

图1-50

第2章　文件操作

本章主要介绍针对AutoCAD文件的相关操作，如图形文件的创建、打开和关闭，图纸集的创建和使用，文件的输入、输出和转换，等等。此外，本章还将介绍图形界限（绘图范围）和图形单位的设置。

本章内容是AutoCAD的应用基础，是进行图形绘制之前需要执行的操作，相关内容并不复杂，但应牢记和熟记。

本章主要内容

- 图形文件的创建、打开与关闭
- 图形界限的设置
- 图形单位的设置
- 创建和使用图纸集
- 文件的输入、输出和转换

评分细则

本章试题有两个评分点，每题8分。

序号	评分点	分值	得分条件	判分要求
1	建立新文件	5	各项操作正确	查看各项设置，操作顺序不作要求
2	保存	3	文件名、扩展名、保存位置	必须全部正确才得分

本章导读

上述明确了本章所要学习的主要内容，以及对应《试题汇编》的评分点、得分条件和判分要求等。下面先在“样题示范”中展示《试题汇编》中一道“新建并保存图形模板”的真实试题，然后在“样题分析”中对如何解答这道试题进行分析，并详细讲解本章所涉及的技能考核点，最后通过“样题解答”演示“新建并保存图形模板”这道试题的详细操作步骤。

2.1　样题示范

【练习目的】

从《试题汇编》中选取样题，了解本章题目类型，掌握本章技能考核点。

【样题来源】

《试题汇编》第1单元第1.12题。

【操作要求】

1. 建立新文件：运行AutoCAD软件，建立新文件，模板的图形界限是1 414 000×1 000 000，左下角点为（-500,-500），长度单位采用“建筑”，角度单位采用“勘测单位”，插入时的缩放单位采用“英寸”。设置默认图线宽度为0.70mm。

2. 保存：将完成的模板图形以“KSCAD1-12.dwt”为文件名保存在考生文件夹中。

2.2 样题分析

本题是关于文件创建和基本设置的试题，主要考查对AutoCAD的基础操作能力。

本题的解题思路是，首先创建一个新的样板文件，然后按照要求设置图形界限和图形单位，完成后将文件另存为DWT格式的样板文件。

要解答本题，需要掌握文件的创建、保存，以及图形单位和图形界限的设置等相关技能。下面开始介绍这些技能。

2.3 图形文件的创建、打开与关闭

本节主要介绍文件的创建、打开与关闭操作。此外，还将介绍输入、输出文件和保存文件等相关操作。

2.3.1 创建文件

在开始绘制图形前需要新建一个图形文件，就像手动绘图前要准备一张绘图纸一样。

新建图形文件的方法有如下三种。

- 工具栏：单击“标准”工具栏中的“新建”按钮。
- 菜单栏：执行“文件”→“新建”菜单命令。
- 命令行：输入“NEW”。

执行“新建”命令后，系统会打开“选择样板”对话框，如图2-1所示，用户可以根据自己的需要选择样板（也被称为“绘图模板”，通常使用acadiso.dwt公制样板），然后单击“打开”按钮，即可创建一个新的图形文件。

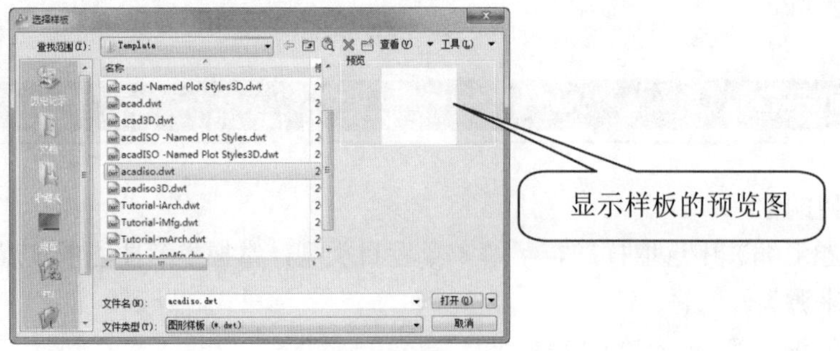

图2-1

样板主要定义了与绘图相关的一些设置，如图层、单位、线型、尺寸标注和文字标注样式，以及图形的输出布局、图纸边框和标题栏等，从而保证了图形的一致性，提高了绘图效率。

AutoCAD 2012默认提供有多个样板，很多新用户不知道应该选用哪个样板，或者不明白选择不同的样板对后续绘图会有什么样的影响。下面集中介绍AutoCAD 2012默认提供的这些样板。

- acad.dwt：英制，含有颜色相关的打印样式（关于颜色相关的打印样式和命名打印样式的不同，参见下面提示）。
- acad3D.dwt：英制，含有颜色相关的打印样式的3D样板图。
- acad-Named Plot Styles.dwt：英制，含有命名打印样式。
- acad-Named Plot Styles3D.dwt：英制，含有命名打印样式的3D样板图。
- acadiso.dwt：公制，含有颜色相关的打印样式。
- acadiso3D.dwt：公制，含有颜色相关的打印样式的3D样板图。
- acadISO-Named Plot Styles.dwt：公制，含有命名打印样式。
- acadISO-Named Plot Styles3D.dwt：公制，含有命名打印样式的3D样板图。

提示：英制和公制的区别在于，某些位置默认使用的单位为“英寸”等，总体来说区别不大，不过在创建新文件时，基本上都选用“公制”样板。

- Tutorial-iArch.dwt：英制，样例建筑样板。
- Tutorial-mArch.dwt：公制，样例建筑样板。
- Tutorial-iMfg.dwt：英制，样例机械设计样板。
- Tutorial-mMfg.dwt：公制，样例机械设计样板。

提示：这四个样板是专用于建筑和机械的样板。与前面样板的不同之处在于，这四个样板默认含有图框，并对图线、图层等提前进行了规划，所以又被称为“样例”。此外，这四个样板默认都是使用命名打印样式。

- PTWTemplates文件夹：默认为空，用于存储发布的网络样板。
- Sheet Sets文件夹：包含用于图纸集的样板（参见2.6节）。

提示：下面讲解“颜色相关的打印样式”和“命名打印样式”的区别。

所谓“打印样式”，就是打印时使用的样式，也就是说，如果打印时选中“按样式打印”复选框，则表示可以使打印出来的图线样式与绘制时设置的图线样式不同（即不是“所见即所得”的打印样式）。

可以在打开的“打印-***”对话框中（参见9.11节）设置要使用的打印样式，如图2-2所示。

实际上，如果不使用打印样式，即打印时设置“打印样式表”为“无”，并取消“按样式打印”复选框的选中状态（选中“打印对象线宽”复选框），则表示使用“所见即所得”的方式进行打印，此时“颜色相关的打印样式”和“命名打印样式”就没有区别了。因此，有时候可以不用理会这两种打印样式。

总之，“打印样式表”规定了不同颜色的图线在打印输出时的样子（注意，是按照“颜色”来确定输出时的样子的），因此，使用“颜色相关的打印样式”的图纸表示具有相同颜色的所有对象将具有相同的打印特性，而使用“命名打印样式”的图纸则表示可以单独为不同的对象或不同的图层设置单独的命名过的打印输出颜色样式（输出的样式与见到的图线的颜色无关）。

用户可以新建一个使用“命名打印样式”的图纸，然后在“图层特性管理器”面板中对图层的打印样式进行设置，如图2-3所示，而使用“颜色相关的打印样式”的图纸则不可进行设置。

此处内容有些复杂，用户在学习完本书所有知识后，可能会更容易理解和掌握。如果用户一直使用“所见即所得”的方式进行打印输出，那么则可以不学习这些内容。

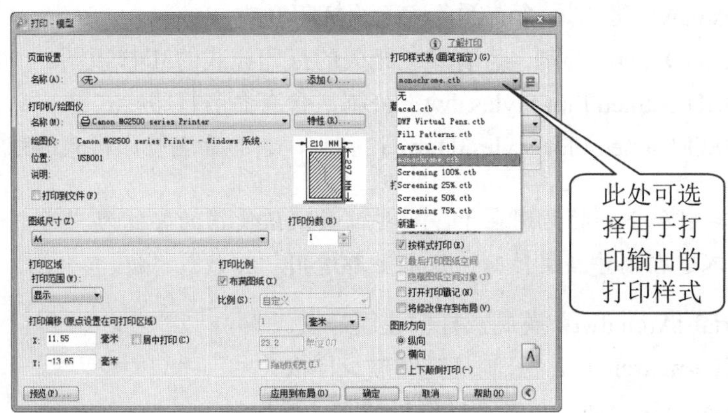

图2-2

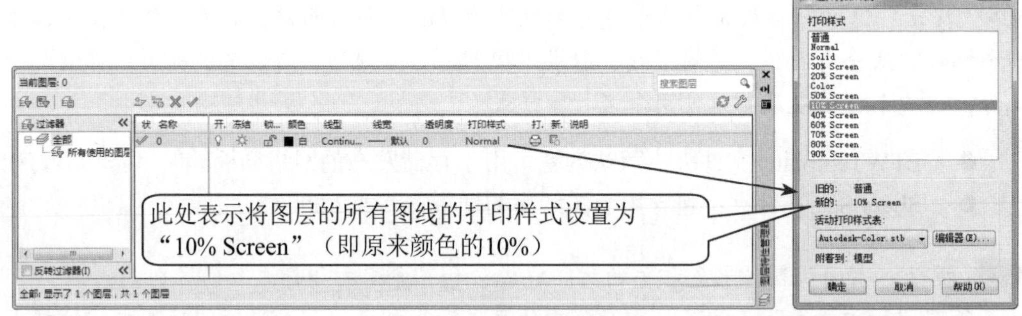

图2-3

AutoCAD 2012默认提供的样板确实有很多个，不过不需要烦恼，因为大多数情况下直接选用acadiso.dwt样板创建新文件就可以了。

提示：AutoCAD默认打开的绘图区的背景颜色为黑色，有很多新用户对此很不适应，实际上，可以方便地将其设置为白色。操作如下。

执行“工具”→“选项”菜单命令，打开“选项”对话框，如图2-4左图所示。单击“显示”选项卡中的“颜色”按钮，打开“图形窗口颜色”对话框，如图2-4右图所示，然后按图中所示设置“背景颜色”，单击“应用并关闭”按钮，再单击“确定”按钮，即可将绘图区的背景颜色设置为白色了。

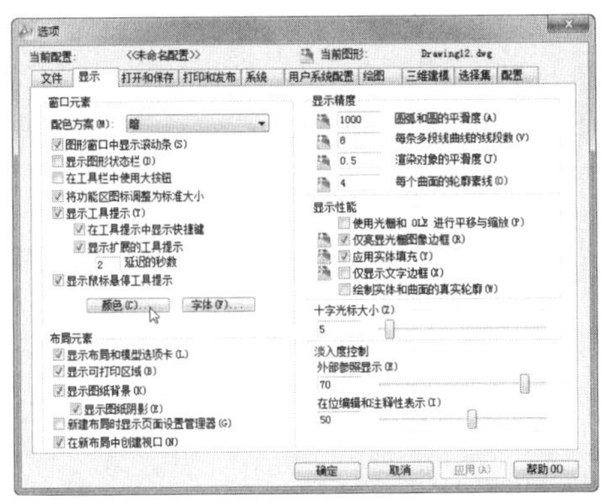

→

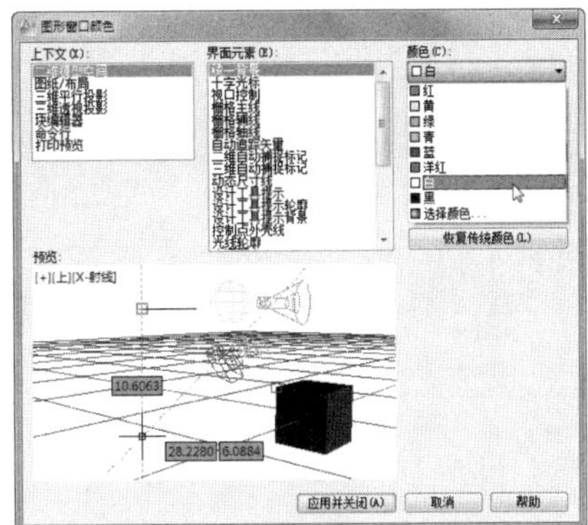

图2-4

2.3.2 认识AutoCAD的文件格式

AutoCAD提供了四种文件格式：DWG、DWS、DWT和DXF。

- DWG文件为图形文件（最主要的文件格式），也可以作为样板文件使用。
- DWS是一种标准图形，可用于衡量所绘制图样的线型、图层、字体等相关属性是否符合DWS中的要求，通常每个公司都有自己单独的DWS标准文件。
- DWT文件为标准的样板文件（绘图模板），将图层、标注样式、标题栏和图框等设置好后，可以保存为DWT文件作为样板使用。
- DXF文件是一种公用文件，如CorelDRAW等软件都可以读取DXF文件。

提示：在“选择样板”对话框的“文件类型”下拉列表中，可以找到其中三种文件格式，即DWG、DWS和DWT；DXF文件格式则可以在“另存为”对话框中进行选择输出。

2.3.3 自定义样板

通过上面两小节内容的学习，可以了解到系统默认提供了多个样板（绘图模板），但是这些样板只包括公制和英制两种标准，使用这些样板新建图纸后，往往还需要进行更多的设置。那么能否定义属于自己公司的样板呢？对于自由度很大的AutoCAD来说，自定义样板是非常简单的。

此时，只需要按照2.3.1节中介绍的操作，新建以acadiso.dwt为样板的空白文件，然后按照自己的需要定义图形界限、图形单位、图层、字体、标注样式等内容（这些内容在后续章节中都会讲到）即可。当然，也可以先绘制图线（如绘制图纸图框等），然后执行“文件”→“另存为”菜单命令，打开“图形另存为”对话框，在“文件类型”下拉列表中选择“*.dwt”文件类型（如图2-5所示），再输入文件名进行保存（系统会自动切换到样板所在的目录），之后在新建文件时即可选用该样板了。

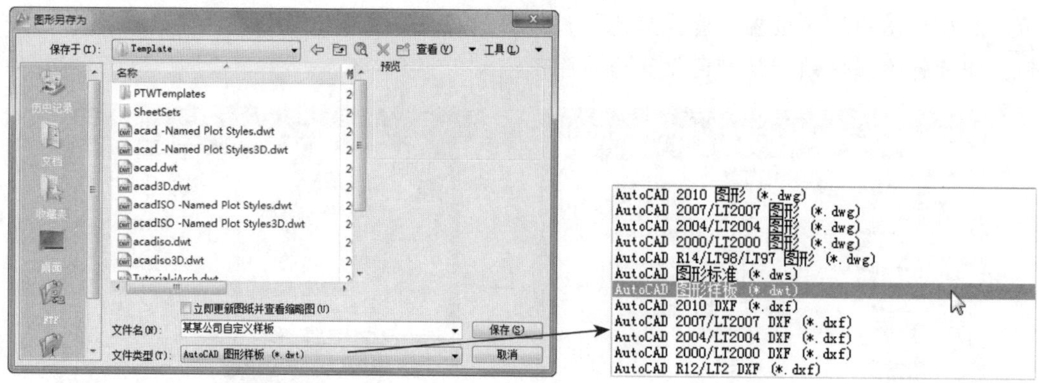

图2-5

提示：在保存自定义的样板时，系统会自动切换到样板所在的目录。如果要使用别人定义好的样板，应复制到哪个目录呢？对于AutoCAD 2012来说，默认目录是系统盘:\Users\Administrator（或默认使用的用户）\AppData\Local\Autodesk\AutoCAD 2012 - Simplified Chinese\R18.2\chs\Template\。

2.3.4 设置默认样板

每次新建文件时都需要选择样板，这显得有些烦琐（因为大多数情况下都是使用acadiso.dwt样板的）。可否设置默认的样板呢？答案是肯定的。

执行“工具”→“选项”菜单命令，打开“选项”对话框，如图2-6左图所示；切换到“文件”选项卡，找到“样板设置”→“快速新建的默认样板文件名”选项，双击该选项下的箭头符号➡，然后在打开的“选择文件”对话框中选择要使用的样板，如图2-6右图所示，单击“打开”按钮。

设置了默认的样板后，单击“标准”工具栏中的“新建”按钮，将直接创建以所设置的样板为模板的图形文件，而不再弹出“选择文件”对话框；如果需要选择别的样板创建新的图形文件，可以执行“文件”→“新建”菜单命令，打开“选择文件”对话框，然后选择要使用的样板创建新文件即可。

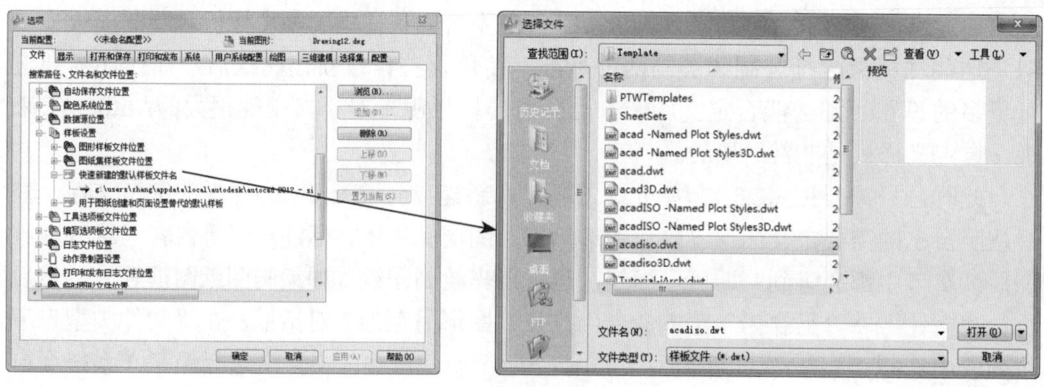

图2-6

2.3.5 打开文件

可以直接双击DWG图形文件将其打开；此外，启动AutoCAD后，还可以通过如下方式打开DWG图形文件。

- 工具栏：单击“标准”工具栏中的“打开”按钮。
- 菜单栏：执行“文件”→“打开”菜单命令。
- 命令行：执行OPEN命令。
- 快捷键：按Ctrl＋O组合键。

执行相关操作后，系统会打开“选择文件”对话框，如图2-7所示，选择文件的保存位置及文件名称，单击“打开”按钮，即可打开该图形文件。

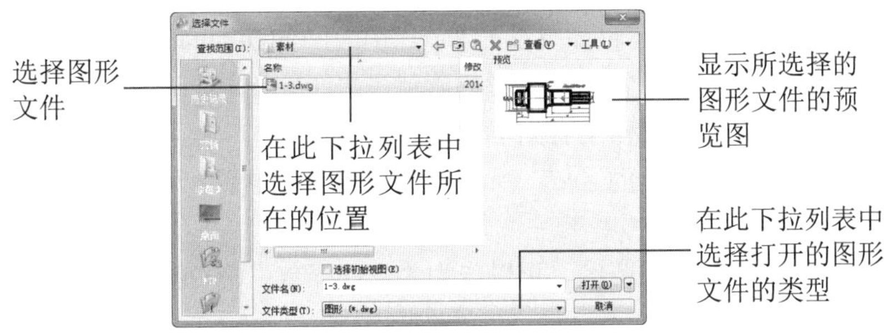
选择图形文件
在此下拉列表中选择图形文件所在的位置
显示所选择的图形文件的预览图
在此下拉列表中选择打开的图形文件的类型

图2-7

提示：用户可以使用Shift键或者Ctrl键选择多个图形文件同时打开，以提高工作效率。

2.3.6 保存文件

执行“文件”→“保存”菜单命令，或者按Ctrl＋S组合键，或者执行SAVE命令，均可执行保存文件操作。

如果是新建的文件，在执行保存文件操作后，系统将打开“图形另存为”对话框，输入文件名称并选择文件保存的类型和位置后，单击“保存”按钮，即可保存图形文件（否则将直接保存图形文件）。

2.3.7 关闭文件

单击AutoCAD文件窗口右上角的“关闭”按钮，可以将在AutoCAD中打开的当前文件关闭。在关闭文件前，如有未保存文件，将弹出询问是否保存的对话框。

按Alt＋F4组合键，或者执行QUIT命令，或者单击标题栏中的“关闭”按钮，或者执行“文件”→“退出”菜单命令，均可关闭AutoCAD程序。同样，在关闭程序前，如有未保存文件，将弹出询问是否保存的对话框。

2.4 图形界限的设置

理论上说，AutoCAD的绘图区域是无限大的，不过也可以像CorelDRAW、Word、

Illustrator等软件一样，为其指定图形界限，使用户在绘制图形时只能在该图形界限内部进行操作。

2.4.1 设置图形界限

执行“格式”→“图形界限”菜单命令，或者执行LIMITS命令，然后指定左下角点（可通过鼠标单击确定左下角点，也可在命令行中输入左下角点的坐标值，如输入“0,0”坐标值），再指定右上角点（可通过鼠标单击确定右上角点，也可在命令行中输入右上角点的坐标值，如输入“420,297”坐标值），即可设置图形界限。

需要注意的是，在AutoCAD 中绘图时，大多数都是使用图形的真实尺寸的。例如，一幢大楼高100米，那么就定义某条线为100 000个图形单位（设置1个图形单位表示1毫米，在出图时进行按比例缩放就可以了；如果设置缩放比例为1：500，可以将图形打印在一张A3图纸（420mm×297mm）上），这样图形界限就失去了它原有的作用。

事实上，图形界限的主要作用有如下两点。

- 图形界限即栅格显示的区域，所以在定义图形界限后，可以对图形的大小有一个明显的参照。
- 图形界限决定缩放的范围，可以作为“全部缩放”命令的界限。

提示：在实际操作中，如果出现超出图形界限而无法缩放或显示的情况时，双击鼠标滚轮或执行Z命令，再输入“A”或“E”并按Enter键，即可快速切换到图形界限的范围内以显示图形。此外，在AutoCAD 2000以后的版本中，图形界限并不影响图形的打印（在早期版本中，图形界限以外的部分无法打印）。

如果在调整图形时出现“已到界限最*边”的提示，可以执行“视图”→“重生成”菜单命令，然后就可以继续移动图形了。

2.4.2 显示图形界限

可以通过如下设置来显示图形界限：右击操作界面底部状态栏中的“栅格”按钮，在弹出的菜单中选择“设置”命令，打开“草图设置”对话框，如图2-8左图所示，然后选中“启用栅格”复选框，并取消选中“显示超出界限的栅格”复选框的选中状态，即可在当前绘图区中以点或线的方式将当前定义的图形界限显示出来，如图2-8右图所示。

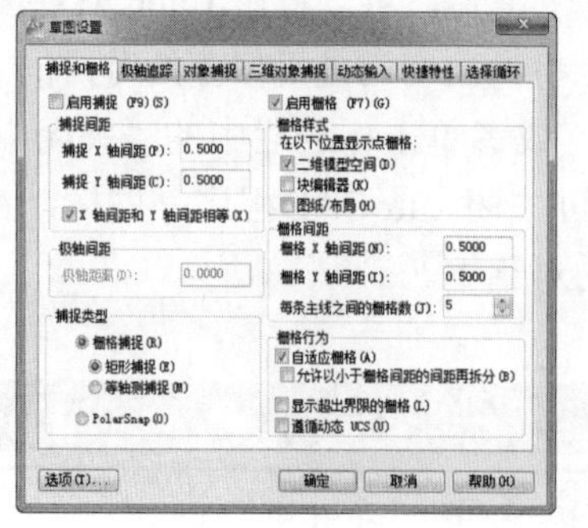

→
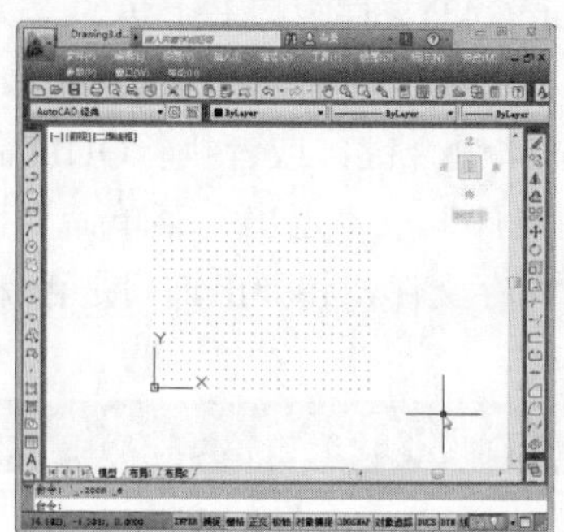

图2-8

2.4.3 使用和取消图形界限

在定义了图形界限后，系统默认并没有开启图形界限（即此时在绘图区之外仍然可以绘制图形）。如果需要开启图形界限，再次执行LIMITS命令，然后输入“ON”，并按Enter键，即可将图形界限设置为可用。此时在图形界限之外绘制图形，在命令行中将出现“超出图形界限”提示信息。

如果需要关闭图形界限，执行LIMITS命令，然后输入“OFF”，并按Enter键，此时即可在图形界限之外绘制图形了。

2.5 图形单位的设置

在AutoCAD中的“图形单位”，是指在当前文件中使用何种计量单位（选用何种计数法），其精度是怎么样的。例如，长度为1米半，如果使用小数计数法为1.5米，而使用分数计数法则为$1\frac{1}{2}$米。

执行“格式”→“单位”菜单命令，或者执行UNITS命令，打开“图形单位”对话框（如图2-9所示）。在此对话框中，可以根据需要设置长度的类型和精度，角度的类型和精度，以及所插入的图形或块其1个图形单位所表示的真实长度（通常使用默认设置），等等。

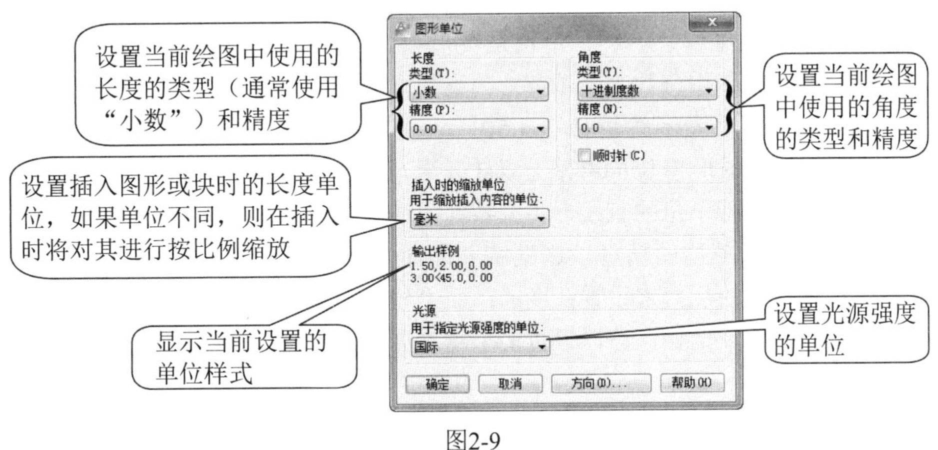

图2-9

当状态栏中的“动态输入”按钮DYN被激活时，在绘图区中绘制图形，将出现在“图形单位”对话框中设置的长度和角度等的精度，如图2-10所示。

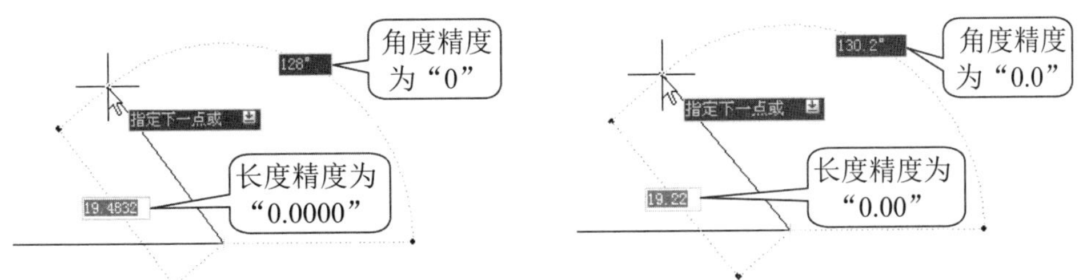

图2-10

下面讲解不同单位的相关知识。

1．**长度单位**

AutoCAD共提供了五种长度单位，分别为“小数”“科学”“工程”“建筑”“分数”。下面介绍这五种长度单位的区别和换算方法。

- 小数：是最常用的计数法，此时1个图形单位默认表示1毫米。例如，1 000个图形单位表示1米，而在绘制时应输入“1000”。
- 科学：即科学计数法，1个图形单位同样表示1毫米，只是写法不同。例如，同样为1米，则需要表示为1E+03，即1×10^3=1 000。
- 工程：单位是英尺和英寸，此时1个图形单位表示1英寸，而1英尺=12英寸。例如，同样为1 000个图形单位，用工程计数法表示就是83′-4.000″，换算一下，则是83×12+4=1 000（需要注意的是，“4.000”前的“-”符号，不是“减”的意思，是“又”的意思，即83英尺又4英寸，“′”是英尺符号，“″”是英寸符号）。

提示：1英寸=25.4毫米，1英尺=304.8毫米。需要注意的是，在AutoCAD中可以更改计量单位，但是图形单位的个数是不变的。例如，1 000个图形单位长度的线，如果设置计量单位为“小数”，表示这根线长1 000毫米；而如果设置计量单位为“工程”，就表示这根线长1 000英寸，也就是25 400毫米（这里较难理解，用户不妨在学完后续章节后再细细琢磨）。

- 建筑：同“工程”一样，单位是英尺和英寸，而且1个图形单位表示1英寸，只是此时将使用分数来表示英寸的小数位。例如，同样为1 000.5个图形单位，用工程计数法表示就是83′-4.50″，而用建筑计数法表示则应为83′-$4\frac{1}{2}$″。
- 分数：1个图形单位同样表示为1毫米，只是使用分数来表示小数。例如，1 000.5个图形单位的直线，用分数计数法表示应为$1000\frac{1}{2}$。

关于这五种计量单位的精度，这里统一进行讲解：“小数”“科学”“工程”都是通过指定小数点后的位数来设置精度的；而“建筑”和“分数”则通过设置百分比基数的大小来设置精度，例如，可以设置最小精度为1/8、1/16、1/32毫米（或英寸）等。

2．**角度单位**

AutoCAD共提供了五种角度单位，分别为“十进制度数”“百分度”“度/分/秒”“弧度”“勘测单位”。关于这些单位，规定如下。

- 十进制度数：是最常用的角度表示方法。例如，直角为90°（度）。
- 百分度：用角度的百分比来表示度数的方法，其中，规定100g（即100%）为90°。例如，将10.555°换算为百分度，就是100×(10.555/90)≈11.727 7g。
- 度/分/秒：对于不足1°的数据，使用分和秒来表示，其中，1°（1度）=60′（分），1′（分）=60″（秒）；这样，10.555°（度）=10°（度）33′（分）18″（秒），即0.55°×60=33′，0.005°×60×60=18″。
- 弧度：等于半径长的圆弧所对的圆心角为1弧度的角，用符号rad（简称r）表示，读作“弧度”。例如，将10.555°的角换算成弧度，应为（π/180）×角度=（3.14/180）×10.555≈0.184r。

- 勘测单位：可以理解为是指定了方向的使用“度/分/秒”表示角度的方法。例如，起始的基准线的方向为东向（默认为此方向），那么将起始角10.555°换算为勘测单位角度，即为N79d26′42″ E，意思是“北（N）偏东（E）79度26分42秒”。

提示：勘测单位中的N和E用于表示角度，共四个方向，即N（北）、E（东）、W（西）、S（南）。例如，“W60d30′N”表示西偏北60度30分的位置（这里的“d”，表示“度”的意思）。需要注意的是，勘测单位只能在操作时用于输入角度值，而不能用于标注角度，其余四种角度单位可以用于标注角度。

这里的内容稍显复杂，用户同样可在学完后续章节后再仔细琢磨。

3．缩放单位

缩放单位用于控制插入到当前图形中的块和图形的测量单位。如果块和图形在创建时使用的单位与该项指定的单位不同，则在插入这些块或图形时将对其进行按比例缩放。缩放比例即源块或图形所用单位与目标图形所用单位之比。

也可以这样简单理解，如果要保证插入的块或图形保持原来的大小不变（即图形单位不变，例如，原来为1 000个图形单位，插入后依然为1 000个图形单位），那么在此处设置与插入的块或图形相同的单位即可。

4．光源单位

共有三种光源强度单位，分别为“国标”“美国”“常规”，系统默认选用“国标”光源强度单位，此时光的照度单位为勒克斯；在“美国”光源强度单位下，光的照度单位为呎烛光（这两种光源强度单位的其余选项基本相同）；如果选用“常规”光源强度单位，则只能设置光的强度因子，而不能设置光照强度。

提示：此处涉及模型渲染，所以不要求掌握。

5．起始方向

在“图形单位”对话框中单击“方向”按钮，可以打开“方向控制”对话框，如图2-11左图所示，通过此对话框可以设置极轴的初始方向。如图2-11右图所示，当设置基准角度为120°时所显示出的极轴。

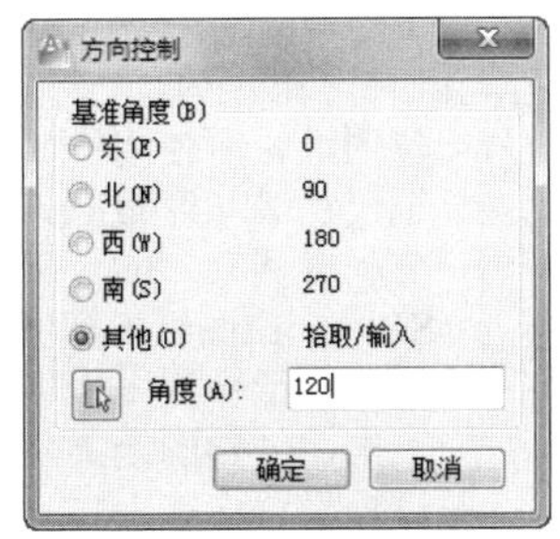

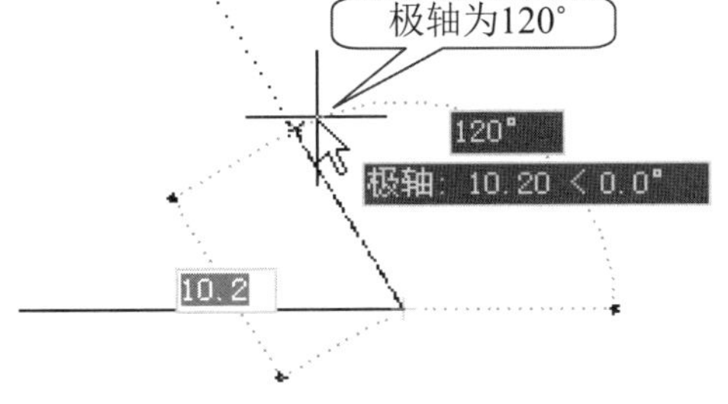

图2-11

提示：在“图形单位”对话框中设置的单位是绘图时的计量单位。如果要在标注时使用相同的计量单位，则需要对标注样式进行单独设置（关于标注样式的设置，参见第7章）。

2.6 创建和使用图纸集

图纸集是对图纸进行管理的工具。当绘制的图纸较多时，查找图纸往往是一件十分麻烦的事情，而使用图纸集创建和管理图纸又规范又快捷，且利于公司内部多人协同工作。

2.6.1 创建图纸集

可以通过如下操作步骤来创建图纸集。

（1）创建新的图形文件，然后执行“文件”→“新建图纸集”菜单命令，打开“创建图纸集-开始”对话框，如图2-12所示，单击“样例图纸集”单选按钮，单击“下一步”按钮继续。

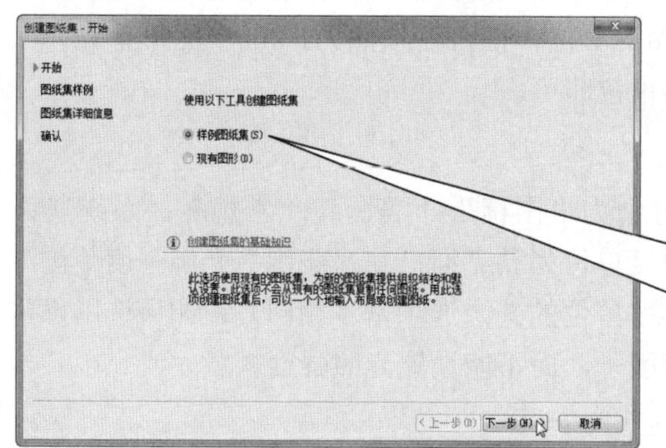

“样例图纸集”是使用已创建好的图纸集样例来创建图纸集；而“现有图形”则是将某个目录下或某些目录下已创建好的包含布局视图的图纸（一定要是包含布局视图的图纸）直接导入到图纸集中，从而创建图纸集

图2-12

（2）打开“创建图纸集-图纸集样例”对话框，如图2-13所示，在列表中选择一种图纸集作为图纸集要使用的样例，然后单击“下一步”按钮。

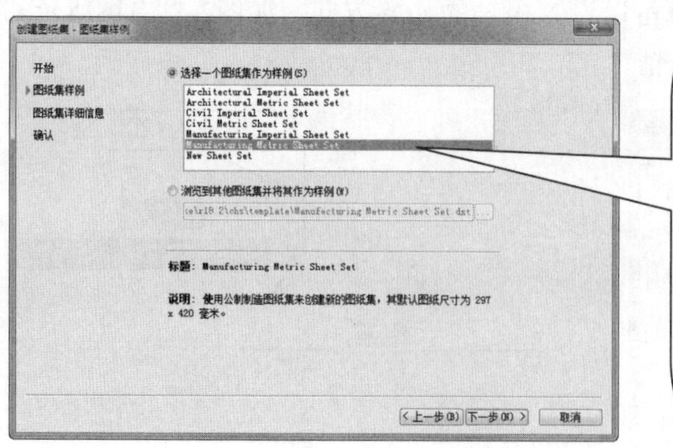

无论选中哪一个图纸集作为样例，都会在对话框的下方显示该样例的说明，如是公制或英制，以及新建图纸时所使用的默认图纸尺寸等（通常应该选用公制样例）。New Sheet Set为空白图纸集样例，不包含图纸样板，也不包含子集，创建图纸集后需要自行设置这些内容

图2-13

（3）打开“创建图纸集-图纸集详细信息”对话框，如图2-14所示，在“新图纸集的名称”文本框中输入图纸集的名称，并在“在此保存图纸集数据文件（.dst）”文本框中设置图纸集的保存位置，然后单击“下一步”按钮。

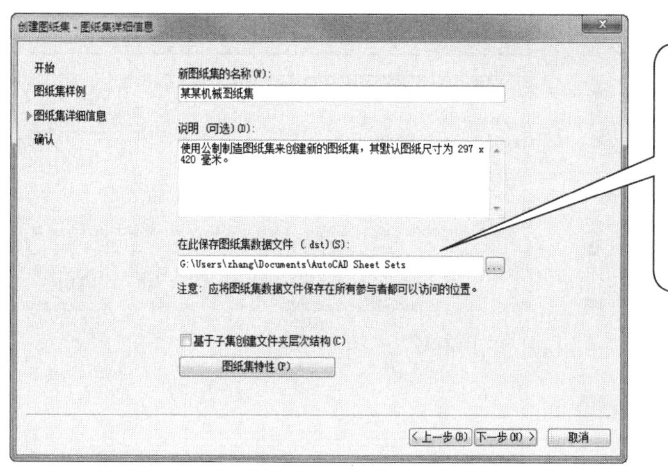

图2-14

（4）打开“创建图纸集-确认”对话框，如图2-15所示，单击“完成”按钮，即可完成图纸集的创建，并自动打开“图纸集管理器”面板，如图2-16所示。可以发现，此样例默认创建了四个子集，右击，在弹出的快捷菜单中可选择将其删除，也可重命名。

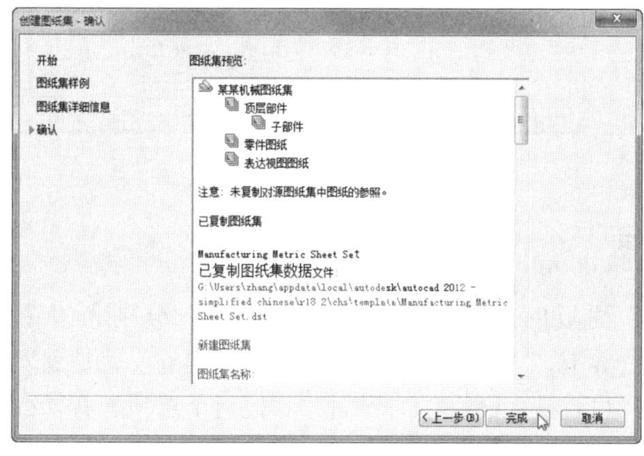

图2-15

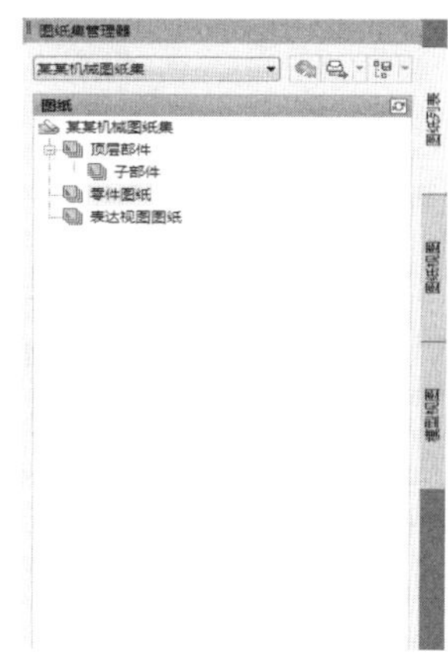

图2-16

2.6.2 为图纸集添加图纸

完成图纸集的创建后，右击某个图纸集的子集项，如图2-17左图所示，在弹出的快捷菜单中选择“新建图纸”命令，打开“新建图纸”对话框，如图2-17右图所示，在其中输入图纸标题和图纸编号，即可使用该图纸集默认包含的图纸样板创建一张新的图纸，如图2-18左图所示。双击新创建的图纸，可以在右侧绘图区中打开该图纸，如图2-18右图所示，然后即可在该图纸上绘制规划好的图形等。

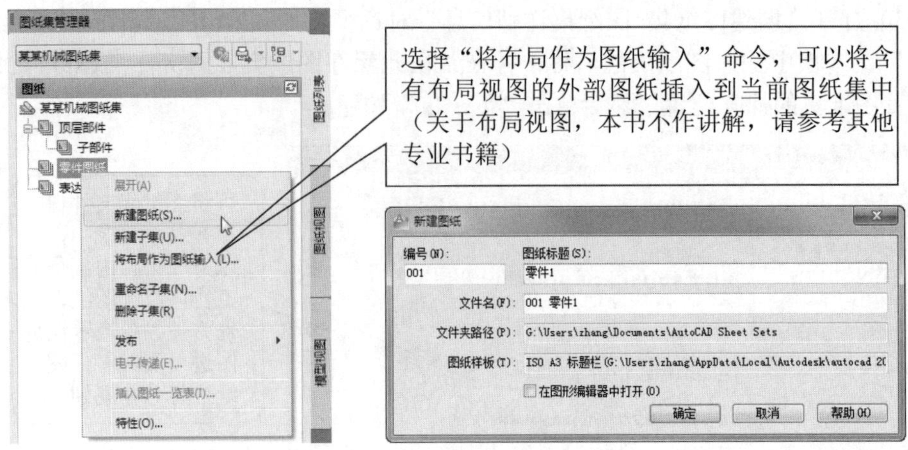

图2-17

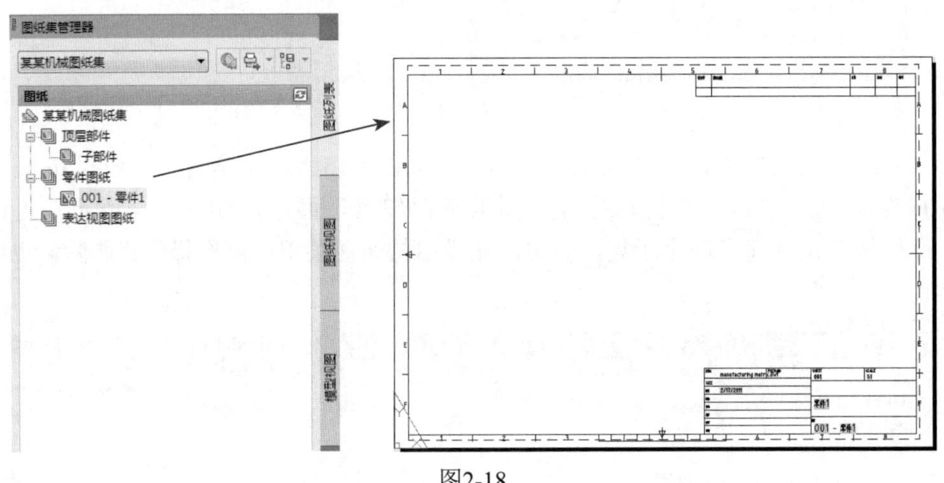

图2-18

2.6.3 使用模型视图和图纸视图

实际上，“图纸集管理器”面板的左侧有三个选项卡标签，分别为“图纸列表”“图纸视图”“模型视图”。其中，“图纸列表”选项卡不难理解，就是列表显示当前图纸集中所包含的所有图纸，也就是上面操作的界面。其他两个选项卡有什么作用呢？下面进行简单介绍。

如图2-19左图所示，首先切换到“模型视图”选项卡，右击面板顶部的“添加新位置”选项，在弹出的快捷菜单中选择“添加新位置”命令，然后在打开的对话框中选择一个包含DWG文件的目录，即可添加该位置的模型视图文件，如图2-19右图所示。

完成上述操作后，右击一个添加进来的文件，在弹出的快捷菜单中选择“放置到图纸上”命令，如图2-20所示，然后在绘图区中当前打开的图纸集文件上单击，即可将该图纸中的模型视图以布局窗口的模式添加到当前视图中，如图2-21所示。

实际上，这就是“模型视图”选项卡的作用。完成上述操作后，切换到“图纸视图”选项卡，如图2-22所示。可以发现，这里已经有了列表项，实际上就是通过上面操作为当前图纸添加的模型文件，因此，也可以将“图纸视图”选项卡理解为对导入的模型视图进行管理的操作界面。

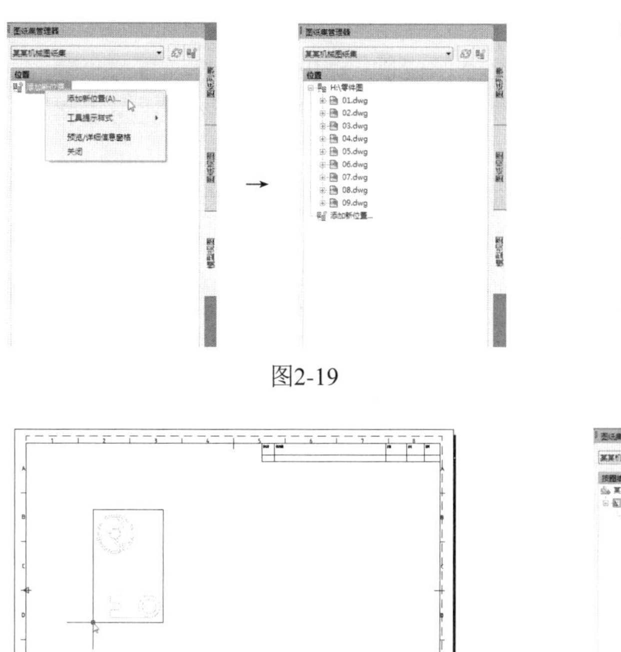

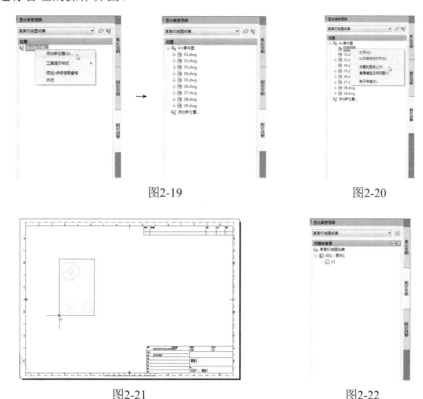

图2-19

图2-20

图2-21

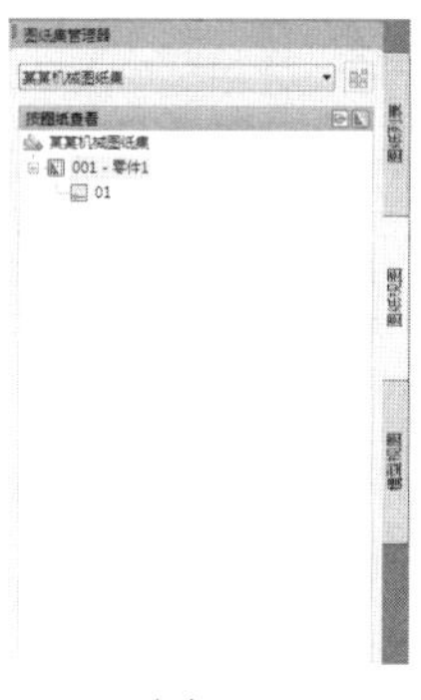

图2-22

2.6.4 图纸集的发布与打印

使用图纸集的另外一项好处是可以进行批量发布和打印，此时只需要在“图纸集管理器”面板中单击“发布”按钮，然后在弹出的菜单中选择要执行的操作即可，如图2-23所示。如果选择“发布为PDF”命令，可将当前图纸集中的所有图纸保存为PDF文件；如果选择“发布到绘图仪”命令，可直接打印输出。

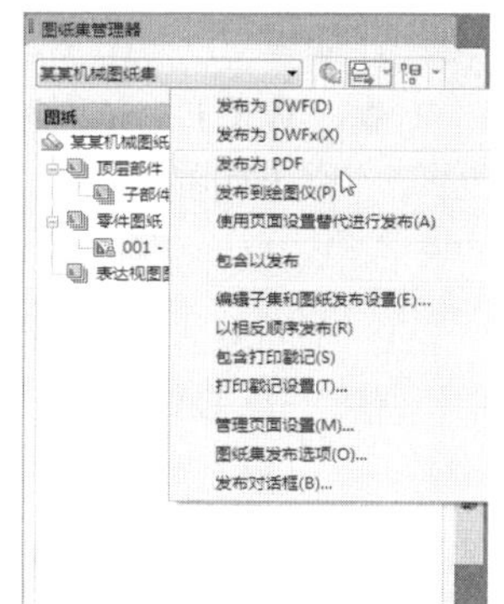

图2-23

提示：在执行发布操作之前，应为每张图纸分别设置用于打印输出的打印机或绘图仪，否则输出操作将会发生错误。

2.7 文件的输入、输出和转换

使用AutoCAD，可以输入使用其他软件绘制的一些特定格式的图形，也可以将绘

制的图形输出为其他软件能够辨认的文件格式。

2.7.1 输入文件

执行“文件”→“输入”菜单命令，或执行IMPORT命令，打开“输入文件”对话框（如图2-24所示）。在此对话框中，通过选择不同的文件类型，可以将很多绘图软件绘制的图形输入到当前文件中。

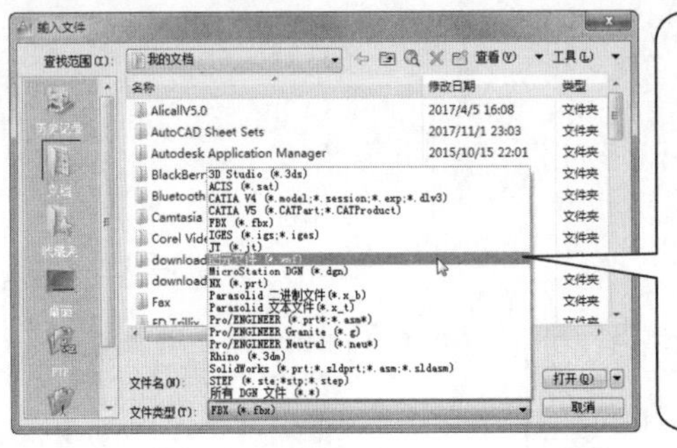

这里几乎包含了各主要的绘图软件。例如，以CATIA开头的各项，对应CATIA；以Pro/ENGINEER开头的各项，对应Creo；SolidWorks对应SolidWorks；Rhino是犀牛软件；NX是UG软件；STEP是通用的中间文件格式（几乎所有绘图软件都可识别）。其他格式文件参见2.7.2节

图2-24

提示：通过此处操作导入的文件，其中有部分图形是可以进行编辑或可以参与当前图形的绘制的（将部分图线融入当前视图，而下面要讲到的附着文件则多没有此项性能，附着文件是作为参照使用的）。

2.7.2 输出文件

执行“文件”→“输出”菜单命令，或执行EXPORT命令，在打开的“输出文件”对话框中，通过选择不同的文件类型，可以将当前的AutoCAD文件输出为多种格式的文件，如WMF、ACIS、3D DWF、平板印刷等。下面介绍这些文件格式。

- WMF：是微软公司定义的一种Windows平台下的图形文件格式，也被称为“图元文件”。在Word中执行“插入”→“图片”→“剪贴画”菜单命令，可以插入WMF文件，并可以进行编辑。WMF文件在Word和AutoCAD中的不同效果如图2-25所示。
- 3D DWF：是业内交流信息的一种文件格式，可以打开并查看文件内容，却不能修改文件。

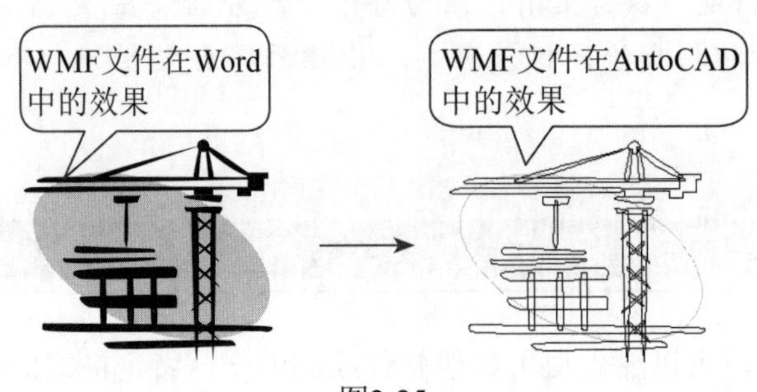

图2-25

- DXB：也被称为“二进制图形交换文件”，主要用于将三维图形“平面化”，从而成为二维图形。将三维图形打印输出为DXB文件，再将DXB文件导入DWG文件，即可得到二维图形。
- ACIS：文件扩展名为.sat。可以将ACIS理解为一个用C++写的类库，使用此类库可以执行建模操作。有很多CAD软件都是基于ACIS核心技术创建的，而且也都支持ACIS文件的导入和导出，实际上ACIS文件就是一个关于三维造型的文本文件，如图2-26所示。

```
700 139 3 0
16 Autodesk AutoCAD 19 ASM 217.0.0.4503 NT 24 Wed Nov 01 23:10:28 2017
1 9.9999999999999995e-007 1e-010
body $-1 -1 $-1 $3 $-1 $-1 #
body $-1 -1 $-1 $4 $-1 $-1 #
body $-1 -1 $-1 $5 $-1 $-1 #
lump $-1 -1 $-1 $-1 $6 $0 #
lump $-1 -1 $-1 $-1 $7 $1 #
lump $-1 -1 $-1 $-1 $8 $2 #
shell $-1 -1 $-1 $-1 $-1 $9 $-1 $3 #
shell $-1 -1 $-1 $-1 $-1 $10 $-1 $4 #
shell $-1 -1 $-1 $-1 $-1 $11 $-1 $5 #
face $12 -1 $-1 $13 $14 $6 $-1 $15 forward single #
face $16 -1 $-1 $-1 $-1 $7 $-1 $17 forward single #
face $18 -1 $-1 $19 $20 $8 $-1 $21 forward single #
color-adesk-attrib $-1 -1 $-1 $-1 $9 256 #
```

图2-26

- 3DS：是3ds MAX模型文件，也可被导入到AutoCAD中。
- 平板印刷：文件扩展名为.stl。实体数据以三角形网格面的形式转换为平板印刷设备可以识别的文件格式，平板印刷设备使用该文件格式的数据来定义代表部件的一系列图层〔平板印刷设备主要用于在硬性板材（如铝合金、钢板等）上喷绘图形〕。
- 封装 PS：文件扩展名为.eps。该文件格式是跨平台的矢量图形和光栅图像的标准存储格式，可用于与Photoshop、CorelDRAW等平面设计软件共享数据，也可用于印刷和打印。
- DXX 提取：用于提取DXF文件（DXX提取文件可用记事本打开）的属性信息，这些信息中只包括块参照、属性和序列结束对象等内容。
- 位图：即普通的BMP图片文件。
- 块：DWG块文件，可将此类文件作为整体插入到AutoCAD文件中使用。
- V8 DGN：文件扩展名为.dgn。该文件格式用于输出MicroStation软件（MicroStation是与AutoCAD齐名的CAD软件）可识别的DGN文件。
- IGES：文件扩展名为.igs或.iges。该文件格式是根据IGES标准生成的文件，主要用于不同三维软件系统的文件转换。

2.7.3 附着文件

“附着文件”是指将图片、PDF或DGN（DGN文件为使用MicroStation软件设计的二维或三维图纸的文件），以及AutoCAD本身的DWG和DWF文件，附着到当前视图中作为参照来绘制图形的方式。

执行“文件”→“附着”菜单命令，打开“选择参照文件”对话框，如图2-27左图所示，在“文件类型”下拉列表中选择“所有图像文件”选项（要导入其他文件，则选择其他文件的对应类型即可），然后选择要导入的图像文件，单击“打开”按钮；打开

“附着图像”对话框，如图2-27右图所示，保持系统默认设置，单击“确定”按钮；再在绘图区中单击，并设置“比例因子”为1（或其他需要的比例），即可将选择的图像导入到当前文件中，以作为图形绘制的参照，如图2-28所示。

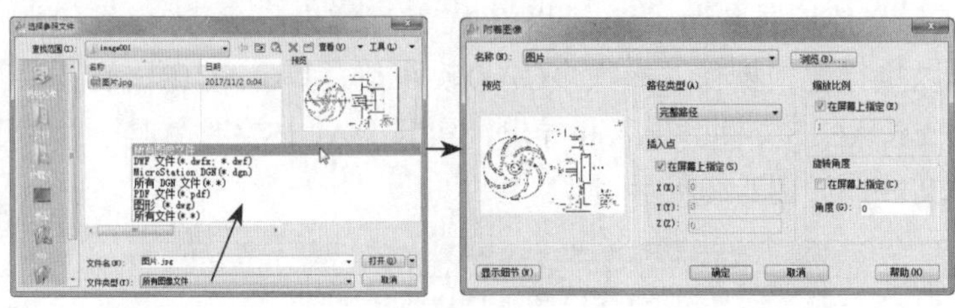

图2-27

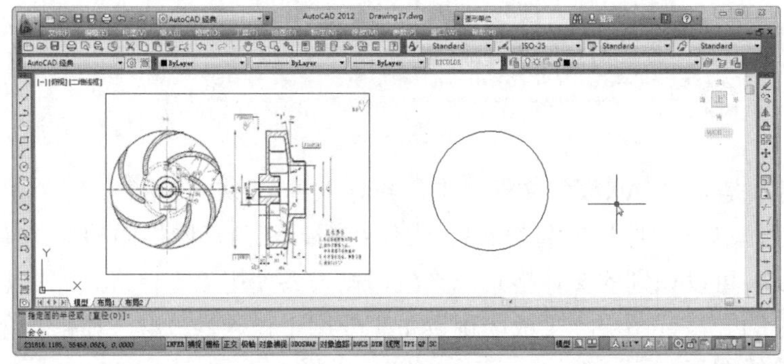

图2-28

2.7.4 转换文件

使用AutoCAD的老版本打不开使用其新版本创建的文件，不过AutoCAD提供了相应工具，可以将使用其新版本设计的图纸转换为其老版本能够识别的格式。操作如下。

执行“文件”→“DWG转换”菜单命令，打开“DWG转换”对话框，如图2-29所示，在其中单击“添加文件”按钮，在打开的对话框中添加要进行文件格式转换的AutoCAD文件（可以一次添加多个）；完成文件的添加后，返回“DWG转换”对话框，在右侧“选择转换设置”列表中选择要转换为的版本，单击“转换”按钮，即可将添加进来的文件在当前位置处直接转换为要使用的文件版本（覆盖原来的文件）。

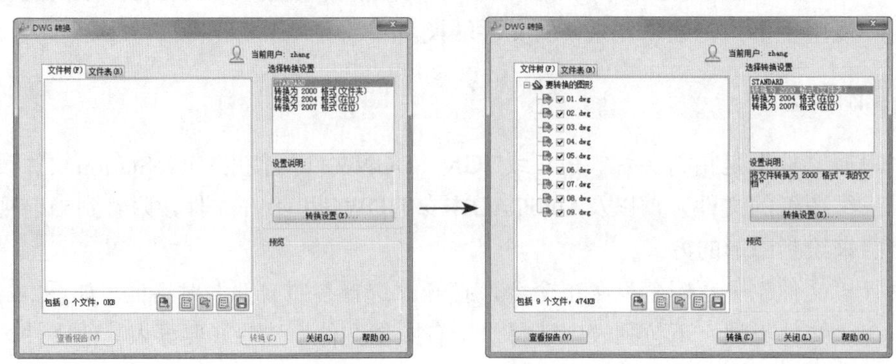

图2-29

提示：在“DWG转换”对话框的“选择转换设置”列表中共有四个列表项，其中，“STANDARD”表示将导入的文件打包输出为zip压缩包；“转换为2000格式”表示转换为AutoCAD 2000（含AutoCAD R14）能够识别的文件格式；“转换为2004格式”表示转换为AutoCAD 2004能够识别的文件格式；“转换为2007格式”依此类推。

2.8　样题解答

步骤1　执行“开始”→“所有程序”→“Autodesk”→“AutoCAD 2012-Simplified Chinese”→“AutoCAD 2012-Simplified Chinese”菜单命令，运行AutoCAD 2012软件。

步骤2　单击AutoCAD 2012操作界面“快速访问”工具栏中的“新建”按钮（或执行“文件”→“新建”菜单命令），打开“选择样板”对话框，选择acadiso.dwt样板，如图2-30所示，单击“打开”按钮，新建样板文件。

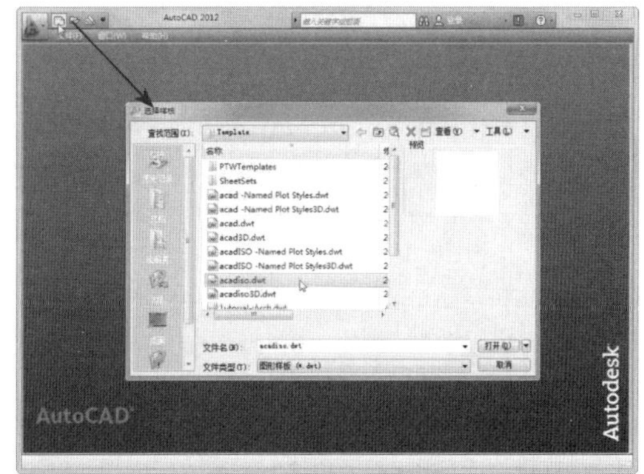

图2-30

提示：如果在运行AutoCAD 2012软件后，系统自动使用acadiso.dwt样板创建了空白文件，则不需要执行该步操作。

步骤3　执行“格式”→“图形界限”菜单命令（或执行LIMITS命令），在命令行中输入“-500,-500”并按Enter键，设置图形界限的左下角点，然后输入“1413500,999500”并按Enter键，设置图形界限的右上角点，如图2-31所示，设置样板的图形界限为1 414 000×1 000 000。

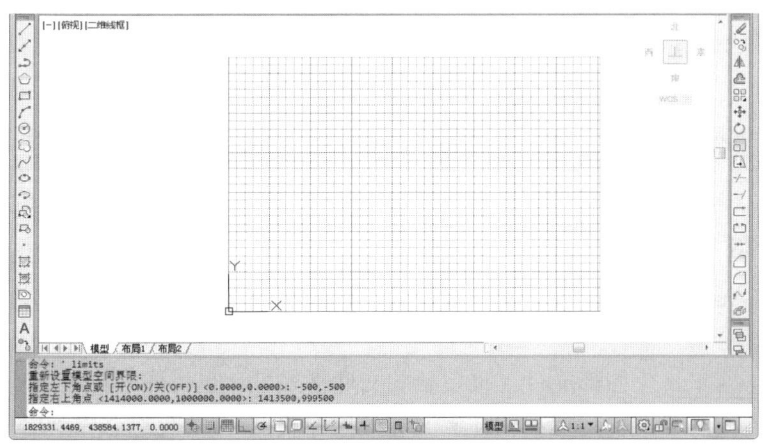

图2-31

步骤4 执行“格式”→“单位”菜单命令，打开“图形单位”对话框，在“长度”选项组的“类型”下拉列表中选择“建筑”选项，在“角度”选项组的“类型”下拉列表中选择“勘测单位”选项；在“插入时的缩放单位”选项组的“用于缩放插入内容的单位”下拉列表中选择“英寸”选项，设置单位为英寸，如图2-32所示，单击“确定”按钮，为样板设置单位。

步骤5 执行“格式”→“线宽”菜单命令，打开“线宽设置”对话框，在“线宽”选项组的列表中选择“0.70mm”选项，如图2-33所示，单击“确定”按钮，为样板设置默认线宽。

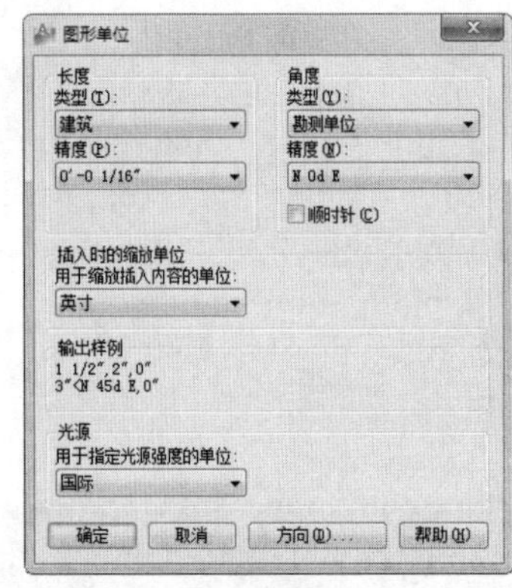

图2-32

图2-33

步骤6 执行“文件”→“另存为”菜单命令，打开“图形另存为”对话框，在“文件类型”下拉列表中选择“AutoCAD图形样板（*.dwt）”选项，在“文件名”文本框中输入文件名“KSCAD1-12”，然后设置正确的保存路径，如图2-34所示，单击“保存”按钮，将文件保存在考生文件夹中。

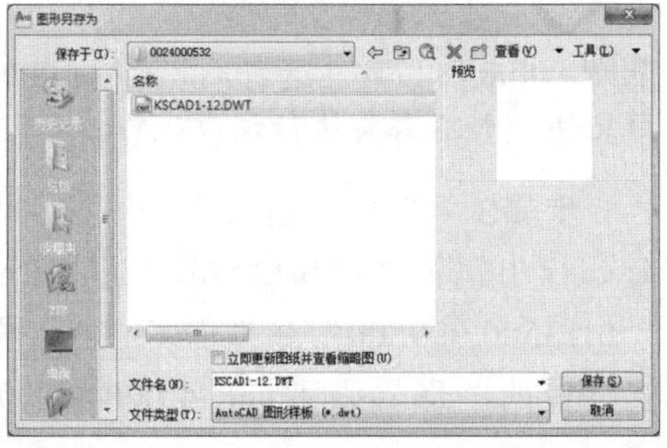

图2-34

提示：在保存样板时，如果弹出“样板选项”对话框，则保持系统默认设置，直接单击“确定”按钮进行保存即可。

2.9 习题

1. 填空题

（1）在AutoCAD中创建新文件时，通常选用__________样板，作为要使用的图纸模板。

（2）________为图形文件（最主要的文件格式），也可作为样板文件使用。

（3）________文件为标准的样板文件（绘图模板），将图层、标注样式、标题栏和图框等设置好后，可以保存为该文件格式作为样板使用。

（4）启动AutoCAD后，按＿＿＿＿＿＿＿＿组合键，可执行打开文件操作。

（5）按＿＿＿＿＿＿＿＿组合键，可执行保存文件操作。

（6）长度为1米半，如果使用小数计数法为＿＿＿＿＿＿米，而使用分数计数法则为＿＿＿＿＿＿米。

2．问答题

（1）如何自定义样板？试简述其操作过程。

（2）如何设置默认样板？试简述其操作过程。

（3）如何操作，可以将图纸的背景颜色设置为白色？

（4）设置图形界限的主要作用是什么？

（5）图纸集的作用是什么？

（6）试简述附着文件与输入文件的区别。

3．操作题

运行AutoCAD软件，建立新文件，模板的图形界限是120×90，“0”图层的颜色为红色（RED），将完成的模板图形以“KSCAD1-6.dwt”为文件名保存在考生文件夹中。本题为《试题汇编》第1单元第1.6题。

提示：

步骤1　执行“开始”→“所有程序”→“Autodesk”→“AutoCAD 2012-Simplified Chinese”→“AutoCAD 2012-Simplified Chinese”菜单命令，运行AutoCAD 2012软件。

步骤2　单击AutoCAD 2012操作界面“快速访问”工具栏中的“新建”按钮（或执行“文件”→“新建”菜单命令），打开“选择样板”对话框，选择acadiso.dwt样板，如图2-35所示，单击“打开”按钮，新建样板文件。

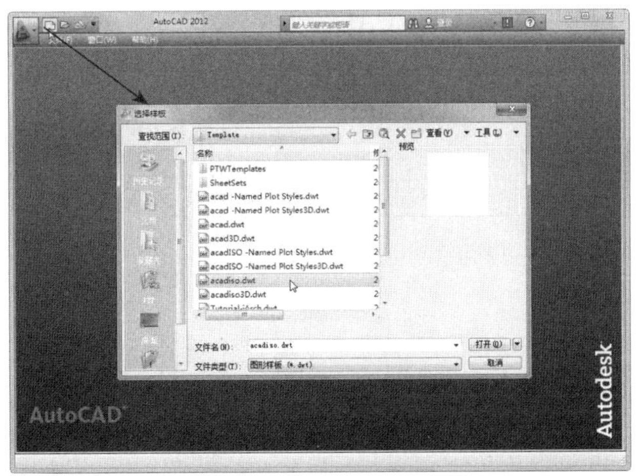

图2-35

步骤3　执行“格式”→“图形界限”菜单命令（或执行LIMITS命令），在命令行中输入“0,0”并按Enter键，设置图形界限的左下角点，然后输入“120,90”并按Enter键，设置图形界限的右上角点，如图2-36所示，设置模板的图形界限为120×90。

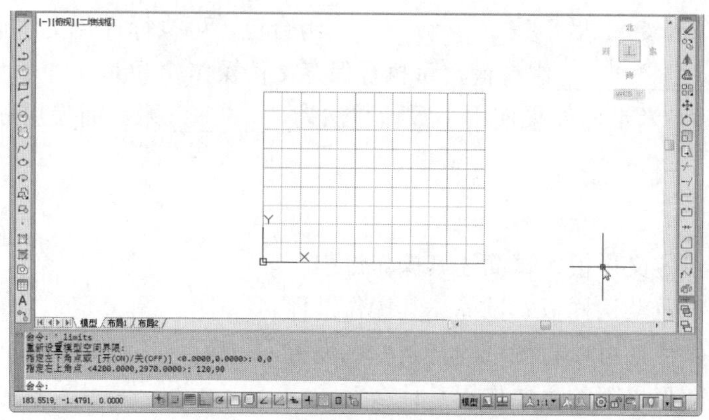

图2-36

步骤4 执行“格式”→“图层”菜单命令，打开“图层特性管理器”面板，如图2-37所示，单击“0”图层的“颜色”方块■，打开“选择颜色”对话框，如图2-38所示，在“索引颜色”选项卡中选择红色，设置“0”图层的颜色为红色。

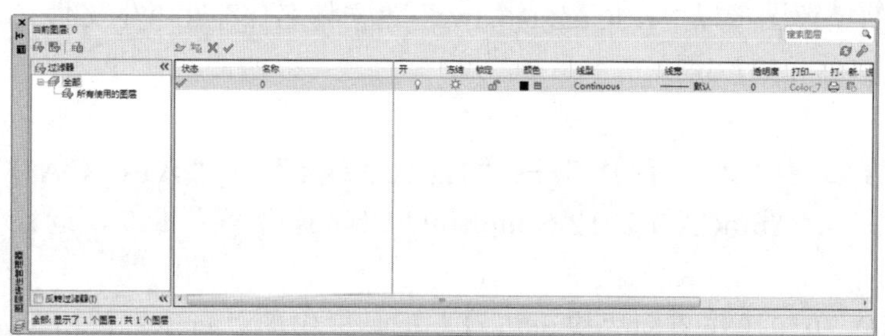

图2-37

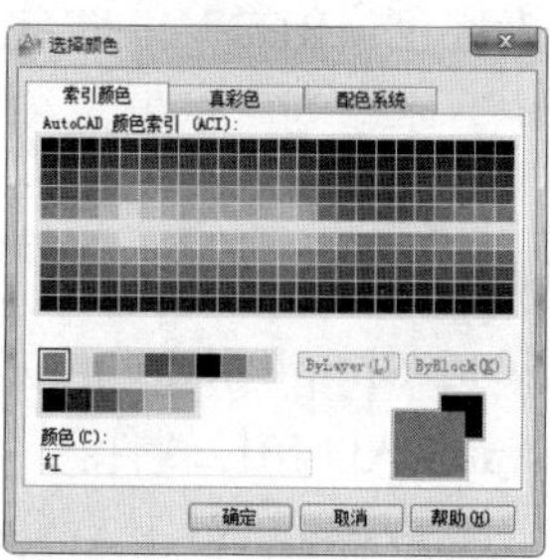

图2-38

步骤5 执行“文件”→“另存为”菜单命令，打开“图形另存为”对话框，在“文件类型”下拉列表中选择“AutoCAD图形样板（*.dwt）”选项，在“文件名”文本框中输入文件名“KSCAD1-6”，然后设置正确的保存路径，如图2-39所示，单击“保存”按钮，将文件保存在考生文件夹中。

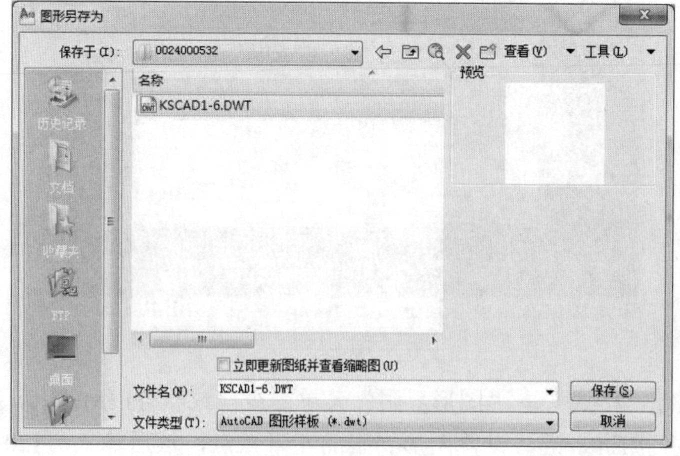

图2-39

第3章　简单绘图

本章讲解点、直线、圆、圆弧、椭圆、椭圆弧、矩形、正多边形等简单图形的绘制。绘制这些简单图形是绘制AutoCAD复杂图形的基础。如果想要在以后的绘图过程中得心应手，就必须学好本章内容。

本章主要内容

- 点的绘制
- 直线的绘制
- 圆、圆弧、椭圆和椭圆弧的绘制
- 矩形和正多边形的绘制

评分细则

本章每题有四个评分点，每题10分。

序号	评分点	分值	得分条件	判分要求
1	建立新图形文件	2	绘图参数设置正确	没按要求设置要扣分
2	绘制图形（1）	3	按照题目要求绘制图形的主要部分	有错扣分
3	绘制图形（2）	4	按照题目要求绘制图形的次要部分	有错扣分
4	保存	1	文件名、扩展名、保存位置	必须全部正确才得分

本章导读

上述明确了本章所要学习的主要内容，以及对应《试题汇编》的评分点、得分条件和判分要求等。下面先在“样题示范”中展示《试题汇编》中一道“零件图形绘制”的真实试题，然后在“样题分析”中对如何解答这道试题进行分析，并详细讲解本章所涉及的技能考核点，最后通过“样题解答”来演示“零件图形绘制”这道试题的详细操作步骤。

3.1　样题示范

【练习目的】

从《试题汇编》中选取样题，了解本章题目类型，掌握本章技能考核点。

【样题来源】

《试题汇编》第2单元第2.6题。

【操作要求】

绘制零件图形，如图3-1所示。

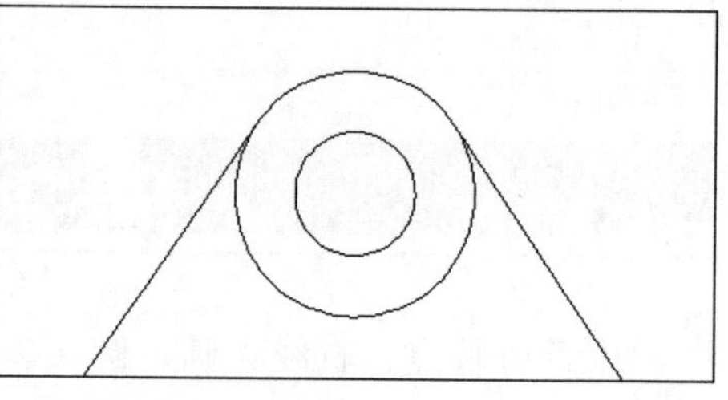

图3-1

1．新建图形文件：新建图形文件，设置图形界限为100×100。

2．绘制图形：

（1）绘制一个长为60、宽为30的矩形。

（2）在矩形对角线的交点处绘制半径分别为10和5的两个同心圆，再绘制七个等分点（如图3-2左图所示），以两侧八等分点为起点绘制两条与大圆相切的线，完成后的图形如图3-2右图所示。

3．保存：将完成的图形以“KSCAD2-6.dwg”为文件名保存在考生文件夹中。

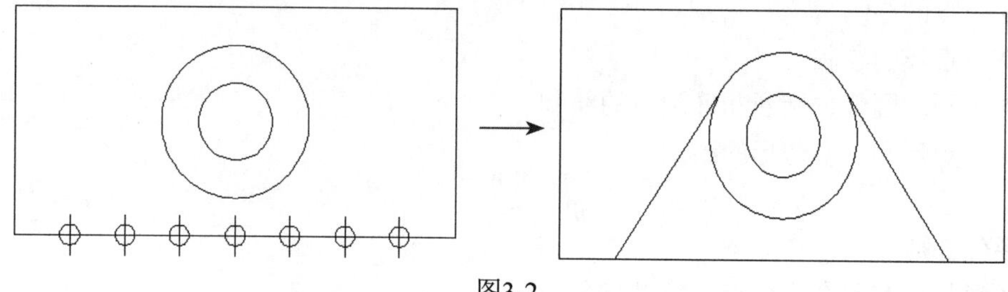

图3-2

3.2 样题分析

本题是关于图形绘制和编辑的试题，主要考查图形绘制能力。

本题的解题思路是，首先绘制一些基本图形，如圆、直线和矩形等，通过捕捉等方式确保多个圆具有相同的圆心，然后通过绘制等分点找到直线的1/8等分位置，并绘制相应的切线，以得到图形的最终效果。

要解答本题，需要掌握点、直线、圆和矩形等的绘制，以及切线的绘制等相关技能。下面开始介绍这些技能。

3.3 点的绘制

在AutoCAD中，点通常被用来辅助绘图，如作为对象捕捉的节点。本节介绍点样式的设置方法，以及直接绘制点、通过定数等分绘制点和通过定距等分绘制点的方法。

3.3.1 设置点样式

在AutoCAD中，点的默认样式为小圆点“·”，也可以根据需要将其设置为其他样式，如⊕、⊠和⊞等样式。

执行“格式”→“点样式”菜单命令，或执行DDPTYPE命令，打开“点样式”对话框，在此对话框中可设置点的样式和点相对于屏幕的大小，如图3-3所示。

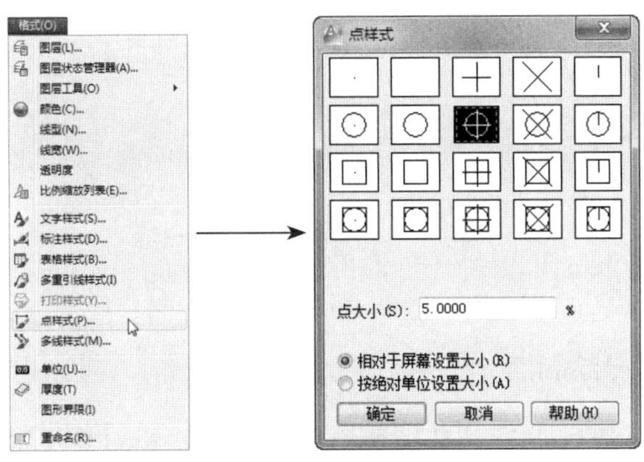

图3-3

提示：在“点样式”对话框中，单击“相对于屏幕设置大小”单选按钮，在缩放视图时，点的大小不变（缩放后需执行REGEN命令，重生成视图）；单击“按绝对单位设置大小”单选按钮，则可缩放点的大小。

此外，对话框中的第二个点样式为空白不可见点样式，用于定义捕捉点。

3.3.2 直接绘制点

单击“绘图”工具栏中的“点”按钮，或执行POINT命令，然后通过输入坐标值或使用鼠标单击的方式，即可在绘图区中直接绘制点，如图3-4所示。此外，执行“绘图”→“点”→“多点”菜单命令，可连续绘制多个点。

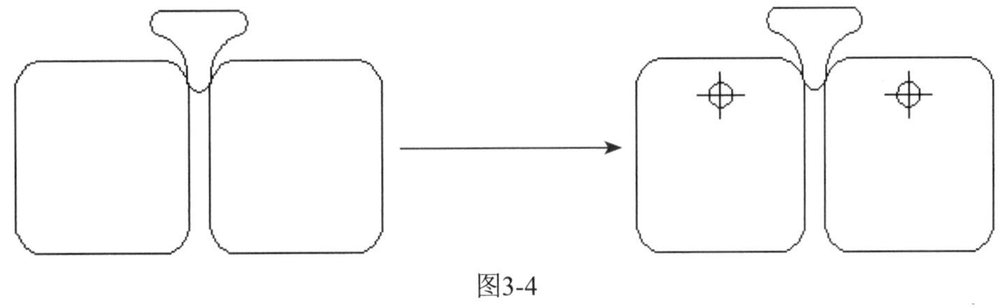

图3-4

3.3.3 通过定数等分绘制点

所谓“定数等分绘制点”，是指在一定距离内按指定的数量绘制多个点，这些点之间的距离均匀分布。

执行“绘图”→“点”→“定数等分”菜单命令，或执行DIVIDE命令，选择要定数等分的对象，然后输入等分个数，即可通过定数等分绘制多个点，如图3-5所示。

提示：在执行定数等分的过程中，输入“B”，可以将块对象定数等分排列到选定的对象上，而且可以选择使块对象与选定对象对齐（或不对齐），如图3-6所示。

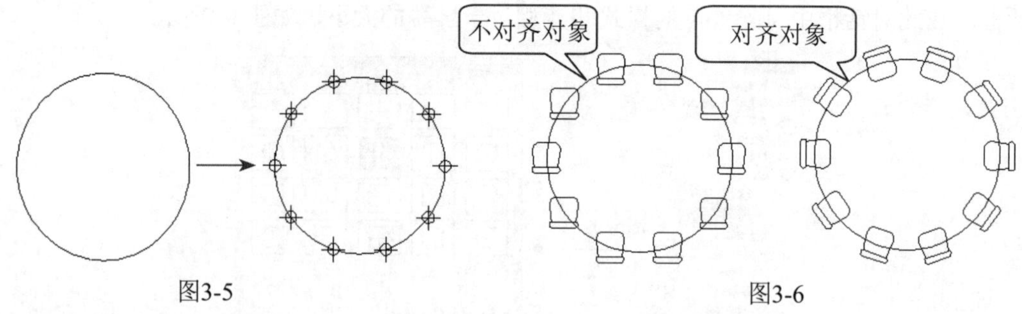

图3-5　　图3-6

3.3.4 通过定距等分绘制点

所谓“定距等分绘制点”，是指按指定距离在指定对象上的一定范围内绘制多个点。

例如，要将如图3-7左图所示的线段*AB*从端点*A*开始每隔20个图形单位插入一个点进行定距等分绘制点，可首先执行“绘图”→“点”→“定距等分”菜单命令，然后在靠近端点*A*处单击（即选择了线段*AB*），再在弹出的文本框中输入间距“20”并按Enter键，效果如图3-7右图所示。

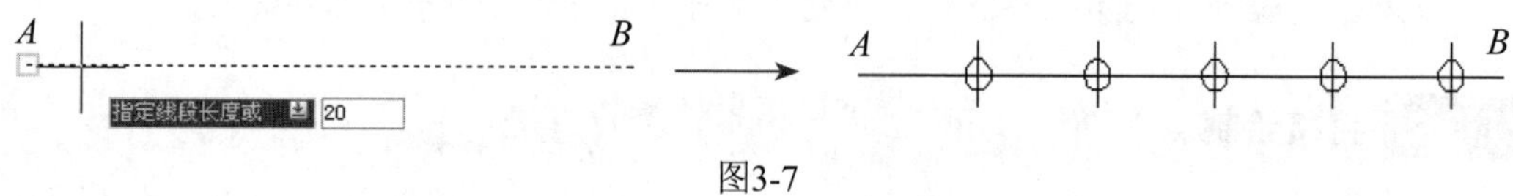

图3-7

提示：插入点是从距离拾取点最近的端点开始的。上例中，如果在靠近端点*B*处单击选择线段*AB*，则将从端点*B*处开始每隔20个图形单位插入一个点，效果如图3-8所示。

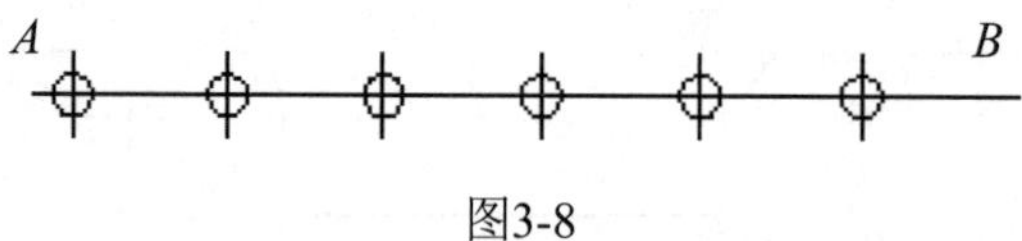

图3-8

3.4 直线的绘制

本节首先讲解绘制直线的操作，然后讲解配合AutoCAD提供的各种命令绘制垂直线、平行线和切线的操作，以及绘制射线和构造线的操作。

3.4.1 绘制直线

直线是最常用、最基本的构图要素，在很多图纸中只需要使用直线即可完成大多数图形的绘制，如图3-9所示。

直线的绘制非常简单，单击“绘图”工具栏中的“直线”按钮，或执行LINE（或L）命令，然后通过两次单击分别指定直线的起点和终点，并按Enter键，即可绘制直线，如图3-10所示。

连续单击鼠标左键，可一次绘制多条相连的直线。

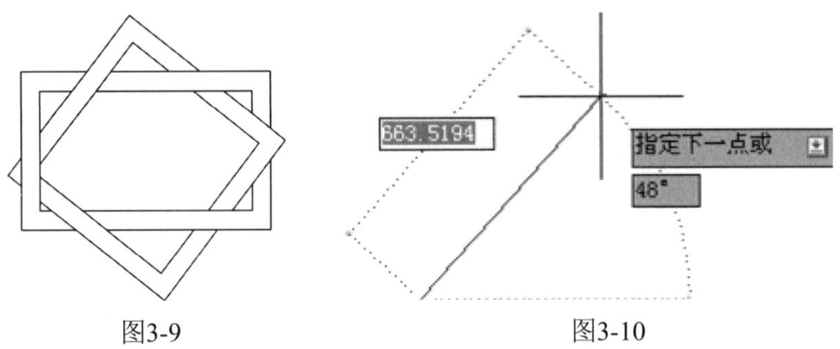

图3-9　　　　图3-10

提示：按Enter键可以结束画线命令。此外，在绘制直线的过程中，也可以通过在命令行中输入“U”来撤销上一段直线，输入“C”来封闭图形并结束画线命令。

3.4.2 绘制垂直线、平行线和切线

如何绘制垂直线、平行线和切线呢？实际上不需要对此担心，因为在绘制直线的过程中（已单击一点确定了起点的位置），当将鼠标指针移动到辅助线上时，系统会自动给出提示，如平行提示、相切提示和垂直提示等，操作时根据需要绘制即可。

在绘制这三种直线的过程中，当单击了一点并将鼠标指针移向垂直或平行的线，以及要相切的圆弧时：

- 如果绘制的是垂直线，移动鼠标指针，当出现垂直提示（一个框）时，直接单击即可绘制垂直线，如图3-11左图所示。
- 如果绘制的是平行线，首先将鼠标指针移向平行线，并在线上移动鼠标指针，在出现平行标志时移离鼠标指针到大概平行的位置，系统会给出平行提示，此时单击即可绘制平行线，如图3-11中图所示。
- 如果绘制的是切线，在圆弧上移动鼠标指针，当出现相切提示◯时，单击即可绘制切线，如图3-11右图所示。

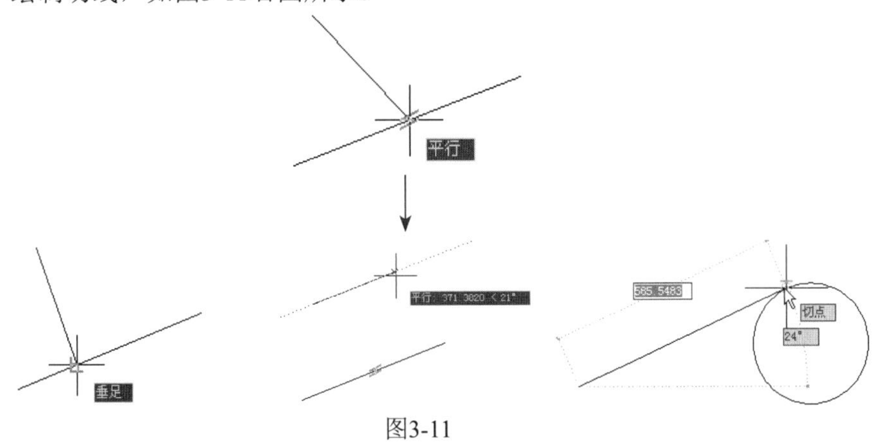

图3-11

当然，如果想更加确定地绘制平行或相切等图线（或所用AutoCAD版本较低，如R14），在AutoCAD中也可通过输入参数进行绘制。在绘制时，输入“per”，按Enter键，可绘制垂直线；输入“par”，按Enter键，可绘制平行线；输入“_tan”，按Enter键，可绘制相切线。

提示：实际上，per、par和_tan这三个参数分别被用于进入垂直、平行和相切覆盖捕捉模式，好处是，可以在未单击直线的起点之前就进行覆盖捕捉（平行捕捉除外），这样可以先确定直线的垂直点或切点，再确定另外一点。

如果绘制与两个圆都相切的线，如图3-12所示，其操作步骤为，单击“绘图”工具栏中的“直线”按钮，输入“_tan”，按Enter键，将鼠标指针移动到一个圆上单击，再输入“_tan”，按Enter键，将鼠标指针移动到另外一个圆上单击，即可完成绘制。

此外，也可在绘制直线的过程中通过单击“对象捕捉”工具栏（如图3-13所示）中的相关按钮，进入需要使用的覆盖捕捉模式，以绘制相切、平行和垂直的图线，以及使图线捕捉到节点、象限点、交点和最近点等。

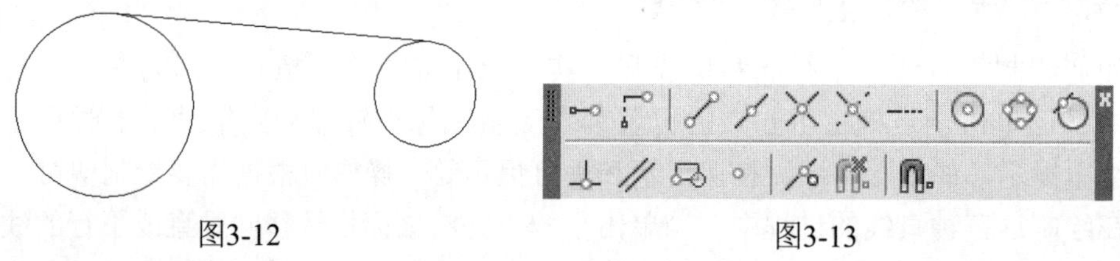

图3-12　　　　图3-13

3.4.3 绘制射线

射线是只有起点、没有终点的直线，其一端固定，另一端可以无限延伸。射线通常作为确定角度或位置的辅助线使用。

执行“绘图”→“射线”菜单命令，或执行RAY命令，然后指定起点位置，再指定通过点的位置，即可绘制射线，效果如图3-14所示。在未结束射线绘制命令前，可以连续绘制多条共同起点的射线。

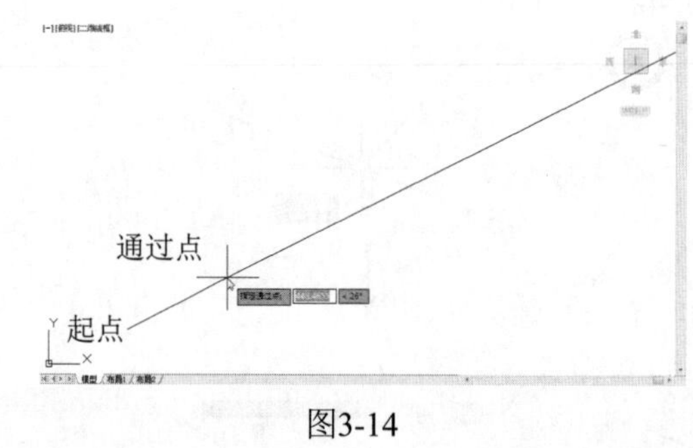

图3-14

提示：通常可通过在“草图设置”对话框的“极轴追踪”选项卡中设置“极轴追踪”的“增量角”（设置方法参见6.4.5节），并单击状态栏中的“极轴追踪”按钮极轴打开“极轴追踪”，来绘制与水平线（坐标系的x轴）成一定角度的射线。

3.4.4 绘制构造线

构造线是没有起点和终点的直线，两端可以无限延伸。在实际应用中，构造线也常作为辅助线使用。

单击“绘图”工具栏中的“构造线”按钮，或执行XLINE命令，然后在绘图区中单击指定两点，即可绘制构造线，如图3-15所示。

提示：也可在绘制构造线的过程中输入“H”“V”“A”“B”“O”，再按照提示绘制水平、垂直、具有指定倾斜角度、二等分或偏移（平行于选定直线）的构造线，如图3-16所示为绘制的两条线夹角的平分角度的构造线（即二等分构造线）。

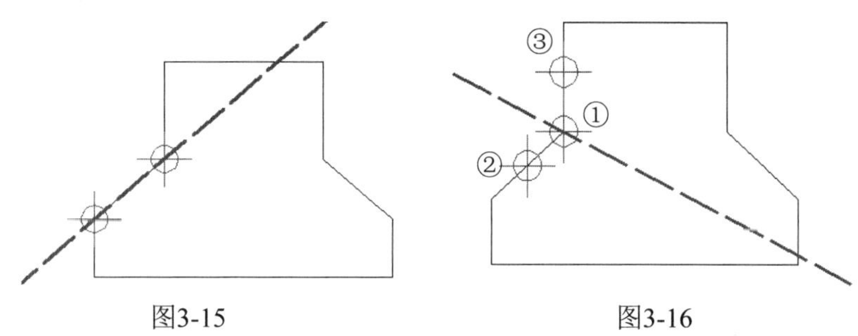

图3-15　　　　图3-16

3.5 圆、圆弧、椭圆和椭圆弧的绘制

圆、圆弧、椭圆和椭圆弧是另一类常用的平面对象。和直线相比，绘制这些对象的方法要多一些，下面分别讲解。

3.5.1 绘制圆

单击“绘图”工具栏中的“圆”按钮，或执行CIRCLE（或C）命令，然后指定圆心位置，再指定圆的半径，即可绘制圆，如图3-17所示。

此外，在执行CIRCLE命令后，也可以输入“3P”“2P”“T”（或选择“绘图”→“圆”下的子菜单命令），来绘制通过三个点的圆、通过圆直径两个端点的圆，以及与两条线相切的圆，如图3-18～图3-20所示。

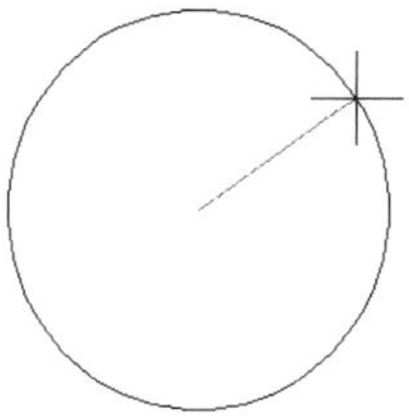

图3-17

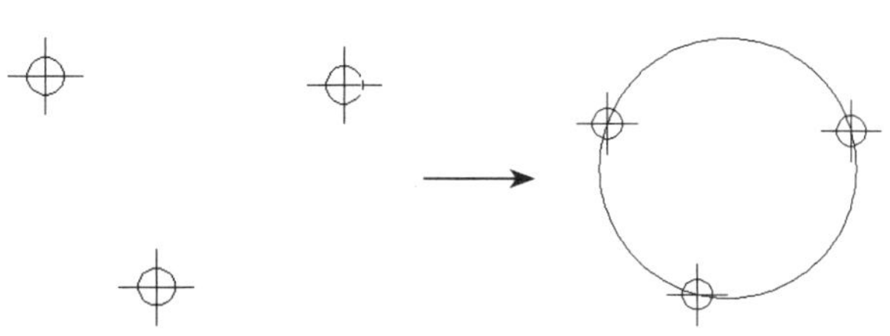

图3-18

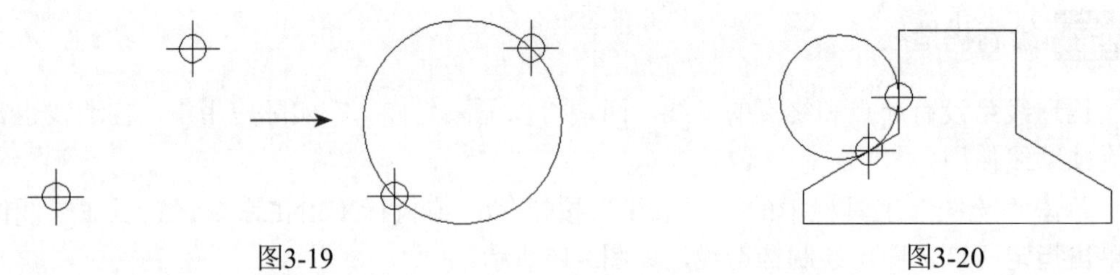

图3-19　　图3-20

提示：如果执行“绘图”→“圆”下的子菜单命令，还可以以“相切、相切、相切”方式绘制圆（即与三条直线都相切的圆），如图3-21所示；以及以“圆心、直径”方式绘制圆，这种方式与以“圆心、半径”方式绘制圆的操作相同，只是第二次单击（或输入数值）确定的是圆的直径，如图3-22所示。

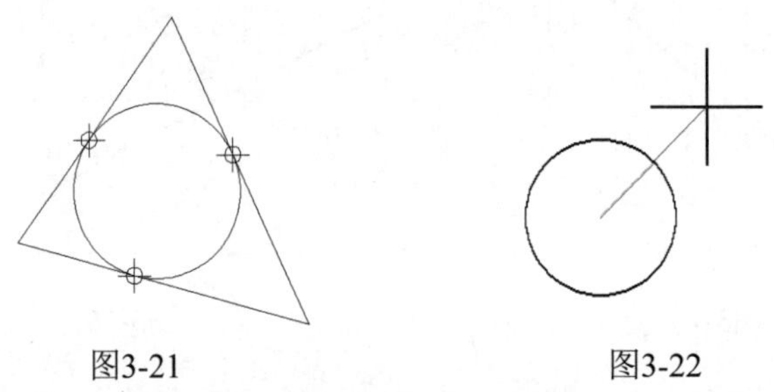

图3-21　　图3-22

3.5.2 绘制圆弧

单击“绘图”工具栏中的“圆弧”按钮，或执行ARC（或A）命令，可以以多种方式绘制圆弧。这些绘制方式通常需要指定圆心、端点、起点、半径、角度和弦长等参数中的三个，然后通过指定的参数即可确定圆弧的位置、弧长和弧的夹角大小等，从而定义所要绘制的圆弧的形状，如图3-23所示（绘制时根据提示进行操作）。

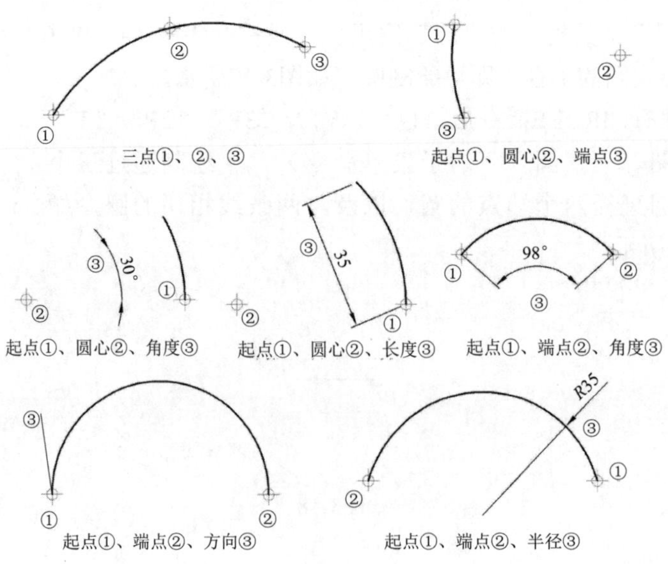

图3-23

执行“绘图”→“圆弧”下的子菜单命令，还可以选择更多方式绘制圆弧，如图3-24所示。其中，“继续”方式是在上一段已绘圆弧的终点处继续绘制圆弧，所绘圆弧与已绘圆弧相切，绘制时只需指定圆弧的一个端点即可。

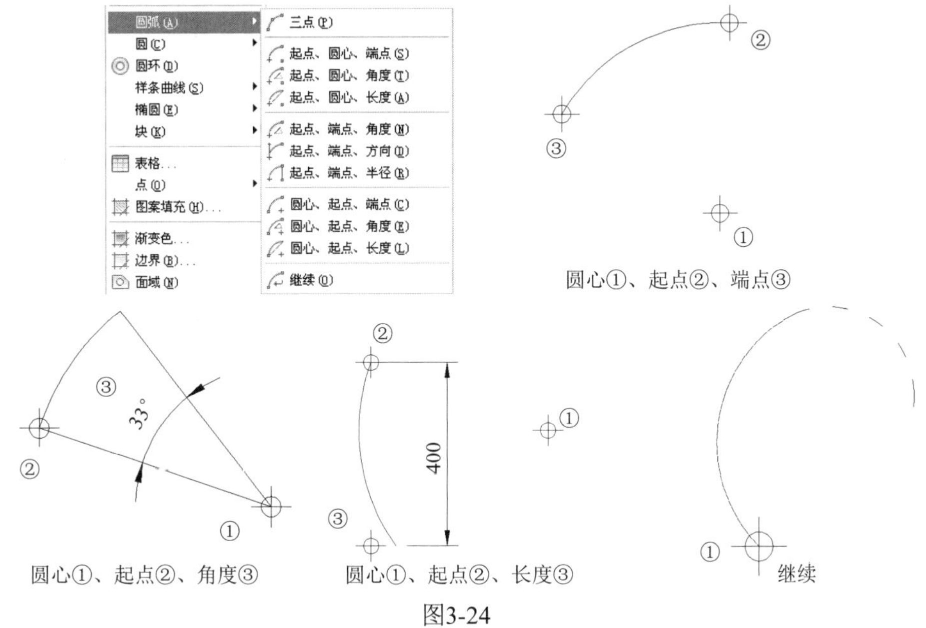

图3-24

下面讲解圆弧的绘制过程。

（1）按照图3-25左图所示，绘制圆和相对于圆的竖向中心线对称的两条直线（可单击“修改”工具栏中的“镜像”按钮，得到右侧直线）。

（2）执行A命令，按照图3-25中图所示，然后先单击*A*点（确定圆弧的起点），输入“C”后按Enter键，再单击*B*点（确定圆弧的圆心），最后单击*C*点（确定圆弧的端点），即可完成圆弧的绘制，效果如图3-25右图所示。

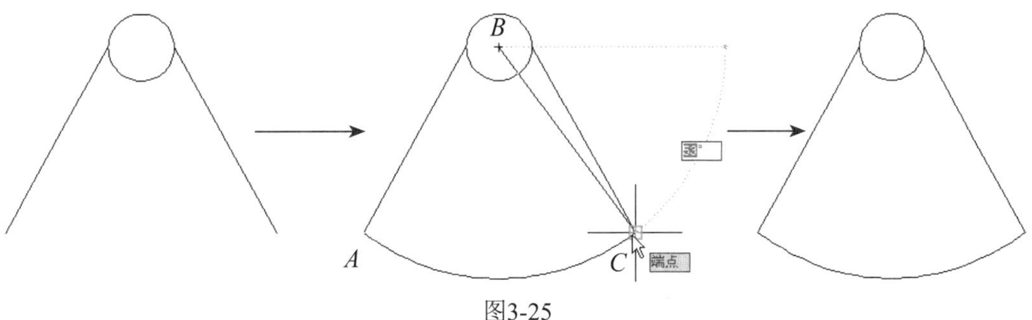

图3-25

提示：默认情况下，系统以逆时针方向绘制圆弧。因此，在需要输入角度时，如果输入正值，则圆弧绕圆心沿逆时针方向延长；如果输入负值，则圆弧绕圆心沿顺时针方向延长。

3.5.3 绘制椭圆

单击“绘图”工具栏中的“椭圆”按钮，或执行ELLIPSE（或EL）命令，可以以两种方式绘制椭圆：一种是使用“轴、端点”法，通过指定一个轴的两个端点（主轴）和另一个轴的半轴长度进行绘制（如图3-26所示），这也是系统默认使用的椭圆绘制方法；另一种是使用“中心点”法，通过指定椭圆中心、一个轴的端点（主轴）及另一个轴的半轴长度进行绘制（如图3-27所示）。

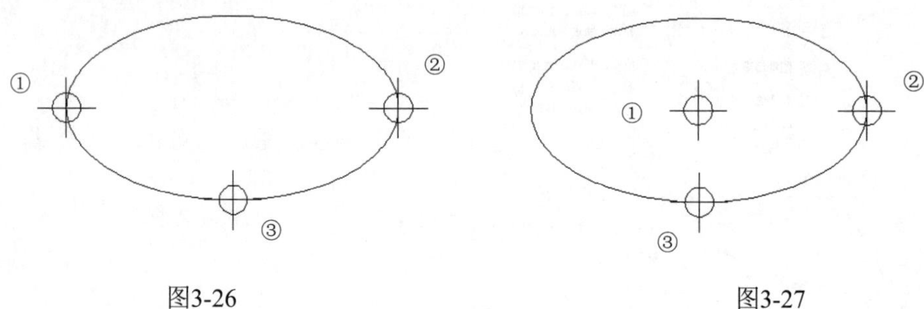

图3-26　　图3-27

提示：可以在指定最后一个轴的长度时，输入“R”选择“旋转”选项，然后输入一个0～89.4°的角度值指定旋转的角度，来绘制椭圆。

此选项表示一个圆绕其直径旋转指定角度后投影到原来的圆所在平面而形成的椭圆（其原理如图3-28所示），所以旋转的值越大，椭圆的另外一个轴越短，反之越长。

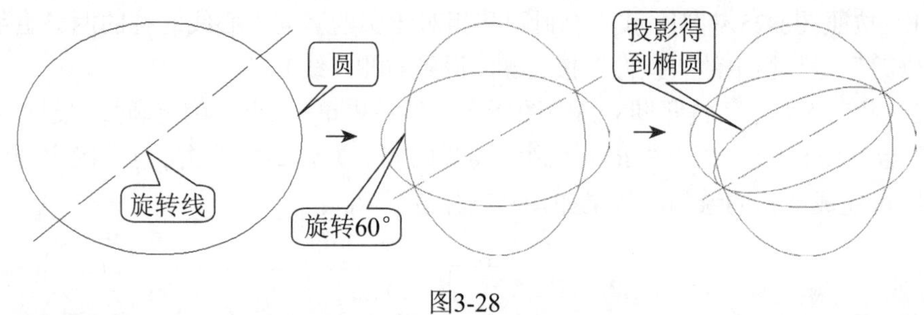

图3-28

3.5.4 绘制椭圆弧

单击“绘图”工具栏中的“椭圆弧”按钮（或执行ELLIPSE命令后，选择A选项），即可绘制椭圆弧。在绘制时首先绘制一个椭圆，然后通过定义椭圆弧的起始角度与终止角度完成椭圆弧的绘制，如图3-29所示。

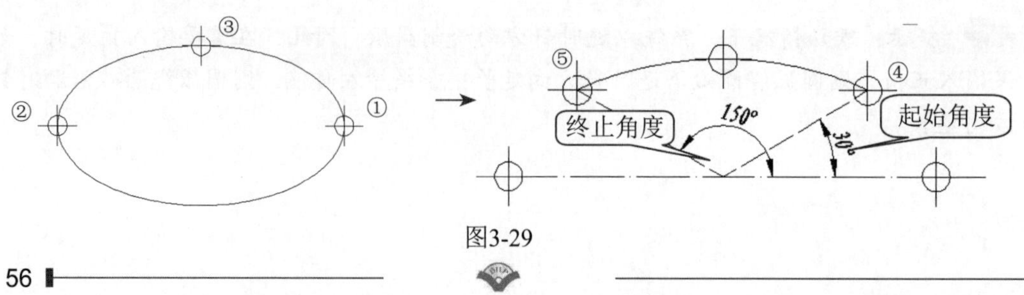

图3-29

在绘制椭圆弧的操作中，涉及两个不易理解的选项，这里集中讲解。

- 参数：此选项同样被用于定义起始角度和终止角度，只不过此时的角度值是通过参数方程计算出来的。
- 包含角度：此选项是定义椭圆弧终止角度的另外一种方式，是指椭圆弧起始角度线和终止角度线的夹角，即“包含角度”是从起始角度线（而不是从水平零度线）开始计算的角度。

3.6 矩形和正多边形的绘制

在AutoCAD中，可以绘制多种矩形，如倒角矩形、圆角矩形等。此外，可以使用内接圆法、外切圆法，或者通过指定边线位置与长度来绘制正多边形。本节讲解矩形和正多边形的绘制方法。

3.6.1 绘制矩形

单击“绘图”工具栏中的“矩形”按钮，或执行REC命令，然后分别指定矩形的两个角点，即可绘制矩形，如图3-30所示。

图3-30

在绘制过程中，通过设置各种参数，可以选择绘制倒角、圆角、厚度和宽度等矩形，如图3-31所示。

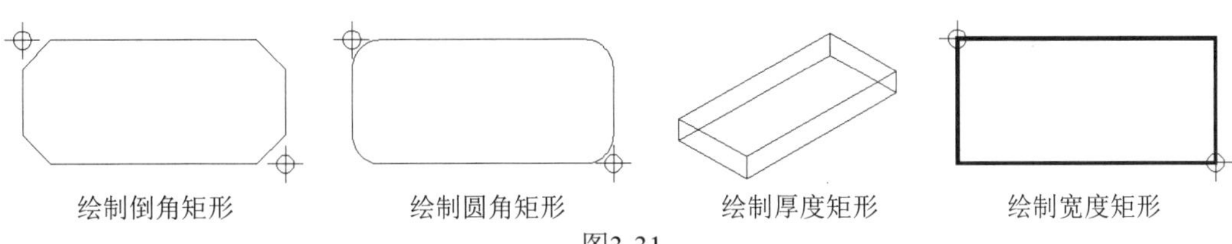

绘制倒角矩形　绘制圆角矩形　绘制厚度矩形　绘制宽度矩形

图3-31

提示：还可通过选择“标高”选项绘制矩形。“标高”是指所绘图形与现在的xy平面的水平距离，即通过设置标高，可在平行于xy平面的其他平面内绘制矩形。

此外，在指定第二个角点的位置前，命令行会提示“指定另一个角点或 [面积(A)/尺寸(D)/旋转(R)]:”，此时可通过设置矩形的面积、长宽及旋转角度等来绘制固定面积、特定长宽和具有一定旋转角度的矩形，效果如图3-32～图3-34所示。

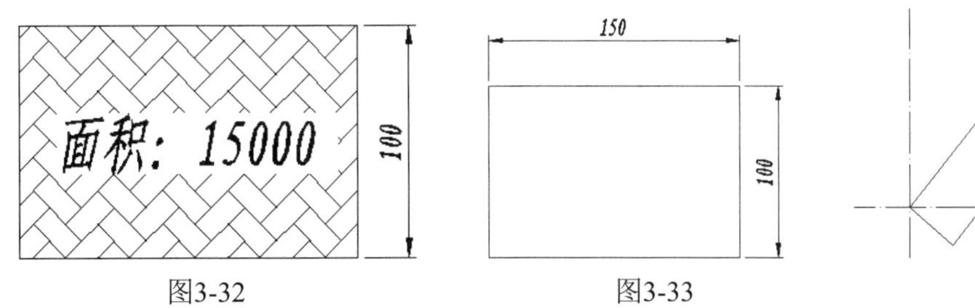

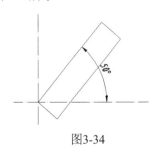

图3-32　图3-33 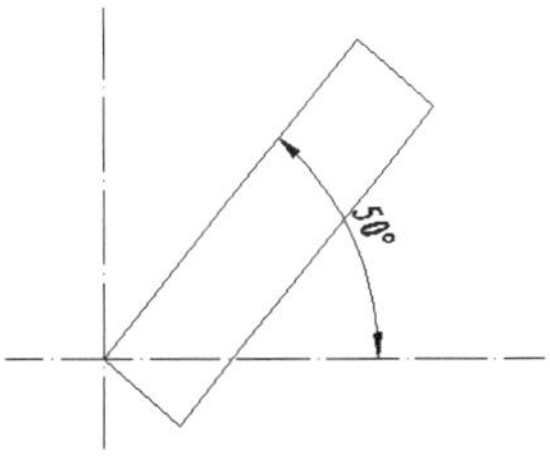　图3-34

提示：矩形是一个整体，如果想单独编辑其中的某一条边，则必须在执行EXPLODE（分解）命令将其分解后才能进行单独操作。

3.6.2 绘制正多边形

正多边形是由多条边长、角度都相等的线段构成的封闭图形。单击“绘图”工具栏中的“正多边形”按钮，或执行POLYGON（或POL）命令，然后输入正多边形的边数，再指定正多边形的中心，以及与假想定位圆的连接方式，最后指定圆的半径，即可绘制正多边形，如图3-35所示。

此外，通过指定一条边的长度的方式，也可绘制正多边形，如图3-36所示。

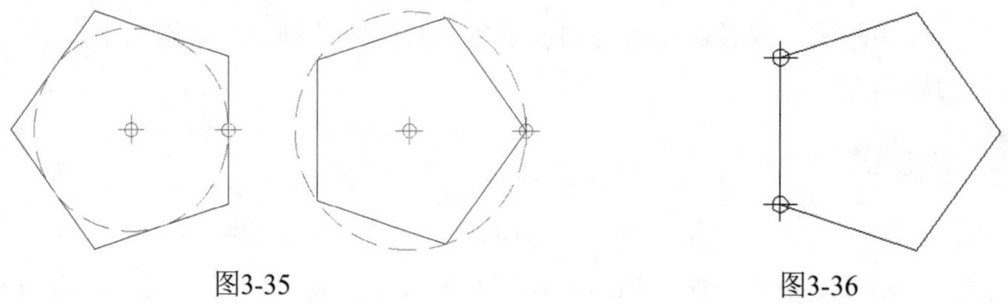

图3-35　　图3-36

3.7 样题解答

步骤1　新建图形文件，执行“格式”→“图形界限”菜单命令（或执行LIMITS命令），在命令行中输入“0,0”，按Enter键，再输入“100,100”，按Enter键，设置样板的图形界限为100×100，如图3-37所示。

步骤2　执行“绘图”→“矩形”菜单命令（或执行REC命令），在图形界限内先单击一点确定左下角点，然后输入“60,30”并按Enter键确定右上角点，绘制一个长为60、宽为30的矩形；执行“绘图”→“圆”→“圆心、半径”菜单命令（或执行C命令），捕捉矩形的中心点为圆心，绘制两个同心圆，半径分别为10和5，如图3-38所示。

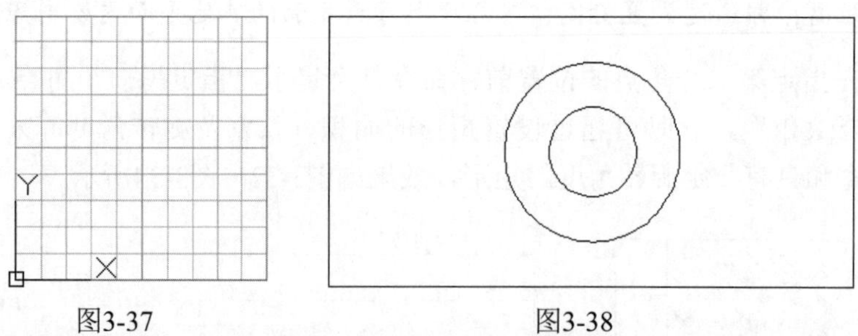

图3-37　　图3-38

步骤3　执行“修改”→“分解”菜单命令（或执行X命令），选择矩形并将其分解为线段，然后执行“绘图”→“点”→“定数等分”菜单命令，选择矩形底部的边线，输入“8”，创建七个等分点，如图3-39所示。

步骤4　执行“绘图”→“直线”菜单命令（或执行L命令），以步骤3绘制的两侧八等分点位置处为起点，绘制两条与大圆相切的线，完成图形的绘制，如图3-40所示。

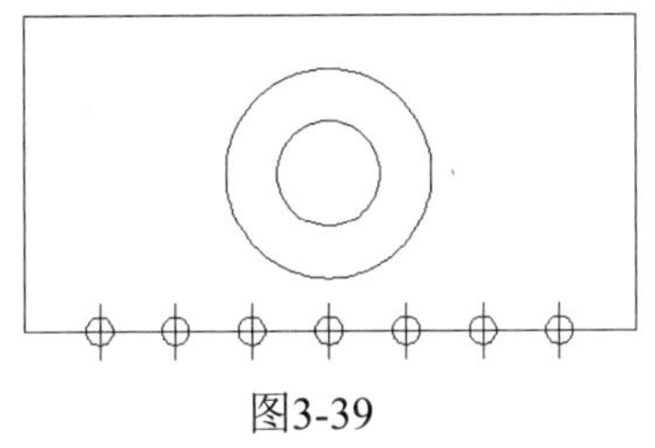

图3-39

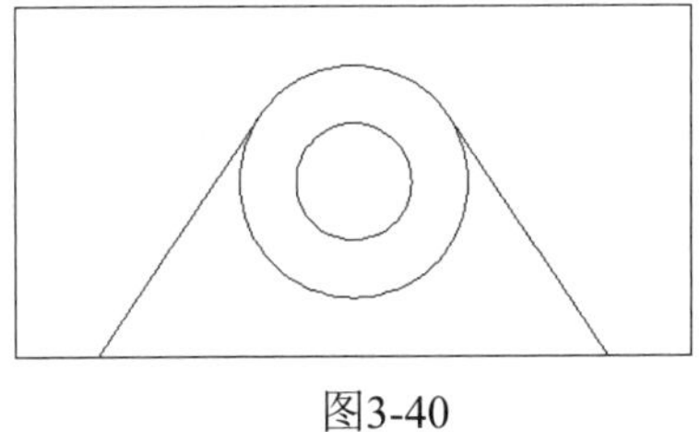

图3-40

步骤5　将图形文件存入考生文件夹，并将图形文件命名为“KSCAD2-6.dwg”。

3.8　习题

1．填空题

（1）点的大小和样式可通过执行____________________菜单命令来设置。

（2）AutoCAD中的构造线主要用作________线。

（3）射线是只有________、没有________的直线。

（4）构造线是没有________的直线。

（5）默认情况下，系统以________方向绘制圆弧。

（6）系统默认使用________方法绘制椭圆。

（7）矩形是一个整体，如果想单独编辑其中的某一条边，则必须在执行______命令将其分解后才能进行单独操作。

2．问答题

（1）如何绘制切线？有哪几种绘制方式？

（2）如何连续绘制多个点？

（3）使用“定数等分”和“定距等分”绘制点，有何区别？

（4）如何绘制与两个圆都相切的直线？

3．操作题

绘制如图3-41所示的图形，以复习本章学习的知识。本题为《试题汇编》第2单元第2.14题。

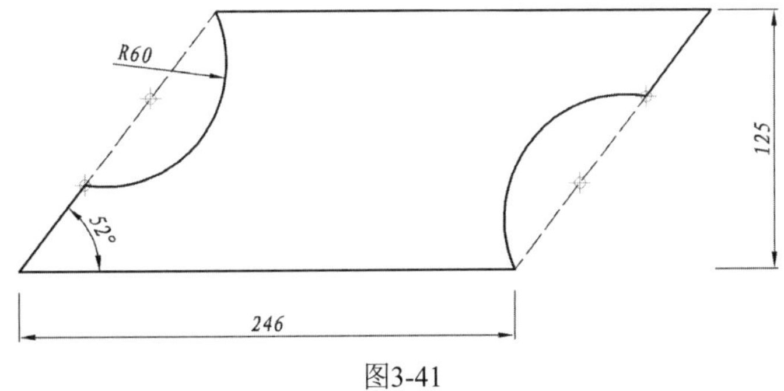

图3-41

提示：

步骤1 新建图形文件，执行“格式”→“图形界限”菜单命令（或执行LIMITS命令），在命令行中输入“0,0”并按Enter键，再输入“420,297”并按Enter键，设置样板的图形界限为420×297，如图3-42所示。

步骤2 执行“绘图”→“直线”菜单命令（或执行L命令），绘制一条长度为246的水平直线；然后执行“修改”→“偏移”菜单命令（或执行O命令），将直线向上偏移125个图形单位；再次执行L命令，以底部直线的左侧端点为起点，绘制一条与水平线成52° 的倾斜直线，如图3-43所示。

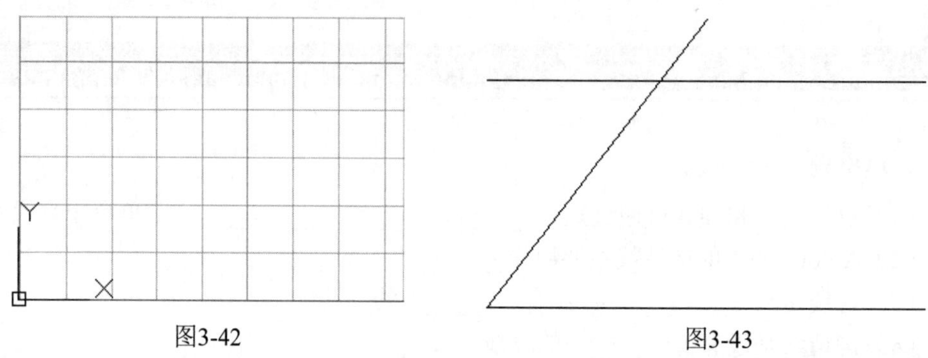

图3-42　　图3-43

步骤3 执行“修改”→“复制”菜单命令（或执行CO命令），捕捉倾斜直线的左下角点，复制一条直线到其右侧角点位置处；然后执行“修改”→“修剪”菜单命令（或执行TR命令），对倾斜的直线和顶部水平线进行修剪；再执行“修改”→“延伸”菜单命令（或执行EX命令），对顶部水平线进行延伸，完成平行四边形的绘制；最后执行“绘图”→“点”→“定数等分”菜单命令，选择倾斜的直线，输入“3”，创建两个等分点，再创建右侧的等分点，如图3-44所示。

步骤4 执行“绘图”→“圆弧”→“起点、端点、半径”菜单命令（或执行ARC命令），捕捉直线的端点和等分点，输入“60”，绘制两个劣弧，完成图形的绘制，如图3-45所示。

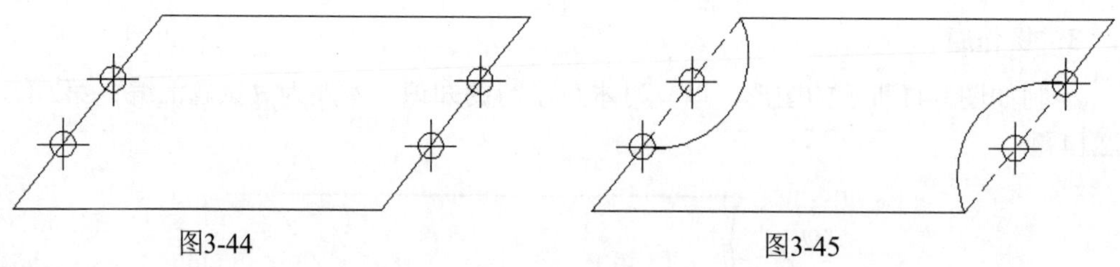

图3-44　　图3-45

提示：完成步骤4后，可使用圆弧对倾斜的直线进行修剪，然后再绘制直线，并设置线型为DASHED（虚线），由于题中未要求绘制该线段，也可以不绘制。

步骤5 将图形文件存入考生文件夹，并将图形文件命名为“KSCAD2-14.dwg”。

第4章　图形属性

为了分类管理不同类型的图线，也为了后期调整的方便，AutoCAD引入了“图层”的概念。相同图层中的对象通常具有相同的参数，如相同的线型、线宽和颜色等，然后将图层叠加，便可以得到需要的图形。

为了提高绘图效率，AutoCAD又引入了“块”的概念，即将出现频率比较高的图形定义为块（如机械图中的粗糙度符号和工程图中的标高图形等）以方便重复使用，或在其他图形中直接插入使用。

本章主要讲解图层和块的相关知识，如图层的管理和设置、块的创建和使用等。此外，本章还将讲解图线的颜色、线型和线宽的设置等。

本章主要内容

- 设置绘图颜色、线型和线宽
- 使用图层
- 创建和使用块
- 动态块

评分细则

本章题目有四个评分点，每题8分。

序号	评分点	分值	得分条件	判分要求
1	打开图形文件	1	正确打开文件	有错扣分
2	属性编辑（1）	3	属性设置操作的基础部分	有错扣分
3	属性编辑（2）	3	属性设置操作	有错扣分
4	保存	1	文件名、扩展名、保存位置	必须全部正确才得分

本章导读

上述明确了本章所要学习的主要内容，以及对应《试题汇编》的评分点、得分条件和判分要求等。下面先在“样题示范”中展示《试题汇编》中一道“图形属性设置”的真实试题，然后在“样题分析”中对如何解答这道试题进行分析，并详细讲解本章所涉及的技能考核点，最后通过“样题解答”演示“图形属性设置”这道试题的详细操作步骤。

4.1　样题示范

【练习目的】

从《试题汇编》中选取样题，了解本章题目类型，掌握本章技能考核点。

【样题来源】

《试题汇编》第3单元第3.4题。

【操作要求】

1. 打开图形文件：打开的图形文件为C:\2012CADST\Unit3\CADST3-4.dwg。

2. 属性编辑：

（1）创建“轮廓线”和“点划线”图层，“轮廓线”图层的图线宽度为0.50mm，“点划线”图层的颜色为红色，线型为CENTER，将图形的图线分别置于对应的图层中。

（2）将虚线框内的对象定义为块，块的名称分别为“把手”和“盖”，然后将块移动到如图4-1所示的位置处，完成图形的创建和调整。

3．保存：将完成的图形文件以“KSCAD3-4.dwg”为文件名保存在考生文件夹中。

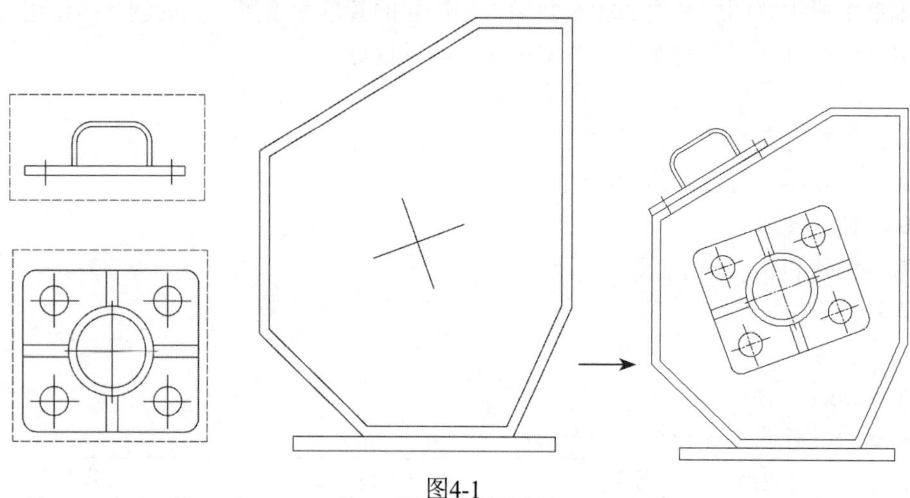

图4-1

4.2 样题分析

本题是关于图层的创建和设置，以及块的创建和插入的试题，主要考查图层和块的使用能力。

本题的解题思路是，首先创建多个图层，并设置图层的线型和颜色等，然后将图线合理地分配到各个图层中，再创建需要使用的块，插入块并将块移动到特定的位置处，最后进行适当的调整。

要解答本题，需要掌握图层、图线、线型和线型比例的设置，以及块的创建和添加等相关技能。下面开始介绍这些技能。

4.3 设置绘图颜色、线型和线宽

完成图线的绘制后，如何为图线设置颜色、线型（如将图线设置为虚线）和线宽

等，本节就来讲解这些内容。

4.3.1 设置颜色

选中某条要设置颜色的图线，然后在“特性”工具栏的“颜色控制”下拉列表中为该图线设置要使用的颜色，如图4-2所示（在下拉列表中选择“选择颜色”选项，可以在打开的对话框中为图线选择更多的颜色）。

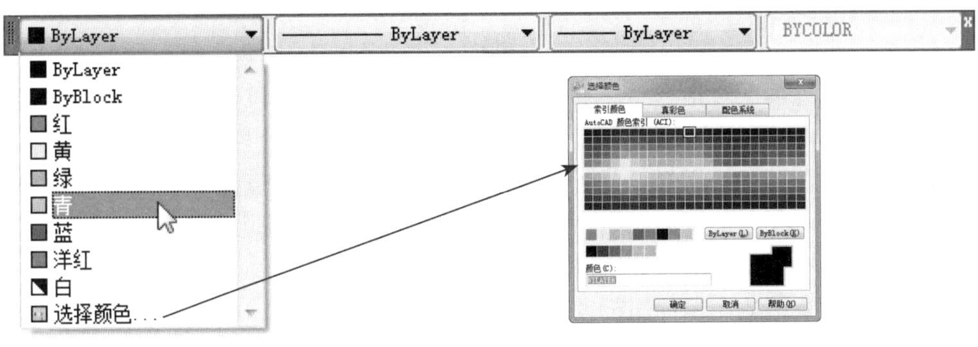

图4-2

提示：在实际操作中，通常通过图层设置图线的颜色，如果在该处下拉列表中选择“ByLayer”选项，可使图线颜色随图层颜色的变化而变化；如果选择“ByBlock”选项，可使图线颜色随图块颜色的变化而变化。

4.3.2 设置线型和线宽

与Word等常用的办公软件相同，选中某条要设置线型或线宽的图线，然后在“特性”工具栏的“线型控制”下拉列表中为图线设置线型（如可以设置线型为虚线），在“线宽控制”下拉列表中为图线设置线宽，如图4-3所示。

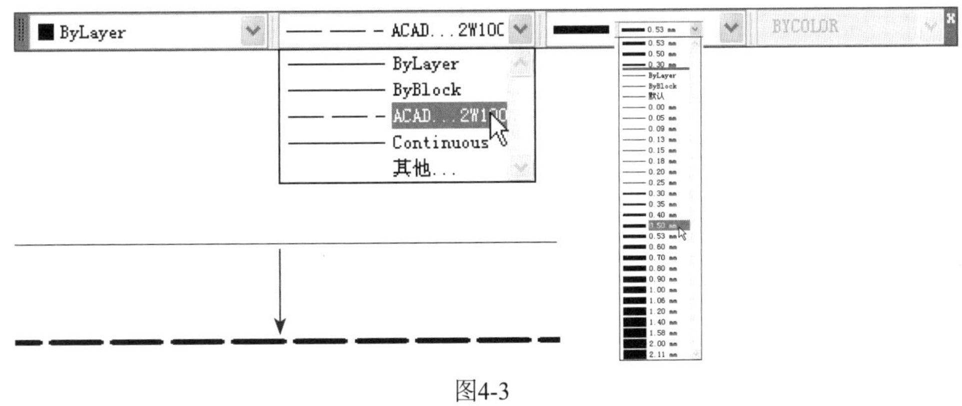

图4-3

如果在“线型控制”下拉列表中未找到需要使用的线型，可选择“其他”选项，打开“线型管理器”对话框，然后单击“加载”按钮，加载需要使用的线型，如图4-4所示。

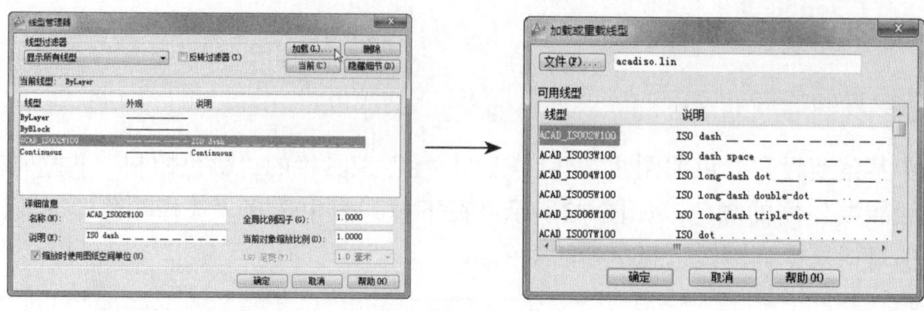

图4-4

在“线型管理器”对话框中，单击“显示细节”按钮，可以显示详细的线型参数设置，效果如图4-4左图所示。此处几个选项较为重要，下面进行讲解。

- 全局比例因子：用于设置所有非连续线型的外观，数值越大，非连续线型的单个元素越长，如图4-5所示（机械图中，此数值通常使用默认值1或比较小的放大比例；建筑图中，此数值通常为1000~2000）。
- 当前对象缩放比例：用于设置非连续线型新绘制对象的比例（对已经绘制好的对象没有影响），是在“全局比例因子”的基础上对新绘制对象的线型进行进一步缩放，如图4-6所示（建议尽量少用此项，否则会使图形调整起来很不方便，且易使图形杂乱）。

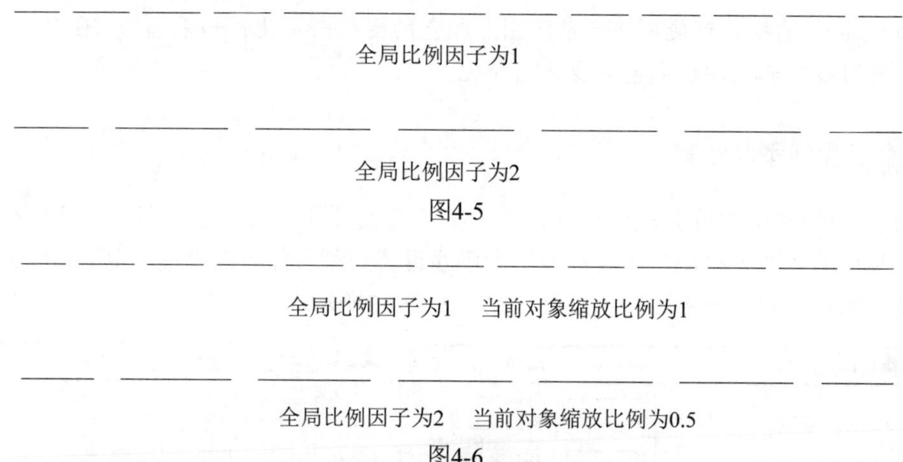

全局比例因子为1

全局比例因子为2

图4-5

全局比例因子为1　当前对象缩放比例为1

全局比例因子为2　当前对象缩放比例为0.5

图4-6

- ISO线宽：与“当前对象缩放比例”的作用相同，只是它是以图形单位的方式（而非比例）来设置非连续线型缺口处的宽度。设置了“ISO宽度”后，线宽会自动调整，可通过“线宽控制”下拉列表将线宽调整为原始值。

提示：在设置“当前对象缩放比例”之前，需要选择某个非ISO线型，并单击“当前”按钮，将其设置为当前线型，然后才可以设置“当前对象缩放比例”；而在设置“ISO线宽”之前，也需要选择某个ISO线型为当前线型，然后才可以在其下拉列表中选择要使用的ISO线宽。

这两个选项对其他线型（ISO线型和非ISO线型）都有效，而且都是在“全局比例因子”的基础上进行的比例缩放（建议这两个选项都尽量少用）。

● 缩放时使用图纸空间单位：用于设置图纸空间不同视口比例中的非连续线型，是保持模型空间的线型缩放关系，还是统一使用图纸空间的线型缩放关系，其设置效果如图4-7所示。

提示：上面通过“特性”工具栏设置线宽和线型的方法在实际中较少使用，因为单独设置每一条图线的线型显得很不“经济”，而且单独设置的线型日后调整起来也很麻烦。在实际绘制图形前，通常都会在图层中提前设置好要使用的线型、线宽和颜色等，然后才开始绘制。

在图层中的设置方法与上面基本相同，此处不再赘述。

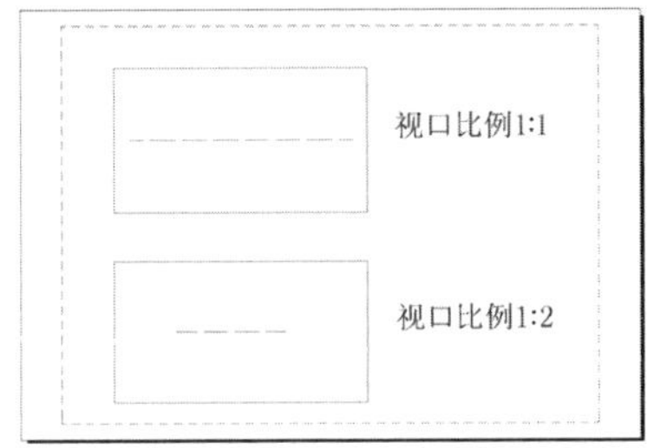

选中“缩放时使用图纸空间单位”复选框

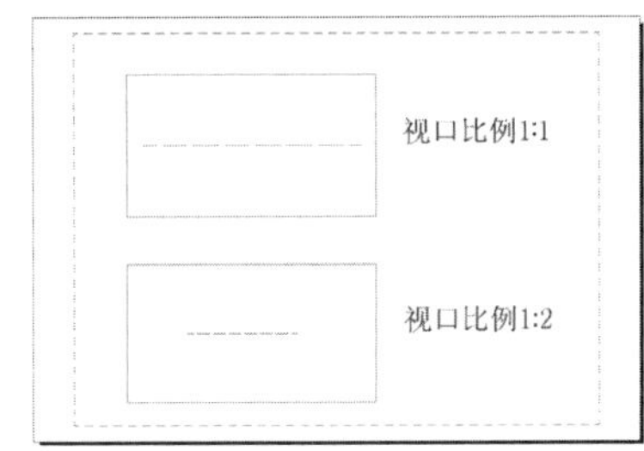

未选中“缩放时使用图纸空间单位”复选框

图4-7

4.4　使用图层

为了方便绘图，在AutoCAD中可将各种图形按照其性质的不同绘制于不同的图层中。图层相当于透明的玻璃纸，将各个图层叠加，即可输出完整的图纸。本节学习图层相关的快捷操作。

4.4.1　图层特性管理器

执行“格式”→“图层”菜单命令，或执行LA命令，可以打开“图层特性管理器”面板，如图4-8所示。图层特性管理器是对所有图层进行集中管理的工具，右侧窗格中的每一行表示当前文件中包含的一个图层，可通过设置不同选项改变当前图层的线宽和颜色等。

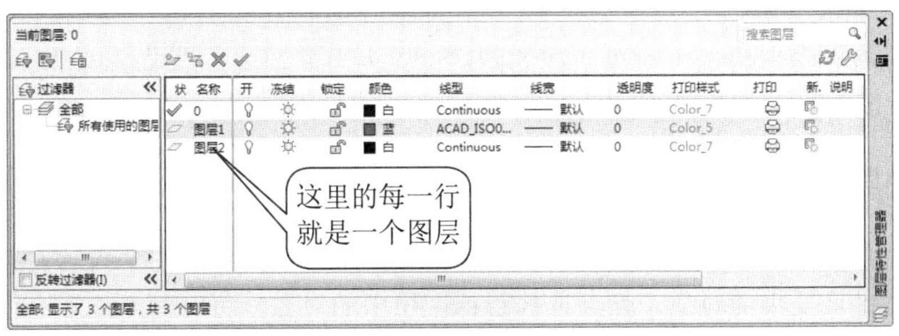

图4-8

例如，在一个新建的文件中绘制一个圆，然后通过图层特性管理器更改圆的线型，如图4-9所示。

操作过程如图4-10所示，如果在右侧对话框中没有可以使用的线型，可以单击“加载”按钮，在打开的对话框中加载需要使用的线型（可以对图层的其他特性进行更改，参见4.4.6节）。

通过“图层特性管理器”面板上方的几个按钮，可以执行新建图层（）、新建冻结图层（）、删除图层（）和将图层置为当前（）等操作。此外，左侧的三个按钮（）主要用于分组管理图层等，此处不作赘述。

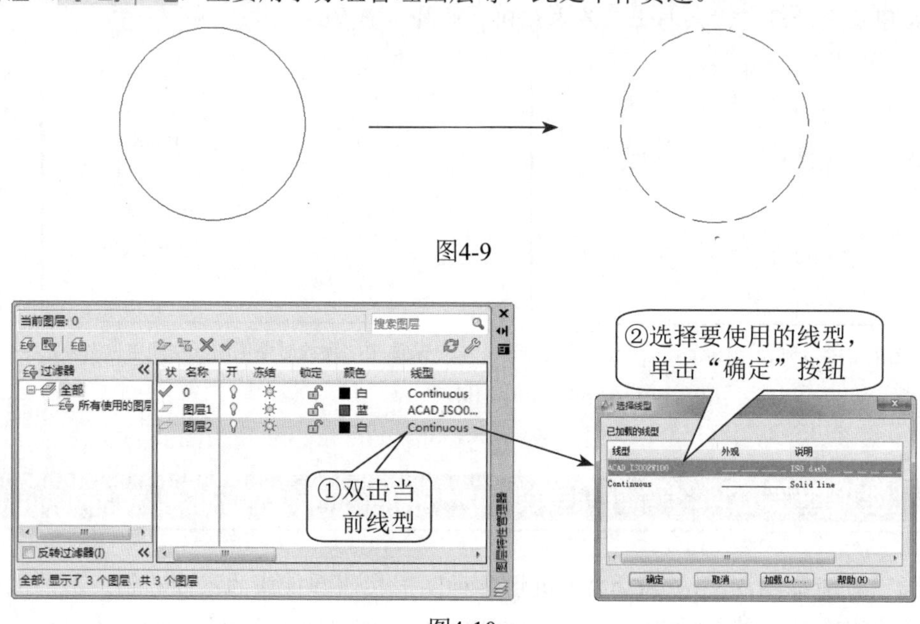

图4-9

图4-10

提示：单击“图层”工具栏中的“图层特性管理器”按钮，可以打开“图层特性管理器”面板。

此外需要说明的是，每个图层都具有颜色、线型和线宽等特性，通过修改这些特性，可以修改该图层中所有对象的特性。

4.4.2 将对象所在图层设置为当前图层

执行“格式”→“图层工具”→“将对象的图层置为当前”菜单命令，或执行LAYCUR命令，可以将选中对象所在的图层设置为当前图层。当前图层是默认的绘图图层，将对象所在图层设置为当前图层后，可以保证新绘制的对象与该对象处于同一图层。

4.4.3 图层合并

执行“格式”→“图层工具”→“图层合并”菜单命令，或执行LAYMRG命令，选择要合并的图层中的对象，然后选择目标图层中的对象，可将两个或多个图层合并为一个图层。在执行图层合并的过程中，首先选中的对象所在的图层为要合并的图层（即删除的图层），其后选中的对象所在的图层是合并到的图层（即保留的图层）。

提示：因为不能删除当前图层，所以在执行图层合并操作时，选择源对象要注意该对象不能位于“0”图层或当前图层，否则无法执行图层合并操作。

4.4.4 图层匹配

执行“格式”→“图层工具”→“图层匹配”菜单命令，或执行LAYMCH命令，然后选择要更改的对象，再选择目标图层中的对象，可将某个对象或某些对象（这些对象可以属于不同图层）合并到目标图层。

对象被合并到目标图层后将拥有新图层的特性（如线宽和颜色等将会自动调整）。

提示：执行“工具”→“CAD 标准”→“图层转换器”菜单命令，打开“图层转换器”对话框（如图4-11所示），单击“加载”按钮，加载某个参照图形文件，然后在“转换自”和“转换为”列表中选中对应图层，再先后单击“映射”按钮和“转换”按钮，可将“转换自”列表中选中图层的特性全部映射为“转换为”列表中选中图层的特性（包括图名）。

如果单击“映射相同”按钮，则将映射两个列表中所有名字相同的图层。

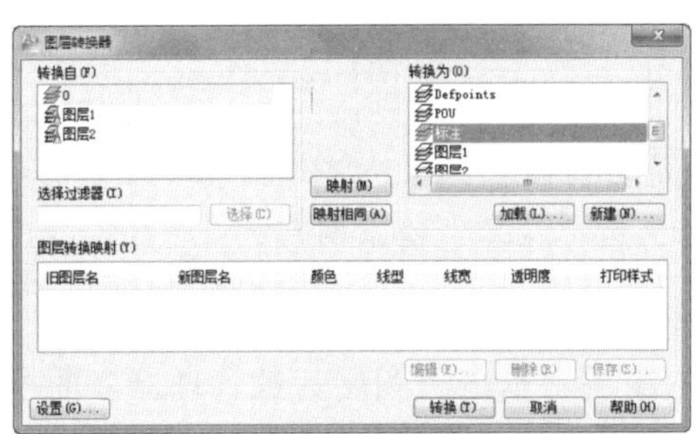

图4-11

4.4.5 上一个图层

执行“格式”→“图层工具”→“上一个图层”菜单命令，或执行LAYERP命令，可将图层恢复到先前的图层状态（上一个图层状态）。如果更改了某个图层的线型，那么可通过执行此命令恢复该图层的原线型。

提示：此命令对图层的特性（如图线的颜色、线宽、线型、开关、冻结、锁定等）有作用，而对图层的创建、图层的重命名和通过“图层转换器”对话框映射的图层特性等不产生作用。

4.4.6 图层关闭和打开

执行“格式”→“图层工具”→“图层关闭”菜单命令，或执行LAYOFF命令，然后选择目标图层中的对象，可以关闭此对象所在的图层。图层被关闭后，图层中的对象

不可见、不可编辑，也无法打印。

提示：LAYOFF命令有两个选项，一个选项为“设置”，用于对视口和块进行操作（用于图纸空间）；另外一个选项为“放弃”，表示取消上一个图层的选择（因为可连续选择多个对象，并关闭其所在的图层）。

此外，单击“图层特性管理器”面板中某个图层的图标，或单击“图层”工具栏的“图层控制”下拉列表中某个图层前的图标，也可关闭图层。“图层”工具栏中的各项如图4-12所示。

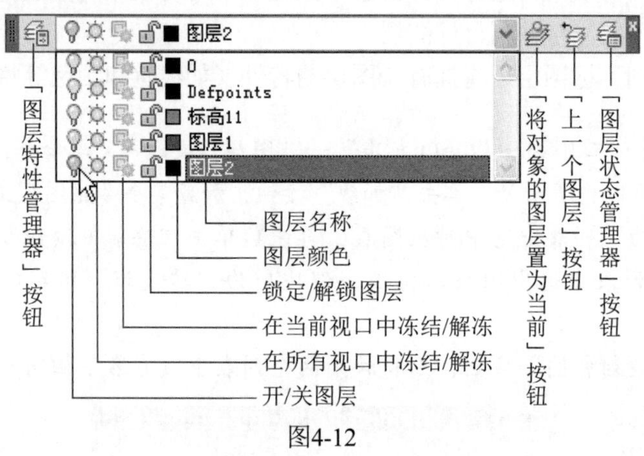

图4-12

提示：如果关闭的是当前图层，系统将弹出需要注意的提示信息。此外，图层被关闭后虽然不可见，但是仍然可在其中绘制图形。

执行“格式”→“图层工具”→“打开所有图层”菜单命令，或执行LAYON命令，可以打开所有关闭的图层。单击“图层特性管理器”面板（或“图层”工具栏的“图层控制”下拉列表）中某个关闭图层前的图标，可以打开某个特定的图层。

下面详细讲解“图层”工具栏“图层控制”下拉列表中各项所能控制的图层状态（或其作用）。

- 开/关图层（/）：可以控制图层的打开或关闭。当图层处于打开状态时，图层中的对象都是可见、可编辑的；当图层处于关闭状态时，图层中的对象都是不可见、不可编辑的，且不可打印。
- 在所有视口中冻结/解冻（/）：可以控制所有视口中某个图层的冻结或解冻。在冻结图层时，图层中的对象都不可见、不可编辑和不可打印；在图层解冻时，图层中的对象将重生成，且可见、可编辑和可打印。

提示：关闭图层与冻结图层的表现效果一样，但实际上位于冻结图层中的对象在刷新屏幕时将不参与运算，而位于关闭图层中的对象将在后台参与运算。因此，冻结图层比关闭图层具有更高的操作深度，解冻图层的时间也比打开图层的时间要长，而且不能冻结当前图层。

- 在当前视口中冻结/解冻（![]/![]）：可以控制当前视口中某一图层的冻结或解冻。仅适用于图纸空间（图纸空间主要被用于输出图形），而不适用于模型空间。
- 锁定/解锁图层（![]/![]）：可以锁定或解锁某一图层。锁定图层时，图层中的对象可见且可打印，但不可编辑。此外，用户可以使用置为当前的锁定图层继续绘图（只是在绘制操作完成后，所绘制的对象将立刻被锁定），而且可以使用对象捕捉功能。
- 颜色■：此项在“图层”工具栏的“图层控制”下拉列表中不产生作用，而在“图层特性管理器”面板中单击此项，可打开“选择颜色”对话框，为图层设置需要的颜色。

对于在“图层”工具栏的“图层控制”下拉列表中没有，而在图4-8中的“图层特性管理器”面板中包含的各项，下面进行讲解。

- 线型：单击某图层中的此项，可以打开“选择线型”对话框，为当前图层设置线型。
- 线宽：用于设置当前图层的线宽。
- 透明度：用于设置图层中图线的透明度，数值越大，图线越透明（通常不设置此项）。
- 打印样式：即打印时的图线颜色（是不同于之前图线颜色的单独的打印输出颜色，例如，想使显示时的“蓝色”被打印为“红色”，可自定义设置，参见第9章）。

提示：“打印样式”在“命名打印样式”模式下可用（默认为“使用颜色相关的打印样式”）。

执行“工具”→“选项”菜单命令，打开“选项”对话框，在“打印和发布”选项卡中单击“使用命名打印样式”单选按钮，然后重新运行软件，即可发现上面的“打印样式”项可用。

- 打印：用于设置此图层可打印输出或不可打印输出。
- 新视口冻结：在新创建的视口中（图纸空间）冻结此图层中的图线，即在新视口中不显示冻结的图层。

4.4.7 图层冻结和解冻

执行“格式”→“图层工具”→“图层冻结”菜单命令，或执行LAYFRZ命令，然后选择要冻结图层中的某个对象，即可冻结图层。图层被冻结后，图层中的所有对象都将不可见、不可编辑，也不可打印。

执行“格式”→“图层工具”→“解冻所有图层”菜单命令，或执行LAYTHW命令，即可解冻所有图层。图层被解冻后，图层中的对象将重生成，且可见、可编辑并可打印。

提示：单击“图层特性管理器”面板中某图层的“冻结”图标或“新视口冻结”

图标，冻结（或解冻）某图层。

4.4.8 图层隔离和取消隔离

执行“格式”→“图层工具”→“图层隔离”菜单命令，或执行LAYISO命令，然后选择要隔离图层中的某个对象，可隔离此图层。图层被隔离后，其他图层中的对象将会被隐藏或锁定。默认其他图层中的对象处于褪色和不可编辑的锁定状态，如图4-13所示。

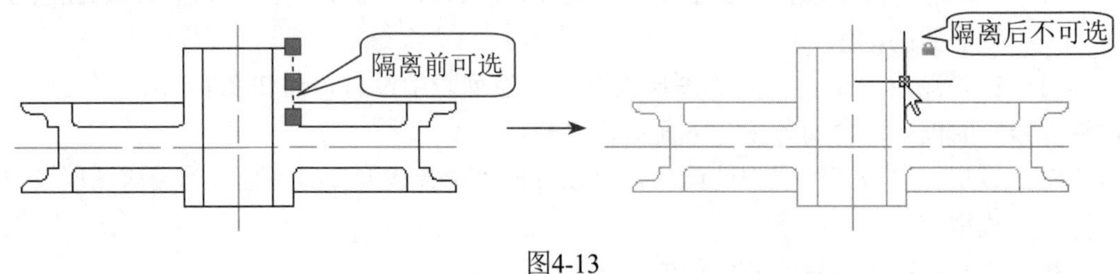

图4-13

提示：可在执行LAYISO命令隔离某图层后，输入“S”并按Enter键，设置其他图层的状态。

执行“格式”→“图层工具”→“取消图层隔离”菜单命令，或执行LAYUNISO命令，可取消所有对象的隔离状态。

4.5 创建和使用块

本节主要介绍将选中的图形定义为块的方法，以及在图形中插入块、存储块、分解块、定义块属性和编辑块等的方法。

4.5.1 创建块

可通过如下操作，将选中的图形定义为块。

（1）使用图线等绘制要定义为块的图形，如图4-14所示。

（2）执行“绘图”→“块”→“创建”菜单命令，或执行BLOCK（或B）命令，打开“块定义”对话框，如图4-15所示。

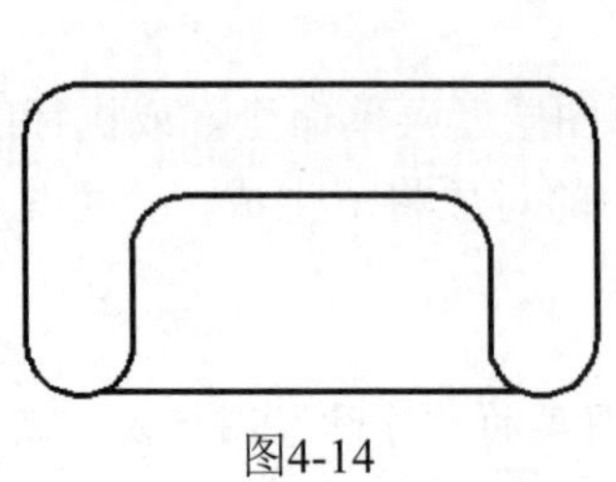

图4-14

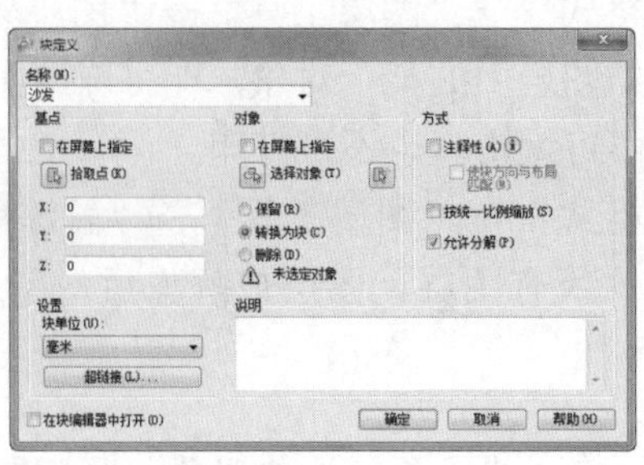

图4-15

（3）在“块定义”对话框的“名称”文本框中输入块名，如输入“沙发”。

（4）单击“拾取点”按钮，捕捉图形顶部边线的中点单击，设置块插入的基点，如图4-16所示。

（5）单击“选择对象”按钮，在绘图区中选择之前绘制的图形，按Enter键返回“块定义”对话框。

（6）单击“确定”按钮（其他选项保持默认设置），即可完成块的创建，如图4-17所示。

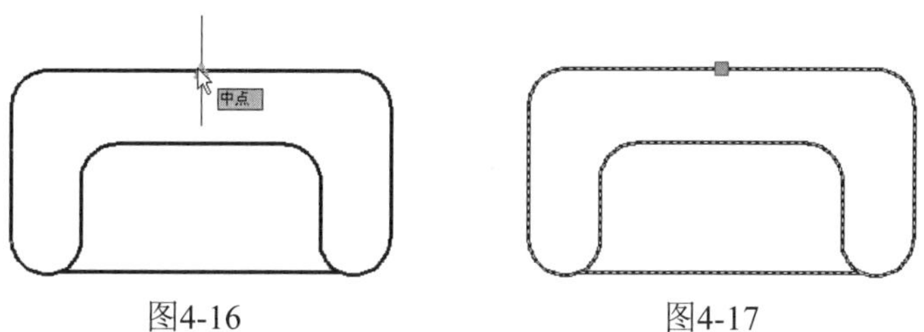

图4-16　　图4-17

下面集中讲解“块定义”对话框中各项的主要作用。

- “名称”文本框：用于设置块的名称，在其下拉列表中显示有已定义的块的名称（使用相同名称，可更新已定义的块的内容）。
- “基点”选项组：用于指定块插入的基点。其中，选中“在屏幕上指定”复选框，将在关闭“块定义”对话框后要求用户指定块插入的基点；单击“拾取点”按钮，可以在当前图形中指定块插入的基点；也可以在“X”“Y”“Z”文本框中指定基点的坐标值。
- “对象”选项组：用于指定块中所包含的对象，以及创建块后对源对象的处理方式。其中，选中“在屏幕上指定”复选框，将在关闭“块定义”对话框后要求用户指定图形对象；单击“选择对象”按钮，可在当前图形中指定要定义为块的对象；单击“快速选择”按钮，可在打开的“快速选择”对话框中通过定义选择集来选择定义为块的对象；几个单选按钮用于确定创建完块对象后，将源对象保留、转换为块，还是删除。
- “方式”选项组：用于设置块的输出方式。其中，“注释性”复选框用于设置块为注释性块；“使块方向与布局匹配”复选框用于指定在图纸空间视口中块方向与布局方向始终一致；“按统一比例缩放”复选框用于强制块内的所有对象按统一比例进行缩放；“允许分解”复选框用于使插入的块可分解。
- “设置”选项组：用于指定块的单位和超链接。其中，“块单位”下拉列表用于指定块的插入单位（通常选择“无单位”选项，以保证块单位与当前文件中的单位一致）；单击“超链接”按钮，将打开“插入超链接”对话框，通过此对话框可设置块与外部某个文件的链接，从而在插入块后按Ctrl键时单击块可打开对应的文件。
- “说明”文本框：用于指定块的说明性文字。
- “在块编辑器中打开”复选框：选中此复选框，在单击“确定”按钮关闭“块定义”对话框后，将打开块编辑器，在其中可对块进行编辑。

4.5.2 插入块

使用定义的块名称，可以插入块，具体操作为：执行“插入”→“块”菜单命令，或执行I命令，打开“插入”对话框，在“名称”下拉列表中选择要插入的块（或单击“浏览”按钮，在打开的对话框中选择块文件），在“比例”选项组中设置块的缩放比例，在“旋转”选项组中设置块的旋转角度，单击“确定”按钮，然后在绘图区中单击，即可插入块，如图4-18所示。

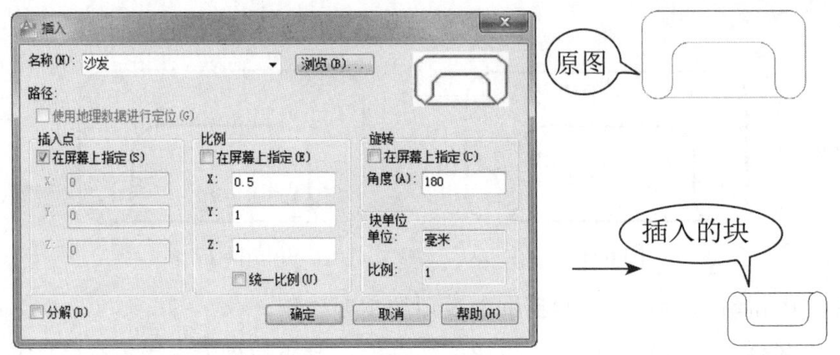

图4-18

下面讲解“插入”对话框中各项的主要作用。

- “名称”文本框：用于指定要插入的块。单击“浏览”按钮，可以在打开的“选择图形文件”对话框中选择要插入的块或图形文件。
- “插入点”选项组：用于指定块的插入点。其中，选中“在屏幕上指定”复选框，将在完成对话框操作后要求用户指定块的插入点；取消此复选框的选中状态，则可在“X”“Y”“Z”文本框中输入块插入点的坐标值。
- “比例”选项组：用于指定插入块的缩放比例。其中，选中“在屏幕上指定”复选框，在绘图区中操作时可设置插入块的比例；也可在“X”“Y”“Z”文本框中设置每个方向上的块的比例；选中“统一比例”复选框，可使x、y、z方向上的块的比例相等。
- “旋转”选项组：用于设置插入块相对于当前坐标系的旋转角度，如图4-19所示。其中，选中“在屏幕上指定”复选框，表示在插入块时指定旋转角度；“角度”文本框用于输入块的旋转角度值。

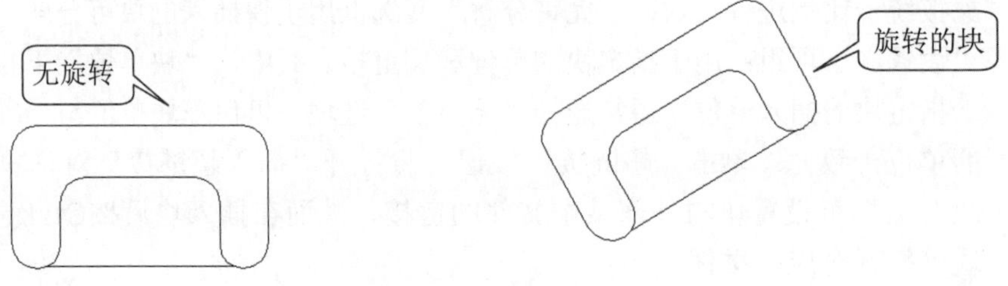

图4-19

- “块单位”选项组：设置插入块的单位和比例因子。
- “分解”复选框：选中此复选框，将块插入到绘图区中时，块将会被分解。

4.5.3 存储块

执行W命令，打开“写块”对话框，单击“拾取点”按钮指定块的基点，单击“选择对象”按钮，选择要存储的图形，再在“文件名和路径”文本框中指定存储的路径和文件名，单击“确定”按钮，即可将现有图形存储为块文件，如图4-20所示。

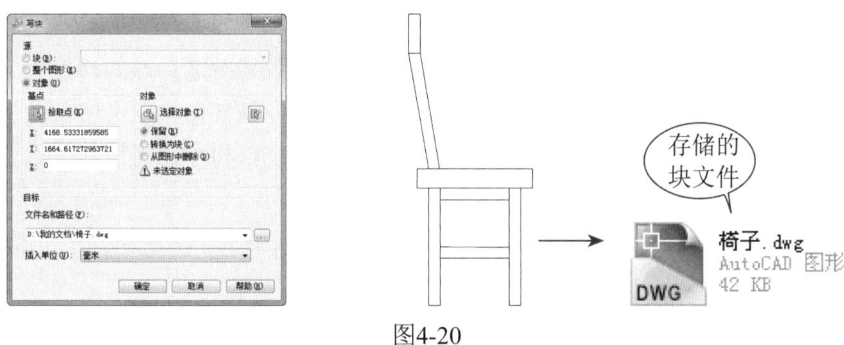

图4-20

“写块”对话框中的各项与前面讲解的“块定义”对话框基本相同，此处不再赘述，仅讲解几个特殊项。

- “源”选项组：用于指定要保存为文件的源对象。单击“块”单选按钮，可将现有块存储为块文件；单击“整个图形”单选按钮，可将整个图形存储为块文件；单击“对象”单选按钮，可选择要创建为块的对象创建块文件。
- “文件名和路径”文本框：用于指定文件名和文件存储的路径。可单击文本框右侧的按钮，在打开的“浏览图形文件”对话框中选择块文件的存储位置，并设置块文件的名称。

提示：通过上述方式创建的块，被称为“外部块”。块文件创建完成后，可执行“插入块”命令，在打开的“插入”对话框中单击“浏览”按钮，选择块文件，然后将其插入到当前图形中作为块使用。

4.5.4 分解块

执行“修改”→“分解”菜单命令，或执行X命令，然后选择要分解的块对象，即可将块分解为由多条单个线段和圆弧组成的图形，如图4-21所示。

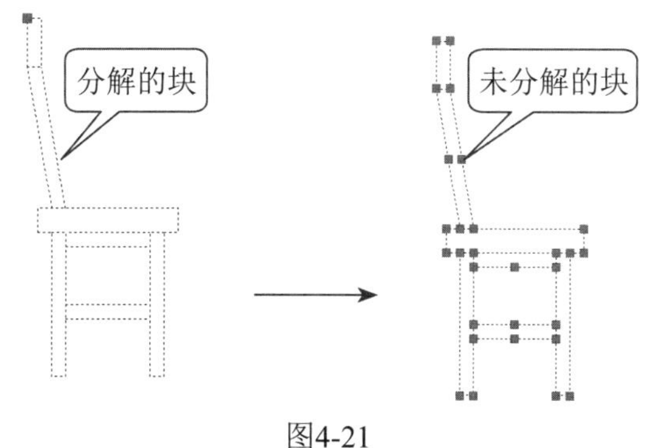

图4-21

提示：属性块被分解后，块属性将恢复为“标记值”（“自定义值”会“消失”）。在AutoCAD中未提供专用命令将块属性对象转变为普通文本对象，如果需要转换，可以自行编写代码或安装其他外挂程序等。

4.5.5 定义块属性

为了方便、快捷地绘制图形，在定义块时有时需要为其指定特殊的块属性。

所谓“块属性”，是指附属于块的非图形信息，是可包含在块定义中的文本对象。在图形中插入块后，块属性可以使块的某些部分可编辑，以利于在将块作为公差符号等使用时灵活设置其数值。

例如，将“基准符号”中的字母标志设置为块属性，在插入块后，可方便地将其设置为A、B、C等值，如图4-22所示。

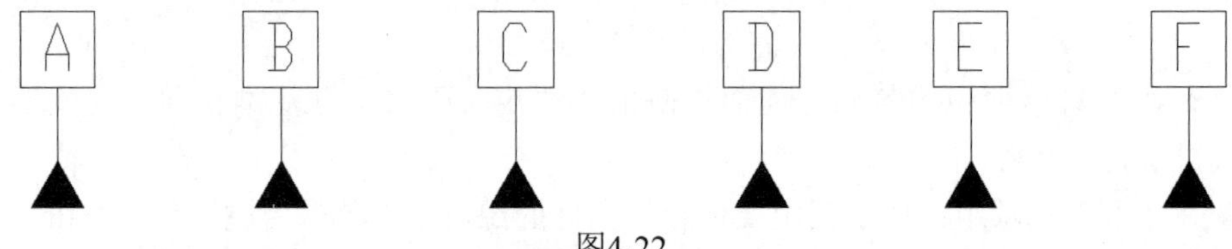

图4-22

执行“绘图”→“块”→“定义属性”菜单命令，或执行ATT命令，打开“属性定义”对话框，如图4-23所示，然后可通过如下操作创建属性块。

（1）在“标记”文本框中输入“CCD”；在“提示”文本框中输入“粗糙度”；在“默认”文本框中输入“2.5”；在“对正”下拉列表中选择“中间”选项；在“文字高度”文本框中输入“2”，单击“确定”按钮。

（2）在图形中的合适位置处单击，首先插入块属性，如图4-24所示。

（3）围绕插入的块属性，绘制如图4-25所示的图线。

图4-23　　图4-24　　图4-25

（4）执行B命令，打开“块定义”对话框，在“名称”文本框中输入“粗糙度”；单击“拾取点”按钮，选择图4-25中的*A*点作为块的基点；单击“选择对象”按钮，选择图线和块属性，并按Enter键，完成属性块的创建。

完成属性块的创建后，执行I命令，打开“插入”对话框，在“名称”文本框中选择刚创建的属性块，单击“确定”按钮，然后输入自定义的属性值（如“5.5”），即可插入属性块，如图4-26所示。

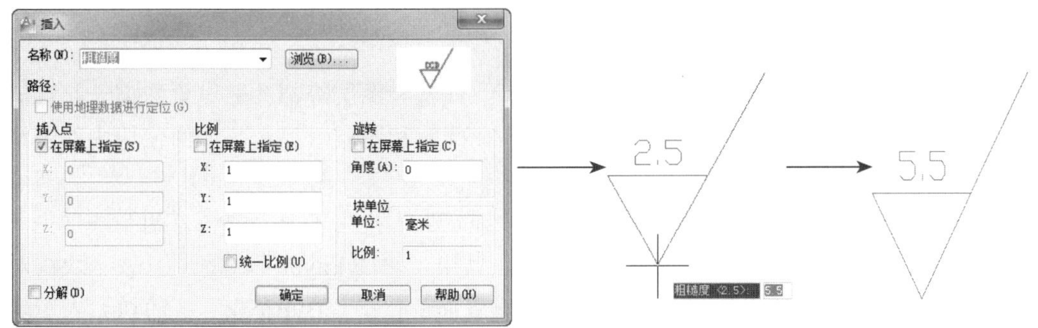

图4-26

提示：通过上述操作不难看出，实际上，块属性就是附加在块图形上的一段文字说明（只是在定义块之前需要提前定义块属性）。此外，可为一个块定义一个或多个属性值，且属性块的插入操作也与普通块没有太大差别，不过是增加了输入属性值的过程。

下面具体讲解“属性定义”对话框中的各项。

- “模式”选项组：设置属性块的显示模式和特性等。其中，“不可见”复选框表示该属性不可见；“固定”复选框表示该属性不可更改；“验证”复选框表示插入块时系统将提示检查该属性值的正确性；“预设”复选框表示插入块时系统将不再提示输入该属性值，但仍可在插入块后更改该属性值；“锁定位置”复选框表示将该属性相对于块的位置锁定（锁定的属性没有自己的夹点，不能单独移动，否则可单独移动）；“多行”复选框表示在属性值中可以包含多行文字。
- “属性”选项组：设置属性数据。其中，在“标记”文本框中输入的文本相当于此属性的名称，可以使用除空格外的任何字符组合，该设置会自动将小写字母转换为大写字母；“提示”文本框用于指定插入属性块时显示的提示信息，如果不输入提示信息，属性标记将用作提示信息；“默认”文本框用于指定默认属性值，也可单击“插入字段”按钮，插入需要应用的动态字段。

提示：如果在“模式”选项组中选中“固定”复选框，“提示”文本框将不可用。

- “插入点”选项组：用于指定属性的插入点。取消“在屏幕上指定”复选框的选中状态，可以在“X”“Y”“Z”文本框中输入坐标值。
- “文字设置”选项组：用于设置属性文字的高度、文字样式和旋转角度等（参见第7章）。其中，“边界宽度”文本框用于设置多行文字行的最大长度。

提示：只有在“模式”选项组中选中“多行”复选框，“边界宽度”文本框才可用。

- “在上一个属性定义下对齐”复选框：表示是否要将此属性标记直接置于前一个属性的下面（如果以前没有定义块属性，该复选框不可用）。

4.5.6 块的编辑和管理

下面讲解针对块的编辑和管理等的相关操作。

1．管理块的颜色、线型和线宽

在创建块时，块中所有对象的颜色、线型、线宽和图层等都会随对象数据一起存储于块中，块本身还可以设置单独的颜色、线型、线宽和图层。那么，如何使块中的图线或属性随块的设置而改变呢？

在“特性”工具栏的“颜色”“线型”“线宽”下拉列表中，都含有两个选项——“ByLayer”和“ByBlock”，如图4-27所示。其中，“ByLayer”（随层）表示块内对象的颜色和线型等随块内对象本身所在层的设置而变化；“ByBlock”（随块）表示块内对象的颜色和线型等随块所在层的设置而变化。

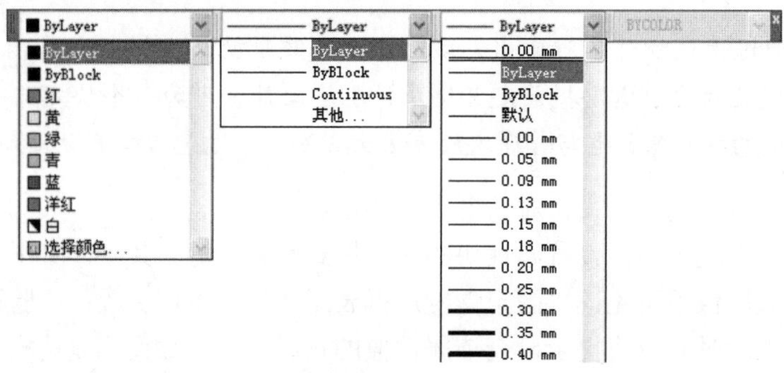

图4-27

如果需要使块内对象具有单独的图层颜色，可选择“ByLayer”选项；如果需要使块内对象都随块所在图层而变化，可选择“ByBlock”选项。

提示：如果块内对象位于“0”图层，其颜色等则不受“ByLayer”和“ByBlock”设置的影响，而将受块所在图层颜色的控制，因此，通常将块内对象绘制于“0”图层。

2．重新定义块

创建块后，如何修改块或如何重新定义块有两种方法。

一种方法是，右击插入的块，在弹出的快捷菜单中选择“块编辑器”命令，进入块编辑器，如图4-28所示，在其中对块进行调整，然后关闭块编辑器，并选择保存对块的编辑，如图4-29所示。

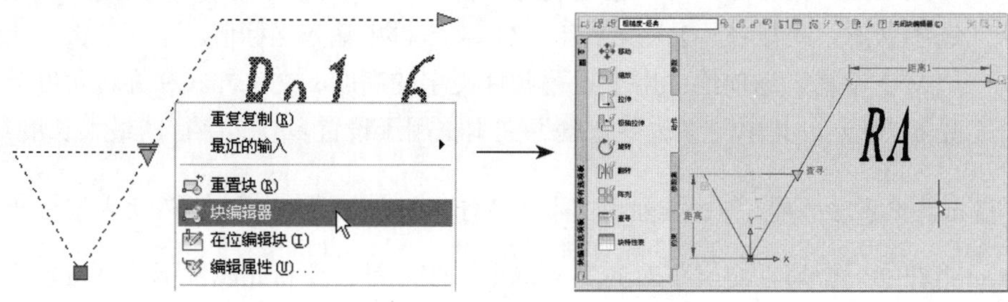

图4-28

另外一种方法是，执行“绘图”→“块”→“创建”菜单命令，或执行BLOCK命令，打开“块定义”对话框，如图4-30所示，在此对话框的“名称”下拉列表中选择要重定义的块，然后重新定义块的基点，或重新选择块对象（即重新设置块对象），单击“确定”按钮，再在打开的对话框中单击“重新定义块”按钮。

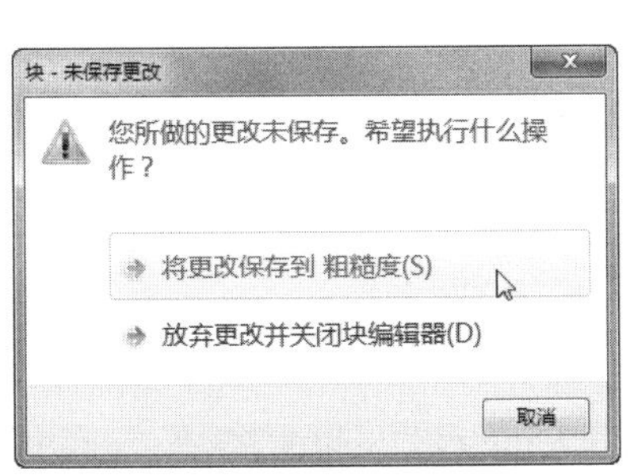

图4-29

图4-30

提示：第二种方法相当于重新创建了块。为什么要重定义（重新创建）块，而不是创建一个新块呢？因为重定义可以同时更改已经插入到图形中的块。

3．删除块

执行PU命令，打开“清理”对话框（如图4-31所示），展开列表中的块项目，选中要删除的块，单击“清理”按钮，再在打开的“确认清理”对话框中单击“是”按钮，即可将块删除。

在“清理”对话框中，选中“清理嵌套项目”复选框，可以删除所有未使用的命名对象，即使此对象包含在其他未使用的命名对象中。

单击“查看不能清理的项目”单选按钮，可以在下面的列表中查看当前文件中的所有命名对象。

此外，单击“清理”按钮，可以清理当前选中的对象；单击“全部清理”按钮，可以清理所有未使用的对象。

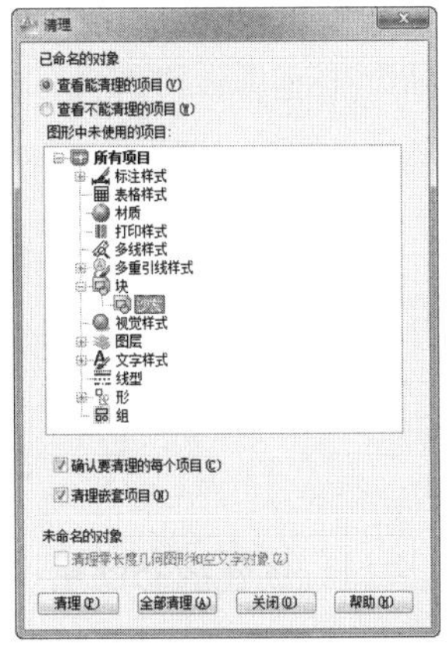

图4-31

提示：使用此命令不只可以清理块对象，事实上可以清理当前文件中的所有命名对象（前提是该对象未被当前文件使用），从而减少文件的体积。

4．重命名块

执行“格式”→“重命名”菜单命令，或执行REN命令，打开“重命名”对话框（如图4-32所示），在左侧“命名对象”列表中选择块项目，在右侧“项目”列表中选择要重命名的项目，再在下方文本框中分别输入旧名称和新名称，然后单击“重命名为”按钮（或“确定”按钮），可重命名内部块。

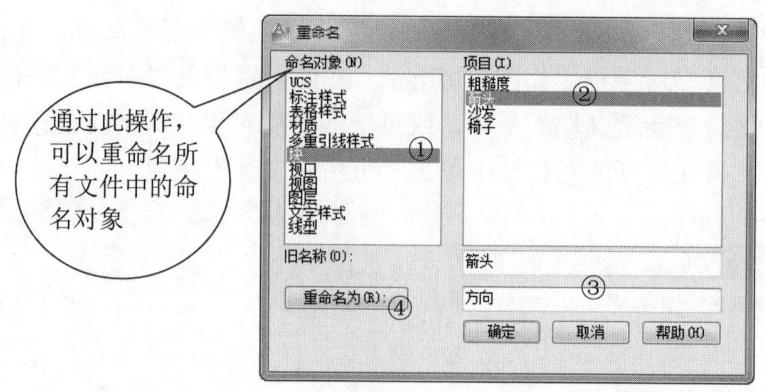

图4-32

4.6 动态块

当多个块的形状相似，且仅长度或宽度不同时，可使用动态块减少块的数量。例如，在同一张图纸中，门往往有多个尺寸，此时即可将其定义为动态块，以达到不必重复定义多个门块而添加所有门的目的，如图4-33所示。

可自定义要使用的动态图块，定义时通常需要执行五步操作：①创建静态图块；②进入块编辑模式；③添加并设置“线性”参数；④添加动作并确定操作对象；⑤精确动态值。下面具体讲解操作过程。

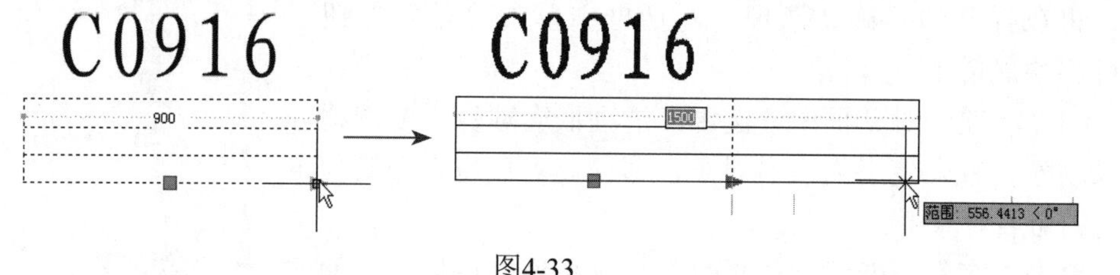

图4-33

1. 创建静态图块

绘制图形（图线的长度为900个图形单位，上、下图线的间距为240个图形单位），并添加属性，如图4-34所示。

执行B命令，打开“块定义”对话框，如图4-35所示，在“名称”文本框中输入“窗户”；单击“拾取点”按钮，选择一点作为基点（此处选择的是左下角点）；单击“选择对象”按钮，选择图线和块属性，按Enter键。

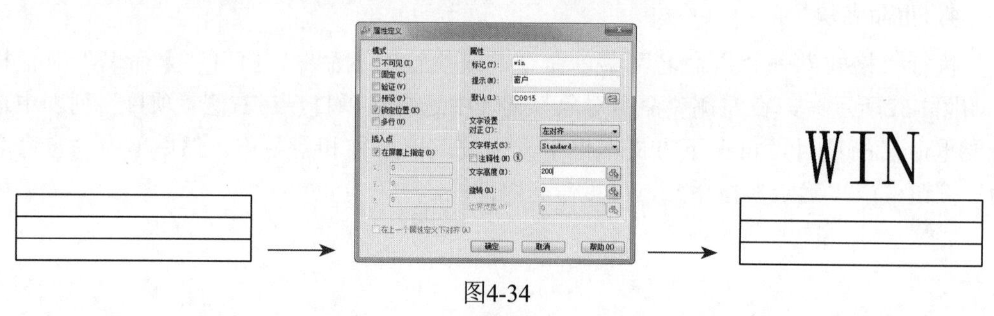

图4-34

打开“编辑属性”对话框，输入块的属性值，单击“确定”按钮，完成静态图块的创建和插入，如图4-36所示。

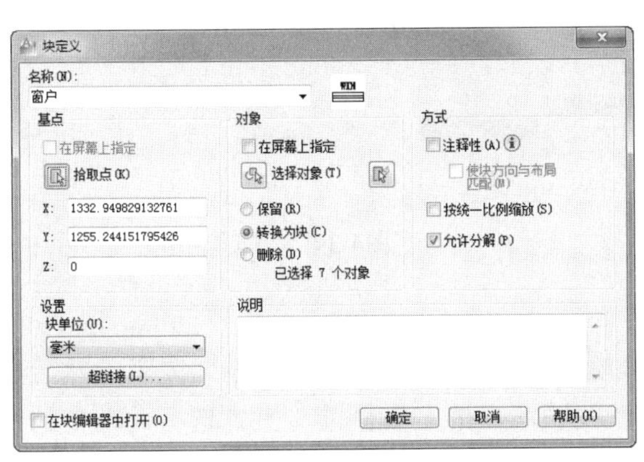

图4-35

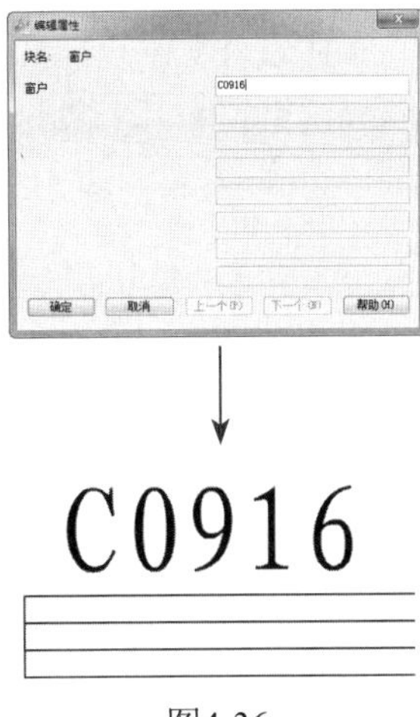

图4-36

2．进入块编辑模式

右击上面操作创建的块，在弹出的快捷菜单中选择“块编辑器”命令，进入块编辑器，如图4-37所示。

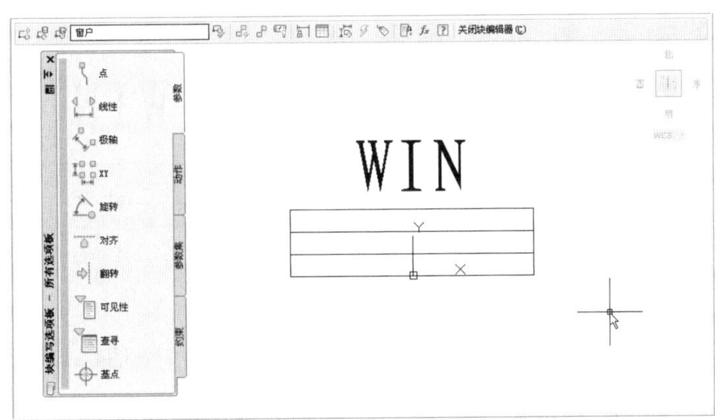

图4-37

3．添加并设置“线性”参数

在“块编写选项板”的“参数”选项卡中（见图4-37）单击“线性”按钮，然后捕捉窗户块底部的两个端点，如图4-38所示，为块添加“线性”参数。

参数两端有两个箭头，表示可以在两个方向上对块进行调整，下面将箭头调整为一个。

单击选中添加的“线性”参数，然后右击，在弹出的快捷菜单中选择“夹点显示”→“1”命令，使“线性”参数只保留右侧的可调整箭头，如图4-39所示。

图4-38　　图4-39

4．添加动作并确定操作对象

在“块编写选项板”中切换到“动作”选项卡，单击“拉伸”按钮，然后选择添加的“线性”参数，使动作与参数关联，再单击右侧箭头夹点选择此动作的调整点，如图4-40所示。

顺序单击*A*、*B*两点，确定“拉伸”动作的拉伸框架，如图4-41所示，再顺序单击*C*、*D*两点，利用窗交选择要拉伸或移动的对象，如图4-42所示，然后按Enter键完成“拉伸”动作的添加。

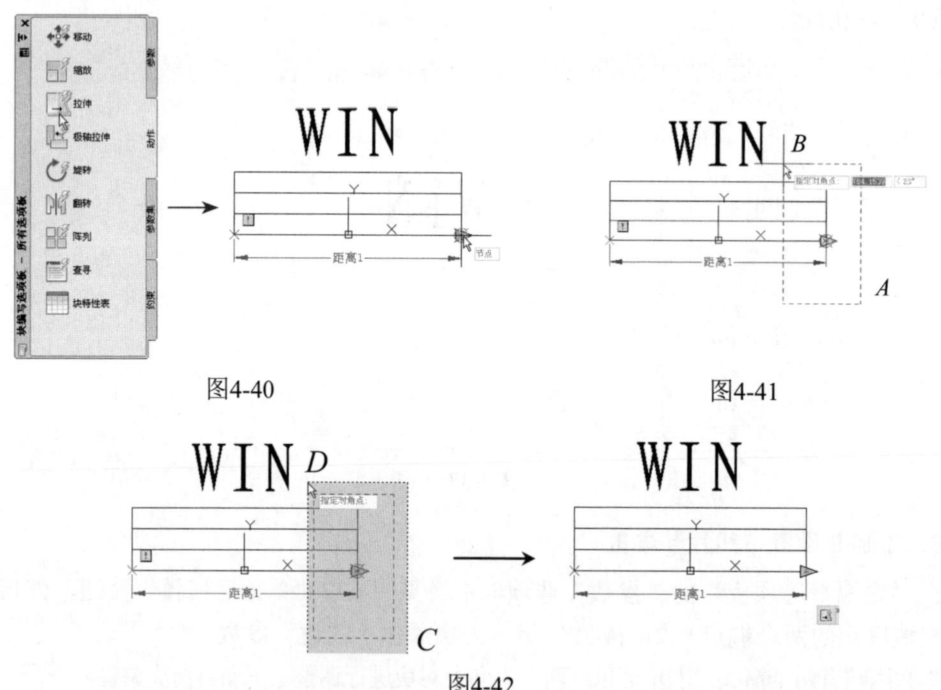

图4-40　　图4-41

图4-42

提示：拉伸框架和下面讲解的选择集用于共同确定在块拉伸时哪些对象会跟随移动（或不移动），哪些对象会被拉伸，具体如下。

①完全处于框架内部的对象将被移动。

②与框架相交的对象将被拉伸。

③位于框架内或与框架相交但不包含在选择集中的对象将不被拉伸，也不移动。

④位于框架外且包含在选择集中的对象将跟随移动。

实际上，此时单击“关闭块编辑器”按钮，并在打开的对话框中单击“保存更改”按钮，即可完成动态块的创建。如图4-43所示，保存块后，拉伸块右侧的箭头夹点，可随意调整块的长度，只是此时块的长度不固定，不太规范（下面将继续进行设置）。

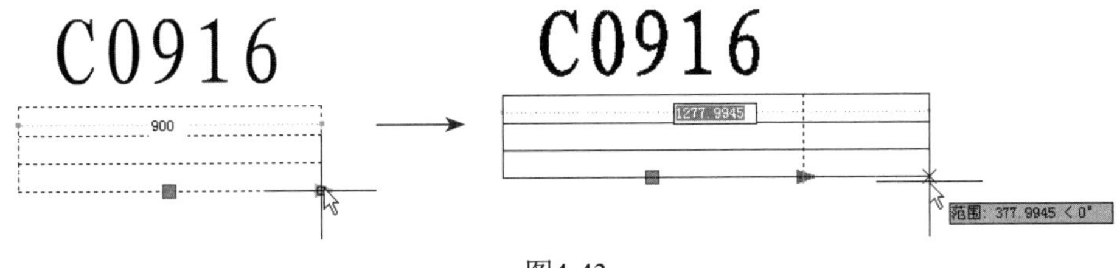

图4-43

5．精确动态值

右击“线性”参数，在弹出的快捷菜单中选择“特性”命令，打开该参数的“特性”面板。在“值集”选项组的“距离类型”下拉列表中选择“列表”选项，再单击“距离值列表”文本框右侧的按钮[...]，打开“添加距离值”对话框。输入要设置的固定值，并多次单击“添加”按钮，添加多个固定值，如图4-44所示，单击“确定”按钮，关闭“添加距离值”对话框，并关闭“特性”面板。

单击块编辑器顶部的“关闭块编辑器”按钮，打开“块-是否保存参数更改?”对话框，单击“保存更改”按钮，对块进行保存，即可完成动态块的创建，如图4-45所示。

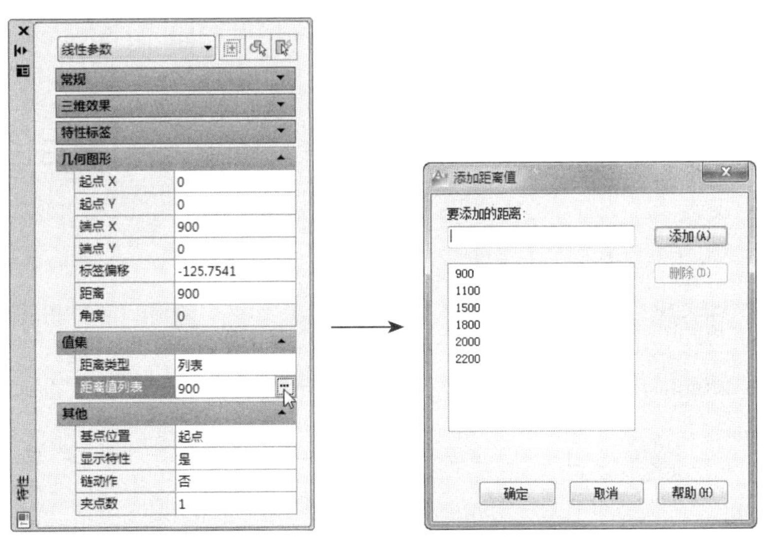

图4-44

完成动态块的创建后，选中块，拖动其右下角的箭头夹点，即可按上面设置的固定距离值对窗户块进行调整了，如图4-46所示。

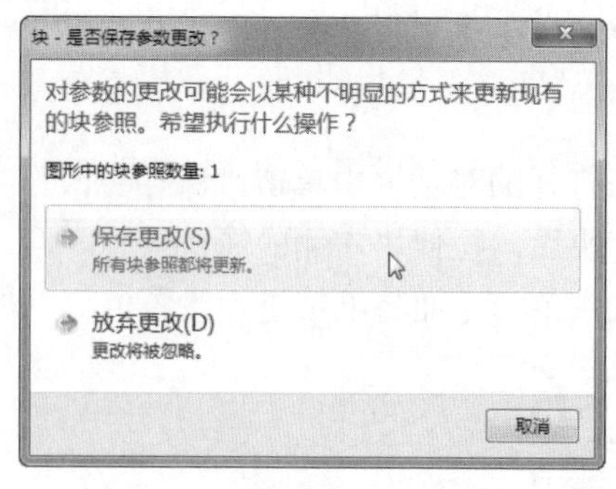

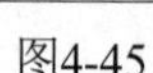
图4-45

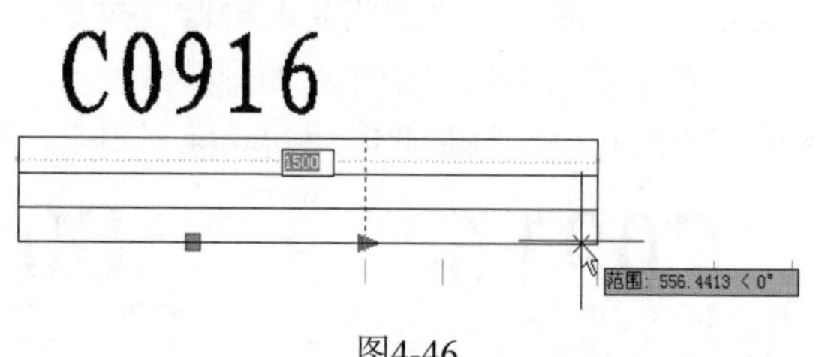

图4-46

4.7 样题解答

步骤1 打开图形文件（C:\2012CADST\Unit3\CADST3-4.dwg），执行“格式”→“图层”菜单命令（或执行LA命令），打开“图层特性管理器”面板，单击“新建图层”按钮，创建“点划线”和“轮廓线”图层，然后单击“点划线”图层的“颜色”方块，在打开的“选择颜色”对话框中设置图层的颜色为红色；再单击“线型”项，打开“选择线型”对话框，单击“加载”按钮，打开“加载或重载线型”对话框，加载CENTER线型，并选用该线型；最后单击“轮廓线”图层的“线宽”项，在打开的“线宽”对话框中设置线宽为0.50mm，如图4-47所示。

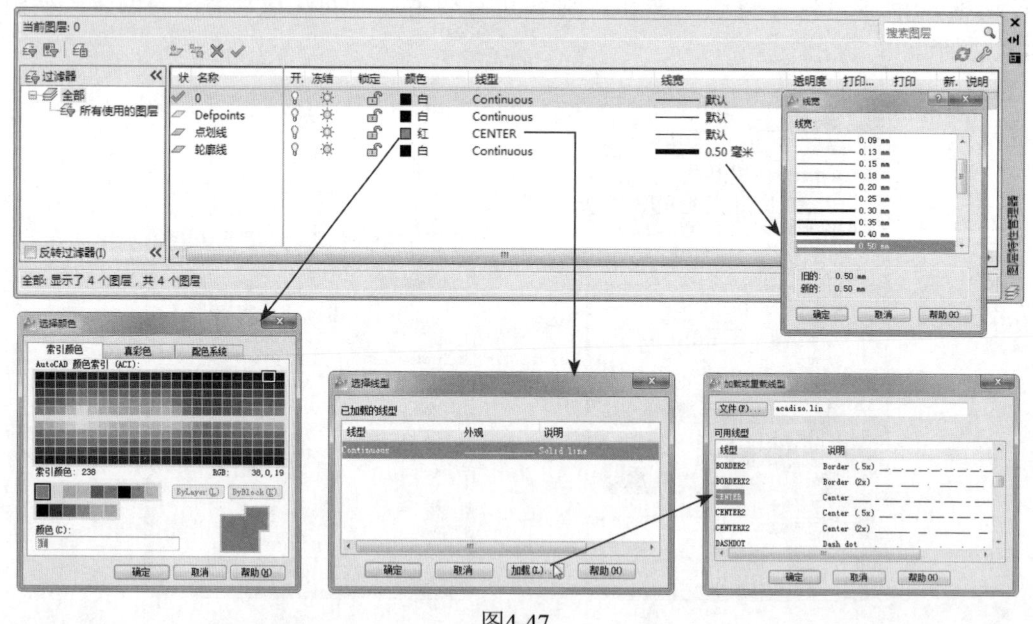

图4-47

步骤2 选择图形的中心线，在“图层”工具栏的“图层控制”下拉列表中选择“点划线”图层，将选择的图线移动到新创建的“点划线”图层中；通过相同的操作，将图形的轮廓线移动到“轮廓线”图层中，如图4-48所示。

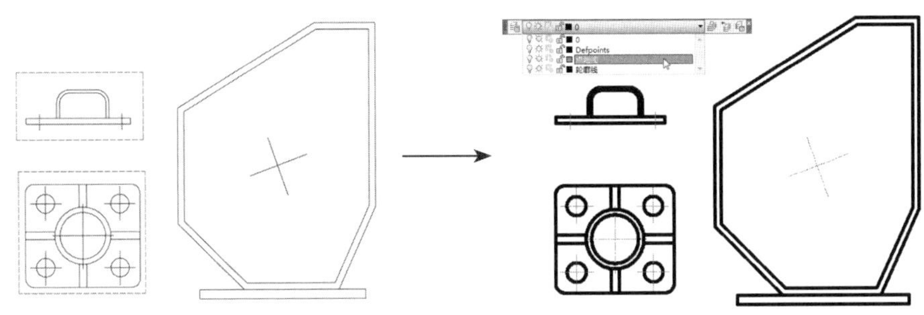

图4-48

步骤3　框选把手图形，执行“绘图”→“块”→“创建”菜单命令（或执行B命令），打开“块定义”对话框，设置“名称”为“把手”，单击“拾取点”按钮，然后捕捉把手图形左下角的端点作为块基点，单击“确定”按钮，创建“把手”图块，如图4-49所示。

步骤4　通过与步骤3相同的操作，框选所有盖图形的图线，执行“绘图”→“块”→“创建”菜单命令（或执行B命令），捕捉其中点为基点，创建“盖”图块，如图4-50所示。

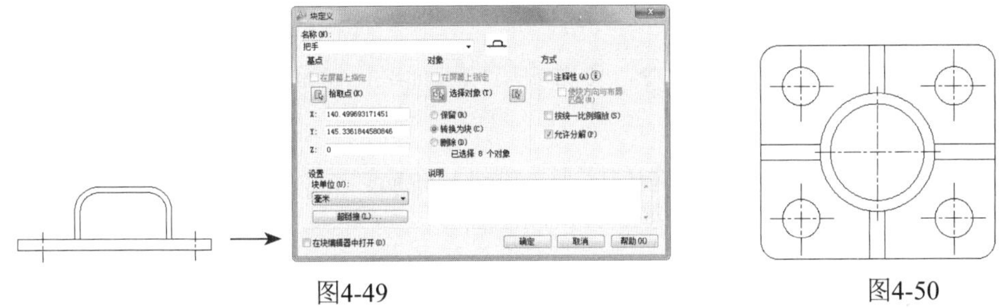

图4-49　　　　图4-50

步骤5　执行“插入”→“块”菜单命令（或执行I命令），打开“插入”对话框，在“名称”下拉列表中选择“把手”图块，单击“确定”按钮，然后在绘图区中单击该零件边框线的左上角点插入该图块；通过相同的操作，插入“盖”图块（将块置于十字光标位置处），如图4-51所示。

步骤6　执行“修改”→“旋转”菜单命令（或执行RO命令），选择插入的图块（设置块的基点为旋转基点），执行旋转操作，完成图形的调整，如图4-52所示。

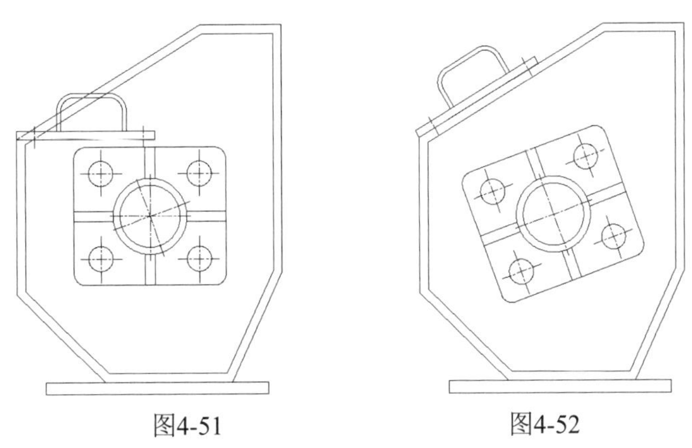

图4-51　　　　图4-52

步骤7 将图形文件存入考生文件夹，并将图形文件命名为“KSCAD3-4.dwg”。

4.8 习题

1. 填空题

（1）____________________是对所有图层进行集中管理的工具。

（2）每个图层都具有__________、__________和__________等特性，通过修改这些特性，可修改此图层中所有对象的特性。

（3）影响非连续线型外观的因素是_______与_______。

（4）要定义块，可执行_______________命令；要将块保存为单独的文件，可执行_________命令。

（5）执行________命令可分解块。

（6）要在当前图形中使用其他图形文件中定义的块，可使用_________________。

（7）插入块时可设置_______________、________________与______________。

（8）在“特性”工具栏的相应下拉列表中，ByLayer和_________用于设置块中图线的颜色、线型等的变化方式。

（9）执行____________命令，可对块属性进行整体调整。

2.问答题

（1）图层合并和图层匹配有何区别？试进行说明。

（2）试说明图层关闭、冻结和锁定的区别。

（3）简述创建属性块的主要操作。

（4）简述创建和使用动态块的方法及创建要点。

3.操作题

使用提供的素材文件，试绘制如图4-53所示的零件图，以复习本章学习的知识。本题为《试题汇编》第3单元第3.7题。

图4-53

提示：

步骤1 打开图形文件（C:\2012CADST\Unit3\CADST3-7.dwg），执行“格式”→“图层”菜单命令（或执行LA命令），打开“图层特性管理器”面板，单击“新建图层”按钮，创建“填充”图层，然后单击“填充”图层的“颜色”方块，在打开的“选择颜色”对话框中设置图层的颜色为青色；将“轮廓线层”更改为“粗实线”图层，并单击该层的“线宽”项，在打开的“线宽”对话框中设置线宽为0.35mm，如图4-54所示。

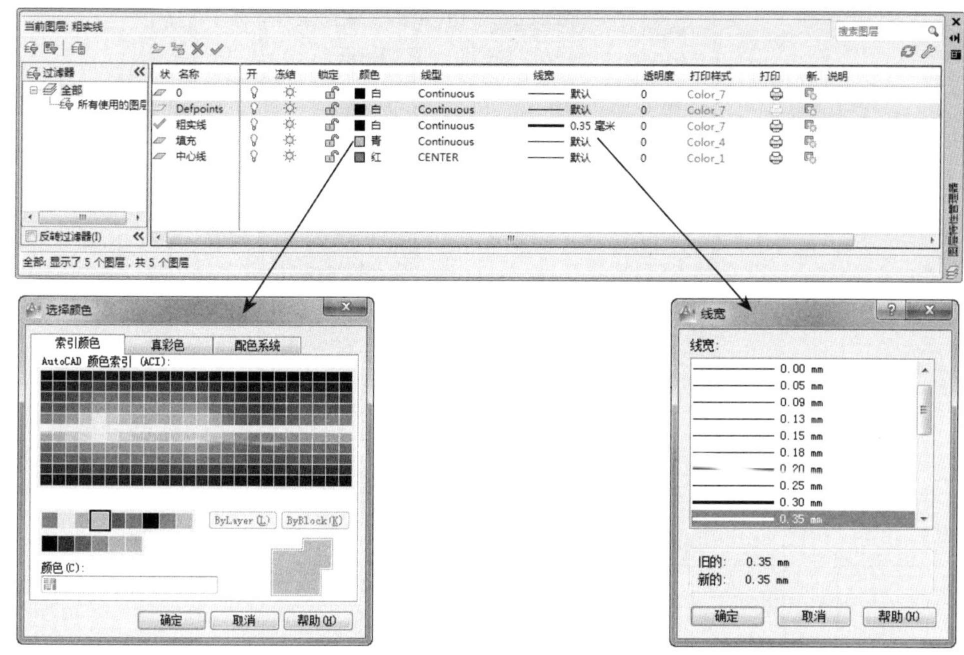

图4-54

步骤2 执行“格式”→“文字样式”菜单命令（或执行ST命令），打开“文字样式”对话框，选择除“Standard”之外的文字样式，单击“删除”按钮，将其依次删除，效果如图4-55所示。

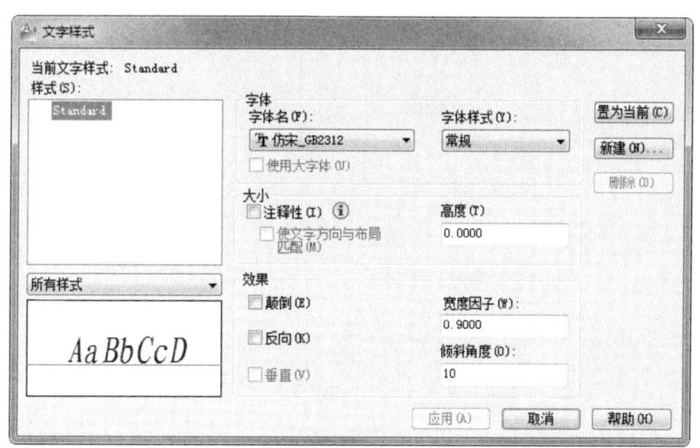

图4-55

步骤3 执行“绘图”→“图案填充”菜单命令（或执行BH命令），打开“图案填充和渐变色”对话框，如图4-56上图所示，设置“图案”为“LINE”，“角度”为“45”，“比例”为“0.35”，然后单击“添加：拾取点”按钮，在图线内部单击多次，确定填充范围，最后单击“确定”按钮，对剖面部分进行填充，效果如图4-56下图所示。

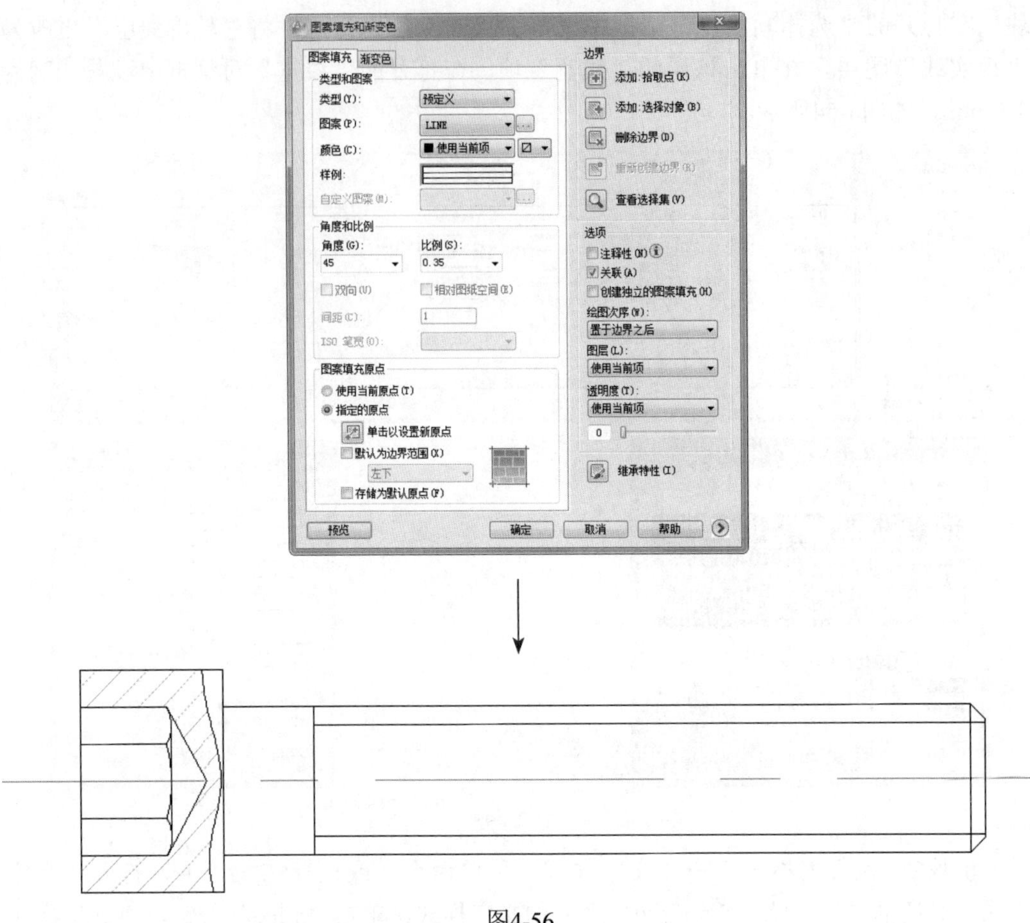

图4-56

步骤4 将图形文件存入考生文件夹，并将图形文件命名为“KSCAD3-7.dwg”。

第5章 图形编辑

本章主要介绍在AutoCAD中编辑图形的方法，如移动、旋转、拉长、复制、对齐、缩放等，以及AutoCAD提供的一些特殊编辑功能，如对图形进行圆角或倒角操作、创建镜像对象、创建环形或矩形对象阵列等。

此外，在编辑图形之前需要选择图形，因此，本章还将介绍图形的选择方法，以及利用夹点快速移动、复制、旋转或缩放图形等的方法。

在AutoCAD中重复性的操作占了很大比例，熟练掌握这些调整图形的方法，对提高绘图速度具有重要的辅助作用。

本章主要内容

- 选择对象
- 使用夹点编辑对象
- 编辑对象特性
- 改变对象的位置和方向
- 改变对象的长度和形状
- 修改复合对象
- 创建对象副本

评分细则

本章题目有四个评分点，每题12分。

序号	评分点	分值	得分条件	判分要求
1	打开图形文件	1	正确打开文件	有错扣分
2	编辑图形（1）	4	按照题目要求编辑图形	有错扣分
3	编辑图形（2）	6	按照题目要求编辑图形	有错扣分
4	保存	1	文件名、扩展名、保存位置	必须全部正确才得分

本章导读

上述明确了本章所要学习的主要内容，以及对应《试题汇编》的评分点、得分条件和判分要求等。下面先在“样题示范”中展示《试题汇编》中一道“象棋棋盘绘制”的真实试题，然后在“样题分析”中对如何解答这道试题进行分析，再详细讲解本章所涉及的技能考核点，最后通过“样题解答”演示“象棋棋盘绘制”这道试题的详细操作步骤。

5.1 样题示范

【练习目的】

从《试题汇编》中选取样题，了解本章题目类型，掌握本章技能考核点。

【样题来源】

《试题汇编》第4单元第4.13题。

【操作要求】

1．打开图形文件：打开的图形文件为C:\2012CADST\Unit4\CADST4-13.dwg。

2．编辑图形：

（1）对图形执行阵列操作，先创建横、竖向的内部线，然后执行镜像和阵列操作，创建棋盘的卒子位。

（2）分解阵列，然后执行修剪操作，再绘制相应的文字和图线，完成图形的绘制，如图5-1所示。

3．保存：将完成的图形文件以“KSCAD4-13.dwg”为文件名保存在考生文件夹中。

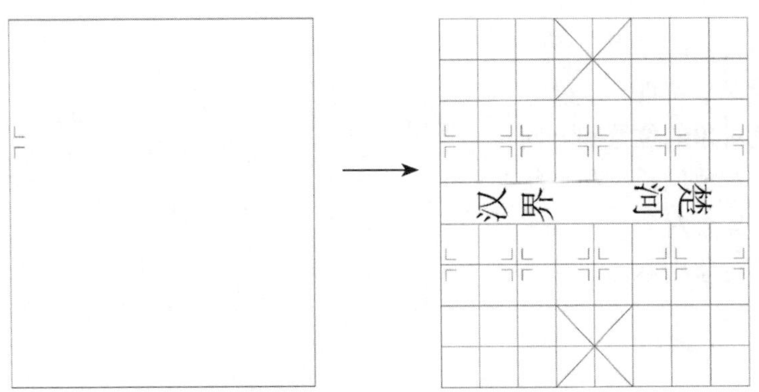

图5-1

5.2 样题分析

本题的解题思路是，首先分解矩形，对分解后的图线执行阵列操作，创建棋盘的经纬线；然后执行镜像操作，创建棋盘的卒子位；再分解阵列图形，使用分解后的图线互相进行修剪；最后创建多行文字，并进行适当的旋转，将文字移动到界河范围内的相应位置处，绘制直线，即可得到图形的最终效果。

要解答本题，需要掌握图线选择和编辑等相关技能。下面开始介绍这些技能。

5.3 选择对象

要对图形进行编辑，首先需要选择要编辑的对象。选择对象有单击选择、窗口选择、窗交选择、快速选择和命令行选择等几种方法，下面进行详细讲解。

5.3.1 单击选择对象

单击选择对象是最简单的选择对象的方法，此方法在前面第1章中已作过介绍。此外，执行SELECT命令，然后使用拾取框逐个单击，可以选择对象，如图5-2所示，按住Shift键单击，可以取消对对象的选择。

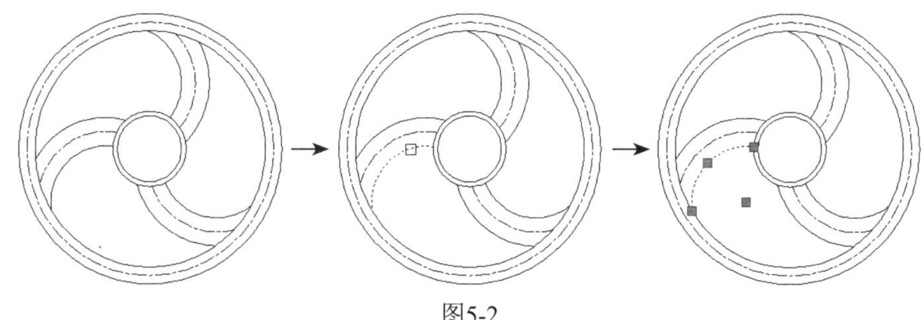

图5-2

执行“工具”→“选项”菜单命令，打开“选项”对话框，选择“选择集”选项卡，如图5-3左图所示。在“拾取框大小”选项组中，用户可以根据自己的习惯拖动滑块设置拾取框的显示大小（效果如图5-3右图所示，调整后的拾取框变大了）。

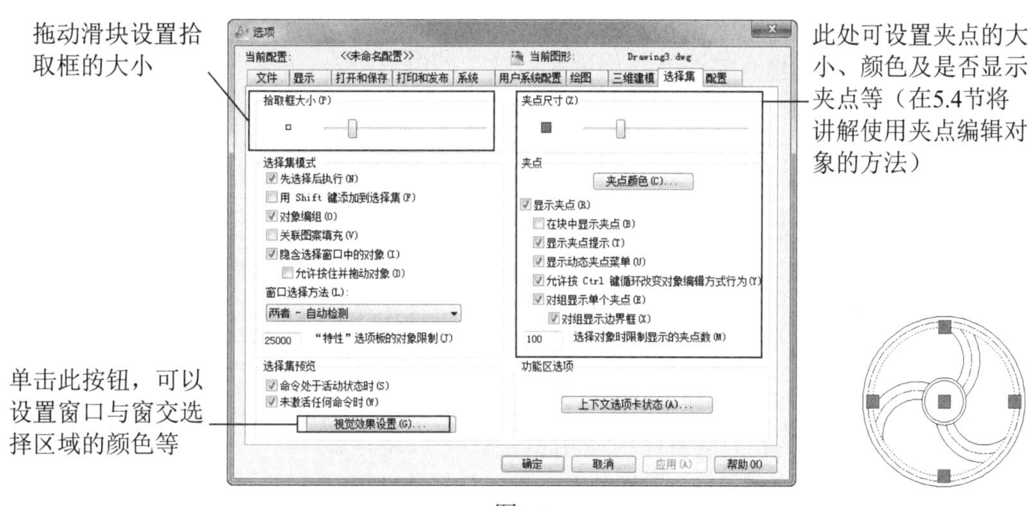
拖动滑块设置拾取框的大小
此处可设置夹点的大小、颜色及是否显示夹点等（在5.4节将讲解使用夹点编辑对象的方法）
单击此按钮，可以设置窗口与窗交选择区域的颜色等

图5-3

提示：单击选择对象的缺点是精度不高，尤其当图形较复杂、对象排列较密集时，很难准确地选择对象，而且在选择多个对象时比较浪费时间。因此，需要使用下面讲解的窗选、快速选择和命令行选择等选择对象的方法。

5.3.2 使用窗口和窗交方式选择对象

窗口和窗交选择对象的方法在第1章中作过介绍，即使用鼠标指针框选对象，如图5-4（窗口选择）和图5-5（窗交选择）所示。窗口选择的颜色默认为蓝色，窗交选择的颜色默认为绿色。

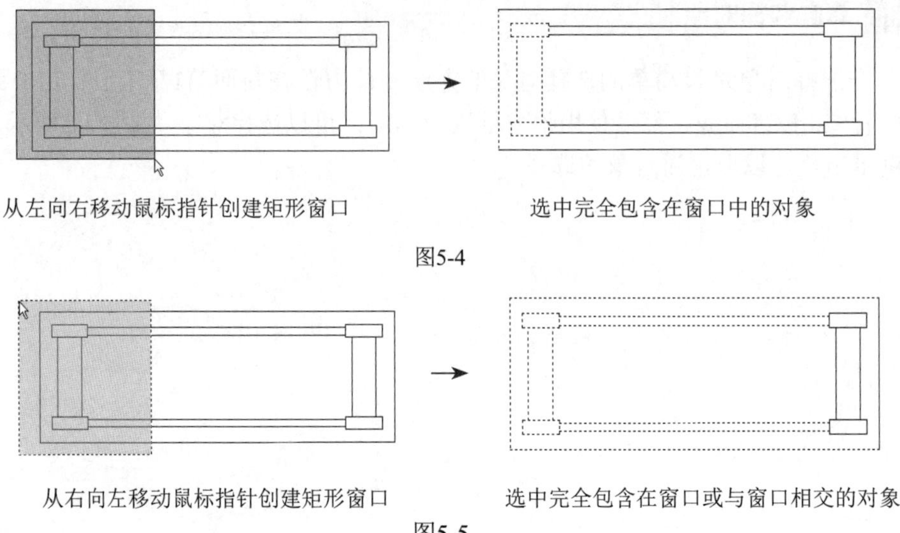

从左向右移动鼠标指针创建矩形窗口　　选中完全包含在窗口中的对象

图5-4

从右向左移动鼠标指针创建矩形窗口　　选中完全包含在窗口或与窗口相交的对象

图5-5

5.3.3 使用“快速选择”命令选择对象

在AutoCAD中，当用户需要选择具有某些共同特性的多个对象时，可以打开“快速选择”对话框，根据对象特性（如图层、线型和颜色等）或对象类型（如直线、多段线和图案填充等）选择对象。

例如，图形中有很多直线与多段线，直线与多段线在显示上是无法区分的。当需要选择所有直线时，可执行“工具”→“快速选择”菜单命令，或执行QSELECT命令，打开“快速选择”对话框，如图5-6所示，在“对象类型”下拉列表中选择“直线”选项，单击“确定”按钮，即可选中图形中的所有直线。

图5-6

“快速选择”对话框中的各项讲解如下。

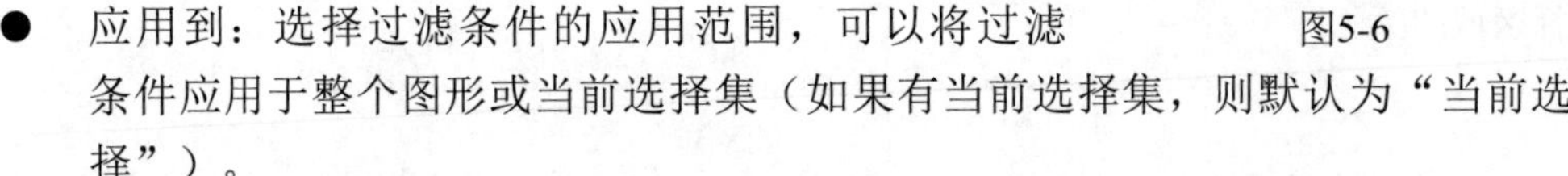

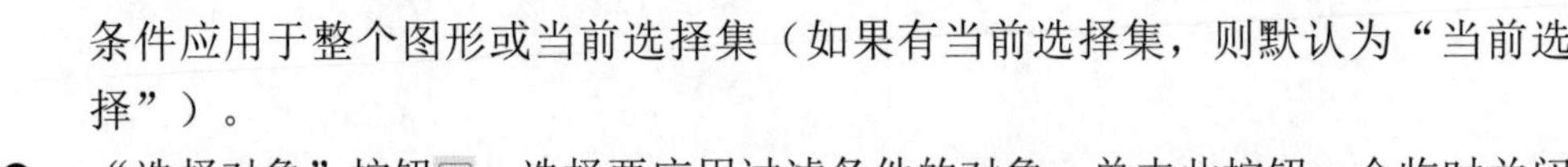

- 应用到：选择过滤条件的应用范围，可以将过滤条件应用于整个图形或当前选择集（如果有当前选择集，则默认为“当前选择”）。
- “选择对象”按钮：选择要应用过滤条件的对象。单击此按钮，会临时关闭“快速选择”对话框，选择要应用过滤条件的对象后，按Enter键，返回“快速选择”对话框，此时“应用到”显示为“当前选择”。
- 对象类型：指定过滤对象的类型。在下拉列表中选择一个类型，则该类型的所有对象将被选中。
- 特性：指定过滤对象的特性。在列表中选择一个特性，再在“运算符”和“值”下拉列表中设置过滤规则，则符合过滤条件的对象将被选中。如果要选择半径小于20的圆，可按图5-7左图所示进行设置，得到如图5-7右图所示的选择效果。

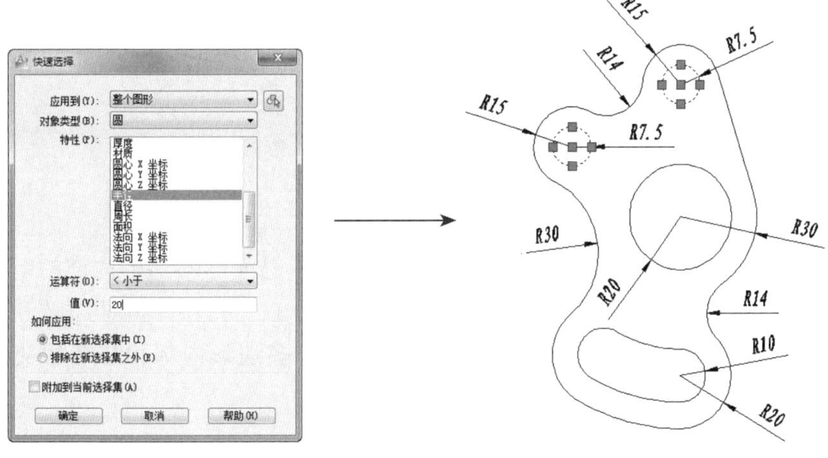

图5-7

- 运算符：选择对象特性的取值范围。基于选择的特性，可能包括“=”“<>”“>”“<”“*”等选项，根据需要进行选择。
- 值：指定过滤条件中对象特性的取值。如果指定的对象特性具有可用值，则该项显示为列表框，用户可以从中选择一个值；如果指定的对象特性不具有可用值，则该项显示为文本框，用户可以根据需要输入一个值。
- 如何应用：选择符合过滤条件的对象的应用方式。其中，单击“包括在新选择集中”单选按钮，新选择集将由符合过滤条件的对象组成；单击“排除在新选择集之外”单选按钮，新选择集将排除符合过滤条件的对象，由剩余对象组成。
- 附加到当前选择集：选中此复选框，创建的新选择集将被添加到当前选择集中；否则，创建的新选择集将替换当前选择集。

5.3.4 使用命令行选择对象

在执行编辑命令时，当命令行提示“选择对象：”时输入“？”，并按Enter键，命令行将显示如下选择对象信息。

需要点或窗口(W)/上一个(L)/窗交(C)/框(BOX)/全部(ALL)/栏选(F)/圈围(WP)/圈交(CP)/编组(G)/添加(A)/删除(R)/多个(M)/前一个(P)/放弃(U)/自动(AU)/单个(SI)/子对象/对象

其中，“需要点”（逐个单击选择对象）、“窗口”和“窗交”选项参见前面讲解。其他选项讲解如下。

- 上一个：选择最后一次创建的可见对象。该对象必须在当前空间中，并且没有位于关闭、冻结和锁定的图层中。
- 框：通过指定对角点定义矩形区域来选择对象。指定矩形区域对角点时，从左到右等于窗口选择，从右到左则等于窗交选择。
- 全部：选择没有位于锁定、关闭和冻结图层中的所有对象。
- 栏选：使用栏线选择对象。栏线可以是一段或多段直线，它穿过的所有对象均被选中，如图5-8所示。

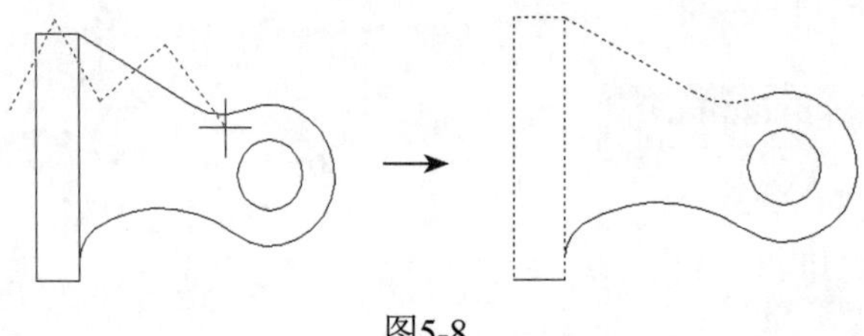

图5-8

- 圈围：选择该项后，可绘制一个选择多边形，位于该多边形内部的所有对象均被选中，如图5-9所示。
- 圈交：与圈围操作相同，但选择对象为位于多边形内部和与之相交的所有对象，如图5-10所示。

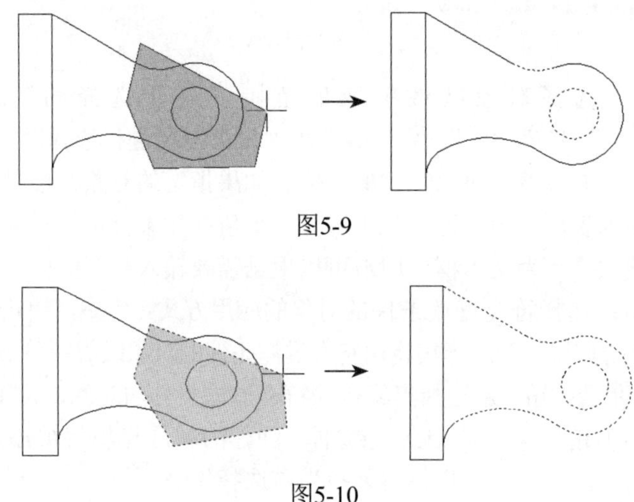

图5-9

图5-10

- 编组：选择指定编组中的所有对象。

提示：执行GROUP（或G）命令，或执行“工具”→“组”菜单命令，输入“N”，按Enter键，输入组的名字，然后选择编组对象，按Enter键，可以将图形对象创建为组（也可不命名组，直接选择图形对象创建组）。执行UNGROUP（或UNG）命令，或执行“工具”→“解除编组”菜单命令，然后选择要解除的组，按Enter键，可将编组解散。

- 添加：将通过任何方法选择的对象添加到选择集中，此选项为默认模式。
- 删除：将通过任何方法选择的对象从选择集中删除。
- 多个：多次选择而不高亮显示对象，从而加快选择复杂对象的过程。
- 前一个：选择最近创建的选择集。
- 放弃：取消最近一次选择对象操作。
- 自动：单击选择对象或框选对象，此选项为默认模式。
- 单个：只选择第一个或第一组对象，而不再继续提示进一步选择。
- 子对象：输入“su”，选择该选项，可以逐个选择复合实体的一部分或三维实体的顶点、边和面，如图5-11所示。

提示：按住Ctrl键的同时选择对象，与应用“子对象”选项的功能相同。

- 对象：输入“o”，选择该选项，将退出子对象选择。

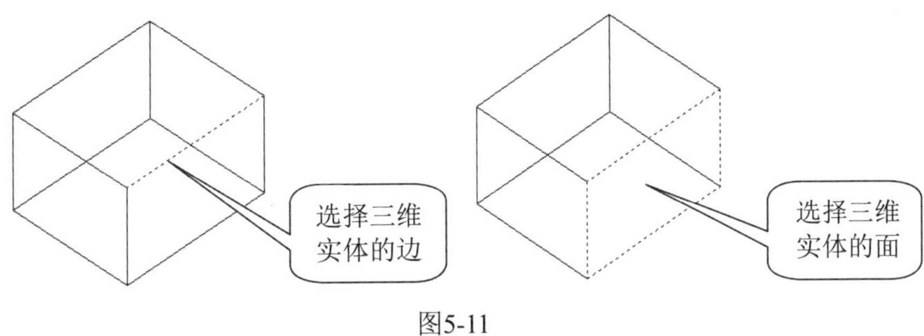

图5-11

5.4　使用夹点编辑对象

当直接选择对象时，在对象上会显示夹点。单击选择一个或多个（需按住Shift键）夹点（夹点显示为红色），可以对对象进行变形、移动和复制等操作，此时被称为“夹点编辑模式”，如图5-12所示。要退出夹点编辑模式，可以按Esc键。

本节将介绍典型对象的夹点类型及作用，以及使用夹点编辑对象的操作技巧。

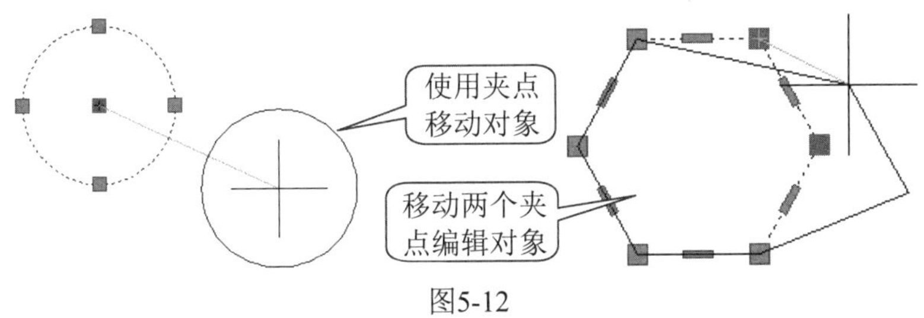

图5-12

5.4.1　典型对象的夹点类型及作用

不同的对象，其夹点的类型、作用也不同。下面分别介绍直线、矩形、样条曲线、多段线、圆、圆弧等典型对象的夹点类型及作用。

1．直线

直线有三个夹点，分别是其两个端点和中点。移动直线的任意一个端点，可以拉伸直线，如图5-13左图所示；移动直线的中点，可以改变其位置，如图5-13右图所示。

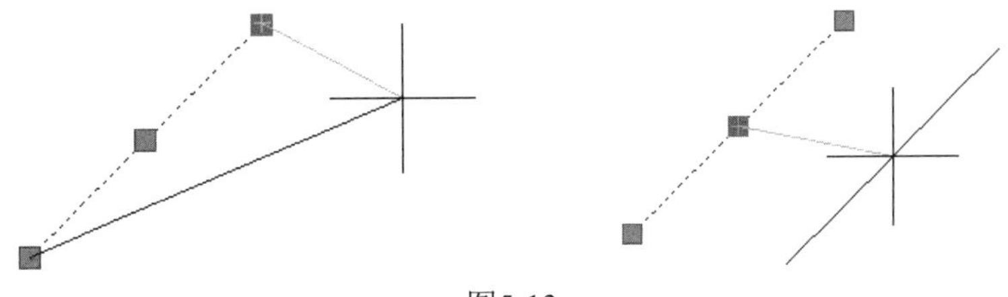

图5-13

2．矩形、样条曲线和多段线

矩形、样条曲线和多段线的夹点均为其顶点，移动任意一个顶点，可以拉伸变形对象，如图5-14左图和中图所示。如果多段线有圆弧段，圆弧的两个端点和中点也是夹点，移动该夹点可以拉伸圆弧，如图5-14右图所示。

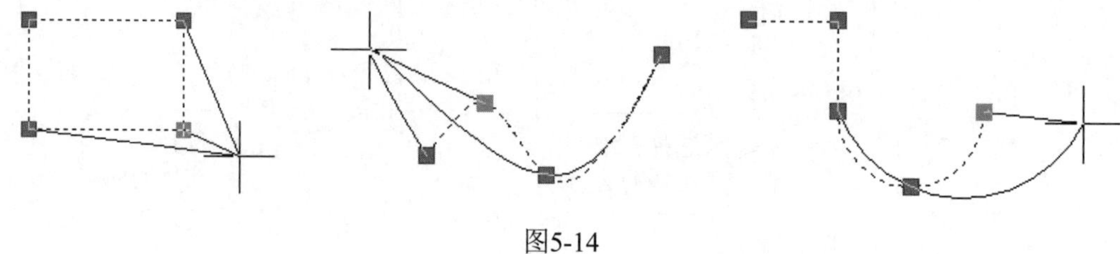

图5-14

3．圆和椭圆

圆和椭圆有五个夹点，分别为其四个象限点和一个圆心点（或中心点）。

- 移动圆心点（或中心点），可以改变圆（或椭圆）的位置，如图5-15左图所示。
- 向外或向内移动圆的任意一个象限点，可以放大或缩小圆，如图5-15中图所示。
- 移动椭圆的任意一个象限点，可以改变该象限点方向上的轴长，如图5-15右图所示。

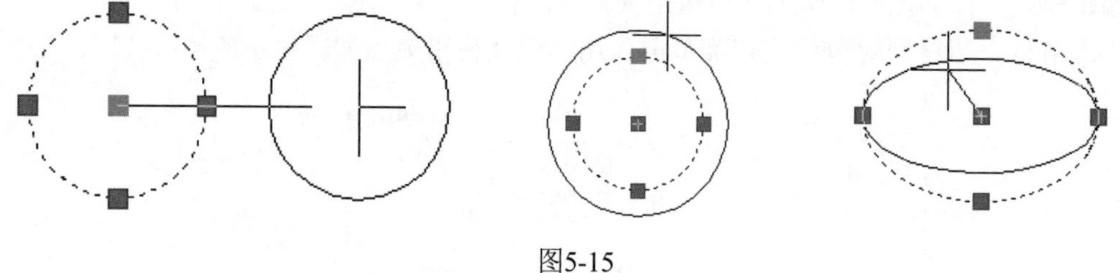

图5-15

4．圆弧和椭圆弧

圆弧和椭圆弧的夹点分别为其两个端点、中点和圆心点（或中心）。

- 移动在圆弧上的方形夹点，可以拉伸变形圆弧，如图5-16左图所示；移动圆弧的中点和圆心点，可以移动圆弧，如图5-16中图和右图所示。
- 在圆弧的外侧夹点停留，在弹出的菜单中选择“拉长”命令，可以延伸圆弧，如图5-17所示。
- 在圆弧的中间夹点停留，在弹出的菜单中选择“半径”命令，可以调整圆弧的半径，如图5-18所示。

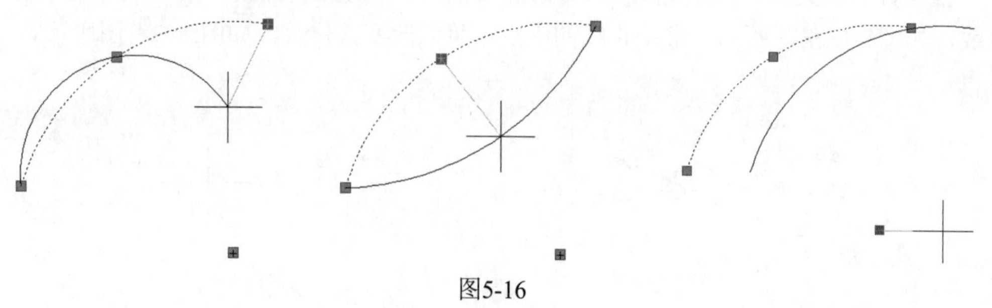

图5-16

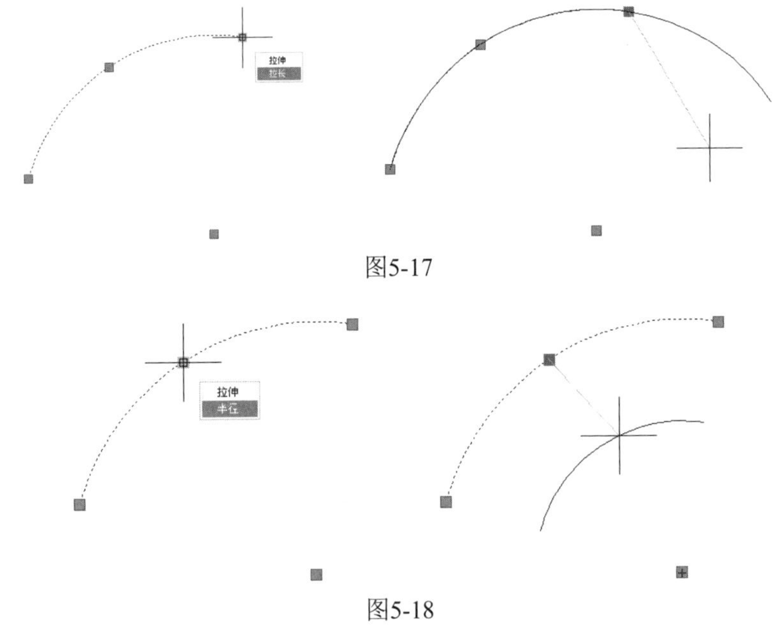

图5-17

图5-18

- 移动椭圆弧的任意一个夹点，可以调整椭圆弧的半径，如图5-19左图所示；移动椭圆弧端点处的箭头夹点，可以调整椭圆弧的长度，如图5-19右图所示。

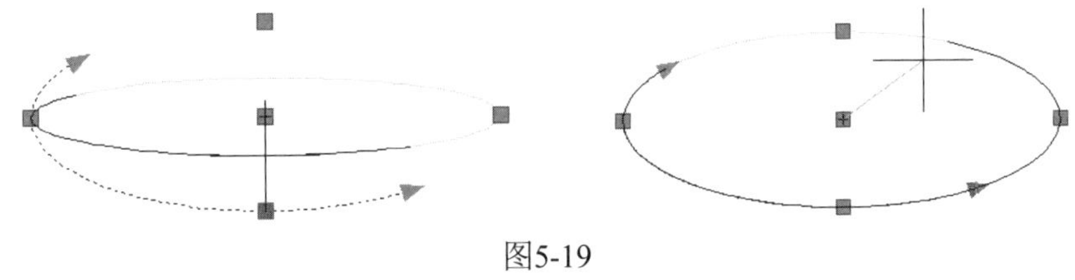

图5-19

5．矩形和多边形

矩形和多边形除了具有上面对象具有的正方形夹点外，在每条线段上还具有长方形夹点，如图5-20所示。矩形和多边形的正方形夹点，其作用与上面对象的正方形夹点相同；而通过矩形和多边形的长方形夹点，可以直接执行拉伸操作，从而调整其一条边的位置。

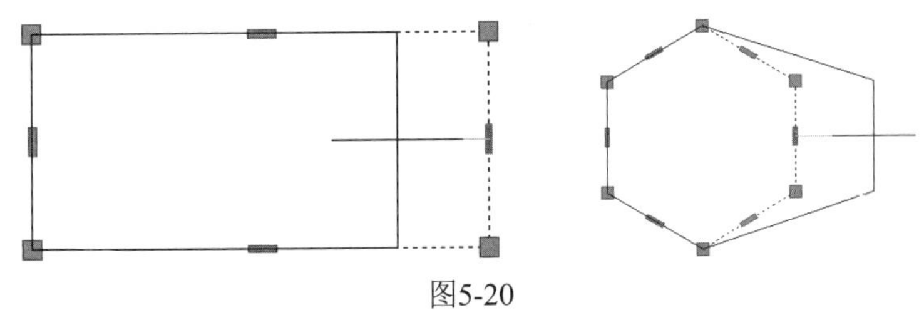

图5-20

5.4.2 为使用夹点编辑对象指定基点

在使用夹点编辑对象前，需要指定操作的参照点，也就是基点。单击选择对象的某个夹点，此夹点即为基点。指定的基点不同，对象的编辑效果也不同，如图5-21所示。

提示：在夹点编辑模式下，在命令行中输入“b”，或者右击并在弹出的快捷菜单中选择“基点”命令（如图5-22所示），再选择任意一点，也可为编辑对象指定新基点。

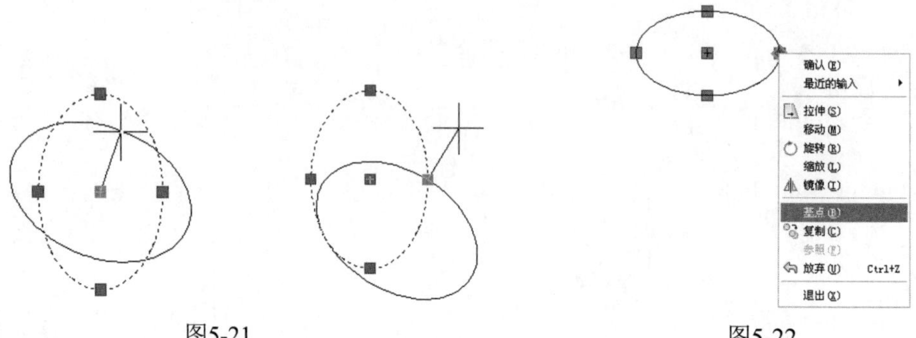

图5-21　　　　图5-22

5.4.3 利用夹点拉伸、移动和旋转对象

进入夹点编辑模式，此时默认为夹点拉伸模式，移动鼠标指针可拉伸对象。要切换到移动、旋转、比例缩放或镜像等模式，可按Space键或Enter键，或者右击并在弹出的快捷菜单中进行选择，如图5-23所示。

下面介绍利用夹点拉伸、移动和旋转对象的方法。

1．拉伸对象

在夹点拉伸模式下，命令行会提示如下信息。

```
** 拉伸 **
指定拉伸点或 [基点(B)/复制(C)/放弃(U)/退出(X)]:
```

可通过指定基点的新位置来拉伸对象，如图5-24所示。输入“x”，可以退出当前的操作。

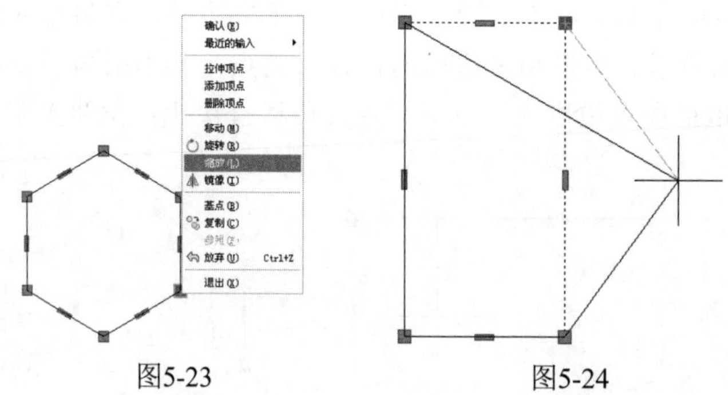

图5-23　　　　图5-24

提示：如果选择的基点是圆心或直线中点等夹点，则只能移动对象而不能拉伸对象。

2．移动对象

在夹点移动模式下，命令行会提示如下信息。

```
** 移动 **
```

指定移动点或 [基点(B)/复制(C)/放弃(U)/退出(X)]:

可通过指定基点的新位置来移动对象，如图5-25所示。

3. 旋转对象

在夹点旋转模式下，命令行会提示如下信息。

** 旋转 **

指定旋转角度或 [基点(B)/复制(C)/放弃(U)/参照(R)/退出(X)]:

可通过指定绕基点的旋转角度来旋转对象，如图5-26所示。默认参照角度为0，输入“r”，可以重新设置起始参照角度。

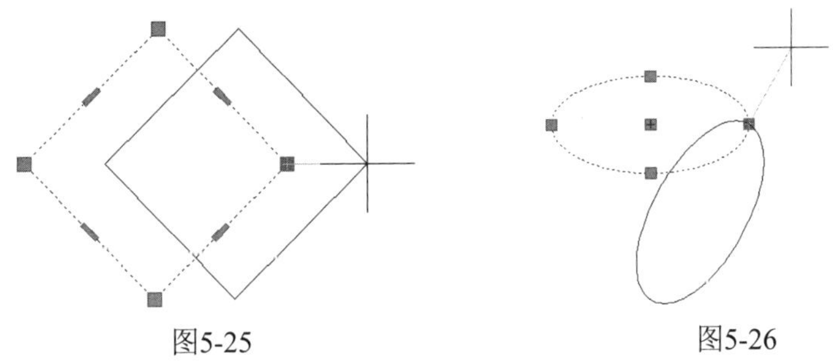

图5-25　　　　图5-26

提示：指定绕基点的旋转角度时，正值表示按逆时针方向旋转，负值表示按顺时针方向旋转。

5.4.4 利用夹点缩放和镜像对象

下面介绍利用夹点缩放和镜像对象的方法。

1. 缩放对象

在夹点缩放模式下，命令行会提示如下信息。

** 比例缩放 **

指定比例因子或 [基点(B)/复制(C)/放弃(U)/参照(R)/退出(X)]:

可通过输入比例因子来相对于基点放大或缩小对象（直接拖动也可缩放对象，只是此时无法控制对象的缩放比例，所以较少采用），如图5-27所示。比例因子的数值决定放大对象的倍数。

提示：输入“r”，再给定参照长度值和新长度值，AutoCAD会根据这两个长度值自动计算出比例因子（比例因子=新长度值/参照长度值），然后根据该比例因子缩放对象。

2. 镜像对象

在夹点镜像模式下，命令行会提示如下信息。

** 镜像 **

指定第二点或 [基点(B)/复制(C)/放弃(U)/退出(X)]:

以基点和指定的第二个点的连线为轴线，创建源对象的对称对象，并删除源对象，如图5-28所示。

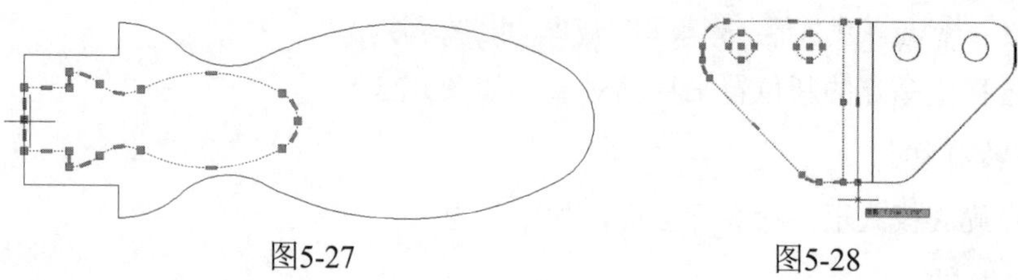
图5-27　　图5-28

5.4.5 利用夹点复制对象

在利用夹点编辑图形时，输入“c”，可以执行多次编辑操作，并在编辑对象的同时创建对象的副本，如图5-29所示。另外，输入“u”，可以取消上一步的编辑操作。

图5-29

5.5 编辑对象特性

在创建对象时，对象具有一定的特性，包括颜色、图层、线型、打印样式等。利用“特性”面板和“特性匹配”命令可以修改对象的这些特性。

5.5.1 利用“特性”面板编辑对象特性

按Ctrl+1组合键，或执行PR命令，可打开“特性”面板，然后选择要修改特性的对象，在“特性”面板中对其颜色、图层、线型、线型比例等特性进行修改（例如，可通过如图5-30所示的操作修改圆的半径大小）。

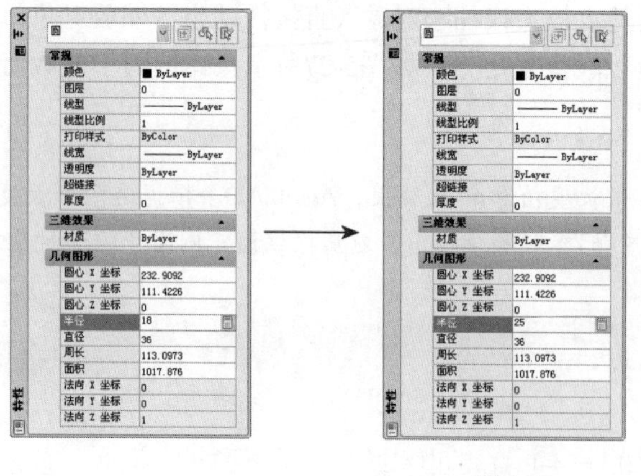

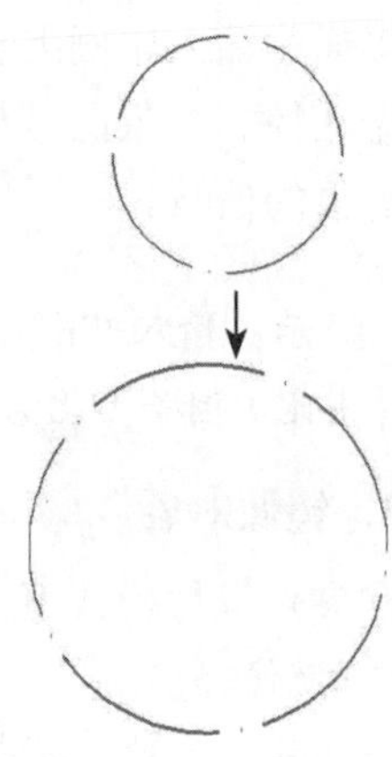
图5-30

提示：双击对象，也可打开“特性”面板，并显示该对象的特性。此外，如果当前没有选择对象，“特性”面板将显示当前图形的基本特性；如果已选中多个对象，在“特性”面板中将显示它们的共同特性。

在“特性”面板上方有“切换PICKADD系统变量的值”、“选择对象”和“快速选择”三个工具按钮，讲解如下。

- 切换PICKADD系统变量的值：单击此按钮，如果按钮图标上出现“+”符号（即），表示可以同时选择多个对象，并在“特性”面板中显示其特性；如果按钮图标上出现“1”符号（即），表示此时只能选择单一对象，并显示其特性。
- 选择对象：单击此按钮，可在绘图区中选择对象，并在“特性”面板中显示其特性。
- 快速选择：单击此按钮，打开“快速选择”对话框，然后可按照特性匹配模式快速选择多个对象（视图中对象较多时可用）。

5.5.2 利用“特性匹配”命令匹配对象特性

特性匹配与Word中的“格式刷”相似，用于复制某个对象的特性给另外一个对象。

执行“修改”→“特性匹配”菜单命令，或执行MA命令，然后选择源对象，再选择目标对象，可以将源对象的特性复制给目标对象，如图5-31所示，所复制的特性包括颜色、线型、线宽、图层、厚度、标注和文字等。

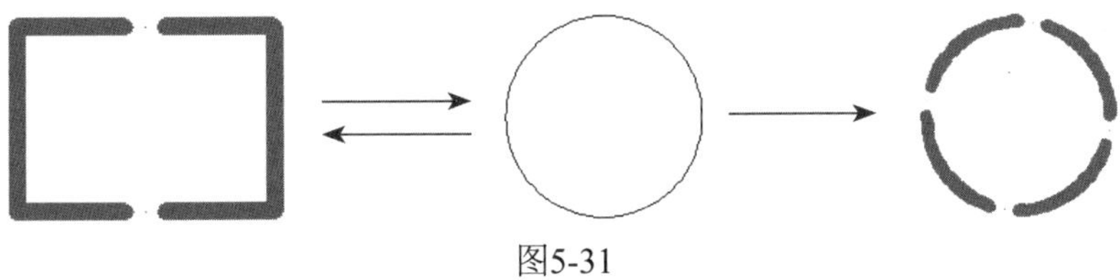

图5-31

提示：在进行特性匹配的过程中，当命令行提示“选择目标对象或 [设置(S)]:”时，输入“S”后按Enter键，打开“特性设置”对话框（如图5-32所示），可在此对话框中设置要复制给目标对象的特性。

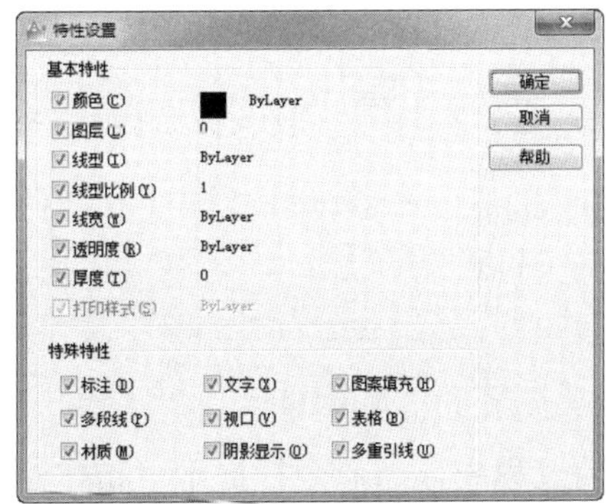

图5-32

5.6 改变对象的位置和方向

本节学习在AutoCAD中改变对象位置和方向的方法，包括移动、旋转与对齐。下面讲解相关操作。

5.6.1 移动对象

单击“修改”工具栏中的“移动”按钮，或执行M命令，然后选择要移动的对象，并指定对象的基点，再指定第二点，即可在不改变对象方向和大小的情况下重新定位对象，如图5-33所示。

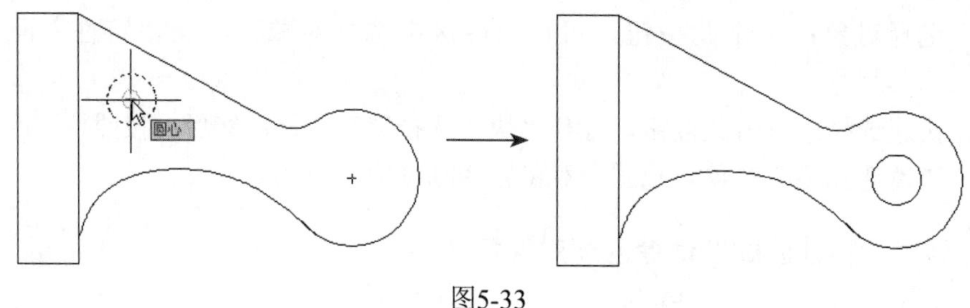

图5-33

提示：在命令行提示“指定基点或[位移(D)] <位移>:”时，输入“D”后按Enter键，再输入一坐标值，可移动对象到距对象原位置指定坐标值的位置。

5.6.2 旋转对象

单击“修改”工具栏中的“旋转”按钮，或执行RO命令，然后选择要旋转的对象，并指定旋转的基点，再指定旋转的角度，即可以该角度旋转对象，如图5-34所示。

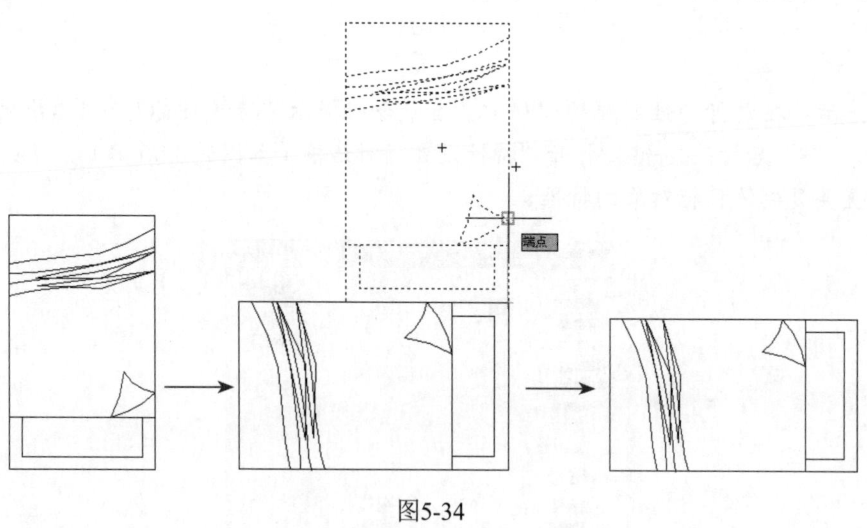

图5-34

在执行对象旋转操作的过程中，当命令行提示“指定旋转角度，或[复制(C)/参照(R)] <0>:”时，各选项讲解如下。

- 指定旋转角度：用于指定旋转角度值。输入正值，表示按逆时针方向旋转对象；输入负值，表示按顺时针方向旋转对象。
- 复制：将选中的对象进行旋转复制。
- 参照：可以指定某一方向作为旋转角度的起始参照。

5.6.3 对齐对象

执行"修改"→"三维操作"→"对齐"菜单命令，或执行AL命令，然后选择要进行对齐操作的对象，并指定两对"对齐"点（对于三维对象，则需要指定三对"对齐"点），再根据需要指定是否缩放对象，即可对齐对象，如图5-35所示。

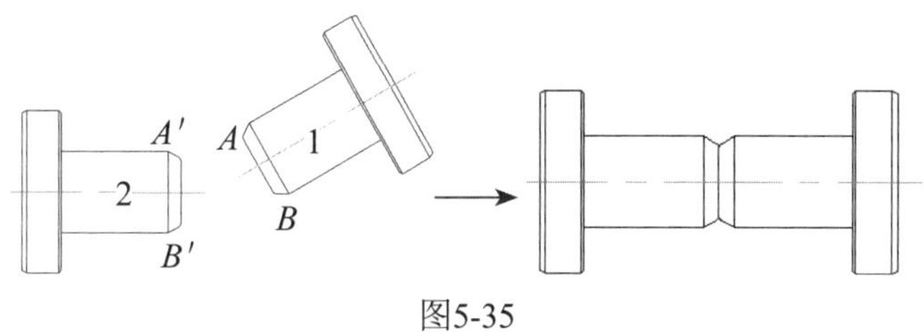

图5-35

5.7 改变对象的长度和形状

在AutoCAD中，使用修剪、延伸、拉长、打断、拉伸与缩放等命令，可以对现有对象的长度和形状等进行修改。下面讲解相关操作。

5.7.1 修剪对象

"修剪"是指使用某线作为边界，对穿越线进行裁剪的操作。单击"修改"工具栏中的"修剪"按钮-/--，或执行TR命令，然后选择作为修剪边界的对象，再选择要修剪的对象的部分，即可对对象执行修剪操作，如图5-36所示。

图5-36

提示：在选择修剪边界和修剪对象时，可以使用窗口或窗交方式。此外，即使对象被选作修剪边界，也可以被修剪。

在执行TR命令修剪对象的过程中，命令行会提示"选择要修剪的对象，或按住Shift 键选择要延伸的对象，或[栏选(F)/窗交(C)/投影(P)/边(E)/删除(R)/放弃(U)]:"。各选项讲解如下。

- 按住 Shift 键选择要延伸的对象：延伸而不是修剪选中的对象（如图5-37所示）。此选项提供了由"修剪"切换为"延伸"的简便方法。

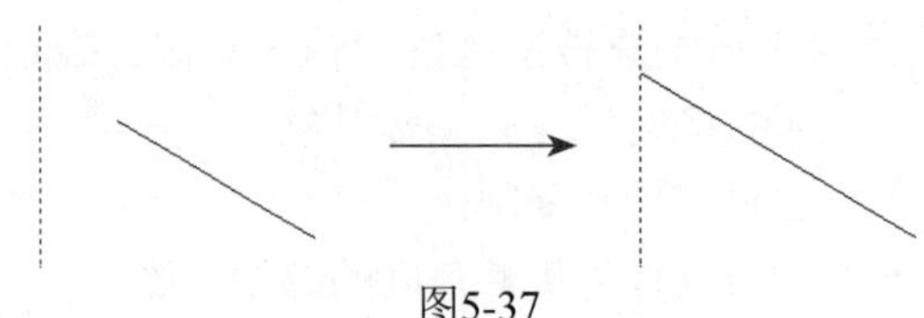

图5-37

- 栏选：使用栏选方式选择要修剪的对象。

提示：所谓“栏选”，是指用户可用此选项构建任意折线，凡是与该折线相交的实体对象均会被选中。

- 窗交：使用窗交方式选择要修剪的对象。
- 投影：指定修剪三维空间对象时使用的投影方式。选择此选项后，命令行会提示“输入投影选项 [无(N)/UCS(U)/视图(V)] <UCS>:”，选择“无”选项，表示不使用投影修剪；选择“UCS”选项，表示以UCS坐标系*xy*平面上的投影来修剪对象；选择“视图”选项，表示以选择的修剪边界修剪在当前视图中看起来与边界相交的对象。如图5-38所示。

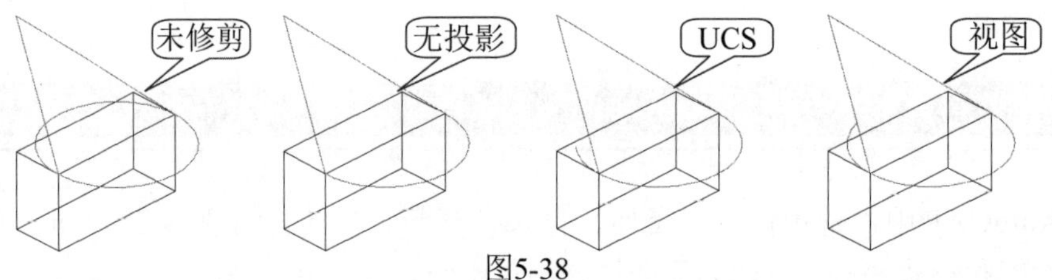

图5-38

- 边：指定对象是在另一个对象的延长边处进行修剪，还是仅在与该对象相交处进行修剪。选择此选项，命令行会提示“输入隐含边延伸模式 [延伸(E)/不延伸(N)] <不延伸>:”，选择“延伸”选项，表示沿对象自身自然路径延伸修剪边，并在延伸边的相交处进行修剪；选择“不延伸”选项，表示被修剪对象只在与修剪边相交处进行修剪。
- 删除：删除选中的对象。此选项提供了在不退出“修剪”命令的情况下删除对象的简便方式。
- 放弃：撤销上一次的修剪操作。

提示：使用“修剪”命令可以修剪尺寸标注，修剪后系统会自动更新尺寸文字，如图5-39所示（注意，此处使用了中间“边”的延伸模式）。此外，尺寸标注不能被作为修剪边界使用。

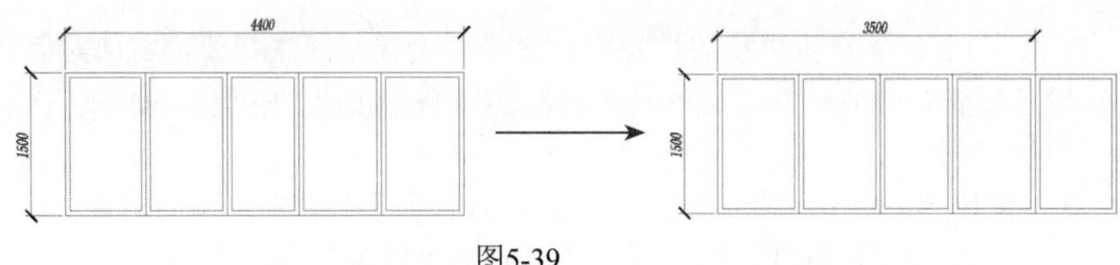

图5-39

5.7.2 延伸对象

“延伸”是指使用已有的线作为边界，使某条线延伸到边界线的操作。单击“修改”工具栏中的“延伸”按钮--/，或执行EX命令，然后选择作为延伸边界的对象，再选择要延伸的对象，即可对对象执行延伸操作，如图5-40所示。

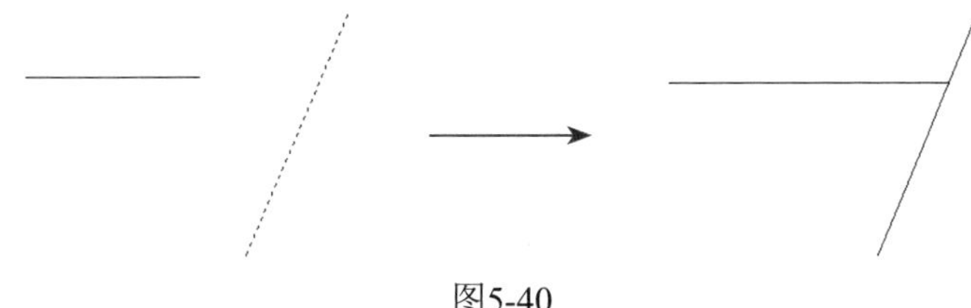

图5-40

提示：选择要延伸的对象时，注意拾取点应靠近延伸的一侧，否则，会出现延伸错误或无法延伸。此外，“延伸”命令的命令行提示中各选项的作用与“修剪”命令相似，此处不再赘述。使用“延伸”命令，同样可以对尺寸标注执行延伸操作。

5.7.3 拉长对象

执行“修改”→“拉长”菜单命令，或执行LEN命令，然后选择一种方式指定拉长量，再选择被拉长的对象，即可对对象执行拉长操作，如图5-41所示。

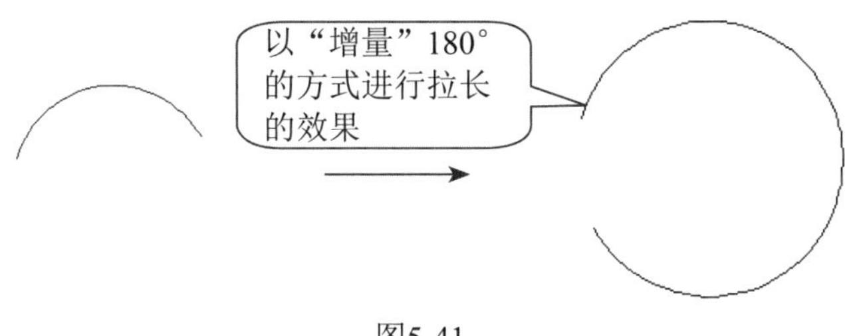

图5-41

执行LEN命令后，命令行会提示“选择对象或 [增量(DE)/百分数(P)/全部(T)/动态(DY)]:”。各选项讲解如下。

- 增量：通过指定长度或角度增量值的方式来拉长或缩短对象，正值表示拉长，负值表示缩短。
- 百分数：通过输入百分比的方式来改变对象的长度或包含角的大小。
- 全部：通过指定对象的新长度或包含角来改变其大小。选择此选项后，将从距离选择对象的拾取点最近的端点处拉长或缩短到指定值。例如，可通过如下操作使图5-42中的直线长度相等。

```
命令:LEN                                    //执行LEN命令
选择对象或[增量(DE)/百分数(P)/全部(T)/动态(DY)]: T
指定总长度或 [角度(A)] <1.0000)>: //在A点单击
指定第二点:                        //在B点单击，设置拉长的总长度
选择要修改的对象或 [放弃(U)]: //单击C点和D点，拉长对象
```

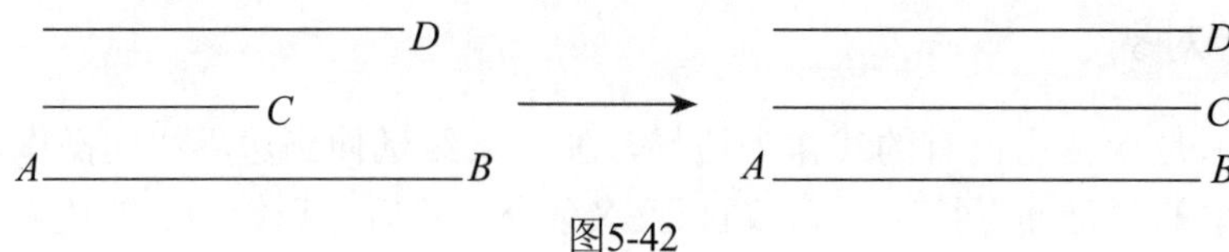

图5-42

提示：拉长也是有方向的，选择对象的拾取点需要靠近拉长的一侧。

5.7.4 打断对象

执行“修改”→“打断”菜单命令，或执行BR命令，顺序单击要打断对象上的两个点，可以将指定的对象两点间的部分删除，如图5-43所示。

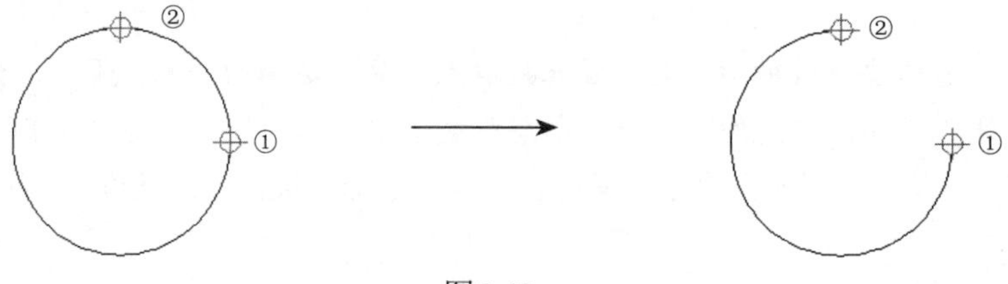

图5-43

在执行打断操作的过程中，第一次指定的打断点无法进行对象捕捉，因此，当命令行提示“指定第二个打断点 或 [第一点(F)]:”时，可输入“f”，重新指定第一个打断点。

提示：在执行打断圆操作时，系统默认按逆时针方向删除圆上第一个打断点到第二个打断点之间的部分。此外，在“指定第二个打断点”命令行提示下，若输入“@”，则表示使两个打断点重合，即将对象打断（相当于5.7.5节将要讲到的“打断于点”）。

5.7.5 打断于点

“打断于点”命令是从“打断”命令派生出来的。此命令可以将对象一分为二，且不产生间隙。

单击“修改”工具栏中的“打断于点”按钮，然后指定一个打断点，即可在该点处打断对象，如图5-44所示。

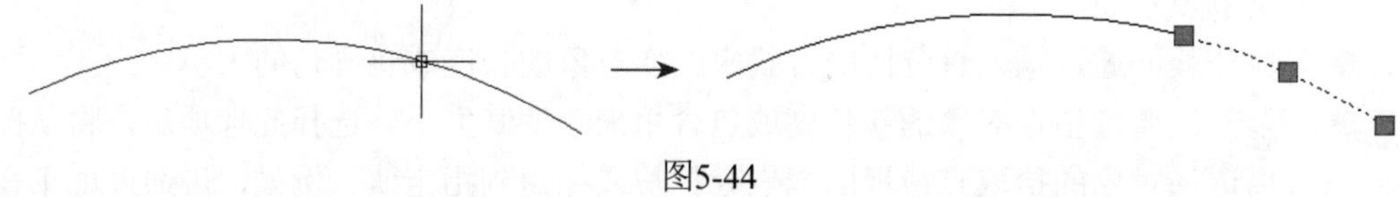

图5-44

5.7.6 拉伸对象

执行“修改”→“拉伸”菜单命令，或执行S命令，然后使用交叉窗口方式（自左下到右上）选择要拉伸的对象（完全包含在交叉窗口中的对象将被移动，而与交叉窗口相交的对象将被拉伸或缩短），并指定拉伸的基点，再移动鼠标指针指定拉伸的位移，即可将对象拉伸，如图5-45所示。

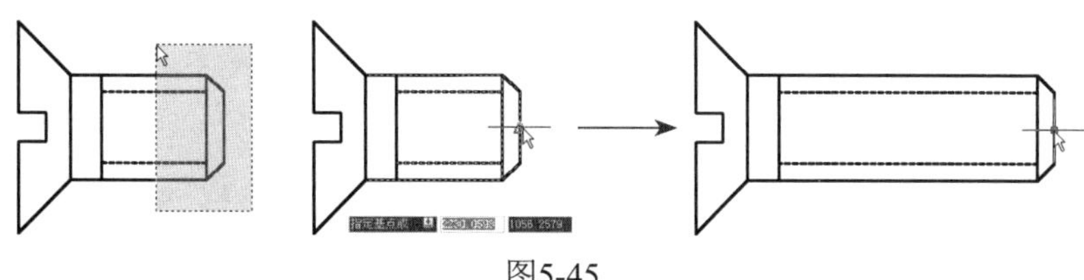

图5-45

提示：只能拉伸由直线、圆弧、椭圆弧、多段线等命令绘制的带有端点的图形对象。对于没有端点的图形对象（如圆、文本等）的拉伸，若其特征点（如圆心）在选择窗口之外，则拉伸后该对象不会被移动；若其特征点在选择窗口之内，则拉伸后该对象将被移动，如图5-46所示。

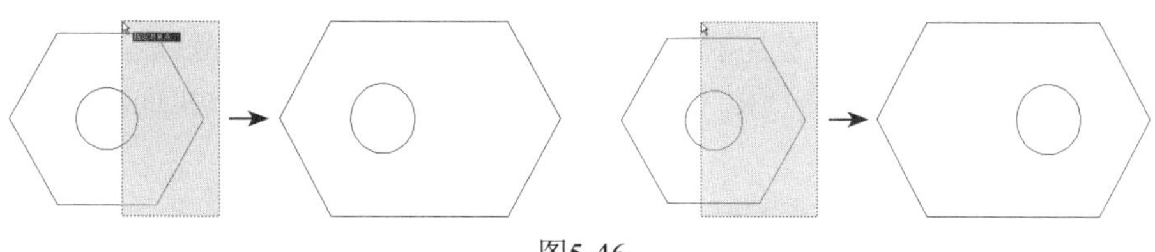

图5-46

5.7.7 缩放对象

单击“修改”工具栏中的“缩放”按钮，或执行SC命令，然后选择要缩放的对象，并指定缩放的基点，再指定缩放比例（比例因子大于1时放大对象，比例因子介于0和1之间时缩小对象），即可执行缩放对象操作，如图5-47所示。

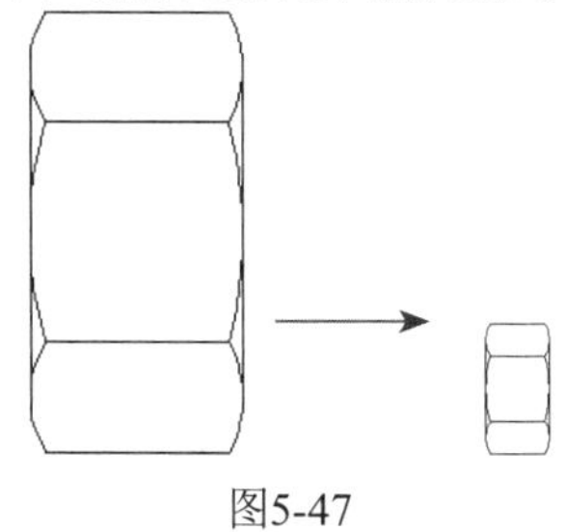

图5-47

在执行缩放操作的过程中，当命令行提示“指定比例因子或 [复制(C)/参照(R)] <1.0000>:”时，输入“c”，可在缩放对象后保留源对象，即复制对象；输入“r”，可通过指定参照长度和新的长度来确定比例因子，从而缩放对象。

5.8 修改复合对象

在AutoCAD中，由多个对象（如圆、直线、矩形、多段线等）组成的图形，被称为“复合对象”，如图5-48所示。对复合对象可进行圆角、倒角等操作，并可将其拆分或合并。下面讲解相关操作。

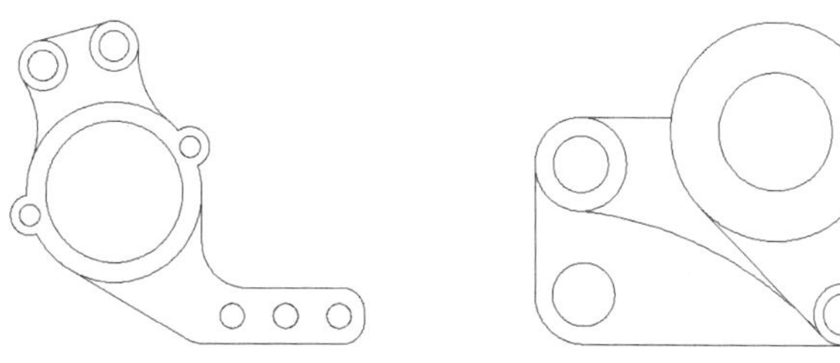

图5-48

5.8.1 圆角对象

单击“修改”工具栏中的“圆角”按钮，或执行F命令，然后输入“R”并按Enter键，再输入圆角半径，最后选择要进行圆角处理的两条边线，即可执行圆角操作，如图5-49所示。

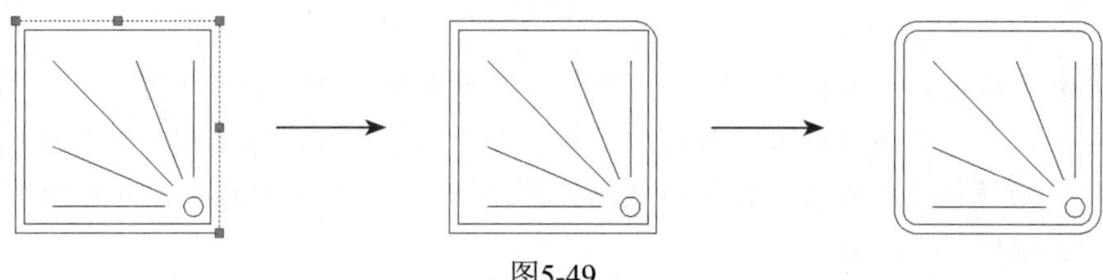

图5-49

在执行F命令后，命令行会提示“选择第一个对象或 [放弃(U)/多段线(P)/半径(R)/修剪(T)/多个(M)]:”，除了输入“R”设置圆角半径的大小外，还可以执行其他操作。讲解如下。

- 放弃：恢复在命令行中执行的上一次操作。
- 多段线：选择该选项后，可将所选多段线中所有的棱角按照设置的半径值进行圆角处理。
- 半径：设置圆角半径。

提示：如果设置圆角半径为0，则被圆角的对象将被修剪或延伸，直到要执行圆角操作的两条边线相交，并不创建圆弧。

- 修剪：设置在执行圆角操作后，是否修剪原线段多余的部分。
- 多个：选择该选项后，可对多组对象进行圆角处理，而不必重新执行该命令。

5.8.2 倒角对象

单击“修改”工具栏中的“倒角”按钮，或执行CHA命令，然后输入“D”，按Enter键，再顺序设置第一倒角距离和第二倒角距离，并选择要进行倒角处理的两条直线，即可执行倒角操作，如图5-50所示。当然，也可以通过“角度”“距离”方式进行倒角处理。

倒角操作与圆角操作基本相同，在执行CHA命令后，命令行会提示“选择第一条直线或 [放弃(U)/多段线(P)/距离(D)/角度(A)/修剪(T)/方式(E)/多个(M)]:”，其中，除了“距离”“角度”“方式”三个选项外，其他各选项的作用与圆角操作基本相同，此处不再赘述，而只具体讲解这三个选项。

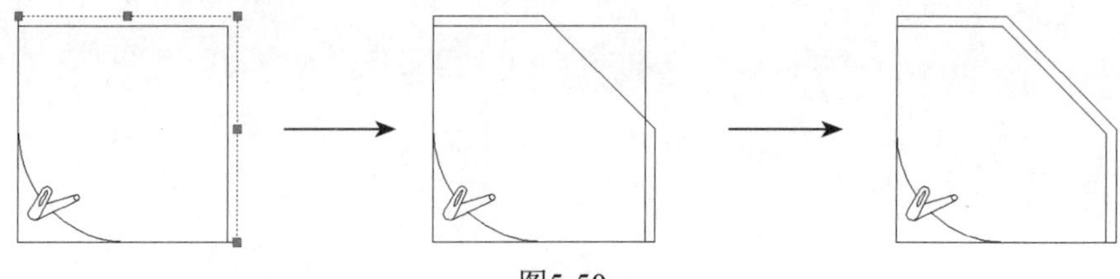

图5-50

- 距离：通过指定第一和第二倒角距离来对对象进行倒角处理，如图5-51所示。
- 角度：通过指定倒角与第一条线的倒角距离，以及倒角与第一条线的角度值，对对象进行倒角处理，如图5-52所示。

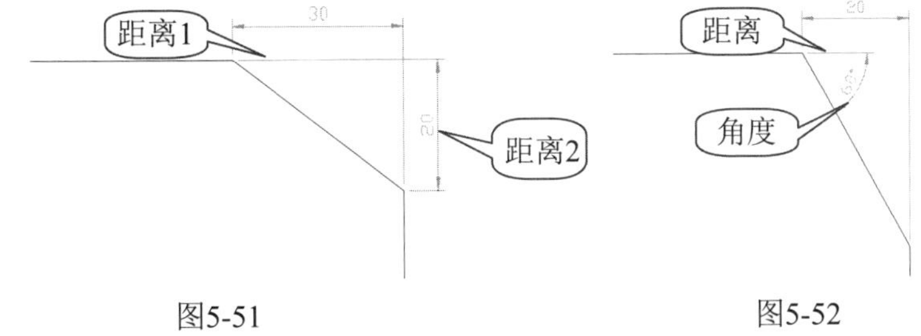

图5-51　　　　图5-52

- 方式：可在“距离”和“角度”两个倒角方式之间选择一种倒角方式。

提示：如果被倒角的两个对象不在同一图层，则倒角将位于当前图层。此外，若在图形界限内没有交点，且图形界限检查处于打开状态，AutoCAD将拒绝倒角。

5.8.3 分解对象

执行X命令，然后选择矩形、多边形、多段线、多线、尺寸标注、多行文字、块、三维曲面和三维实体等复合对象，按Enter键，即可将其分解为由多条单个线段和圆弧组成的对象，如图5-53所示。

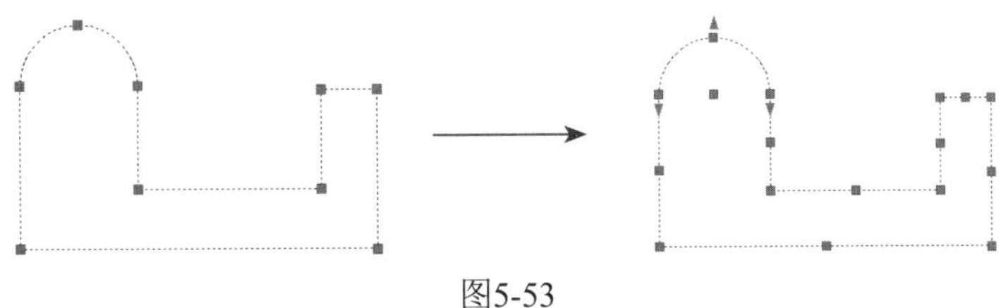

图5-53

提示：还可以执行XPLODE命令分解对象，此时可以控制对象分解后的颜色、图层、线型和线宽等特性，此处不再赘述。

5.8.4 合并对象

执行“修改”→“合并”菜单命令，或执行J命令，选择源对象，然后选择多个同类对象，可以将多个同类对象合并为单个对象，如图5-54所示。

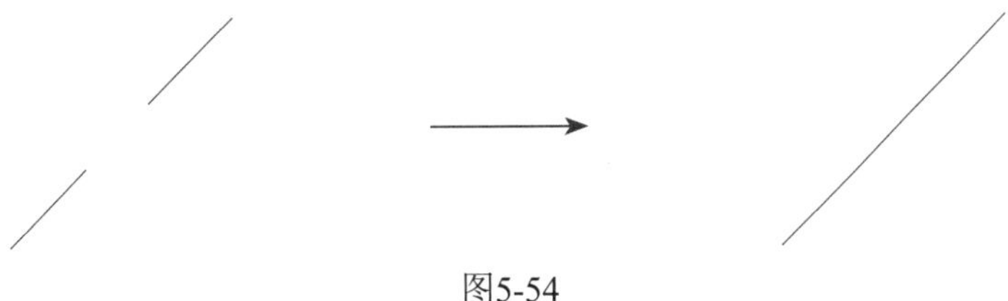

图5-54

提示：执行合并操作时，要注意以下几项规则。

① 合并直线时：所有要合并的直线必须共线，它们之间可以有间隙，合并后间隙将被补齐。

② 合并多段线时：要合并的对象可以是直线、多段线或圆弧，但是它们之间不能有间隙。

③ 合并圆弧时：要合并的圆弧必须位于同一假想的圆上，它们之间可以有间隙（使用“闭合”选项可将圆弧转换成圆）。

5.9 创建对象副本

在AutoCAD中，使用复制、镜像、偏移和阵列命令，或者利用Windows剪贴板，可以创建图形对象的副本。

5.9.1 复制对象

单击“修改”工具栏中的“复制”按钮，或执行CO命令，然后选择要复制的对象，并指定该对象的基点，再拖动鼠标指针至合适位置处单击，即可复制对象（连续单击可连续复制多个对象），按Enter键可结束对象的复制操作，如图5-55所示。

在执行复制操作的过程中，当命令行提示“指定基点或 [位移(D)/模式(O)] <位移>:”时，输入“d”，可以通过指定与源对象在x轴、y轴和z轴的相对坐标来复制对象（复制二维对象时，不需要指定z轴）；输入“o”，可以选择“单个”或“多个”复制模式，默认为“多个”模式。

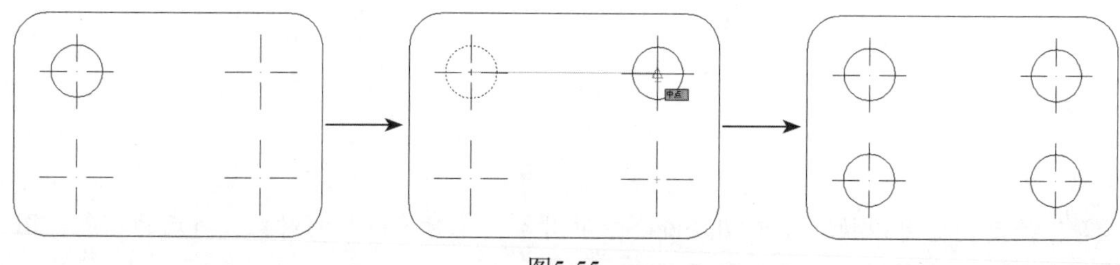

图5-55

在“指定第二个点”提示下，输入“A”并按Enter键，可阵列对象；直接按Enter键，则对象将被复制到距离基点、基点坐标距离的位置处。

提示：在执行复制操作时，选择复制基点后，可在“正交”或“极轴追踪”状态下直接输入距离以复制对象。

5.9.2 镜像对象

单击“修改”工具栏中的“镜像”按钮，或执行MIRROR命令，然后选择要镜像的对象，并通过单击两个点定义镜像线，即可创建对称的对象，如图5-56所示。

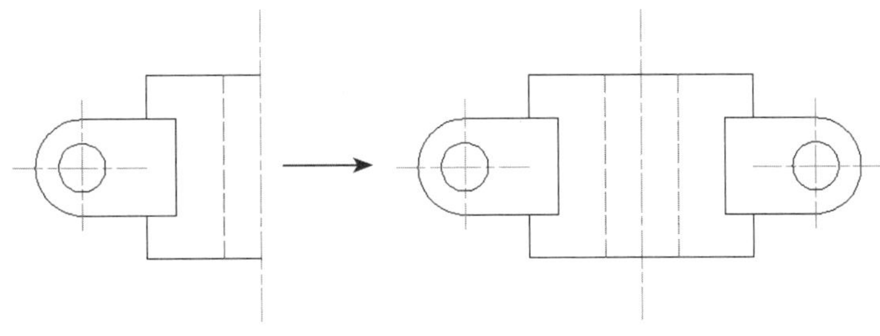

图5-56

此外，在执行镜像操作的过程中，当命令行提示“要删除源对象吗？[是(Y)/否(N)] <N>:”时，输入“Y”并按Enter键，将删除源对象；输入“N”并按Enter键，将保留源对象。

提示：在对文字、块属性等对象进行镜像处理时，MIRRTEXT变量的值将决定该对象是否被镜像。在命令行中输入“mirrtext”，可设置该变量的值，0为不镜像，1为镜像。

5.9.3 偏移对象

所谓“偏移对象”，是指在源对象的基础上偏移一定距离以创建新的对象。如图5-57所示，可以对直线、圆弧、圆、二维多段线、椭圆、椭圆弧、构造线、射线和样条曲线等进行偏移操作。

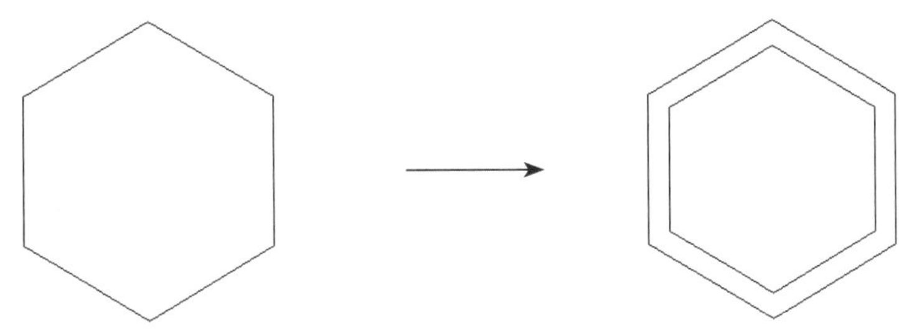

图5-57

单击“修改”工具栏中的“偏移”按钮，或执行O命令，然后指定偏移距离，再选择偏移对象，并指定偏移的侧，即可执行对象偏移操作。

执行“偏移”命令后，命令行会提示“指定偏移距离或 [通过(T)/删除(E)/图层(L)] <通过>:”。各选项讲解如下。

- 通过：通过指定通过点的方法偏移对象。首先选择要偏移的对象，然后指定一个通过点，对象副本将经过该指定点，如图5-58所示。

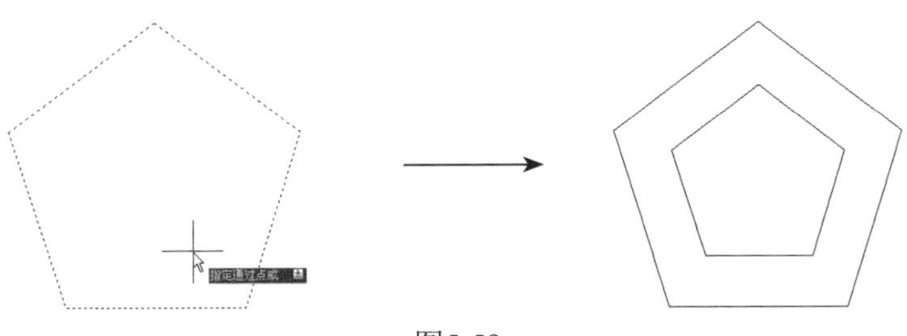

图5-58

- 删除：用于设置偏移后是否删除源对象。
- 图层：用于设置将对象副本创建在当前图层中或是源对象所在图层中。

此外，当命令行提示“指定要偏移的那一侧上的点，或 [退出(E)/多个(M)/放弃(U)] <退出>:”时，输入“m”，指定对象偏移的侧后，连续单击可以连续偏移多个对象。

提示：使用“偏移”命令偏移对象时，一次只能选择一个对象进行偏移操作。

5.9.4 阵列对象

所谓“阵列对象”，是指以矩形或环形等方式创建对象的多个副本，如图5-59所示。在AutoCAD 2012中有三种阵列方式，分别为矩形阵列、环形阵列和路径阵列。下面具体讲解如何执行这三种阵列操作。

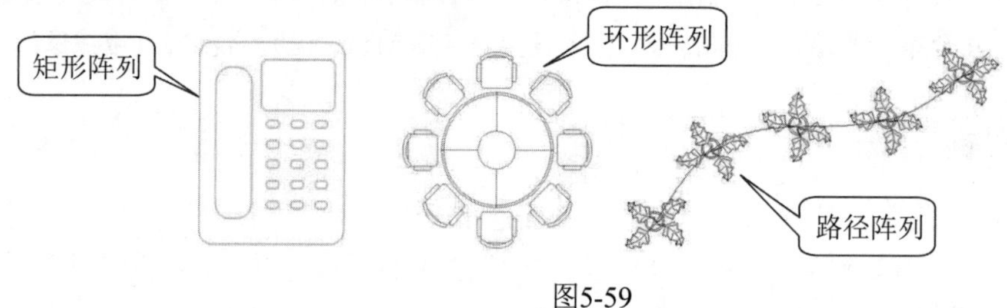

图5-59

1．矩形阵列

单击“修改”工具栏中的“矩形阵列”按钮，或执行ARRAYRECT命令，然后选择要阵列的对象，并按两次Enter键，再拖动鼠标指针至合适位置处单击，即可完成对象的矩形阵列操作，如图5-60所示。

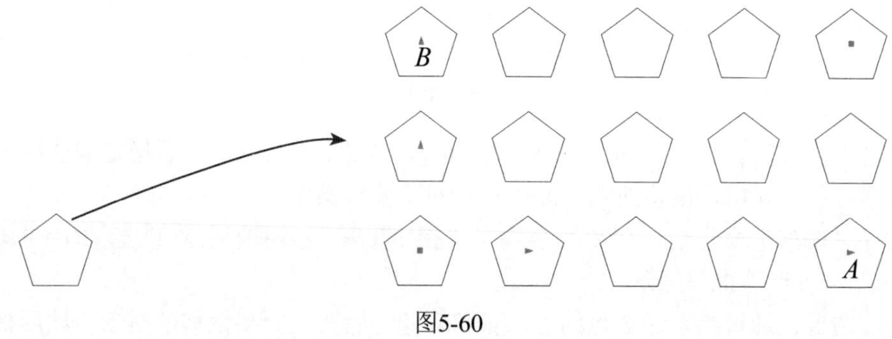

图5-60

在执行矩形阵列操作后，拖动阵列的行的最右侧的三角形夹点（图中*A*点），可以设置阵列的行数；拖动阵列的列的左上角的三角形夹点（图中*B*点），可以设置阵列的列数；拖动靠近源对象的两个三角形夹点，可以设置阵列的行距和列距（也可选中三角形夹点，然后直接输入行距和列距的值）。

提示：在AutoCAD 2012中，阵列后默认所有对象为一个对象，无法对阵列的单个对象进行单独操作；如需操作，只能执行“修改”→“分解”菜单命令，将阵列对象分解（或在阵列过程中输入“AS”，然后选择“否”选项，使阵列对象不关联）。

此外，拖动阵列对象右上角的夹点，可以同时改变阵列的行数和列数；将其拖动到左下角源对象的夹点处，则可以撤销阵列效果。

2．环形阵列

单击“修改”工具栏中的“环形阵列”按钮，或执行ARRAYPOLAR命令，然后选择要阵列的对象，按Enter键，再指定阵列的中心点，按Enter键，即可按默认设置执行环形阵列操作，如图5-61所示。

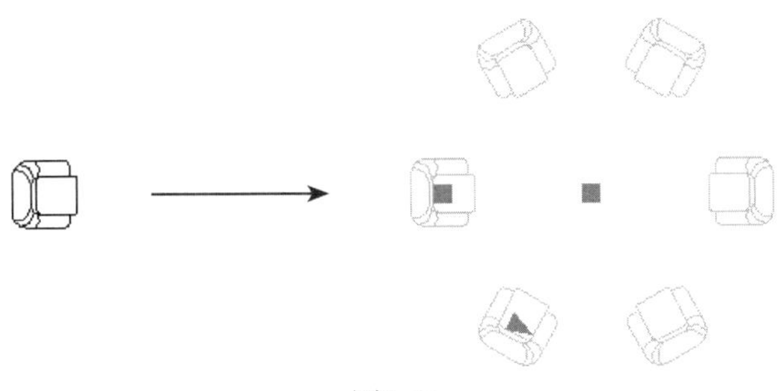

图5-61

系统默认执行360°的填充阵列操作，填充个数为6个；如果需要更改填充个数，也可以输入“I”，然后设置新的填充个数。在执行环形阵列的过程中，拖动靠近源对象的三角形夹点，可以调整陈列对象的间距，如图5-62所示；拖动远离源对象的三角形夹点，可以调整阵列对象的个数，如图5-63所示；拖动源对象，则可以调整陈列对象与阵列中心点的距离。

此外，将鼠标指针置于源对象夹点处，在弹出的菜单中选择“行数”命令，还可以设置环形阵列的行数，效果如图5-64所示。

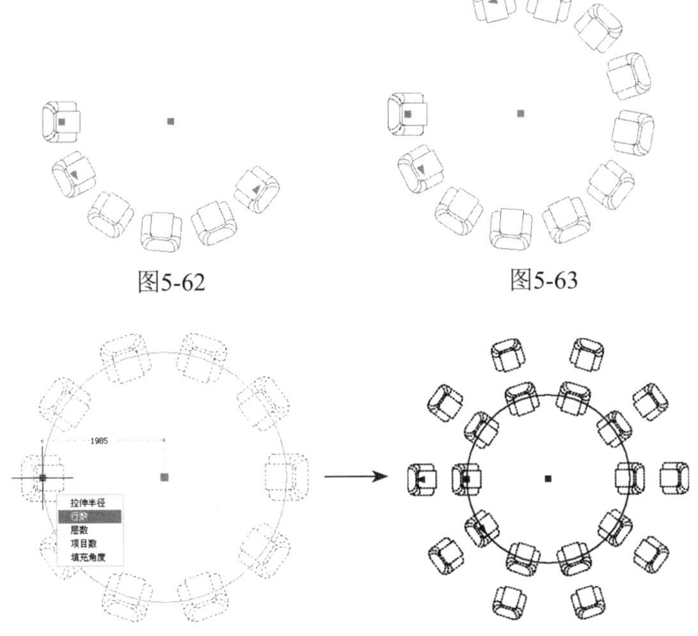

图5-62

图5-63

图5-64

提示：在执行环形阵列的过程中，在命令行中输入“L”，也可以设置环形阵列的行数。“行数”多用于在三维空间中设置垂直于当前平面的阵列的个数。

3．路径阵列

单击“修改”工具栏中的“路径阵列”按钮，或执行ARRAYPATH命令，然后选择要阵列的对象，按Enter键，再选择要使用的阵列路径，按Enter键，即可按默认设置执行路径阵列操作，如图5-65所示。

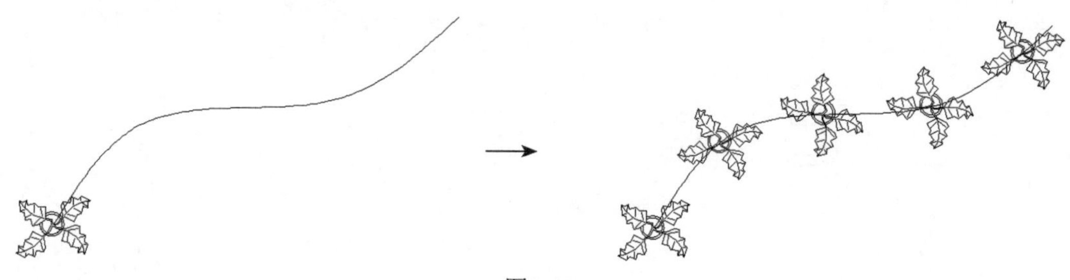

图5-65

提示：路径阵列的调整方式与矩形阵列基本相同，此处不再赘述。需要注意的是，在执行路径阵列的过程中，输入“M”并按Enter键，可以设置在路径上生成“定数等分”或是“定距等分”阵列。

5.9.5 利用Windows剪贴板移动和复制对象

在AutoCAD中，用户可以将对象剪切或复制到Windows剪贴板，然后通过粘贴来移动或复制对象。如图5-66所示，选中星星，单击“标准”工具栏中的“剪切”按钮，再单击“粘贴”按钮，然后将星星粘贴到圆内即可。

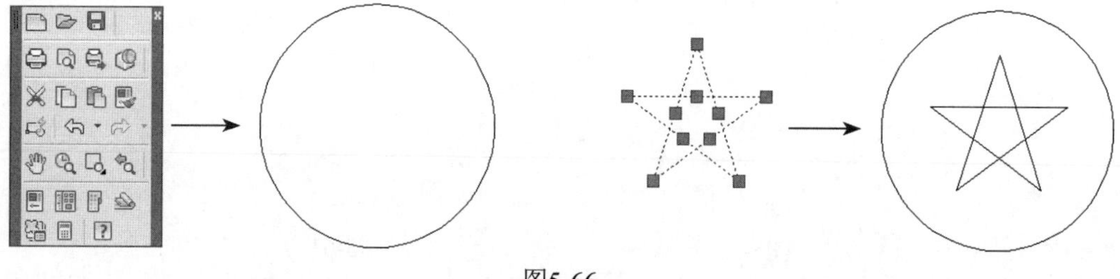

图5-66

通过相同操作，如单击“标准”工具栏中的“复制”按钮，再单击“粘贴”按钮，可复制对象。

提示：利用Windows剪贴板移动或复制对象时，默认移动或复制的基点为对象的左下点，此时在操作中可能无法精确定义对象的位置。可执行“编辑”→“带基点复制”菜单命令，先为对象指定基点，再执行相关操作。

5.10 样题解答

步骤1 打开图形文件（C:\2012CADST\Unit4\CADST4-13.dwg），然后执行“修改”→“分解”菜单命令（或执行X命令），将矩形分解；再执行“修改”→“阵列”→“矩形阵列”菜单命令（或执行ARRAYRECT命令），将左侧图线向右均匀阵列9个，将顶部图线向下均匀阵列10个，如图5-67所示。

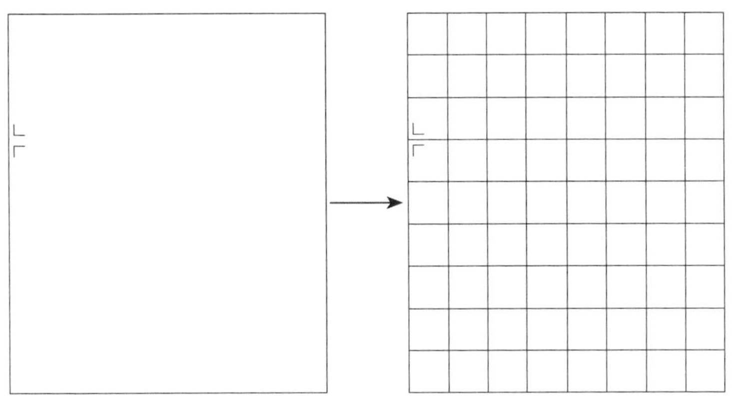

图5-67

步骤2 执行“修改”→“镜像”菜单命令（或执行MI命令），选择左侧的两段拐角线，然后选择相应线的中点（选择两个中点，或竖向线，也可绘制辅助线）作为镜像线，执行多次镜像操作，创建棋盘的卒子位，如图5-68所示。

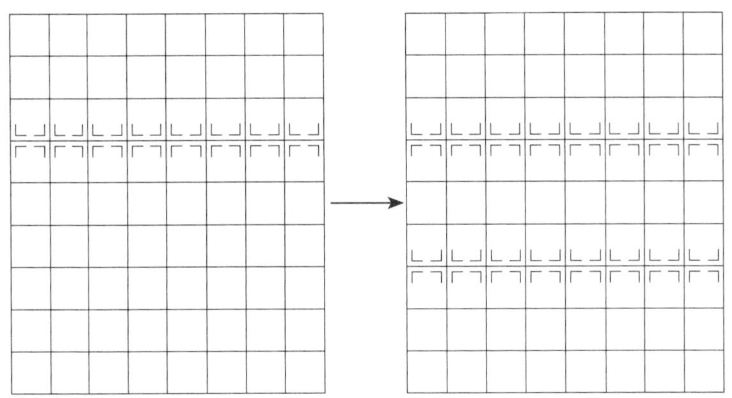

图5-68

步骤3 执行“修改”→“分解”菜单命令（或执行X命令），对步骤1创建的阵列对象执行分解操作；然后执行“修改”→“修剪”菜单命令（或执行TR命令），以互相修剪的方式对阵列图线进行适当修剪，以创建出界河区域，如图5-69所示。

步骤4 执行“绘图”→“文字”→“多行文字”菜单命令（或执行MT命令），绘制大小为50的文字“楚河”和“汉界”；然后执行“修改”→“旋转”菜单命令（或执行RO命令），将文字旋转90°和-90°，并将创建的文字移动到界河范围内的相应位置处，最后绘制直线，完成图形的绘制，如图5-70所示。

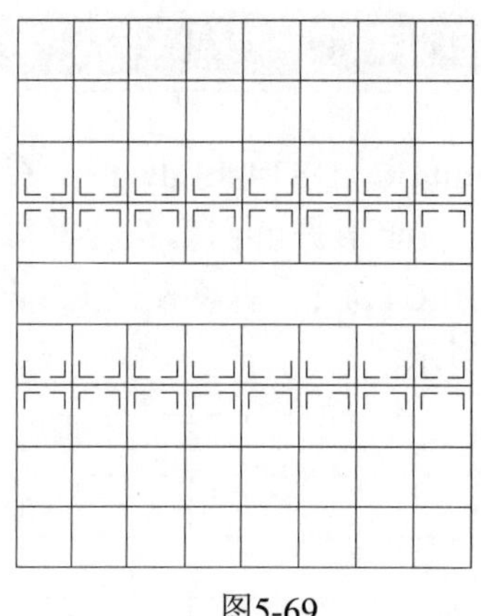

图5-69

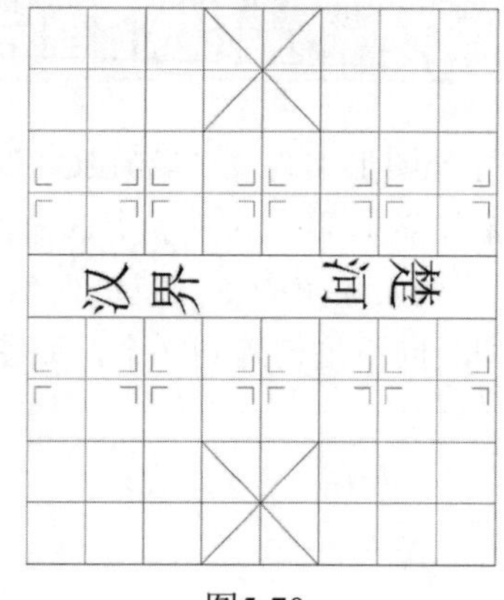

图5-70

步骤5 将图形文件存入考生文件夹，并将图形文件命名为“KSCAD4-13.dwg”。

5.11 习题

1．填空题

（1）执行SELECT命令选择对象时，按住________键单击可以取消对象的选择。

（2）在AutoCAD中，当用户需要选择具有某些共同特性的多个对象时，可以打开________对话框，根据对象特性或对象类型选择对象。

（3）单击选择一个或多个________，可以对图形对象进行变形、移动和复制等操作，此时被称为__________模式。

（4）要切换到移动、旋转、比例缩放或镜像等对象编辑模式，可按_________键或Enter键。

（5）_______是使用已有的线作为边界，使某条线延伸到边界线的操作。

（6）执行______命令后，选择矩形、多边形等复合对象，按Enter键，可将对象分解。

（7）执行延伸操作时，应指定________与_______对象。

（8）在执行修剪操作的过程中，按________键可以延伸对象，而不是修剪对象。

2．问答题

（1）拉伸对象时，哪些对象将被移动？哪些对象将被拉伸？

（2）试解释“打断对象”和“打断于点”命令的相同之处和不同之处。

（3）有哪两种倒角方式？试解释这两种倒角方式。

（4）执行阵列操作时，可以创建哪三种阵列？可以分别设置哪些参数？

3．操作题

使用提供的素材文件，试绘制如图5-71所示的图形，以复习本章学习的知识。本题为《试题汇编》第4单元第4.14题。

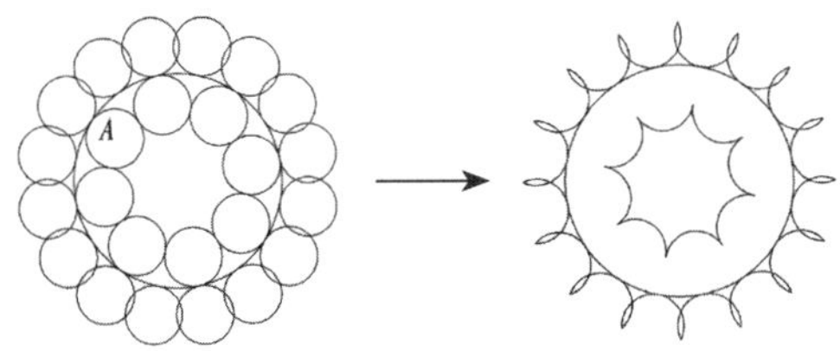

图5-71

提示：

步骤1　打开图形文件（C:\2012CADST\Unit4\CADST4-14.dwg），然后执行“绘图”→“直线”菜单命令（或执行L命令），通过捕捉小圆圆心、与大圆的相切点（*A*点）和垂线，绘制两条辅助线；再执行“修改”→“镜像”菜单命令（或执行MI命令），选择相应图线作为镜像线，执行镜像操作，完成操作后将辅助线删除，如图5-72所示。

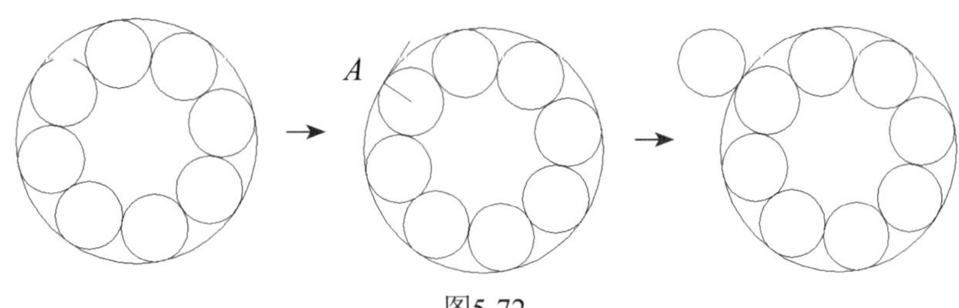

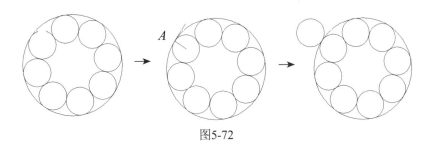

图5-72

步骤2　选中镜像后的小圆，执行“修改”→“阵列”→“环形阵列”菜单命令（或执行ARRAYPOLAR命令），捕捉大圆圆心作为阵列的中心点，设置阵列个数为16、阵列总角度为360°，执行阵列操作，如图5-73所示。

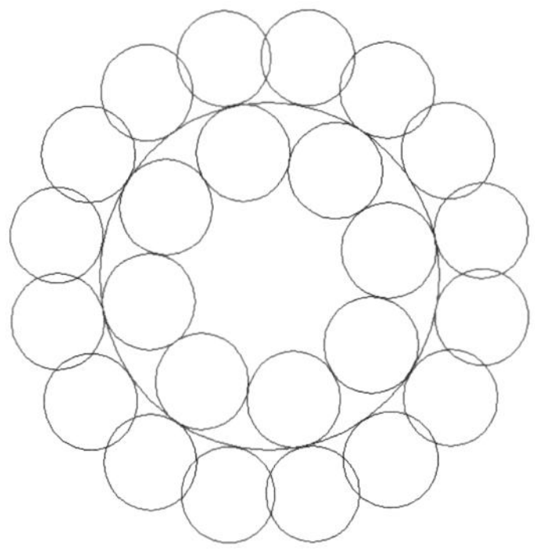

图5-73

步骤3　执行“修改”→“分解”菜单命令（或执行X命令），对步骤2创建的阵列对象进行分解操作；然后执行“修改”→“修剪”菜单命令（或执行TR命令），以互相修剪的方式对小圆图线进行适当修剪，完成图形的绘制，如图5-74所示。

图5-74

步骤4 将图形文件存入考生文件夹，并将图形文件命名为“KSCAD4-14.dwg”。

第6章 精确绘图

前面章节介绍了在AutoCAD中简单图形对象的绘制方法，本章将介绍较为复杂图形对象的绘制方法，如多段线、样条曲线、多线等，以及为图形区域填充图案或填充渐变色等的操作技巧。掌握这些绘制方法和操作技巧，绘制图形对象将更加灵活。

本章主要内容

- AutoCAD的坐标系
- 栅格、捕捉、正交、对象捕捉和追踪
- 多段线的绘制
- 样条曲线的绘制
- 多线的绘制
- 图案填充和渐变色的绘制

评分细则

本章有四个评分点，每题12分。

序号	评分点	分值	得分条件	判分要求
1	建立绘图区域	2	设置绘图参数	要求全部正确
2	绘制图形（1）	6	按照题目要求绘制图形的主体	有错扣分
3	绘制图形（2）	3	按照题目要求编辑图形	有错扣分
4	保存	1	文件名、扩展名、保存位置	必须全部正确才得分

本章导读

上述明确了本章所要学习的主要内容，以及对应《试题汇编》的评分点、得分条件和判分要求等。下面先在“样题示范”中展示《试题汇编》中一道“檐口详图绘制”的真实试题，然后在“样题分析”中对如何解答这道试题进行分析，再详细讲解本章所涉及的技能考核点，最后通过“样题解答”演示“檐口详图绘制”这道试题的详细操作步骤。

6.1 样题示范

【练习目的】

从《试题汇编》中选取样题，了解本章题目类型，掌握本章技能考核点。

【样题来源】

《试题汇编》第5单元第5.12题。

【操作要求】

1．建立绘图区域：设置合适的图形界限，图形的绘制必须在设置的图形界限内。

2．绘制图形：按照图6-1规定的尺寸绘制檐口详图，要求图形层次清晰，图层设置合理，填充效果一致。

3．保存：将完成的图形文件以“KSCAD5-12.dwg”为文件名保存在考生文件夹中。

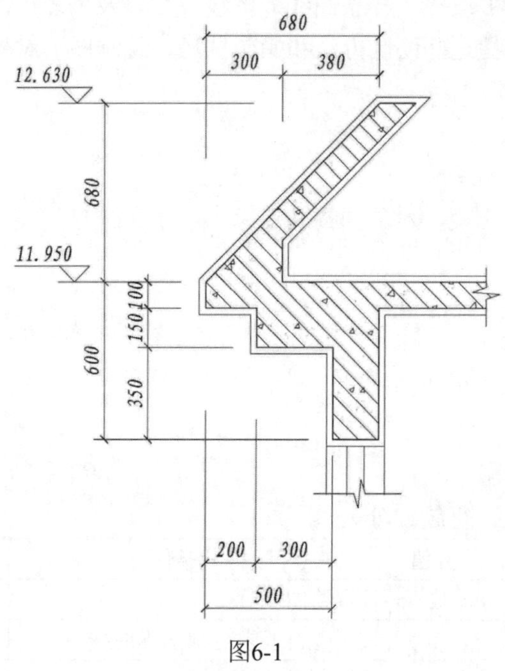

图6-1

6.2 样题分析

本题考查的是精确绘图的方法，如绝对坐标和相对坐标的使用、图线偏移、图案填充等操作技能。

本题的解题思路是，首先设置一定的绘图环境，如设置图层和线型等，然后利用捕捉、追踪等工具及各种绘图命令进行图形的精确绘制，最后使用图案填充工具对图形的墙体区域进行填充。

要解答本题，除了需要掌握图线绘制工具的使用外，还需要掌握对象捕捉和追踪等辅助工具的使用，以及图案填充工具的使用等相关技能。下面开始介绍这些技能。

6.3 AutoCAD的坐标系

“坐标系”是决定绘图空间中所绘图线位置和长短的参照；而“坐标”即图线的某点在坐标系中的数字表达。为了精确绘图，在AutoCAD中需要使用坐标系和坐标。

6.3.1 笛卡儿坐标系和极坐标系

笛卡儿坐标系又被称为“直角坐标系”，由一个原点和两个通过原点的、相互垂直的坐标轴构成，如图6-2所示。其中，水平方向的坐标轴为x轴，以向右为其正方向；垂直方向的坐标轴为y轴，以向上为其正方向。平面上任何一点P都可以由x轴和y轴的坐标来定义，如（1,1）点、（10,11）点等表示方式。

极坐标系是使用距离和角度来表示绘图区域中某点的坐标系，由一个极点和一个极轴构成，如图6-3所示。极轴的方向为水平向右。平面中任何一点P都可以由该点到极点的连线长度L和连线与极轴的夹角α（极角）所定义，如（2<30）点。

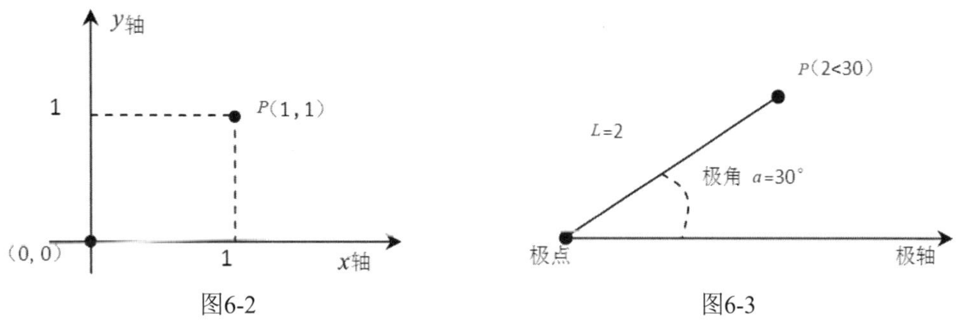

图6-2　　图6-3

提示：在AutoCAD中，可以混合使用这两种坐标系。

6.3.2 世界坐标系和用户坐标系

在AutoCAD中绘制任何新图时，AutoCAD都将自动创建一个世界坐标系，即WCS。它包括x轴和y轴，如果是在三维空间中操作，还包括一个z轴。

WCS坐标轴的交汇处显示一个“口”形标记，其原点位于绘图区的左下角，如图6-4所示。所有的位移都是相对于该原点计算的，并且沿x轴向右及y轴向上的位移被规定为正值。未建立用户坐标系之前，默认使用的就是世界坐标系。

在AutoCAD中，为了能够更好地辅助绘图，用户经常需要调整当前坐标系的原点位置和轴的方向，这时世界坐标系将变为用户坐标系，即UCS（关于“用户坐标系”的创建方法，参见6.3.3节）。

在UCS中仍然使用三个互相垂直的轴来表达图形的空间位置，只是它的原点位置进行了移动（可能与WCS不在同一个位置了），且根据需要调整了x、y、z轴的方向。此外，UCS坐标轴的交汇处不再显示“口”形标记，如图6-5所示。

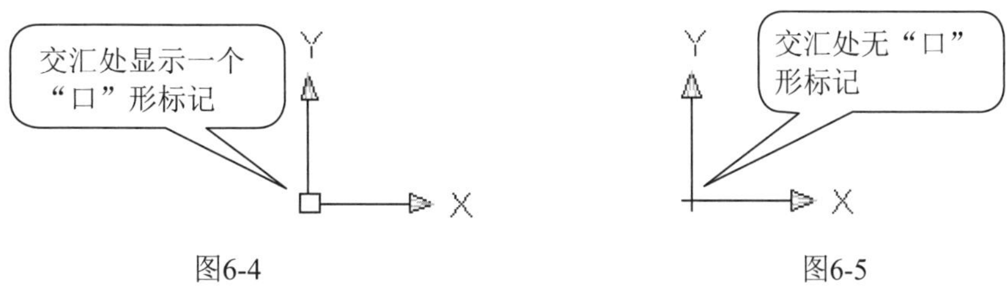

图6-4　　图6-5

提示：实际上，在绘图时可根据需要创建多个用户坐标系，并可设置绘图时参照哪个坐标系，如设置绘制直线时参照“用户坐标系1”，绘制圆时参照“用户坐标系2”，当然也可设置参照世界坐标系（WCS）。

在进行三维绘图时才需要经常变换坐标系及设置参照的坐标系（在二维空间中有时只使用世界坐标系就足够了），因此，本书第8章将详细讲解坐标系的管理等内容，这里只需要简单了解即可。

6.3.3 自定义用户坐标系

在AutoCAD中，执行“工具”→“新建UCS”菜单命令，或执行UCS命令，然后选择其子菜单命令（如图6-6所示），即可方便地创建用户坐标系。各主要子菜单命令讲解如下。

- 世界：将当前的用户坐标系恢复到世界坐标系。
- 对象：根据用户选中的对象快速创建用户坐标系，新用户坐标系的z轴方向垂直于选中对象所在的平面，x轴和y轴方向取决于选中对象的类型（可选择圆弧、圆、尺寸标注等）。
- 原点：在绘图区中选择一个点作为坐标原点，按Enter键，即可创建新的坐标系，也可根据需要定义新坐标轴的方向，如图6-7所示。

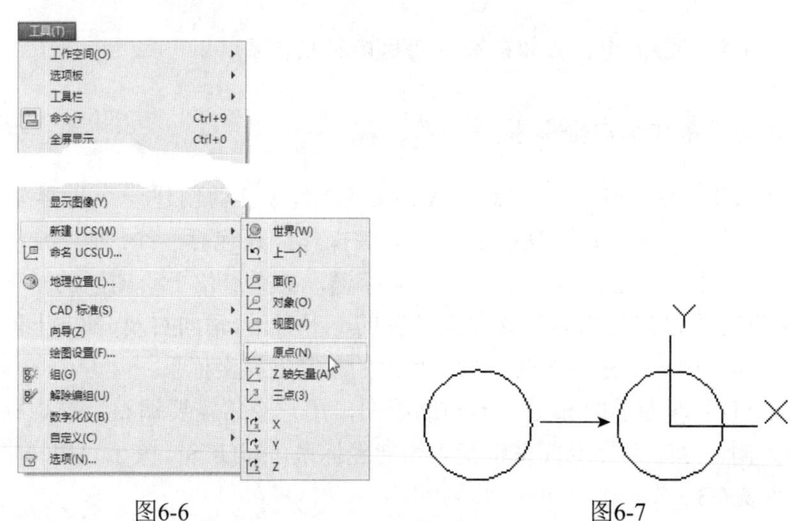

图6-6　　　　图6-7

提示：其他子菜单命令大多针对三维绘图。

6.3.4 绝对坐标和相对坐标

在AutoCAD中，点的坐标可以使用绝对坐标或相对坐标来表示，具体如下。

- 绝对坐标是从（0,0）或（0,0,0）出发的位移，可以使用“分数”“小数”“科学”等计数形式表示点的x、y、z坐标值。绝对直角坐标之间用逗号隔开，如（-1,0.7）；绝对极坐标之间用“<”隔开，如（10<15）。

- 相对坐标是相对于某一点的x轴和y轴的位移，其表示方法是在绝对坐标表达式前加一个“@”符号，如（@10,50）和（@11<60）。其中，相对极坐标中的角度是新点和上一点的连线与x轴的夹角。

例如，可通过下面两种方式，分别使用绝对坐标系和相对坐标系绘制相同的等边三角形，所绘图形如图6-8所示。

方式一：

```
命令:line
指定第一点:0,0

指定下一点或[放弃(U)]:2,0
指定下一点或[放弃(U)]:2<60
指定下一点或[闭合(C)/放弃(U)]:c
```

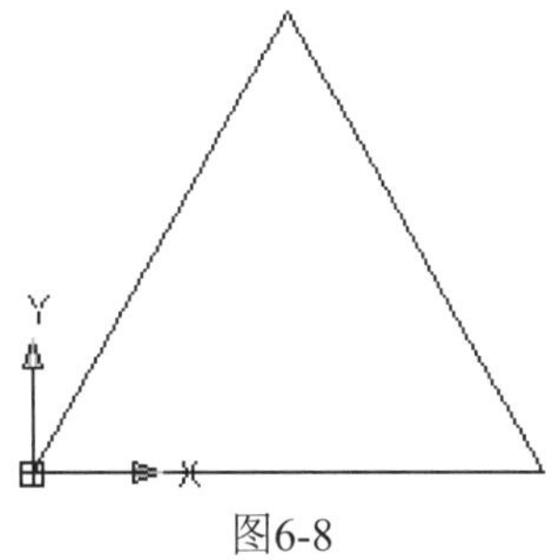

图6-8

方式二：

```
命令:line
指定第一点:0,0
指定下一点或[放弃(U)]:2,0
指定下一点或[放弃(U)]:@2<120
指定下一点或[闭合(C)/放弃(U)]:c
```

提示：在实际绘图时，相对坐标比绝对坐标要更加实用一些，因此，应注意掌握其使用方法。

6.3.5 控制坐标系图标的显示

执行“视图”→“显示”→“UCS图标”菜单下的子菜单命令（共三项，即“开”“原点”“特性”），或执行UCSICON命令并选择其子选项，可以控制是否显示坐标系图标，并可以设置坐标系图标的外观（此命令对UCS和WCS具有相同的控制作用）。

具体讲解如下。

- 开：在当前视口中显示坐标系图标。取消其选择状态，则不显示坐标系图标。
- 原点：在当前坐标系的原点处显示坐标系图标。取消其选择状态，将在视口的左下角显示坐标系图标。
- 特性：选择该选项，可以打开“UCS图标”对话框，如图6-9所示。其中，“UCS图标样式”选项组用于指定二维或三维模式下坐标系图标的显示样式；“UCS图标大小”选项组用于按视口大小的百分比控制坐标系图标的大小；“UCS图标颜色”选项组用于设置坐标系图标在模型空间视口和图纸空间视口中的颜色。

提示：在图6-9所示对话框中，针对默认图标样式，更改图标的线宽为“3”，取消“应用单色”复选框的选中状态，设置图标的大小为“20”，模型空间中图标的颜色为红色，即可发现图标样式发生了变化，如图6-10所示。

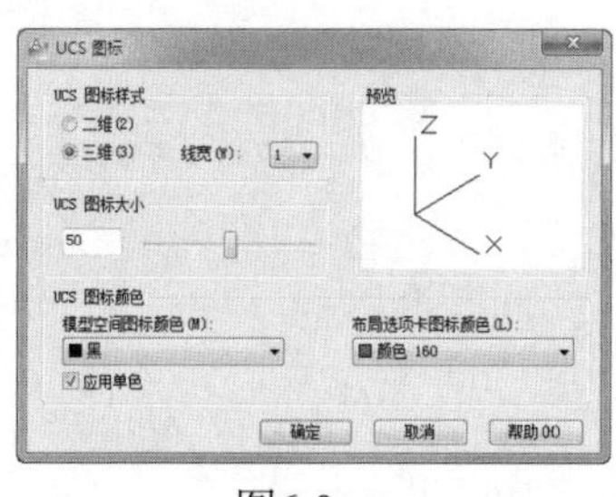

图6-9

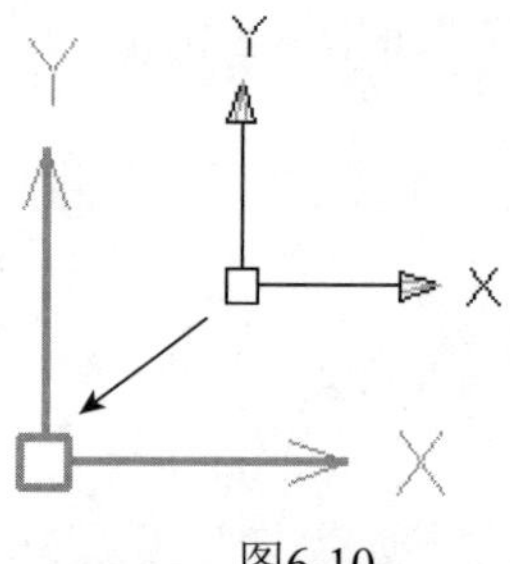

图6-10

6.4 栅格、捕捉、正交、对象捕捉和追踪

在精确绘图时需要使用一些辅助工具，以确定目标点的位置，或绘制水平（或垂直）直线，或绘制成一定角度的直线等。本节将讲解这些辅助工具的使用。

6.4.1 栅格

栅格是一些标定位置的小点，如图6-11所示，可提供直观的距离和位置的参照，因此，栅格主要被用于辅助定位。按F7键，或单击状态栏中的“栅格”按钮栅格，可打开或关闭栅格的显示。

右击状态栏中的“栅格”按钮栅格，在弹出的快捷菜单中选择“设置”命令，打开“草图设置”对话框，如图6-12所示，在“捕捉和栅格”选项卡中可对栅格进行设置，具体讲解如下。

- “栅格样式”选项组：用于设置在什么位置中显示点栅格。
- “栅格间距”选项组：用于设置栅格在水平和垂直方向的间距。“每条主线之间的栅格数”文本框用于指定主栅格线相对于次栅格线的频率（适用于除二维线框之外的任何视觉样式），如图6-13所示。

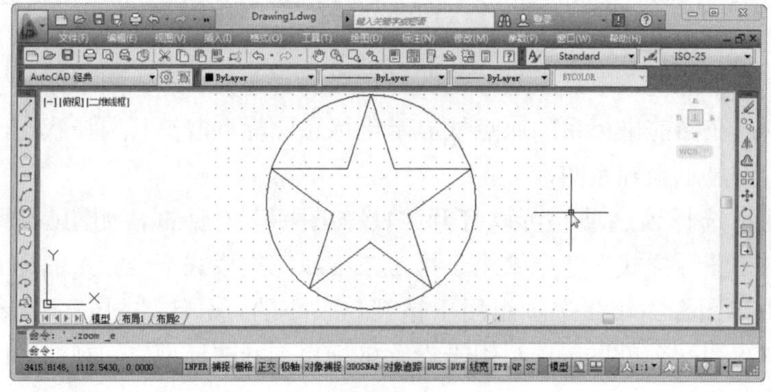

图6-11

- “栅格行为”选项组：“自适应栅格”复选框用于设置当视图缩小时自动调整的栅格密度；“允许以小于栅格间距的间距再拆分”复选框用于设置当视图放大时生成更多间距更小的栅格线；“显示超出界限的栅格”复选框用于设置在图形界限之外显示栅格；“遵循动态UCS”复选框用于在绘制三维图形时使栅格平面自动与UCS的*xy*平面对齐。

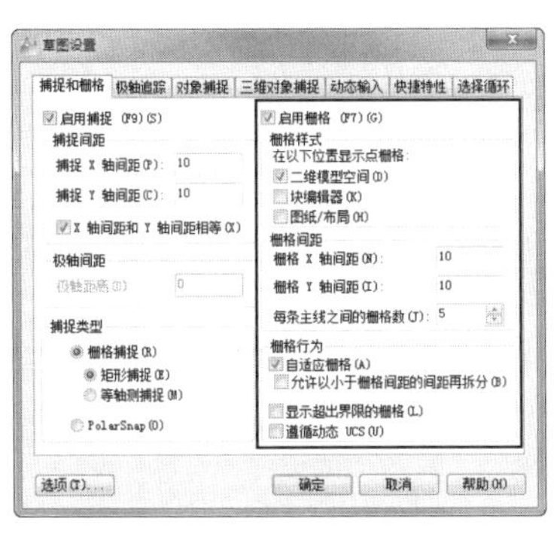

图6-12

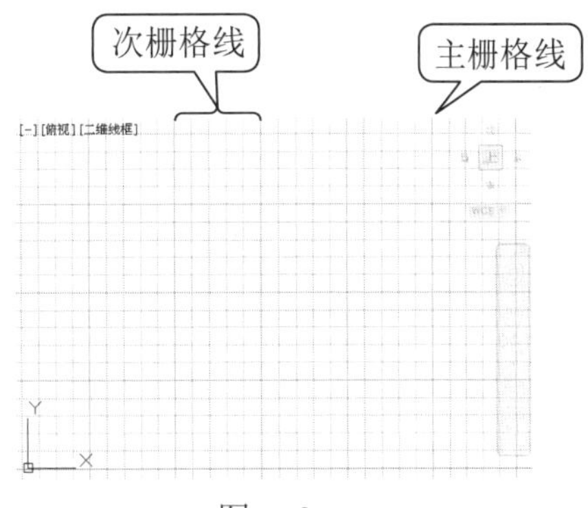

图6-13

6.4.2 捕捉

按F9键，或单击状态栏中的“捕捉”按钮![捕捉]，可打开或关闭捕捉。打开捕捉后，使用鼠标指针只能在栅格点上单击，或只能按指定的间距单击，而不能在随意位置处单击，从而可以精确定位点，如图6-14所示。

右击状态栏中的“捕捉”按钮![捕捉]，在弹出的快捷菜单中选择“设置”命令，打开“草图设置”对话框，在“捕捉和栅格”选项卡中可设置捕捉的相关参数，具体讲解如下。

- “捕捉间距”选项组：用于设置在*x*轴和*y*轴方向的捕捉间距。
- “捕捉类型”选项组：“矩形捕捉”单选按钮用于设置鼠标指针捕捉矩形捕捉栅格；“等轴测捕捉”单选按钮用于设置鼠标指针捕捉等轴测捕捉栅格，等轴测捕捉主要用于绘制轴测图；单击“PolarSnap”（极轴捕捉）单选按钮，可打开极轴捕捉。
- “极轴间距”选项组：在极轴捕捉和极轴追踪打开的情况下，用于设置在极轴上按照指定的间距进行捕捉，如图6-15所示（关于“极轴追踪”，参见6.4.5节）。

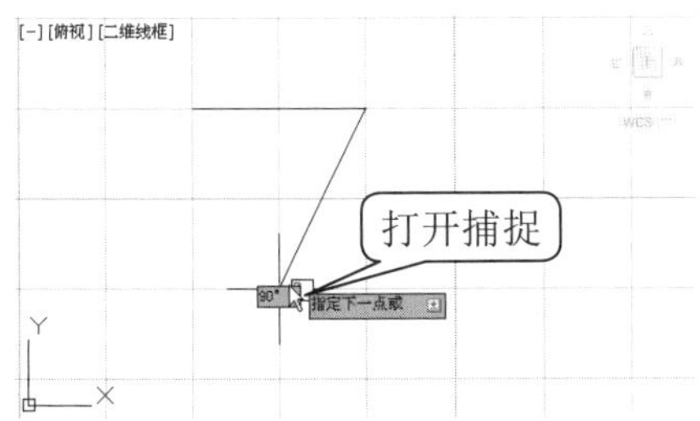

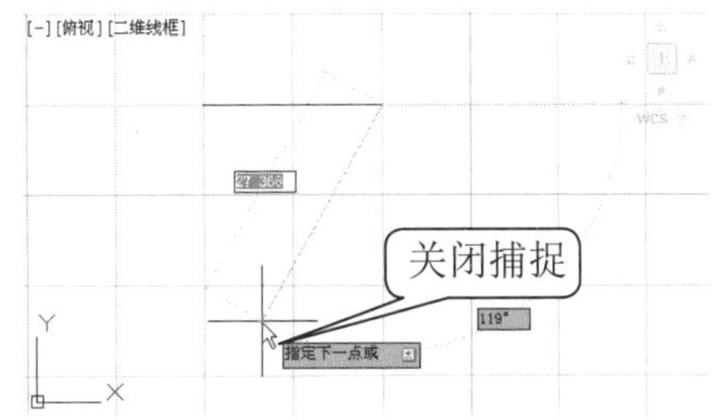

图6-14

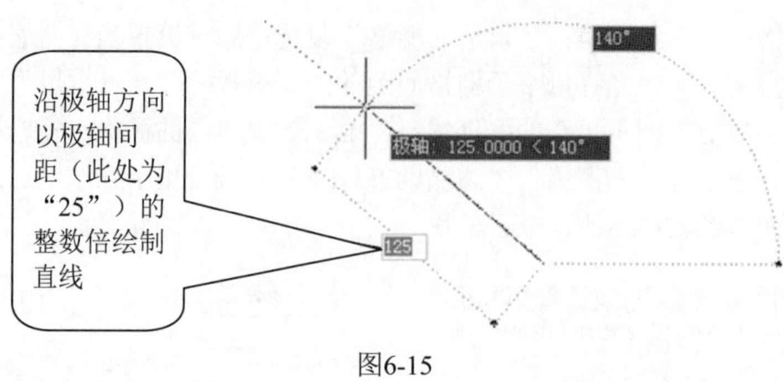

图6-15

6.4.3 正交模式

按F8键，或单击状态栏中的“正交”按钮，可打开或关闭正交模式。在AutoCAD中打开正交模式后，可绘制平行于当前坐标轴的直线，无法绘制不平行于坐标轴的直线，如图6-16所示。

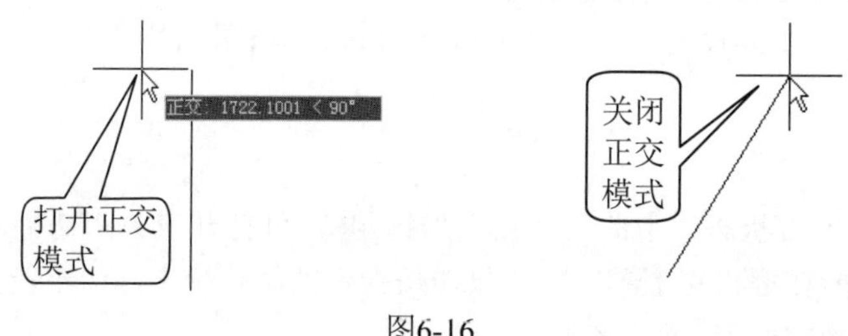

图6-16

6.4.4 对象捕捉

按F3键，或单击状态栏中的“对象捕捉”按钮，可打开或关闭对象捕捉。

执行DS或SE命令，或右击状态栏中的“对象捕捉”按钮，在弹出的快捷菜单中选择“设置”命令，打开“草图设置”对话框，如图6-17所示，在“对象捕捉”选项卡中可以设置对象捕捉能够捕捉到的特征点。

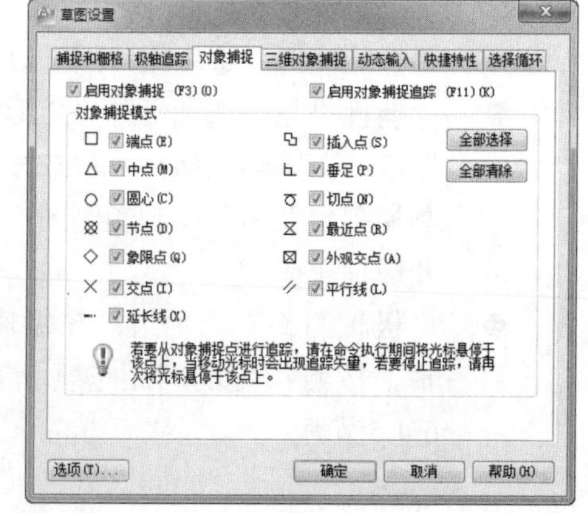

图6-17

下面具体讲解各特征点。

- 端点：是指对象的起点或终点。
- 中点：是指直线、圆弧、多线或样条曲线等对象的中心点。
- 圆心：是指圆弧、圆、椭圆或椭圆弧的圆心。
- 节点：是指点对象、标注定义点或标注文字的起点，如图6-18所示。
- 象限点：是指圆弧、圆、椭圆或椭圆弧的象限点。“圆的象限点”是指平行于x轴和y轴的两条直径与圆的交点；“椭圆的象限点”是指椭圆的长轴和短轴与椭圆的交点，如图6-19所示。

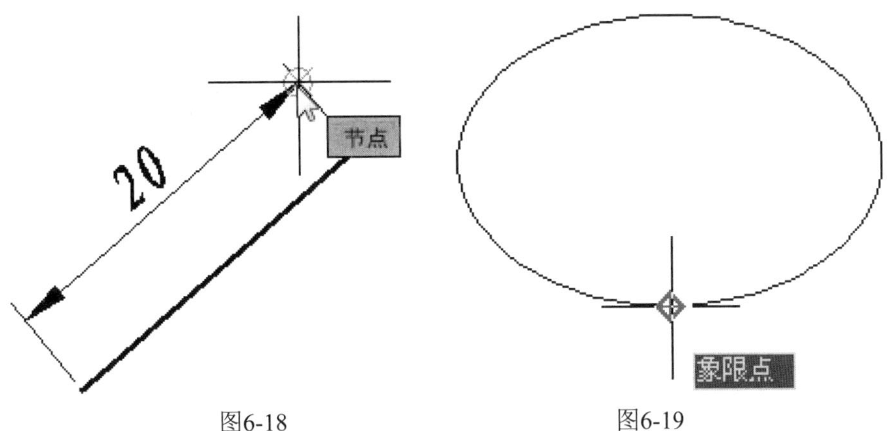

图6-18　　图6-19

- 交点：是指线间的交叉点。
- 延长线：是指直线或圆弧临时延长线上的点，如图6-20所示。
- 插入点：是指插入块、图形、文字或属性时的基点，如图6-21所示。

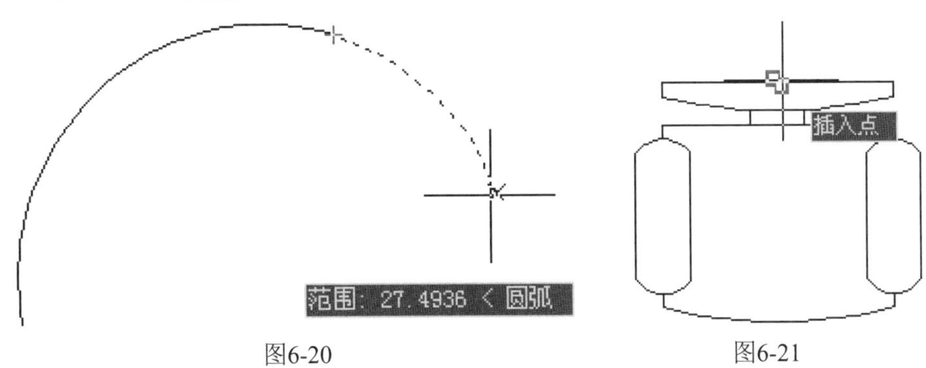

图6-20　　图6-21

- 垂足：是指所绘线到直线、圆弧、多段线等的垂足，如图6-22所示。
- 切点：是指所绘线到圆弧、圆或样条曲线等的切点。
- 最近点：是指所绘线到直线、圆弧、多线等对象上离拾取点最近的点，如图6-23所示。

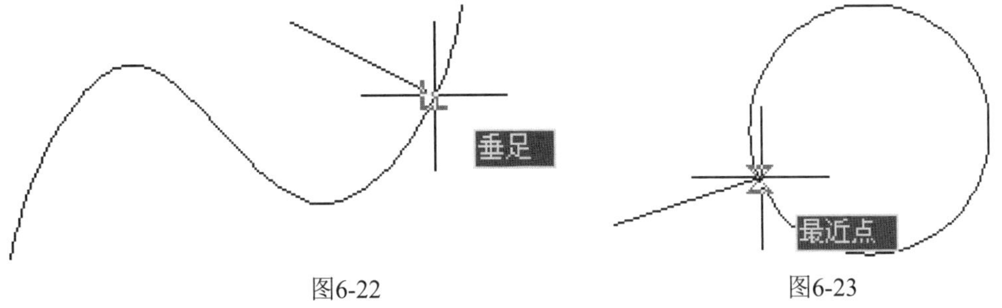

图6-22　　图6-23

- 外观交点：是指用来捕捉两个对象延长或投影后的交点，在捕捉外观交点时需选择两条用于延长的线，如图6-24所示。
- 平行线：使所绘制的直线与其他线性对象平行，如图6-25所示。

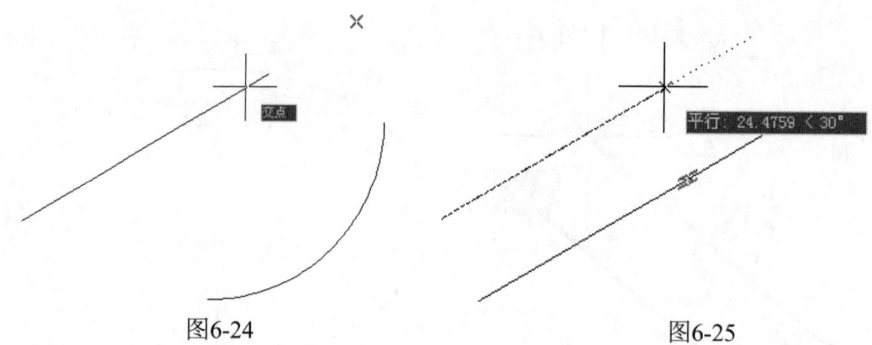

图6-24　　　　图6-25

单击状态栏中的“对象捕捉”按钮[对象捕捉]所打开的对象捕捉，被称为“运行捕捉模式”。在此捕捉模式下，当图形比较密集时可能难以捕捉到需要的特征点，为此，AutoCAD提供了另外一种对象捕捉模式——覆盖捕捉模式。

启用覆盖捕捉模式后，运行捕捉模式被暂时禁止，此时系统会按要求捕捉单种意义的特征点。如图6-26所示，在覆盖捕捉模式下，精确捕捉到了交点。捕捉结束后，运行捕捉模式重新有效。

按Shift键或Ctrl键的同时右击绘图区，在弹出的快捷菜单中选择要捕捉的单种特征点，如图6-27所示，即可在覆盖捕捉模式下捕捉需要的特征点。

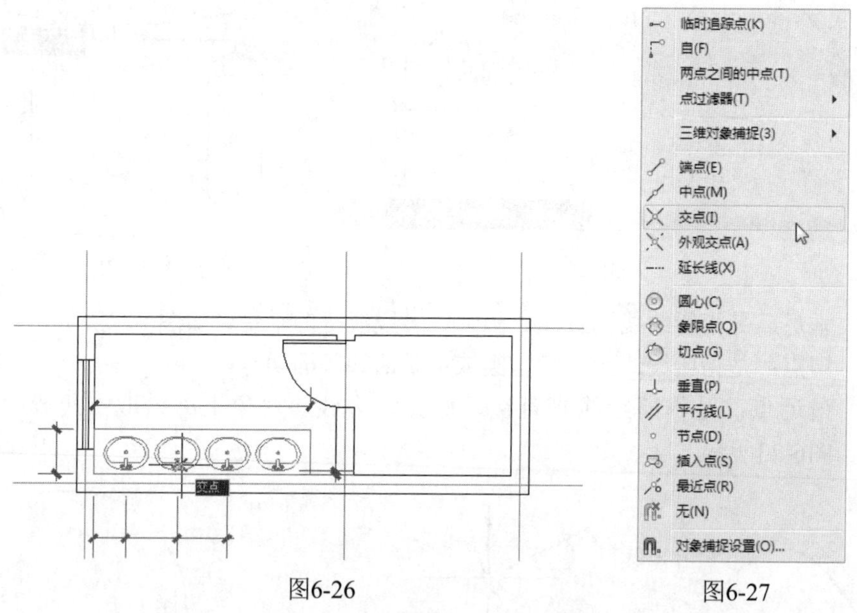

图6-26　　　　图6-27

右击工具栏，在弹出的工具栏列表中选择“对象捕捉”选项[对象捕捉]，启用“对象捕捉”工具栏，如图6-28所示，单击其中的按钮，也可在覆盖捕捉模式下捕捉需要的特征点。

图6-28

此外，在执行绘图命令的过程中，使用表6-1中所示对象捕捉模式的关键字，同样可以在覆盖捕捉模式下捕捉需要的特征点。

表6-1　对象捕捉模式的关键字

关键字	END	CEN	MID	INT	EXT	NEA	PAR
特征点	端点	圆心	中点	交点	延伸	最近点	平行
关键字	NOD	TAN	QUA	INS	PER	APP	
特征点	节点	切点	象限点	插入点	垂足	外观交点	

6.4.5 极轴追踪

按F10键，或单击状态栏中的“极轴”按钮极轴，可打开或关闭极轴追踪。打开极轴追踪后，可沿追踪线精确定位点，如图6-29所示。追踪线是由相对于起点和端点的极轴角而定义显示的。

右击状态栏中的“极轴”按钮极轴，在弹出的快捷菜单中选择“设置”命令，打开“草图设置”对话框，如图6-30所示，在“极轴追踪”选项卡中可设置极轴追踪的相关参数，具体讲解如下。

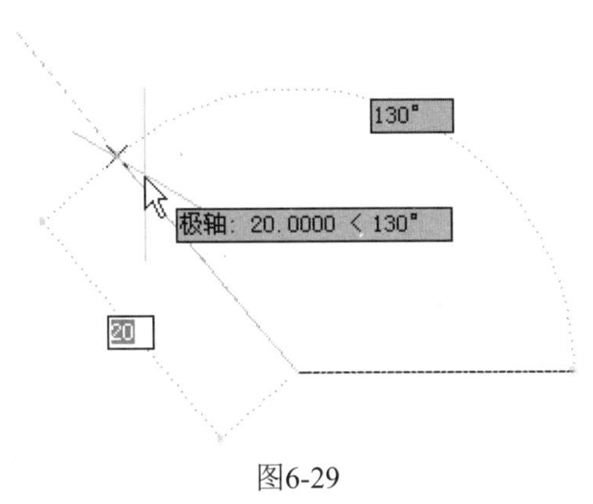

图6-29

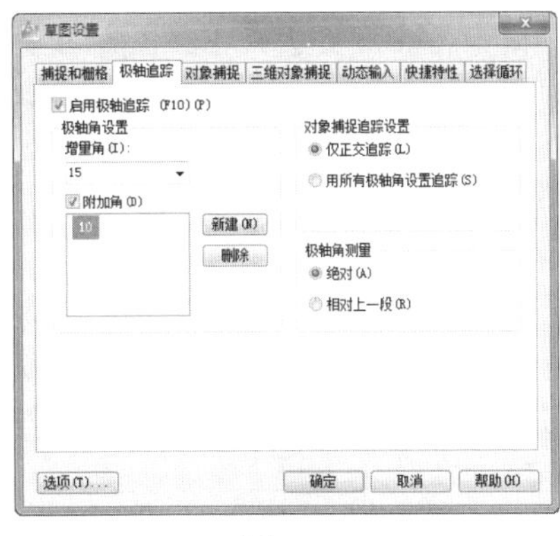

图6-30

- “极轴角设置”选项组：“增量角”文本框用于设置极轴角的递增角度；选中“附加角”复选框，单击“新建”按钮，可添加附加角，附加角可用于设置沿某特殊方向进行极轴追踪（可设置多个附加角）。
- “对象捕捉追踪设置”选项组：用于在捕捉到对象特征点后进行追踪。单击“仅正交追踪”单选按钮，表示捕捉到对象特征点后移动鼠标指针（注意，一定是捕捉后移动鼠标指针，而不是直接绘制），仅在正交方向上进行追踪；单击“用所有极轴角设置追踪”单选按钮，则表示捕捉到对象特征点后移动鼠标指针在所有方向上进行追踪，如图6-31所示。

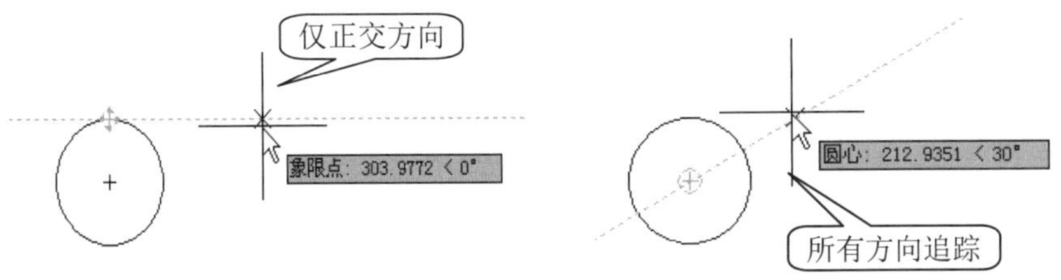

图6-31

- “极轴角测量”选项组：用于设置极轴追踪角度的基准。单击“绝对”单选按钮，表示根据当前用户坐标系（UCS）确定极轴追踪角度；单击“相对上一段”单选按钮，表示根据上一条绘制的线段确定极轴追踪角度，如图6-32所示。

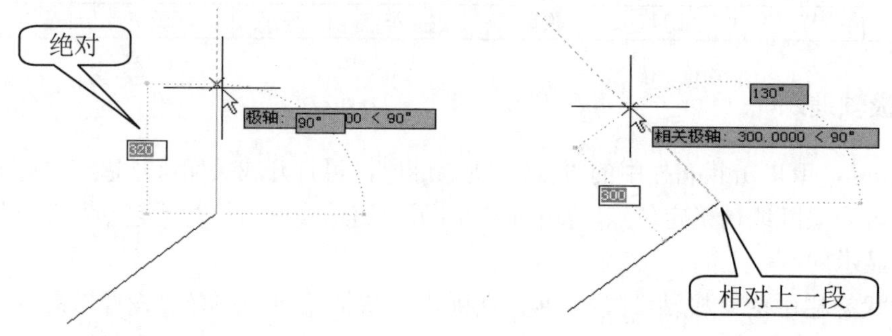

图6-32

提示：在正交模式下，鼠标指针只能沿水平或垂直方向移动，因此，正交模式和极轴追踪不能同时使用，一个打开，另一个则会自动关闭。

6.4.6 动态输入

按F12键，或单击状态栏中的“动态输入”按钮DYN，可打开或关闭动态输入。打开动态输入后，可在鼠标指针附近显示提示信息，包括鼠标指针所在位置的坐标、尺寸标注、长度和角度变化等，以帮助用户绘图，如图6-33所示。

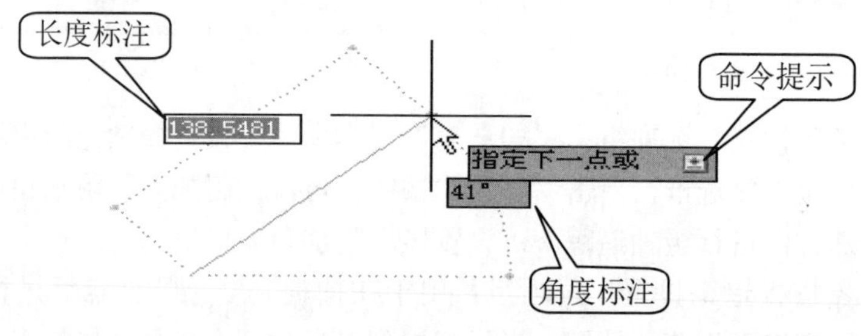

图6-33

动态输入包括三个组件，分别为指针输入、标注输入和动态提示。右击状态栏中的“动态输入”按钮DYN，在弹出的快捷菜单中选择“设置”命令，可以打开“草图设置”对话框，如图6-34所示，在“动态输入”选项卡中可以对动态输入的三个组件进行设置，具体讲解如下。

- 启用指针输入：选中此复选框，当有命令在执行时，将在鼠标指针附近的工具栏提示框中显示十字光标的坐标，如图6-35所示。
- 可能时启用标注输入：选中此复选框，可以以标注的形式显示动态输入框，使绘图操作更加直观，如图6-35所示。

- 在十字光标附近显示命令提示和命令输入：选中此复选框，会在鼠标指针附近显示执行下一步操作的提示信息，如图6-35所示。按↓键，可以查看和选择当前能够进行的绘图操作；按↑键，将显示最近的输入信息。

提示：当指针输入和标注输入都被启用时，在可以使用标注输入的地方，系统将自动使用标注输入。此外，在如图6-34所示的对话框中，单击组件下的相关按钮，可对动态输入进行详细设置。

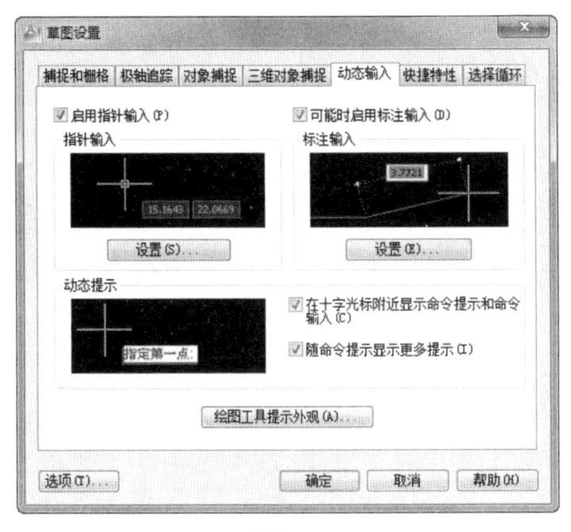

图6-34

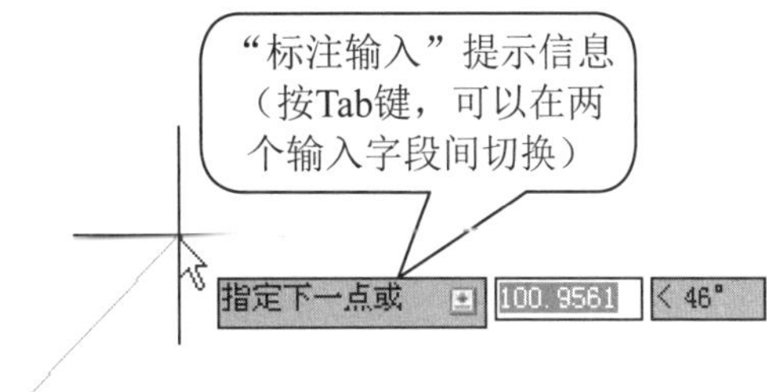

图6-35

- 随命令提示显示更多提示：选中此复选框，当使用夹点编辑对象时，可以指定在命令提示框中是否显示按Shift或Ctrl键时的提示信息，如图6-36所示。

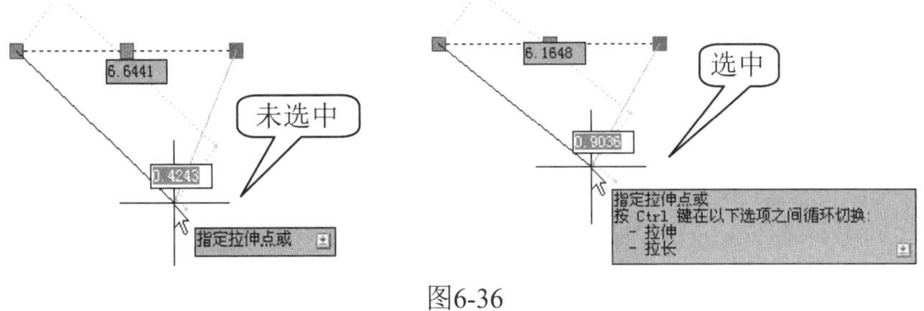

图6-36

提示：所谓“夹点编辑”，是指选择绘制好的图形对象后，单击对象上的蓝色夹点所进行的编辑操作。按Space键，可在拉伸、旋转、移动和缩放等夹点编辑功能之间进行切换；按Ctrl键，可进行多重拉伸或复制等。

6.5　多段线的绘制

多段线由相连的直线或弧线组成，并作为单一实体使用，在AutoCAD中应用比较广泛。例如，机械图形中的轮廓线、三维图形中的截面图形及一些特殊符号等（如图6-37所示），都可通过多段线进行绘制。

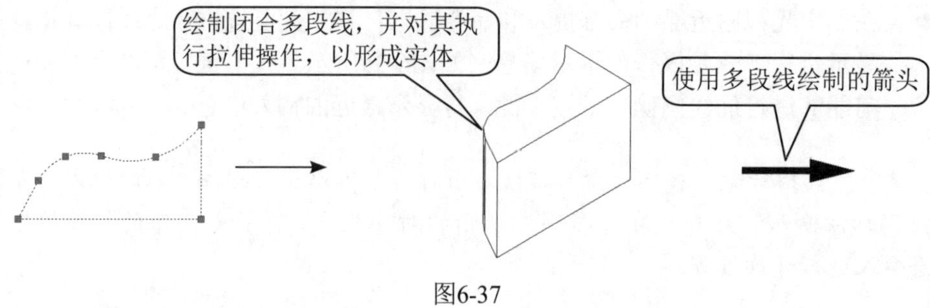

图6-37

6.5.1 绘制多段线

多段线实际上主要被用于绘制连续的线段和圆弧。

单击“绘图”工具栏中的“多段线”按钮，或执行PLINE命令，不断地指定起点和终点，并通过输入“A”与“L”来切换圆弧与直线的输入状态，即可绘制由线段和圆弧组成的多段线，如图6-38所示。

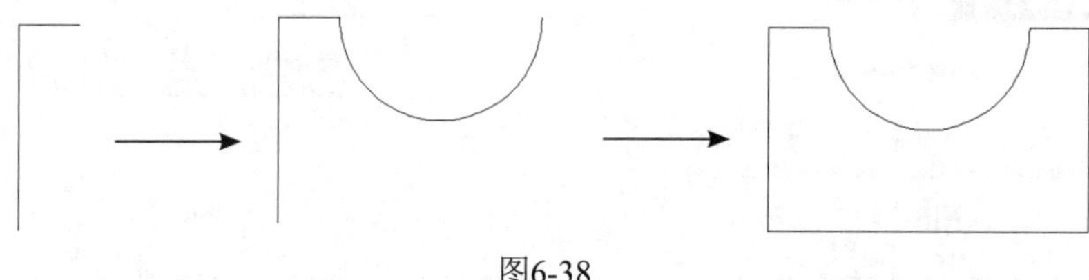

图6-38

在执行PLINE命令绘制多段线时，命令行会提示“指定起点:”，指定多段线的起点后，命令行会提示如下信息。

指定下一个点或[圆弧(A)/半宽(H)/长度(L)/放弃(U)/宽度(W)]:

此外，在绘制圆弧时，命令行还会提示如下信息。

指定圆弧的端点或[角度(A)/圆心(CE)/闭合(CL)/方向(D)/半宽(H)/直线(L)/半径(R)/第二个点(S)/放弃(U)/宽度(W)]:

在这些提示信息中，“圆弧(A)”和“直线(L)”分别被用于切换圆弧与直线的输入状态，其他选项多为设置性选项，具体讲解如下。

- 半宽：是线段中心到其一边的线的宽度，默认值为0。选择此选项后，会首先要求设置“起点半宽”（即当前点的半宽），然后要求设置“端点半宽”（即下一点的半宽），如图6-39所示。

提示：可分段设置半宽，如图6-40所示为设置不同半宽下使用多段线绘制的箭头。

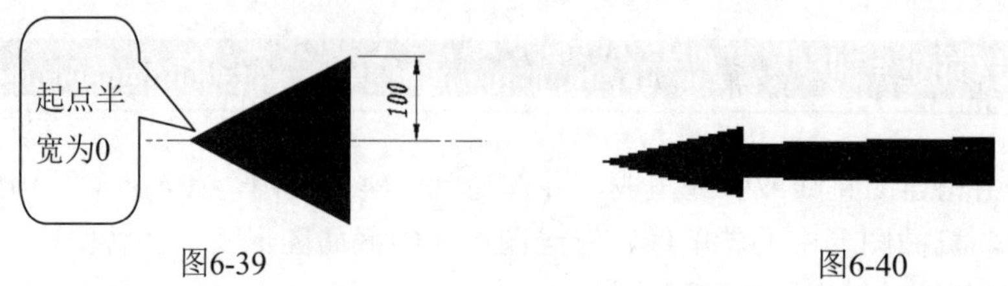

图6-39　　图6-40

- 长度：在与前一线段相同的方向上绘制指定长度的直线（如果前一段是圆弧，延长方向为端点处圆弧的切线方向）。
- 放弃：取消前面刚绘制的一段多段线。
- 宽度：用于设置多段线的线宽（半宽的两倍）。
- 角度：指定圆弧夹角（逆时针为正，顺时针为负）。
- 圆心：指定圆弧中心。
- 闭合：如果是在绘制直线的过程中用直线封闭多段线，否则用圆弧封闭多段线，在闭合多段线后退出绘制多段线的命令。
- 方向：指定圆弧起点的切线方向。

提示：因为圆弧默认与前一段直线或圆弧相切，通过设置此项，可在任意方向上绘制圆弧，否则无法绘制如图6-38所示的图形。

- 半径：输入圆弧半径。
- 第二个点：指定使用“三点”方法绘制圆弧中的第二个点。

提示：在绘制多段线的过程中设置的这些参数，系统将自动保存，因此，当再次执行绘制多段线的命令时，这些设置均有效，直至退出系统。

6.5.2 编辑多段线

使用多段线绘图，速度较快，但是绘制好的多段线是一个整体，所以无法像对普通图形一样对其进行编辑操作。

执行“修改”→“对象”→“多段线”菜单命令，或执行PEDIT命令，此命令为多段线的专用编辑命令，然后选择多段线（输入“M”可选择多条多段线），再根据需要选择多种方式，对绘制好的多段线进行调整。各种调整方式讲解如下。

- 闭合/打开：选择“闭合”选项，可以使未闭合的多段线闭合；选择“打开”选项，可以打开闭合的多段线，如图6-41所示。

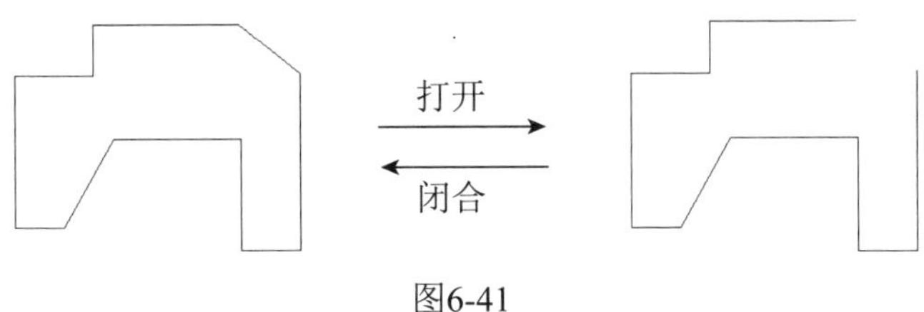

图6-41

- 合并：将与多段线相连的直线、圆弧或多段线合并为一条多段线。
- 宽度：指定多段线的统一宽度，如图6-42所示。

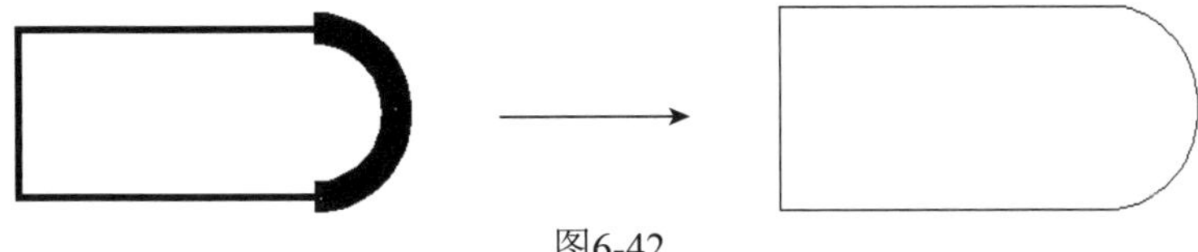

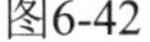
图6-42

- 编辑顶点：提供一组子选项，用于对顶点及与顶点相邻的线段进行编辑（参见下面内容）。
- 拟合/样条曲线：“拟合”选项用于将多段线转换为圆弧；“样条曲线”选项用于将多段线转换为样条曲线，如图6-43所示。

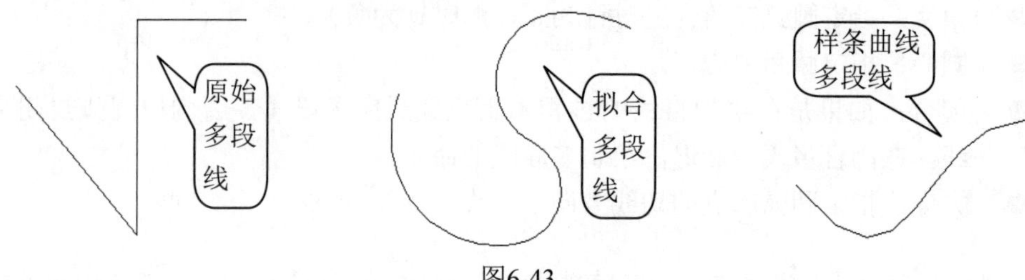

图6-43

- 非曲线化：将执行了“拟合”或“样条曲线”选项操作后的多段线恢复到初始状态。
- 线型生成：当多段线的线型为非连续线型时（如点划线），此选项用于控制多段线顶点处的线型是否连续，如果选择“开”选项，则多段线顶点处采用连续线型，否则采用非连续线型，如图6-44所示。
- 放弃：撤销上一次操作。

图6-44

当输入“e”选择“编辑顶点”选项后，在多段线的起点处会出现“×”标记，并且命令行将提示如下信息。

输入顶点编辑选项[下一个(N)/上一个(P)/打断(B)/插入(I)/移动(M)/重生成(R)/拉直(S)/切向(T)/宽度(W)/退出(X)]<N>:

下面具体讲解各选项。

- 下一个/上一个：移动“×”标记到下一个或上一个顶点处。
- 打断：在当前顶点处断开多段线（使一条多段线变为两条多段线），并可同时删除执行点与断开点之间的线，如图6-45所示。如果执行点与断开点为同一个点，则只将多段线断开。

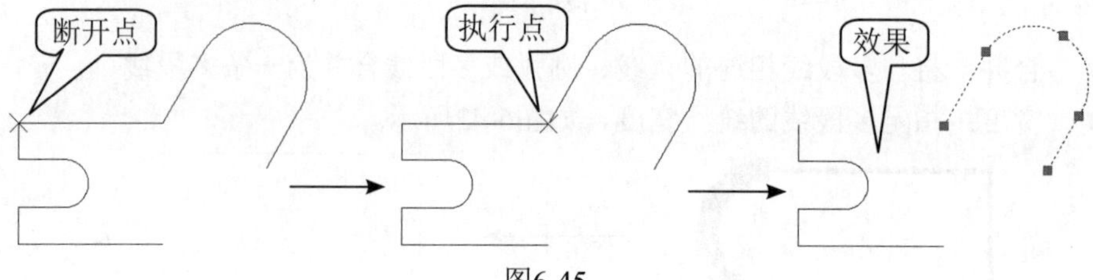

图6-45

- 插入：在当前顶点与下一个顶点之间插入一个新的顶点（选择此选项后，系统会要求用户选择或输入插入点的坐标值）。
- 移动：移动当前顶点到指定位置。
- 重生成：重新生成多段线以观察编辑的效果。
- 拉直：删除当前顶点与执行点之间的所有顶点，并且用直线段连接两个顶点，如图6-46所示。

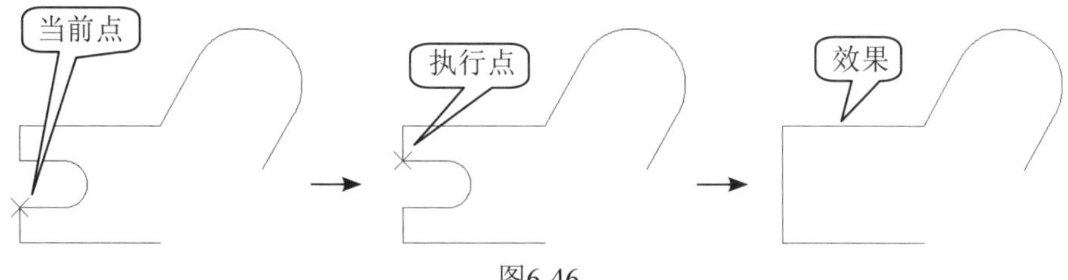

图6-46

- 切向：调整当前标记顶点处的切线方向以控制曲线拟合，如图6-47所示。

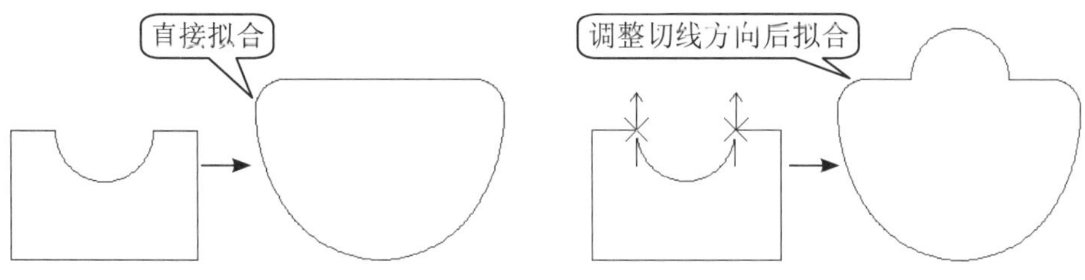

图6-47

- 宽度：设置当前顶点与下一个顶点之间多段线的起点宽度和端点宽度，如图6-48所示。

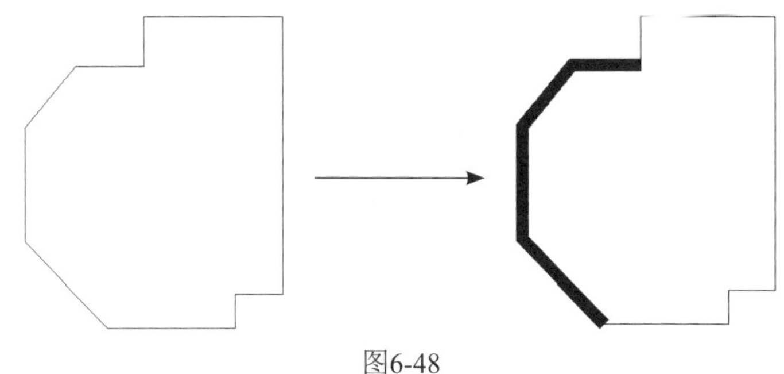

图6-48

- 退出：结束顶点编辑，返回到多段线编辑提示。

提示：在执行PEDIT命令后，选择非多段线的直线或圆弧，输入“Y”并按Enter键，可以直接将非多段线转换为多段线。

6.6　样条曲线的绘制

在AutoCAD中，样条曲线是通过一组定点的光滑曲线，适用于创建形状不规则的

曲线，如绘制机械图形中的断裂线、施工图中的不规则曲线及地理信息图中的路线图等，如图6-49所示。

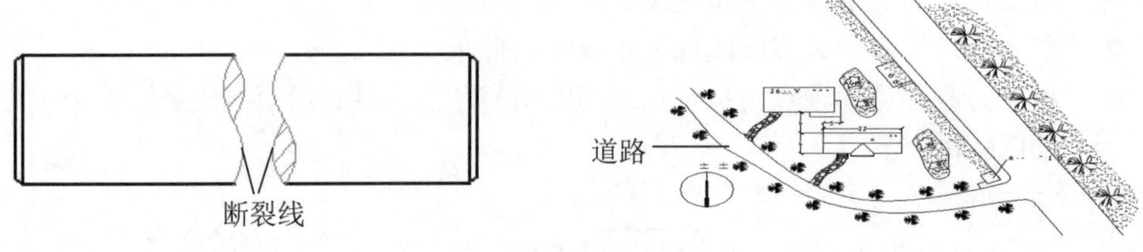

图6-49

6.6.1 绘制样条曲线

单击“绘图”工具栏中的“样条曲线”按钮，或执行SPLINE（或SPL）命令，在绘图区中连续单击多个点以指定样条曲线的各个数据点，然后在结束时指定样条曲线起点和终点的切线方向，即可绘制样条曲线，如图6-50所示。

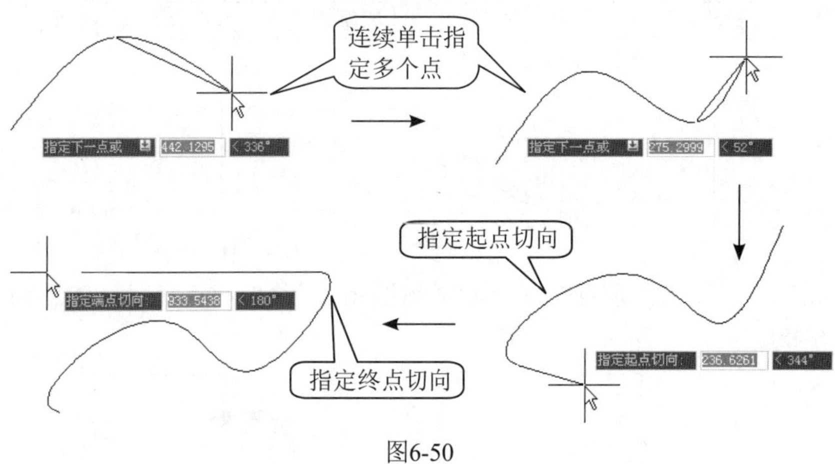

图6-50

执行SPLINE命令后，命令行会提示“指定第一个点或 [对象(O)]:”，选择“对象”选项后，可以将由多段线转换而来的“样条曲线”转换为真正的样条曲线，如图6-51所示。

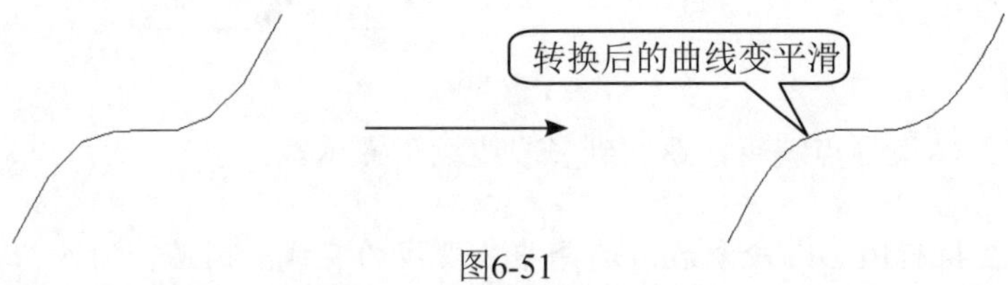

图6-51

提示：由多段线转换而来的“样条曲线”（也被称为“样条曲线拟合多段线”）并不是真正意义上的样条曲线，而是由一小段一小段的短直线拟合而成的。

指定样条曲线的第二点后，命令行会提示“指定下一点或 [闭合(C)/拟合公差(F)] <起点切向>:”，各选项讲解如下。

- 闭合：使样条曲线的起点、终点重合，并使它在连接处相切。选择此选项后，命令行会提示“指定切向:”，拖动鼠标指针至合适的位置单击，确定重合点的切向，即可完成样条曲线的绘制。
- 拟合公差：用于设置样条曲线接近拟合点的程度。拟合公差的数值越小，样条曲线就越接近拟合点。拟合公差为0，则表示样条曲线精确通过拟合点，如图6-52所示。

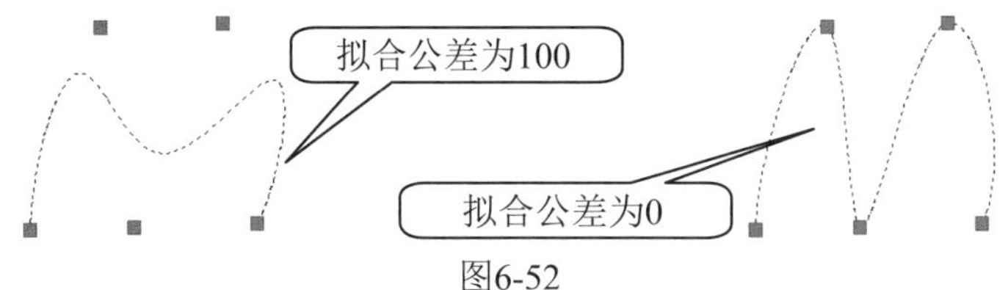

图6-52

提示：在绘制样条曲线时单击的点，被称为样条曲线的“数据点”（或“拟合点”）。在完成样条曲线的绘制后，选中样条曲线，可拖动样条曲线的数据点对样条曲线进行编辑，如图6-53所示。

此外，双击样条曲线（或执行SPLINEDIT命令），显示出来的点为样条曲线的“控制点”，如图6-54所示，此时可通过控制点对样条曲线进行编辑（编辑方法参见6.6.2节）。

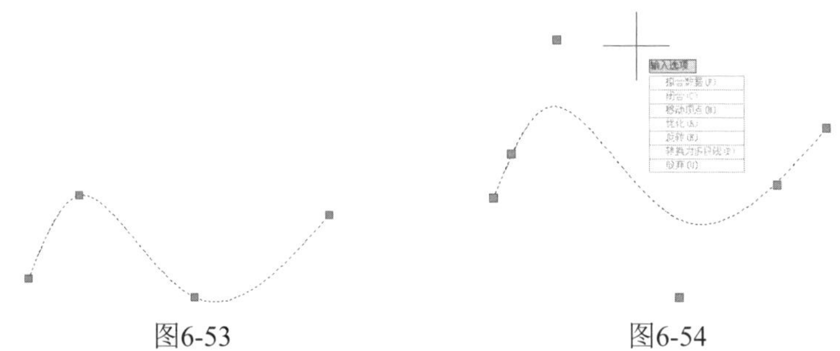

图6-53　　图6-54

6.6.2 编辑样条曲线

执行“修改”→“对象”→“样条曲线”菜单命令，或执行SPLINEDIT命令，此时命令行会提示“选择样条曲线:”，选择要编辑的样条曲线后，命令行会提示“输入选项 [拟合数据(F)/闭合(C)/移动顶点(M)/精度(R)/反转(E)/放弃(U)]:”，通过这些选项可以对样条曲线进行编辑操作。其中各选项讲解如下。

- 拟合数据：提供一组子选项，使用户可以编辑样条曲线的拟合点数据（参见下面内容）。
- 闭合：封闭样条曲线，如图6-55所示。如果选中的样条曲线是闭合的，此选项显示为“打开”，选择该选项，可以打开封闭的样条曲线。
- 移动顶点：移动样条曲线控制点的位置（控制点是在绘制样条曲线时系统自动生成的），从而调整样条曲线的形状，如图6-56所示。选择此选项后，命令行会提示“指定新位置或 [下一个(N)/上一个(P)/选择点(S)/退出(X)] <下

一个>:”，前两个选项用于选择下一个或上一个控制点作为当前要调整位置的控制点；“选择点”选项用于选择任意控制点作为当前要调整位置的控制点；“退出”选项用于退出当前“移动顶点”选项的操作，返回至上一级提示信息。

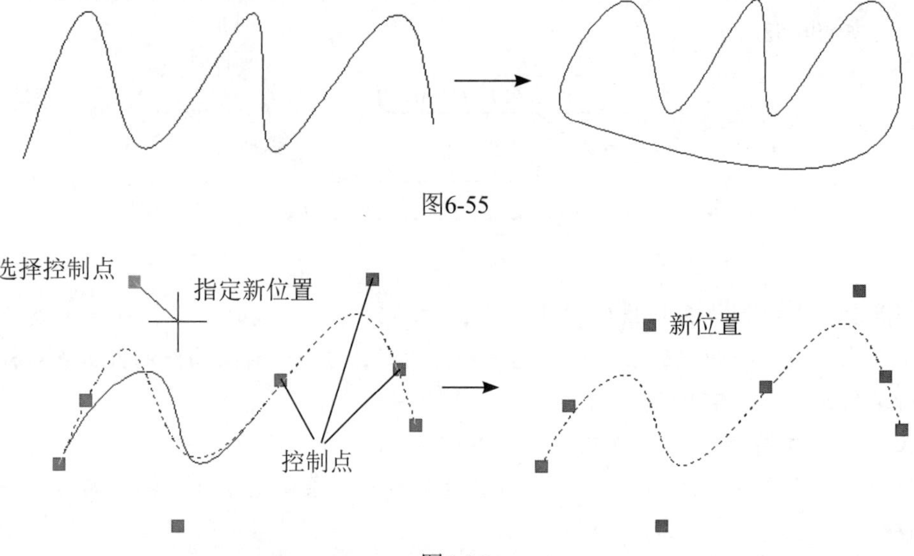

图6-55

图6-56

- 精度：提供一组子选项，使用户可以精确编辑样条曲线（参见下面内容）。
- 反转：用于改变样条曲线的方向，使曲线控制点的顺序首尾颠倒，但不会改变样条曲线的形状（此选项适用于第三方应用程序）。
- 放弃：取消上一次编辑。

如果选择“拟合数据”选项，命令行会提示如下信息。

输入拟合数据选项 [添加(A)/闭合(C)/删除(D)/移动(M)/清理(P)/相切(T)/公差(L)/退出(X)] <退出>:

各选项讲解如下。

- 添加：在样条曲线中添加拟合点。首先选择样条曲线上已有的拟合点（此时该点和下一点将亮显），然后指定新拟合点的位置，可连续单击添加多个拟合点，按Enter键完成拟合点添加操作，如图6-57所示。AutoCAD将根据添加的拟合点，重新拟合生成样条曲线。

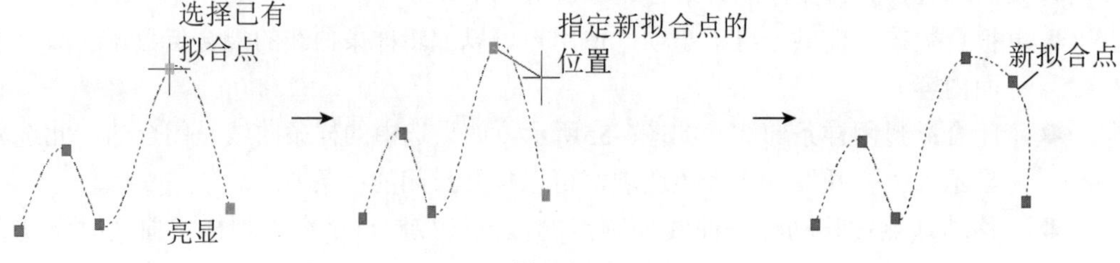

图6-57

提示：如图6−57所示，新添加的拟合点位于亮显的两点之间。如果选择样条曲线的起点，可以选择新添加的拟合点位于起点之前或之后；如果选择样条曲线的终点，新添加的拟合点将位于终点之后。

此外，在执行拟合点添加操作时，应首先关闭对象捕捉功能，否则将不能准确地选择需要的拟合点。

- 闭合：封闭样条曲线。如果选中的样条曲线是闭合的，则此选项显示为“打开”。
- 删除：从样条曲线中删除拟合点，并且用其余点重新拟合样条曲线，如图6-58所示。

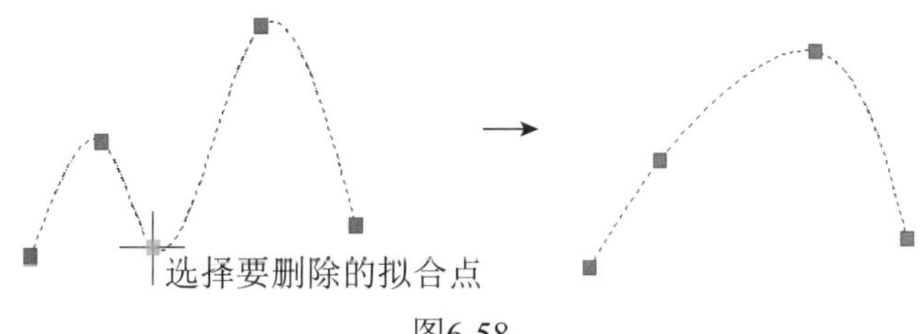

图6-58

- 移动：将拟合点移动到新位置，从而调整样条曲线的形状。它与“移动顶点”选项相似，这里不再赘述。
- 清理：从图形数据库中删除样条曲线的拟合数据。清理样条曲线的拟合数据后，将显示不包括“拟合数据”选项的编辑样条曲线命令的提示信息。
- 相切：编辑样条曲线起点和终点的切线方向。其中，选择“系统默认值”选项，将使用起点和终点的默认切线方向。
- 公差：重新设置样条曲线的拟合公差。
- 退出；退出当前“拟合数据”选项的操作，返回至上一级提示信息。

如果选择“精度”选项，命令行会提示如下信息。

```
输入精度选项 [添加控制点(A)/提高阶数(E)/权值(W)/退出(X)] <退出>:
```

各选项讲解如下。

- 添加控制点：增加样条曲线的控制点。将在影响该部分样条曲线的两个控制点之间紧靠着选中的点增加新的控制点，如图6-59所示。

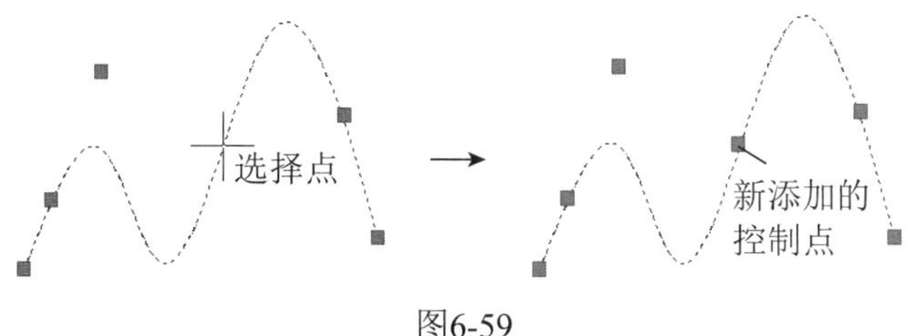

图6-59

- 提高阶数：输入大于当前阶数的值以增加整条样条曲线的控制点数，如图6-60所示。阶数越大，控制点越多，样条曲线越光滑。阶数的最大值为26。

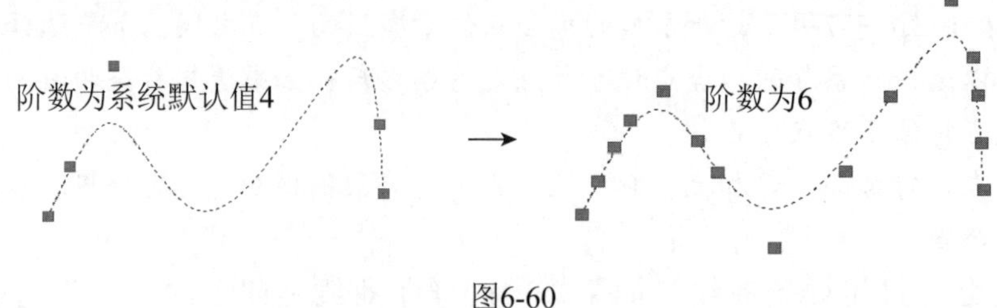

图6-60

- 权值：修改样条曲线控制点的权值，AutoCAD会根据选中的控制点的新权值重新计算样条曲线。选择此选项后，命令行会提示“输入新权值 (当前值 = 1.0000) 或 [下一个(N)/上一个(P)/选择点(S)/退出(X)] <下一个>:”，输入的整数值越大，样条曲线就越趋向控制点，其他选项与“移动顶点”选项相似，这里不再赘述。
- 退出：退出当前“精度”选项的操作，返回至上一级提示信息。

提示：利用样条曲线的夹点，也可以编辑样条曲线。方法是，首先单击选中样条曲线，然后单击某个夹点并移动其位置，从而改变样条曲线的形状，如图6-61所示。

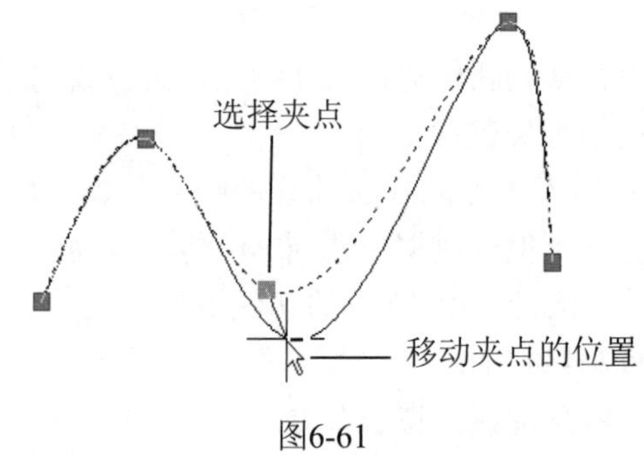

图6-61

6.7 多线的绘制

多线是由两条或多条平行线组成的线型，如图6-62所示。使用多线可以一次绘制多条平行线，从而提高绘图效率。本节将讲解多线的绘制和编辑方法。

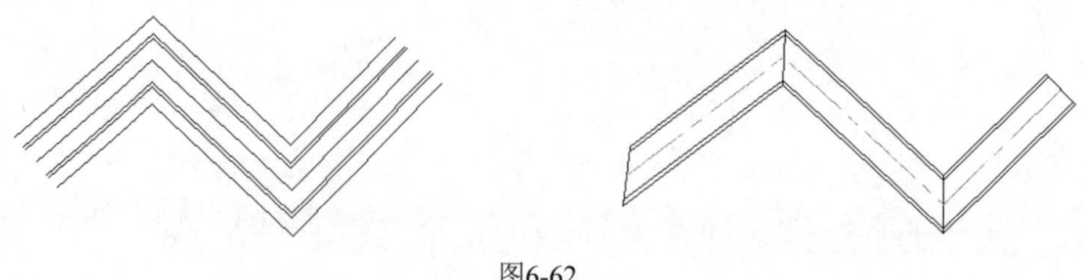

图6-62

6.7.1 设置多线样式

用户可以使用具有两条直线的默认多线样式，也可以设置多线样式，如添加多线元素，设置每个元素的颜色、线型，显示或隐藏多线的连接，等等。下面讲解多线的设置操作。

执行“格式”→“多线样式”菜单命令，或执行MLSTYLE命令，打开“多线样式”对话框，如图6-63左图所示，在此对话框中可以执行新建、修改、保存和加载等定义多线样式的操作。单击“新建”按钮，在打开的“创建新的多线样式”对话框中输入新样式的名称，然后单击“继续”按钮，打开“新建多线样式：***”对话框，在此对话框中可以自定义多线的样式，如图6-63右图所示。

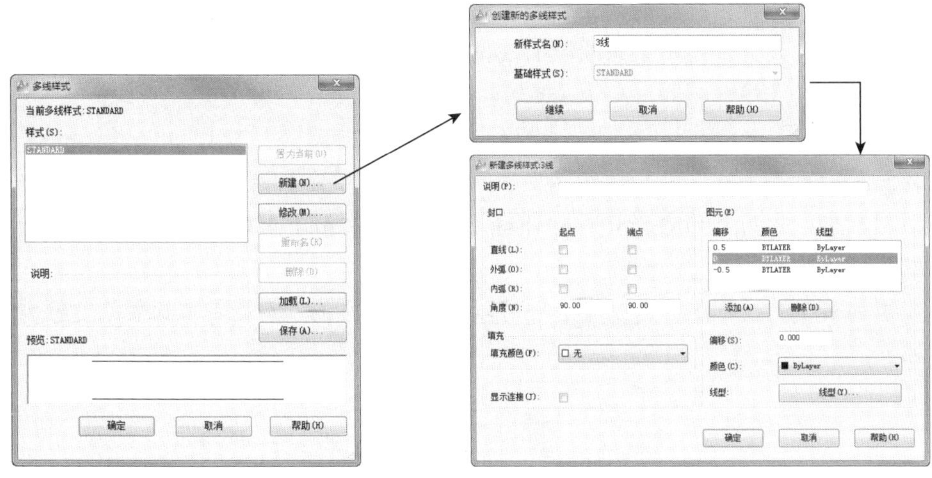

图6-63

下面讲解“新建多线样式：***”对话框中的各选项。

- 封口：控制多线起点和端点的封口样式。其中，“直线”表示使用直线连接多线的起点或端点；“外弧”表示使用圆弧连接多线起点或端点的最外端元素；“内弧”表示使用圆弧连接多线起点或端点的内部成对元素；“角度”表示多线起点或端点处封口线与多线的角度，如图6-64所示。

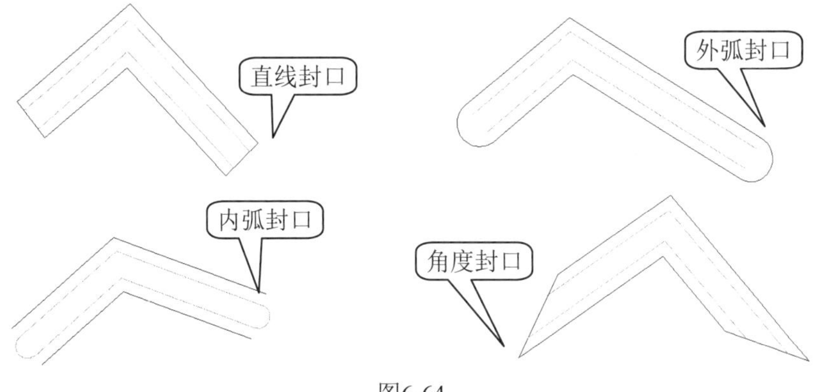

图6-64

- 填充颜色：设置多线的背景填充颜色，如图6-65所示。
- 显示连接：选中此复选框后，将在多线的顶点处显示连接直线，如图6-66所示。

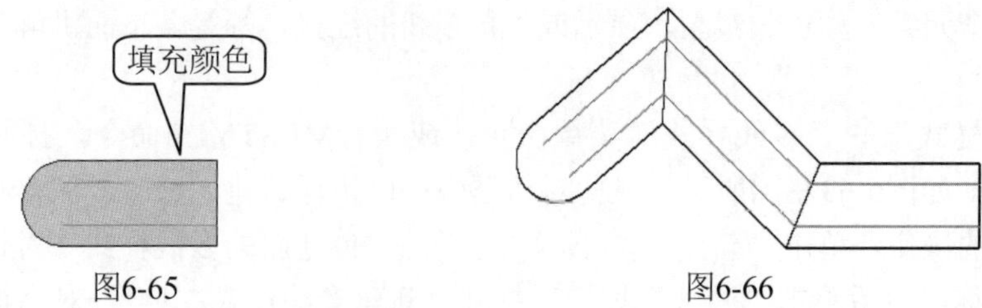

图6-65　　图6-66

- 添加、删除：用于添加或删除多线中的线条。
- 偏移：设置多线中的某条线段偏离中心线的距离。
- 线型：设置多线中某条线段的线型。

6.7.2 绘制多线

就像绘制直线一样，执行“绘图”→“多线”菜单命令，或执行MLINE（或ML）命令，然后使用鼠标指针在绘图区中不断单击，即可绘制多线，按Enter键结束绘制操作，如图6-67所示。

在绘制多线的过程中，有三个选项可以设置，分别为“对正”“比例”“样式”，讲解如下。

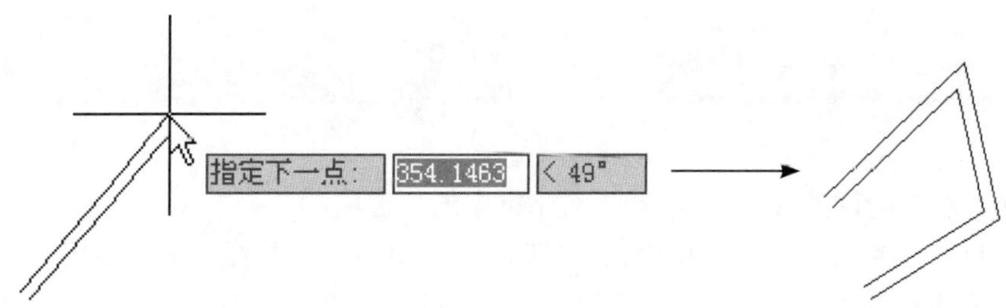

图6-67

- 对正：用于控制在绘制多线时采用何种对正方式，包括三种对正方式，即上对正、中间对正和下对正，如图6-68所示（此选项需要在绘制多线前指定）。

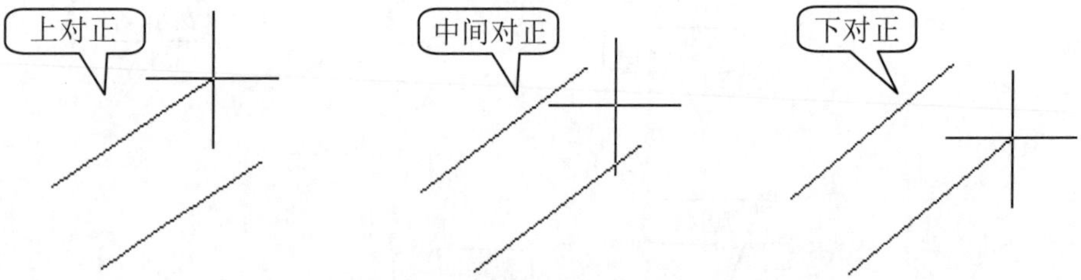

上对正　　中间对正　　下对正

图6-68

- 比例：用于控制绘制多线时的比例。AutoCAD用此比例系数乘以元素的默认偏移量以得到元素的新偏移量，从而起到缩放多线线宽的作用。
- 样式：指定多线的样式。选择该选项后，命令行会提示“输入多线样式名或[?]:”。输入样式名，可以指定要使用的多线样式；输入“？”，将弹出AutoCAD文本窗口，其中列出了所有可用的多线样式。

6.7.3 编辑多线

执行“修改”→“对象”→“多线”菜单命令，或双击绘制的多线，或执行MLEDIT命令，可以打开“多线编辑工具”对话框，单击此对话框中的按钮，可以对选择的多线进行编辑（顺序单击要编辑的多线即可），如图6-69所示。

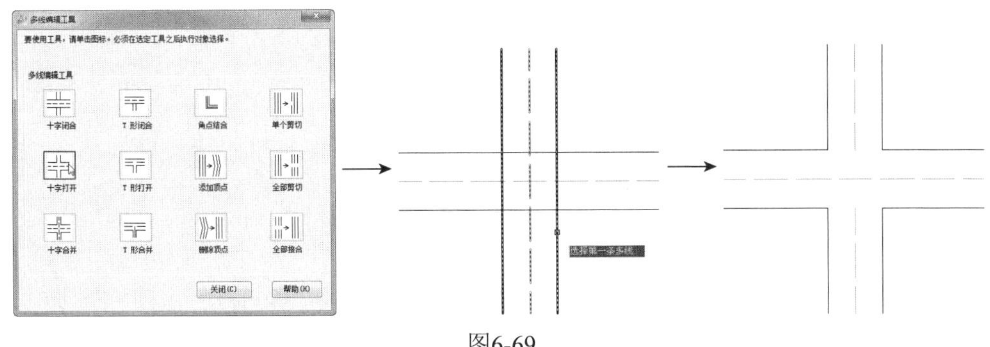

图6-69

“多线编辑工具”对话框中共提供了十二种编辑工具，分为四类（四列），分别用于编辑多线的“十字交叉”“T形交叉”“角点”“剪切/接合”，此处不再赘述。

6.8 图案填充和渐变色的绘制

可以使用图案填充和渐变色来标识某一区域的意义或用途，如图6-70所示。下面讲解具体实现方法。

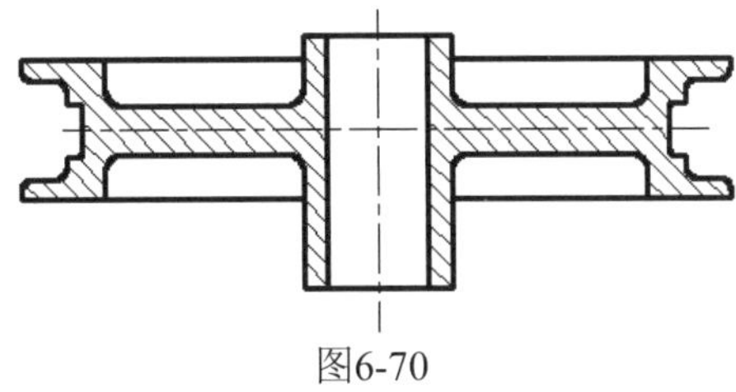

图6-70

6.8.1 绘制图案填充

单击“绘图”工具栏中的“图案填充”按钮，或执行BHATCH（或BH）命令，打开“图案填充和渐变色”对话框，单击“添加：拾取点”按钮，选择一个闭合图形内的点，并按Enter键，再单击“确定”按钮，即可使用默认的填充图案填充图形，如图6-71所示。

提示：填充图案用于表示工程中的常用材料。例如，“ANSI31”表示铁、砖和石；“ANSI36”表示大理石、板岩和玻璃；“BOX”表示方钢；“BRASS”表示黄铜制品，等等。“ANSI”是美国标准化组织规定的图案标准，而“ISO”是国际标准化组织规定的图案标准。

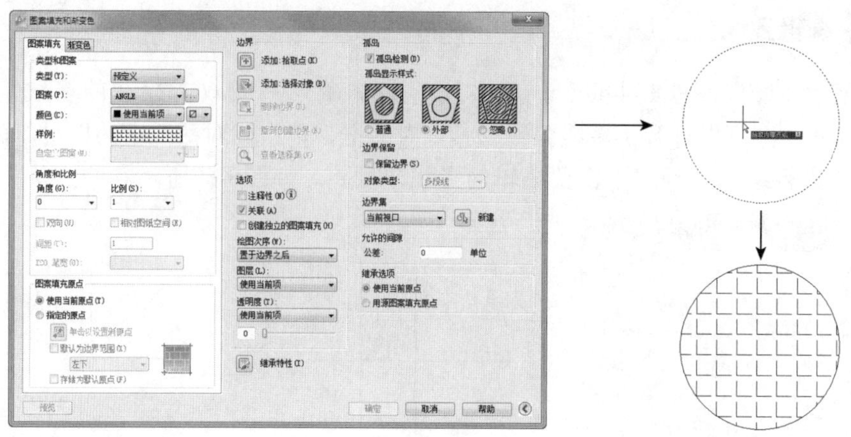

图6-71

“图案填充和渐变色”对话框中有很多选项，下面对其进行具体讲解。

- “类型和图案”选项组：用于设置图案填充的类型和颜色等。在“类型”下拉列表的各选项中，“预定义”是指使用AutoCAD提供的图案，“用户定义”是指使用当前线型定义的图案，“自定义”是指使用在其他PAT文件中定义的图案。

提示：预定义和用户定义的图案被保存在acad.pat和acadiso.pat文件中。用户也可以自己编辑图案，并将其单独保存在PAT文件中。

例如，在记事本中编辑一个星星图案，如图6-72所示，将其保存在“C:\Documents and Settings\用户名\Application Data\Autodesk\AutoCAD 2012 - Simplified Chinese\R18.2\chs\Support”目录中，将文件命名为“star.pat”（文件名必须与图案名一致）。

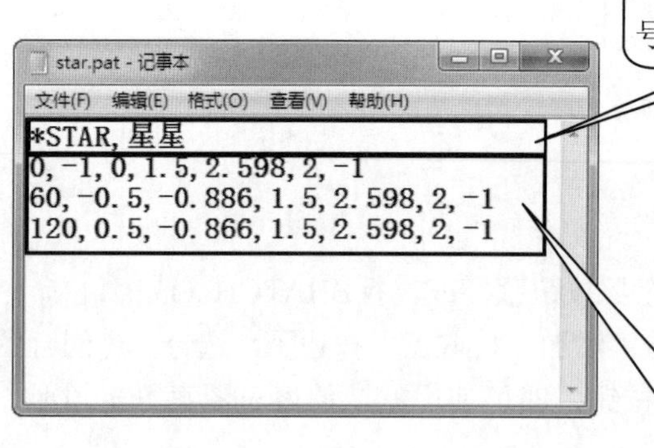

“*”号+图案名称（STAR）+“,”号+图案描述信息（星星）

从左到右分别为：直线绘制的角度，填充直线族中一条直线所经过点的x、y轴坐标，两条填充直线之间的位移量，两条填充直线的垂直间距，最后两项（或多项）为直线的长度参数，正值为实线长度，负值为留空长度，取零则画点（该处较难理解，可使用相关插件或Photoshop等软件，辅助完成PAT文件的制作）

图6-72

打开“图案填充和渐变色”对话框，在“类型”下拉列表中选择“自定义”选项，单击“自定义图案”右侧的按钮[...]，打开“填充图案选项板”对话框，如图6-73左图所示，在“自定义”选项卡中选择图案“star.pat”进行填充，填充效果如图6-73右图所示。

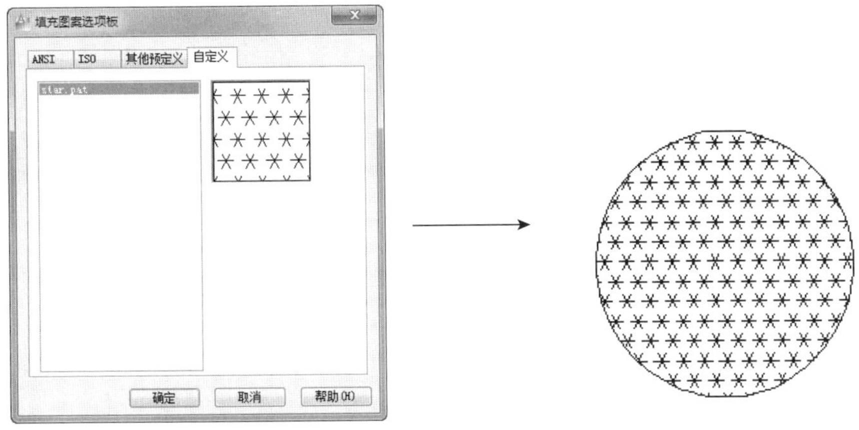

图6-73

- “角度和比例”选项组：用于设置选中的填充图案的旋转角度和比例等，效果如图6-74所示。其中，“双向”复选框和“间距”文本框用于在“用户定义”图案时设置是否具有垂直线和线的间距；“相对图纸空间”复选框用于图纸空间的显示；“ISO笔宽”列表框用于使用选中的笔宽缩放ISO预定义图案。

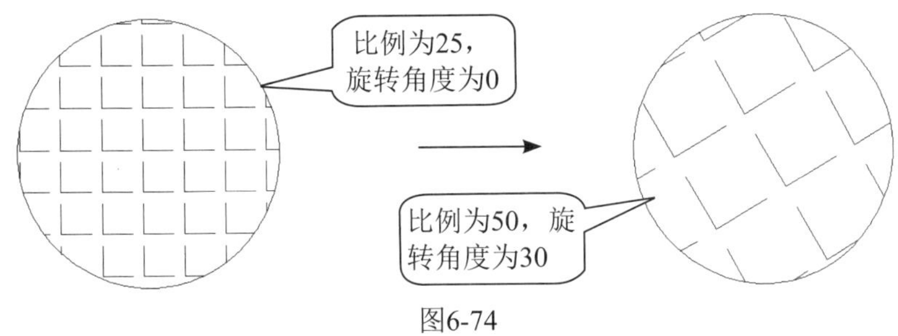

图6-74

提示：当在“类型”下拉列表中选择“预定义”选项，且在“图案”下拉列表中选择ISO图案中的一种时，“ISO笔宽”列表框可用。

- “图案填充原点”选项组：用于控制填充图案生成的起始位置。其中，单击“使用当前原点”单选按钮，可以使用当前坐标系的原点（0,0）作为图案填充原点；单击“指定的原点”单选按钮，可以使用指定的新的图案填充原点来填充图形。
- “边界”选项组：用于图案填充边界的添加、删除和创建等。其中，“添加：拾取点”按钮用于在拾取点的周围自动选择填充边界，如图6-75所示；“添加：选择对象”按钮用于选择某个图形对象来定义填充边界，如图6-76所示；“删除边界”按钮用于取消某段选中的填充边界，如图6-77所示；“重新创建边界”按钮用于为填充图案重新创建边界，如图6-78所示；“查看选择集”按钮用于查看当前选择的作为填充边界的图线（以虚线显示）。

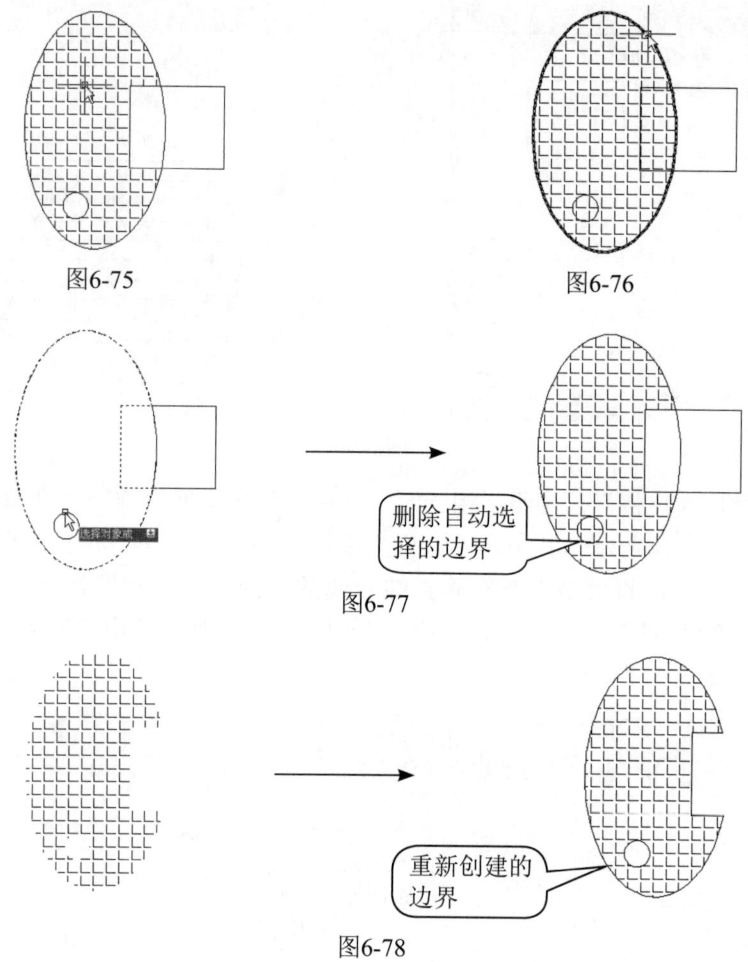

图6-75　　图6-76

图6-77

图6-78

- “选项”选项组：用于控制图案填充的注释性、关联等。其中，“注释性”复选框主要用于出图时调整填充的比例；“关联”复选框用于使边界和填充图案相关联；“创建独立的图案填充”复选框用于控制当选择几个单独的闭合边界时是创建整体图案填充对象，还是创建独立图案填充对象；“绘图次序”列表框用于为图案填充指定绘图次序。
- “继承特性”按钮：相当于Word中的格式刷。单击“继承特性”按钮，然后选择源图案填充对象，再选择其他图案填充对象，可以将现有图案填充应用到其他图案填充对象上。
- “继承选项”选项组：单击“使用当前原点”或“用源图案填充原点”单选按钮，表示在执行“继承特性”操作时使用的是当前设置的填充图案原点，或使用的是源图案设置的填充原点（该处较难理解，可参照图6-79进行理解，其中，右侧框内的填充图案继承左侧框内的图案，执行操作时先设置右侧框的右下角点为当前原点，图6-79左图为“使用当前原点”的填充效果，图6-79右图为“用源图案填充原点”的填充效果，此时由于原点和左侧的填充线相同，所以填充线是相连的）。

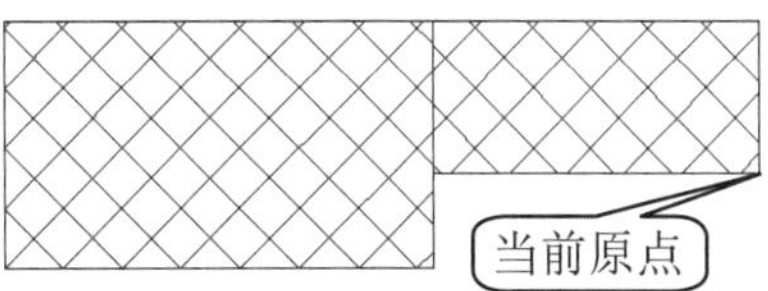

图6-79

- “孤岛”选项组：通常将位于已定义好的填充边界内的封闭区域称为“孤岛”。通过“孤岛”选项组，可以控制孤岛的填充样式（其效果可参见对话框中的图例，此外，在使用“添加：拾取点”按钮定义边界且有多个边界时，必须打开孤岛检测功能）。
- “边界保留”选项组：指定是否生成图案填充对象的边界，并确定生成的边界的图线类型。
- “边界集”选项组：当使用“添加：拾取点”按钮定义填充边界时，为找到围绕拾取点的闭合区域，系统将分析当前视口范围内的所有对象，如果对象较多，将耗费较长的分析时间。单击“新建”按钮，可定义分析区域，从而减少分析时间。
- “允许的间隙”选项组：设置将未闭合对象作为填充边界时所允许的未闭合区域的最大间隙，如图6-80所示。

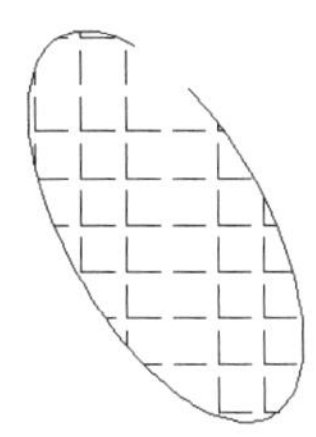

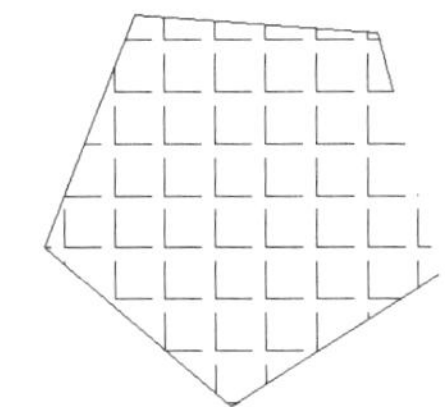

图6-80

6.8.2 绘制渐变色

执行“绘图”→“渐变色”菜单命令，或执行GRADIENT命令，打开“图案填充和渐变色”对话框，如图6-81所示，通过设置“渐变色”选项卡可以执行渐变色填充操作，即使用一种颜色的不同灰度或两种颜色之间的过渡色填充选中的图形区域，如图6-82所示。

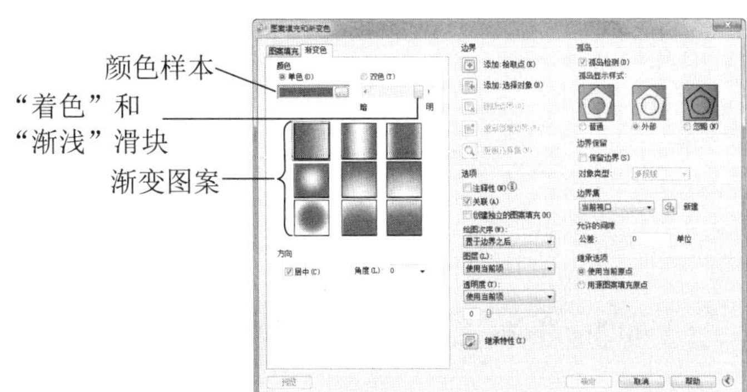

图6-81

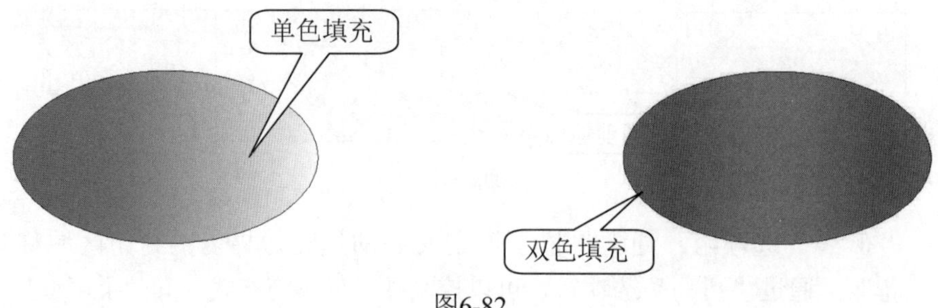

图6-82

渐变色填充操作与图案填充操作相同，首先定义填充边界，然后选择需要填充的颜色和渐变图案即可。

渐变色填充与图案填充的主要不同在于对颜色的选择和设置。其中，单色是由一种颜色渐变到白色，双色是由一种颜色渐变到另外一种颜色；可以自边缘向中心渐变，也可以在某个方向上渐变，操作时根据预览的渐变图案选择需要的填充效果即可。

6.8.3 使用工具选项板绘制图案填充

除了通过上面的操作填充图案或渐变色外，在AutoCAD 2012中，利用工具选项板可快速填充图案。首先在工具选项板中单击选择图案，然后在封闭的图形区域中单击，则围绕单击点的封闭的图形区域将被所选择的图案填充，如图6-83所示。

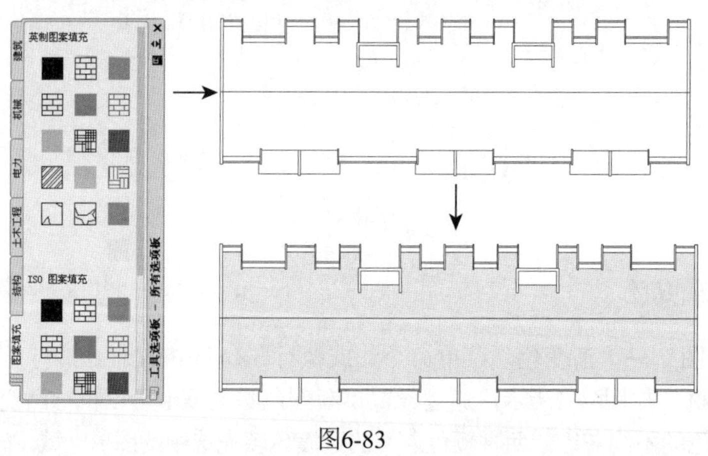

图6-83

6.8.4 编辑图案填充与渐变色

双击要修改的图案填充或渐变色（或执行HATCHEDIT命令，然后选择需要编辑的图案填充或渐变色），可打开“图案填充编辑”对话框，从而对图案填充或渐变色进行编辑。图案填充和渐变色的编辑操作与其绘制操作基本相同，此处不再赘述。

6.9 样题解答

步骤1 新建图形文件，执行“格式”→“图形界限”菜单命令（或执行LIMITS命令），在命令行中输入“0,0”，按Enter键，再输入“2000,2000”，按Enter键，设置样板的图形界限为2 000×2 000，如图6-84所示。

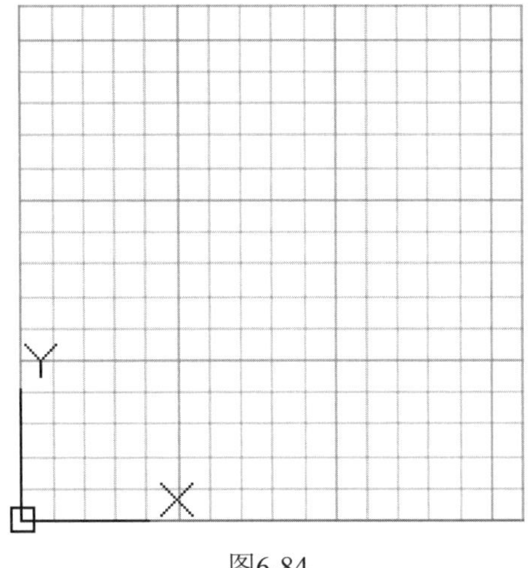

图6-84

步骤2　执行“格式”→“图层”菜单命令，打开“图层特性管理器”面板，单击“新建图层”按钮，创建“墙线”和“细实线”图层，其中，“墙线”图层的线宽为0.30mm，颜色为青色，“细实线”图层的线宽为0.15mm，如图6-85所示。

步骤3　将当前图层设置为“墙线”图层，执行“绘图”→“直线”菜单命令（或执行L命令），在图形界限内单击一点，向下移动鼠标指针，输入“500”，按Enter键，向左移动鼠标指针，输入“180”，按Enter键，向上移动鼠标指针，输入“350”，按Enter键，再次按Enter键，绘制得到如图6-86所示的图形。

步骤4　以相对坐标的方式，在距离步骤3所绘图形的起点（@0,780）位置处向右绘制一条直线；再次执行“绘图”→“直线”菜单命令（或执行L命令），以上面绘制的直线的起点为起点，输入“-680,-680”，按Enter键，绘制一条斜线，执行“修改”→“偏移”菜单命令（或执行O命令），将得到的斜线向右偏移100个图形单位，然后执行TR命令对图线进行修剪，得到如图6-87所示的图形。

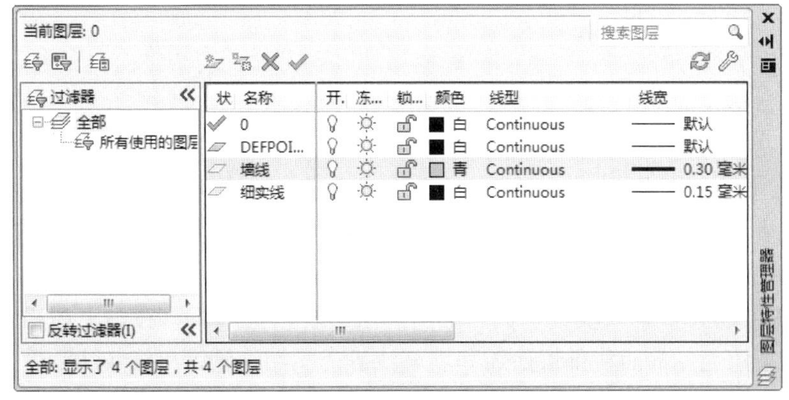

图6-85

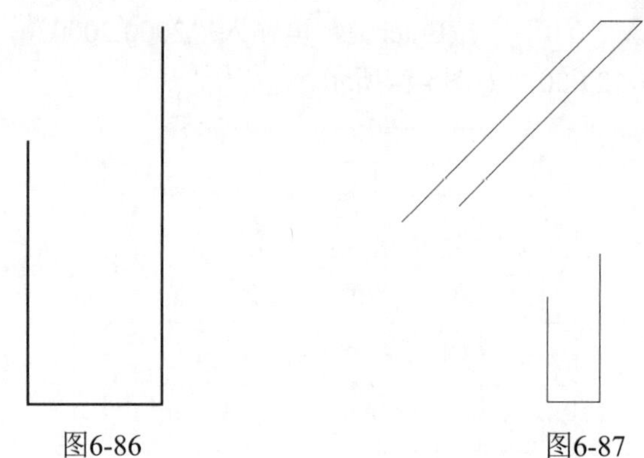

图6-86　　　　图6-87

步骤5　执行“绘图”→“直线”菜单命令（或执行L命令），以步骤4所绘斜线的下端点为起点，向下移动鼠标指针，输入“100”，按Enter键，向右移动鼠标指针，输入“200”，按Enter键，向下移动鼠标指针，输入“150”，按Enter键，向右移动鼠标指针，输入“300”，按Enter键，再次按Enter键；以相对坐标的方式，在距离步骤4所绘斜线的端点（@300,0）位置处分别绘制一条垂直直线和一条水平直线，然后将水平直线向下偏移100个图形单位，调整相关直线的长度，效果如图6-88所示。

步骤6　执行“修改”→“偏移”菜单命令，将步骤5绘制的图线向外偏移24个图形单位，然后绘制折断线和底部的窗线（窗线均分水平的墙线），并调整相关直线的长度，得到如图6-89所示的图形。

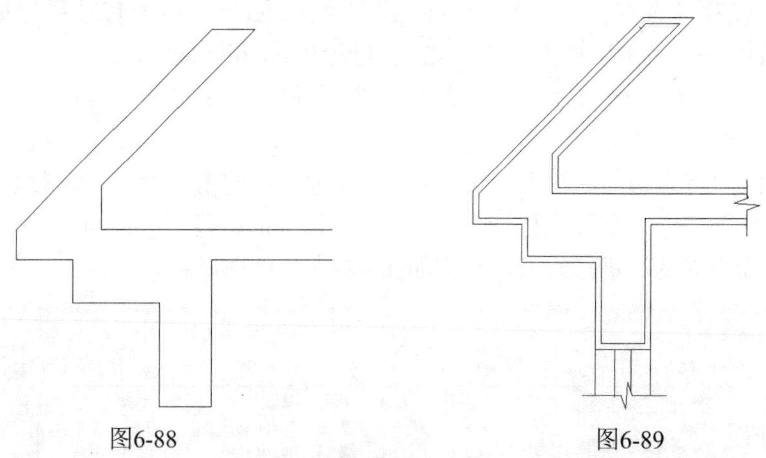

图6-88　　　　图6-89

步骤7　执行“绘图”→“图案填充”菜单命令，在打开的“图案填充和渐变色”对话框中设置“图案”为“ANSI31”，“角度”为“90”，“比例”为“20”，对步骤6所绘图形的封闭区域进行图案填充；然后再次执行“图案填充”命令，设置“图案”为“AR-CONC”，“角度”为“0”，“比例”为“1”，在与上述相同的填充区域内进行图案填充，最后将外墙面线和填充线等的图层设置为“细实线”图层，完成图形的绘制，如图6-90所示。

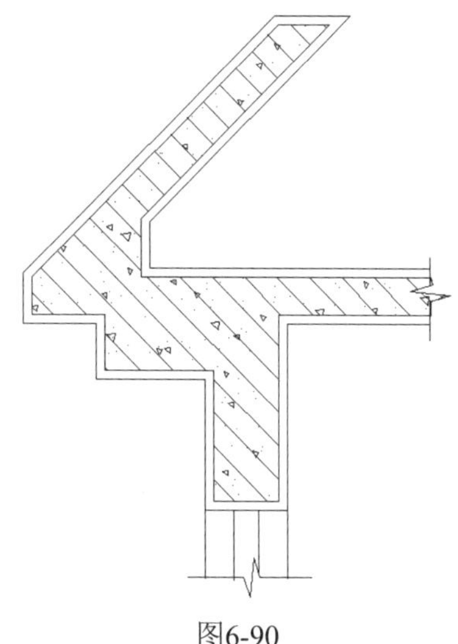

图6-90

步骤8 将图形文件存入考生文件夹，并将图形文件命名为“KSCAD5-12.dwg”。

6.10 习题

1．填空题

（1）坐标的表示方法有______、______两大类。

（2）使用______模式，只能绘制水平直线或垂直直线。

（3）多段线由相连的_________和_________组成。

（4）要创建多线，可执行_________命令。

（5）样条曲线的形状主要是由__________和__________来控制的。

（6）填充图案用于表示工程中的常用材料。通常使用“BOX”表示_______。

（7）在渐变色填充中，单色是由一种颜色渐变到_______色。

2．问答题

（1）什么是“极轴追踪”？如何设置极轴？

（2）什么是“栅格”？如何使用栅格？

（3）试解释世界坐标系和用户坐标系，并阐述其在AutoCAD中使用的不同之处。

（4）试解释绝对坐标和相对坐标的不同，并举例说明其使用方法。

（5）如果希望修改多段线中某一线段的起始和结束宽度，应该如何操作？

3．操作题

绘制如图6-91所示的零件图，以复习本章学习的知识（不要求标注尺寸）。本题为《试题汇编》第5单元第5.16题。

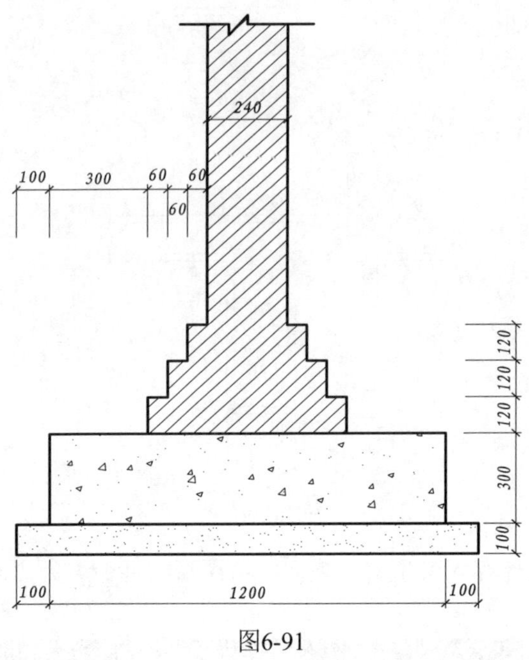

图6-91

提示：

步骤1　新建图形文件，执行“格式”→“图形界限”菜单命令（或执行LIMITS命令），在命令行中输入“0,0”，按Enter键，再输入“2000,2000”，按Enter键，设置样板的图形界限为2 000×2 000，如图6-92所示。

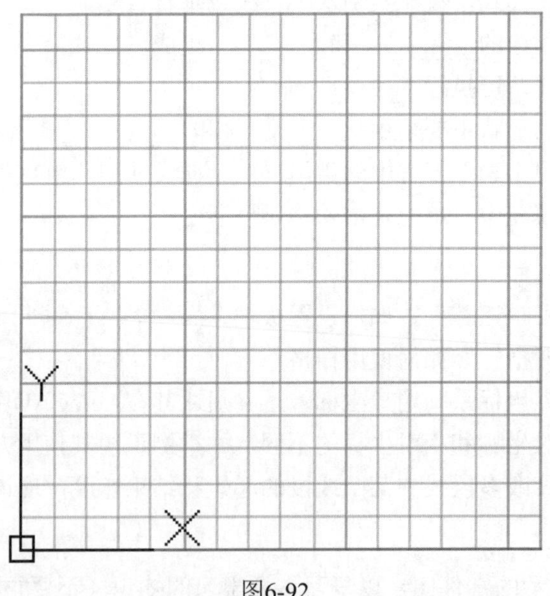
图6-92

步骤2　执行“格式”→“图层”菜单命令，打开“图层特性管理器”面板，单击“新建图层”按钮，创建“标注”和“中心线”图层，将“中心线”图层的“线型”设置为CENTERX2，将“0”图层的“线宽”设置为0.80mm，如图6-93所示。

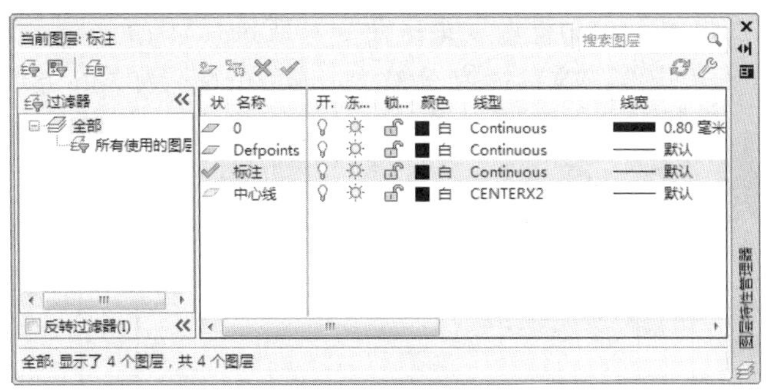

图6-93

步骤3　将当前图层设置为“中心线”图层，执行“绘图”→“直线”菜单命令（或执行L命令），在图形界限内绘制一条垂直中心线，如图6-94所示。

步骤4　将当前图层设置为“0”图层，执行“绘图”→“直线”菜单命令（或执行L命令），以中心线靠下方位置为起点，向左绘制长度为700的水平直线，向上绘制长度为100的垂直直线，再向右绘制水平直线与中心线相交，完成后的图形如图6-95所示。

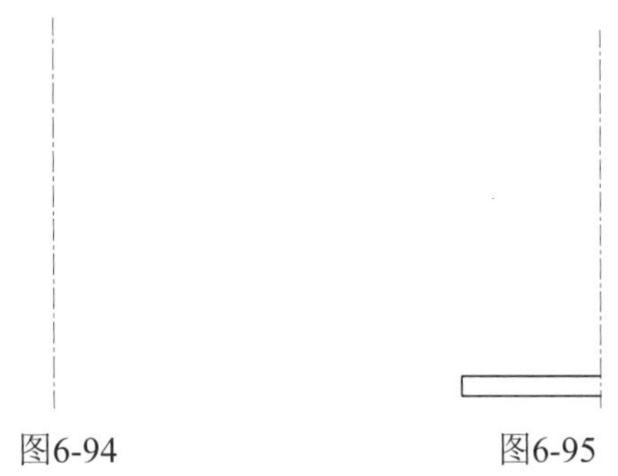

图6-94　　　　图6-95

步骤5　执行“绘图”→“直线”菜单命令（或执行L命令），在命令行中输入“fro”，按Enter键，以水平向右距离步骤4所绘图形左上角点100个图形单位处为起点，向上绘制长度为300的垂直直线，再向右绘制水平直线与中心线相交，完成后的图形如图6-96所示。

步骤6　执行“绘图”→“直线”菜单命令（或执行L命令），在命令行中输入“fro”，按Enter键，以水平向右距离步骤5所绘图形左上角点300个图形单位处为起点，顺序绘制向上120、向右60、向上120、向右60、向上120、向右60、再向上900的正交直线，完成后的图形如图6-97所示。

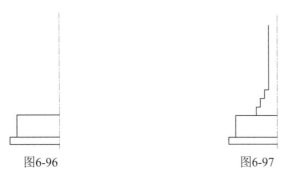

图6-96　　　　图6-97

步骤7 执行“修改”→“镜像”菜单命令（或执行MI命令），选择中心线左侧图线，以垂直中心线为镜像线，执行镜像操作，完成后的图形如图6-98所示。

步骤8 执行“绘图”→“直线”菜单命令（或执行L命令），绘制柱子上方的折断线，完成后的图形如图6-99所示。

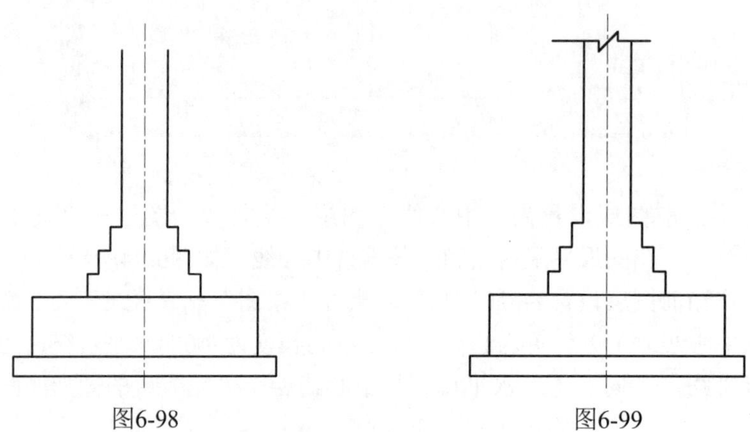

图6-98　　图6-99

步骤9 删除中心线，将当前图层设置为“标注”图层，执行“绘图”→“图案填充”菜单命令（或执行BH命令），选择“ANSI31”作为填充图案，设置“比例”为“10”，对柱子执行填充操作，效果如图6-100所示。

步骤10 再次执行BH命令，选择“AR-CONC”作为填充图案，设置“比例”为“1”，对高台执行填充操作，效果如图6-101所示。

步骤11 再次执行BH命令，选择“AR-SAND”作为填充图案，设置“比例”为“1”，对基座执行填充操作，完成图形的绘制，效果如图6-102所示。

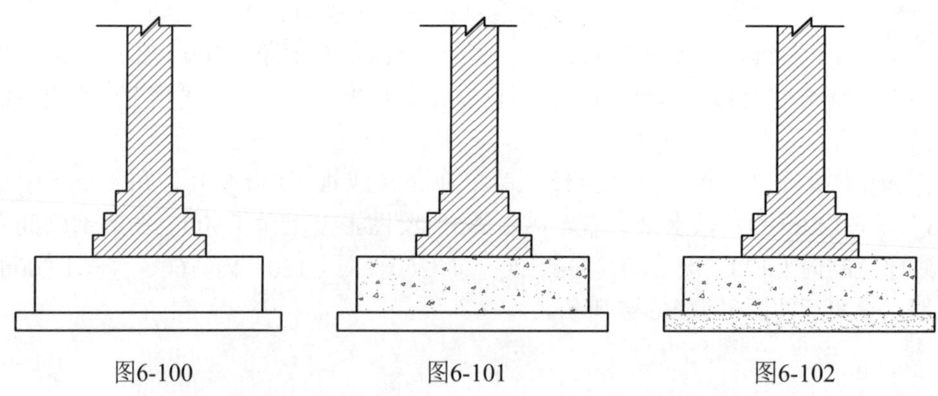

图6-100　　图6-101　　图6-102

步骤12 将图形文件存入考生文件夹，并将图形文件命名为“KSCAD5-16.dwg”。

第7章　尺寸标注

文字对象是AutoCAD中很重要的图形元素，用于添加技术要求和装配说明等；而尺寸标注可以描述图形中各个对象的实际大小和相对位置，是产品生产、工程施工中的重要依据。

AutoCAD提供了非常完整的标注体系，包括文字样式的设置、标注样式的设置与管理，以及各种尺寸、公差和形位公差的标注命令等，使用户可以轻松完成图形标注任务。通过对本章的学习，可以掌握为图形添加文字和尺寸标注的技能。

本章主要内容

- 创建文本样式
- 输入与编辑文字
- 尺寸标注的基本概念
- 尺寸标注的样式
- 添加各种尺寸标注
- 标注注释与公差
- 快速标注方法
- 编辑尺寸标注

评分细则

本章有六个评分点，每题10分。

序号	评分点	分值	得分条件	判分要求
1	打开图形文件	1	正确打开文件	有错扣分
2	建立尺寸标注图层	1	正确建立图层	有错扣分
3	设置尺寸标注样式	2	设置标注样式合理	有不合理时扣分
4	标注尺寸	3	标注符合制图要求	有错扣分
5	修饰尺寸	2	修饰合理	有不合理时扣分
6	保存	1	文件名、扩展名、保存位置	必须全部正确才得分

本章导读

上述明确了本章所要学习的主要内容，以及对应《试题汇编》的评分点、得分条件和判分要求等。下面先在“样题示范”中展示《试题汇编》中一道“零件图标注”的真实试题，然后在“样题分析”中对如何解答这道试题进行分析，并详细讲解本章所涉及的技能考核点，最后通过“样题解答”演示“零件图标注”这道试题的详细操作步骤。

7.1 样题示范

【练习目的】

从《试题汇编》中选取样题，了解本章题目类型，掌握本章技能考核点。

【样题来源】

《试题汇编》第6单元第6.5题。

【操作要求】

打开图形文件（C:\2012CADST\Unit6\CADST6-5.dwg），本题图示要求标注尺寸与文字，要求文字样式、文字大小、尺寸样式等设置合理、恰当。

1. 建立尺寸标注图层：建立尺寸标注图层，图层名自定。
2. 设置尺寸标注样式：设置尺寸标注样式，要求尺寸标注各参数设置合理。
3. 标注尺寸：按图7-1所示的尺寸要求标注尺寸。
4. 修饰尺寸：调整文字大小、尺寸线和标注文字，使之符合制图规范的要求。
5. 保存：将完成的图形文件以“KSCAD6-5.dwg”为文件名保存在考生文件夹中。

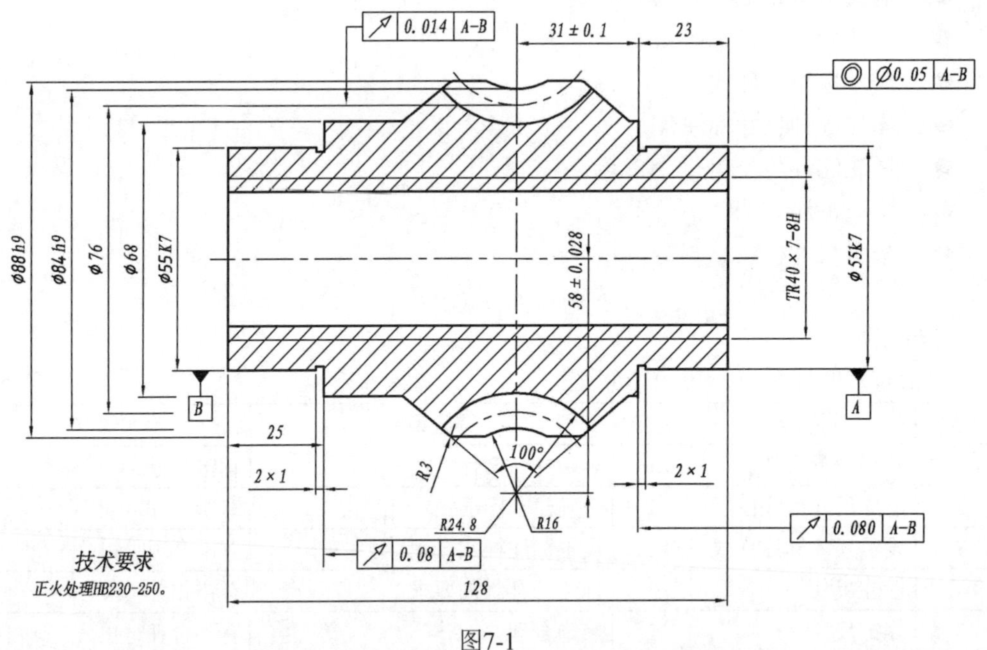

图7-1

7.2 样题分析

本题是考查图形标注能力的试题。

本题的解题思路是，首先设置绘图环境，如创建图层，设置线型、文字样式和标注样式等，然后使用创建的文字和标注样式在特定的图层中对图形进行标注。

要解答本题，需要掌握文字样式和各种标注样式的设置方法，以及各种标注工具

（如各种尺寸标注、注释与公差的设置、快速标注，以及尺寸标注的编辑等）的使用等相关技能。下面开始介绍这些技能。

7.3　创建文字样式

所谓“文字样式”，是指提前定义好的一种文字格式，如提前定义好的“黑体、20个图形单位、倾斜10°”的文字样式或“iso、chineset大字体”的文字样式等。文字样式可以在标注样式中被引用，也可以被应用到单行和多行文字中。用户可以根据需要定义多种文字样式。

执行“格式”→“文字样式”菜单命令，或者执行ST命令，打开“文字样式”对话框，在此对话框中即可设置文字样式，如图7-2所示。下面讲解此对话框中的各个选项。

- “字体”选项组：用于设置当前文字样式使用的字体类型。AutoCAD共提供了两种字体，一种是SHX字体，一种是TrueType字体。

  SHX字体是AutoCAD提供的专用字体。选用该字体后，如果要输入亚洲文字，还需选中“使用大字体”复选框，并在其右侧“大字体”下拉列表中选择正确的亚洲文字字体类型（gbcbig.shx为简体中文字体，chineset.shx为繁体中文字体，bigfont.shx为日文字体，等等），否则将无法正确显示亚洲文字的字体（如图7-3所示）。

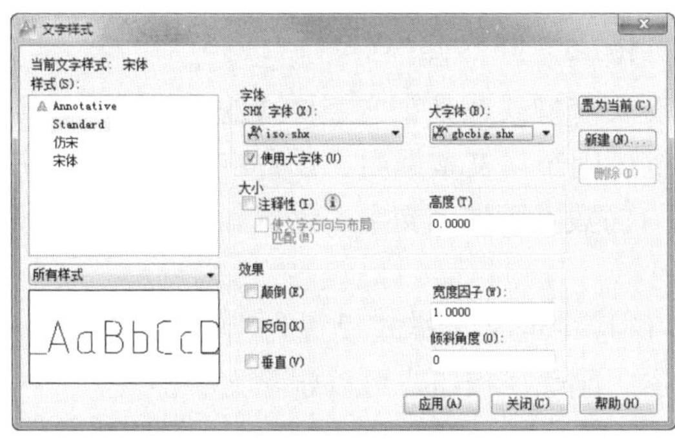

图7-2

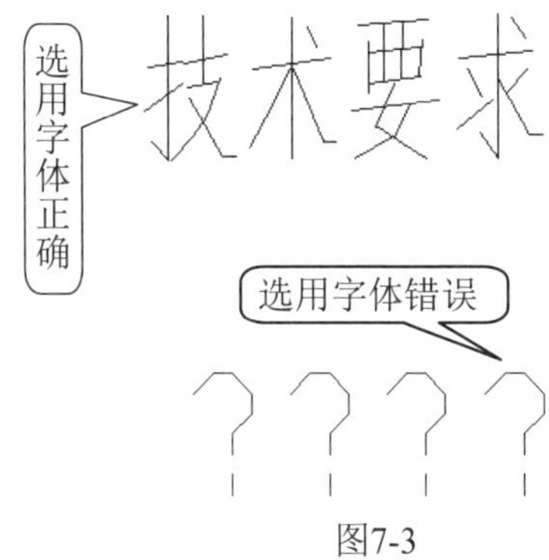

图7-3

  TrueType字体是在Windows系统中注册的字体，如常用的宋体、黑体等，该字体中包含汉字字型（当取消“使用大字体”复选框的选中状态后，可以在“字体名”下拉列表中选用该字体，并在“字体样式”下拉列表中进行更多的设置，如“加粗”“倾斜”等）。

提示：“大字体”汉字字体显示粗糙，并不好看，那为什么还要继续使用该字体呢？这主要是因为有一些专门的大型图纸打印设备仍然只支持此类字体，为了保证正确输出，有时必须使用该字体。

- “大小”选项组：用于设置字体的显示大小。其中，“高度”文本框用于设置文字的高度。如果输入“0”，则每次用该文字样式输入文字时，AutoCAD都将提示输入文字高度（或者使用其他位置设置的文字高度）；如果输入大于0的数字，则在任何位置使用该文字样式时，文字都将采用此处设置的文字高度。选中“注释性”复选框，可直接输入具有注释性的文字。选中“使文字方向与布局匹配”复选框，可以指定图纸空间视口中的文字方向与布局方向始终一致（如图7-4所示）。

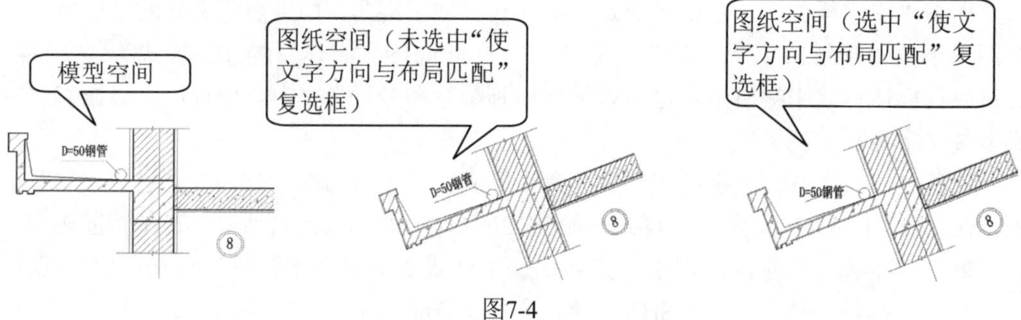

图7-4

提示：可设置文字、标注、块等，使其具有注释性。具有注释性的对象，可通过使用窗口下方状态栏中的“注释比例”按钮 1:1 对其进行调整（如图7-5所示）。该按钮的主要作用是可以使标注等注释对象随着打印比例的变化而调整其显示大小。

1:1

图7-5

- “效果”选项组：用于设置所有文字样式或某个文字样式的显示效果，如“颠倒”“反向”“垂直”等。“宽度因子”文本框用于设置字符间距，输入小于1的数字将压缩文字，输入大于1的数字则扩大文字；“倾斜角度”文本框用于设置文字的倾斜角度。

单击“置为当前”按钮，可以将左侧选中的文字样式设置为当前文字样式；单击“新建”按钮，可以新建文字样式；单击“删除”按钮，可以删除文字样式。

7.4 输入与编辑文字

文字在图形中可以是说明文字、标签等各种信息。AutoCAD提供了两种创建文字的方法：第一种是单行文字，主要用于输入简短的信息；另一种是多行文字，主要用于输入一些复杂的或较长的说明性文字或段落等。

多行文字的优点是利于编辑，操作时可以使用“文字格式”工具栏中提供的工具，方便、快速地设置文字的字体、字号和颜色等；缺点是占用计算机内存较多，当有大量多行文字时会严重影响计算机的运行速度。

虽然单行文字在编辑时并不灵活，但是占用内存较少，当有大量单行文字时也不会影响计算机的运行速度。

在AutoCAD中编辑文字时，通常会先使用多行文字工具，输入需要注释的文字内容，完成所有文字的编辑后，执行X命令（即分解命令），将多行文字转变为单行文字，这样在绘制其他图形时不会影响计算机的运行速度。

本节介绍输入和编辑文字的相关操作。

7.4.1 输入单行文字

执行“绘图”→“文字”→“单行文字”菜单命令，或执行DT命令，然后单击一点确定文字的起点，再输入文字高度和旋转角度，最后输入文字内容，按两次Enter键即可完成单行文字的输入，效果如图7-6所示。

图7-6

在输入文字的过程中，当命令行提示“指定文字的起点或 [对正(J)/样式(S)]:”时，输入“j”，将提示如下信息。

输入选项 [左(L)/居中(C)/右(R)/对齐(A)/中间(M)/布满(F)/左上(TL)/中上(TC)/右上(TR)/左中(ML)/正中(MC)/右中(MR)/左下(BL)/中下(BC)/右下(BR)]:

通过以上选项可设置文字的对正方式。下面分别介绍各选项的意义。

- 左：从基线的左端点对正文字，如图7-7左图所示。
- 居中：从基线的水平中心对齐文字，如图7-7中图所示。
- 右：从基线的右端点对正文字，如图7-7右图所示。
- 对齐：首先指定文字基线的起点和终点，输入文字时，系统会自动按照设置的基线长度来调整文字的高度，如图7-8所示。

图7-7

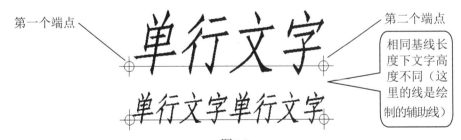

第一个端点
单行文字
第二个端点
相同基线长度下文字高度不同（这里的线是绘制的辅助线）
单行文字单行文字

图7-8

- 中间：文字在基线的水平中点和指定高度的垂直中点上对齐，如图7-9所示。
- 布满：首先指定文字基线的起点和终点。如果文字样式的默认高度为0，系统还会提示设置文字高度。输入文字时，系统会自动按照设置的基线长度调整文

字的宽度（高度不变），如图7-10所示。

第一个端点 第二个端点 相同基线长度下文字宽度不同

图7-9 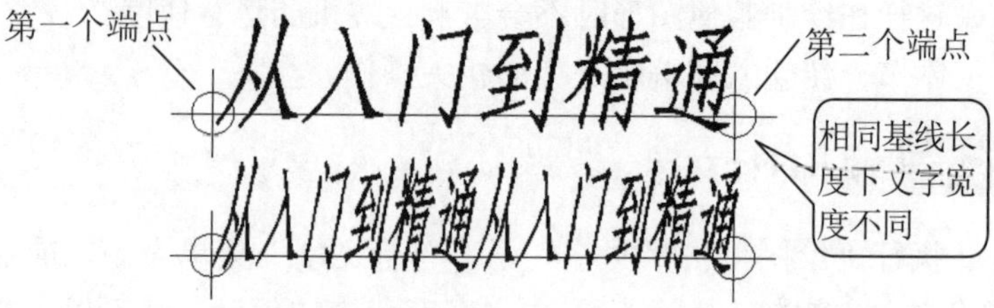　　图7-10

- 左上：文本对齐在文本串第一个文本单元的左上角，如图7-11左图所示。
- 中上：文本对齐在文本串的顶部，文本串向中间对齐，如图7-11中图所示。
- 右上：文本对齐在文本串最后一个文本单元的右上角，如图7-11右图所示。

图7-11

- 左中：文本对齐在文本串左侧第一个文本单元的垂直中点，如图7-12左图所示。
- 正中：文本对齐在文本串的垂直中点和水平中点，如图7-12中图所示。
- 右中：文本对齐在文本串右侧第一个文本单元的垂直中点，如图7-12右图所示。

图7-12

- 左下：文本对齐在基线的最左侧，如图7-13左图所示。
- 中下：文本对齐在基线中点，如图7-13中图所示。
- 右下：文本对齐在基线的最右侧，如图7-13右图所示。

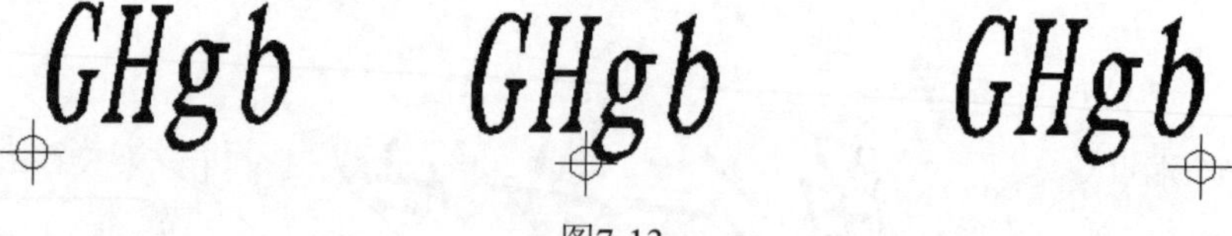

图7-13

提示：“中间”和“正中”对正方式是不同的，“中间”使用的中点是所有文字上、下顶点的中点，而“正中”使用大写字母高度的中点，如图7–14所示。

图7-14

当命令行提示“指定文字的起点或 [对正(J)/样式(S)]:”时，输入“s”，可以设置当前使用的文字样式，此时命令行会提示“输入样式名或 [?] <Standard>:”，可直接输入样式名称。如果输入“？”，命令行会提示“输入要列出的文字样式 <*>:”，按Enter键，将列出所有文字样式及相关参数，根据需要选择使用。

提示：用户还可以在单行文字中插入字段。“字段”是可以随着图形的调整而不断改变的量，所以插入字段后可以让单行文字随着文档的改变而动态更新。

当单行文字处于动态编辑状态时，右击，在弹出的快捷菜单中选择“插入字段”命令，然后在弹出的“字段”对话框中选择所要添加的字段，如图7-15所示。

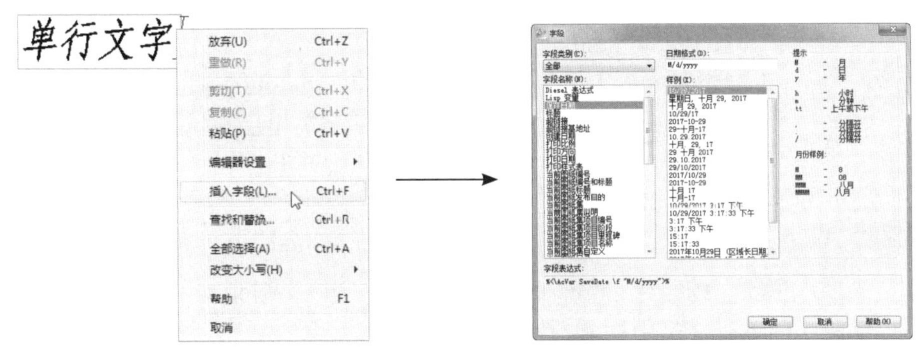

图7-15

7.4.2 输入多行文字

AutoCAD中的多行文字类似于Word中的文本框。执行“绘图”→“文字”→“多行文字”菜单命令，或执行MT命令，然后单击两点确定多行文字的输入区域，再输入文字内容，最后单击在位文字编辑器中的“确定”按钮，即可输入多行文字，如图7-16所示。

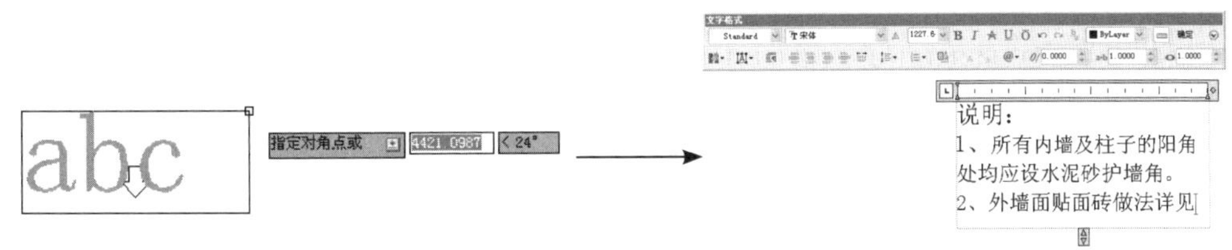

图7-16

在输入多行文字的过程中，可以通过在位文字编辑器设置多行文字的格式（如图7-16右图所示）。在位文字编辑器中关于“文字格式”设置的部分较为简单，也易于理解，这里不再赘述。下面讲解几个特殊按钮。

- “堆叠”按钮：单击此按钮，可以创建堆叠文字，如图7-17所示。

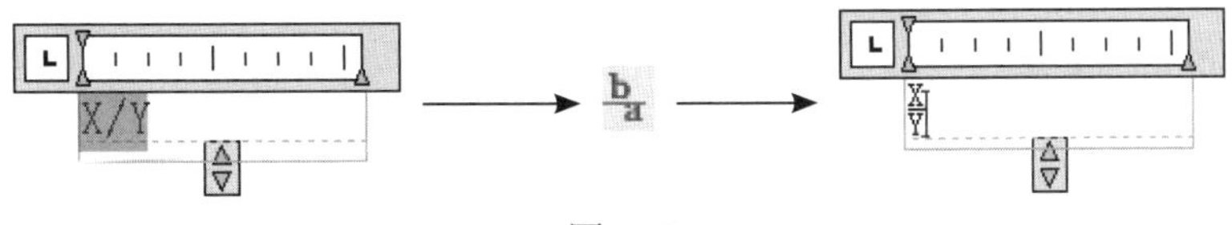

图7-17

提示：可首先输入分子和分母，其间使用“/”“#”“^”中任一种符号分隔，然后选择这一部分文字，单击“堆叠”按钮，即可创建堆叠文字。

选择堆叠文字后，单击“堆叠”按钮，可取消文字的堆叠。

- “符号”按钮@：单击此按钮，可以从其下拉列表中方便地选择特殊符号以用于输入，如图7-18所示。

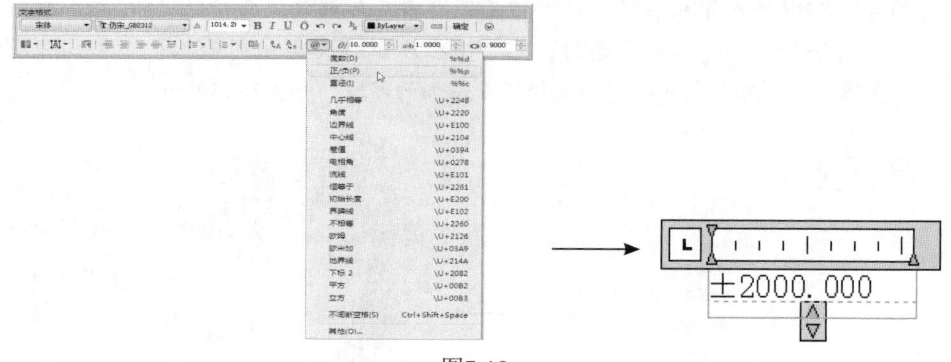

图7-18

- “插入字段”按钮：单击此按钮可打开“字段”对话框，用于在文字中插入字段（同单行文字中插入的字段）。
- 追踪a·b：指定文字的间距。
- 宽度因子：指定文字的宽度。

提示：在输入多行文字的操作中，可以直接输入多行文字，也可以右击文字输入区，在弹出的快捷菜单中选择“输入文字”命令，打开“选择文件”对话框，选择文本文件，然后单击“打开”按钮，即可将文字导入到文字输入区。

7.4.3 编辑文字

双击要编辑的单行文字或多行文字，或执行“修改”→“对象”→“文字”→“编辑”菜单命令，或执行DDEDIT（即ED）命令，然后选择输入的单行文字或多行文字，即可对其内容进行修改。

如果选择多行文字进行修改，将打开在位文字编辑器，此时其修改方式与输入方式完全相同；如果选择单行文字进行修改，则文本框内的全部内容均被选中，在文本框内单击，可修改文字的部分内容。

提示：执行“修改”→“对象”→“文字”→“比例”或“对正”菜单命令，可以统一修改所选多个文字的高度和对正方式。

单击“标准”工具栏中的“特性”按钮，打开“特性”面板，如图7-19所示。通过该面板，可以修改文字的图层、颜色、样式、高度、对正方式等特性。

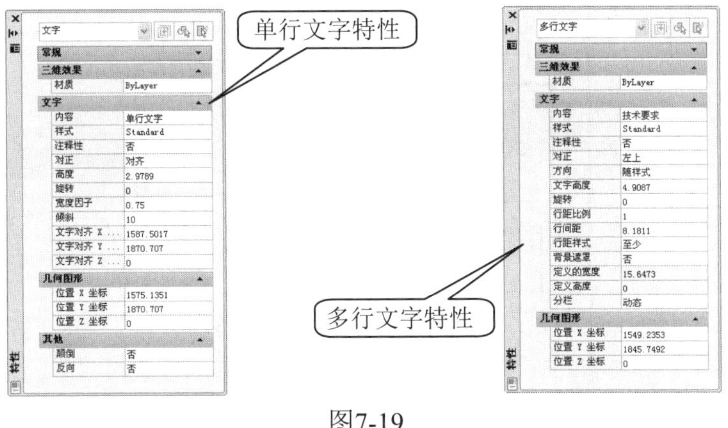

图7-19

7.5　尺寸标注的基本概念

在介绍标注方法之前，首先应了解尺寸标注的基本概念，如尺寸标注的规则、尺寸标注的组成，以及尺寸标注的步骤等。

7.5.1　尺寸标注的规则

在工程制图中，用户对绘制的图形进行尺寸标注时应遵循以下规则。

- 对象的真实大小应以图形上所标注的尺寸数值为依据，与绘图比例和绘图准确度无关。
- 图形中的尺寸以毫米（mm）为单位时，不需要标注尺寸单位。如果采用其他单位，必须标注尺寸单位的代号或名称，如度（°）、厘米（cm）或米（m）等。
- 图形中所标注的尺寸为该图形所表示的对象的最后完工尺寸，否则，需另加说明。
- 对象的每一个尺寸一般只标注一次，并应标注在最能清晰反映该对象结构特征的视图上。

7.5.2　尺寸标注的组成

一个完整的尺寸标注由四个元素组成，分别为尺寸界线、尺寸线、尺寸箭头和标注文字，如图7-20所示。尺寸标注的各组成元素的说明如下。

- 尺寸界线：表示尺寸标注的起止范围，应从图形的轮廓线、轴线、对称中心线引出，轮廓线、轴线、对称中心线也可以作为尺寸界线。尺寸界线应使用细实线绘制。
- 尺寸线：用于表示标注的范围。AutoCAD通常将尺寸线放置在测量区域内。如果空间不足，则将尺寸线或标注文字移到测量区域的外部，这取决于标注样式的放置规则，如图7-21左图所示。对于角度标注，尺寸线是一段圆弧，如图7-21右图所示。此外，尺寸线应使用细实线绘制，尺寸线不能用其他图线代替，也不得与其他图线重合，或绘制在其他图线的延长线上。

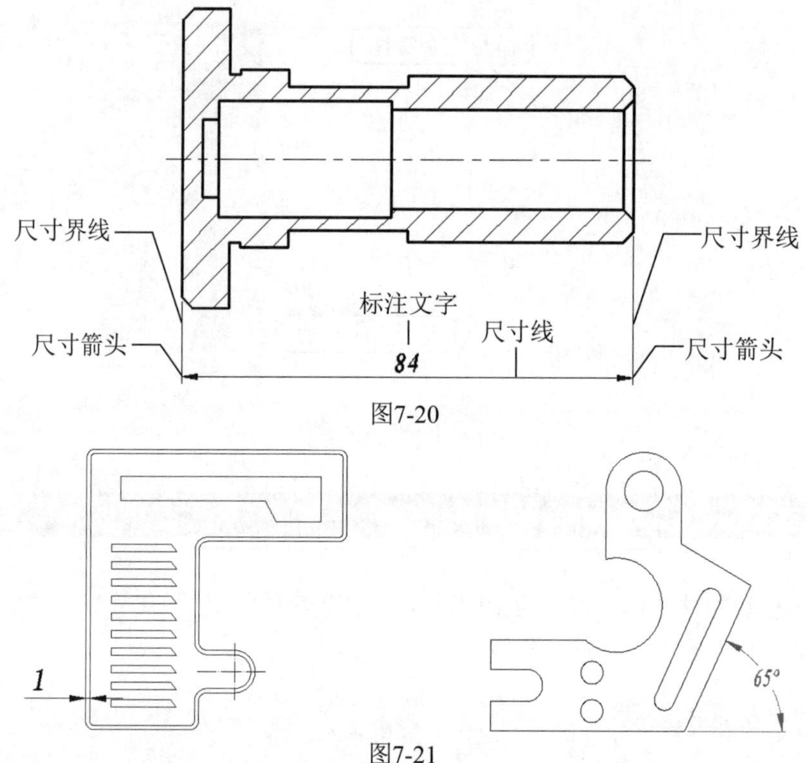

图7-20

图7-21

● 尺寸箭头：尺寸箭头显示在尺寸线的两端，用于指出测量的开始和结束位置。AutoCAD默认使用闭合的填充箭头符号。此外，系统还提供了多种箭头符号，如建筑标记、小斜线箭头、点和斜杠等，如图7-22所示。

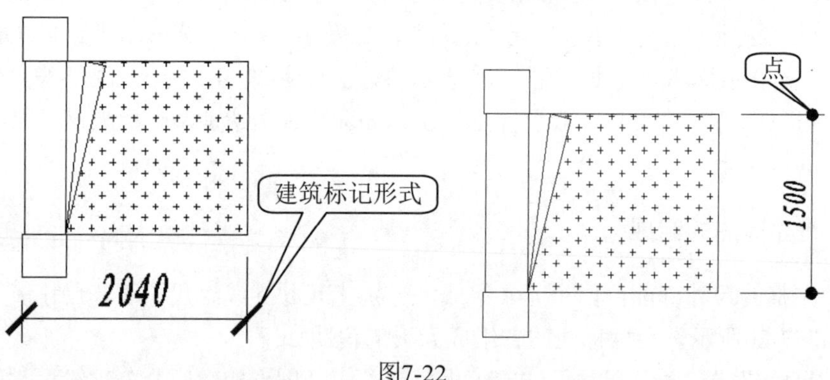

图7-22

● 标注文字：用于表示对象的测量值。标注文字应按标准字体书写，在同一张图纸上的文字高度要一致。标注文字在图中遇到图线时，必须将图线断开。如果图线断开影响图形表达，必须调整尺寸标注的位置。

7.5.3 尺寸标注的创建步骤

在AutoCAD中，对图形进行尺寸标注的一般步骤如下。

（1）为所有尺寸标注建立单独的图层，以方便管理图形。

（2）为标注文字创建专门的文字样式。

（3）创建合适的尺寸标注样式。如果需要，还可以为尺寸标注样式创建子标注样式或替代标注样式，以标注一些特殊尺寸。

（4）设置并打开对象捕捉模式，利用各种尺寸标注命令标注尺寸。

提示：在创建尺寸标注时，AutoCAD会自动建立一个名为“Defpoints”的图层，该层中保留了一些标注信息，它是AutoCAD图形的一个组成部分。此外，该图层只能显示，不能打印。

7.6　尺寸标注的样式

尺寸标注的样式被用来控制尺寸标注的外观，它定义了如下内容。

- 尺寸线、尺寸界线、尺寸箭头和圆心标记的格式和位置。
- 标注文字的外观、位置和对齐方式。
- 放置标注文字与尺寸线的管理规则及标注特征比例。
- 主单位、换算单位和角度标注单位的格式和精度。
- 公差值的格式和精度。

下面讲解定义尺寸标注样式的相关内容。

7.6.1　新建和修改尺寸标注样式

所谓“标注样式”，是指标注的一种预定义样式。为了满足设计的需要，标注可以有很多种样式（如图7-23所示），以确保在不同比例下都可以使输出的标注清晰、规范，并正确反映设计者的意图。

执行“格式”→“标注样式”菜单命令，或执行DST命令，打开“标注样式管理器”对话框，如图7-24所示。在此对话框中，可以新建、修改、替代、比较标注样式，以及设置当前标注样式等（对话框右侧的五个按钮）。下面讲解此对话框中的各个选项。

在“标注样式管理器”对话框中，单击“置为当前”按钮，可将选中的标注样式设为当前样式；“新建”“修改”按钮较易理解，暂时不作过多说明；“替代”按钮用于创建当前样式的一种替代样式，参见下面提示；“比较”按钮用于比较两个标注样式的区别。

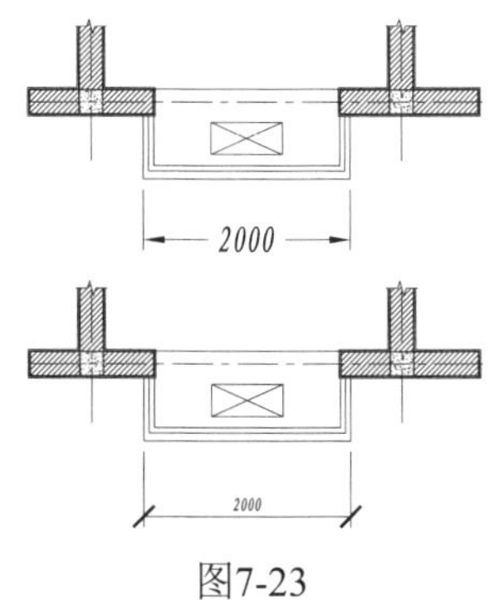

图7-23

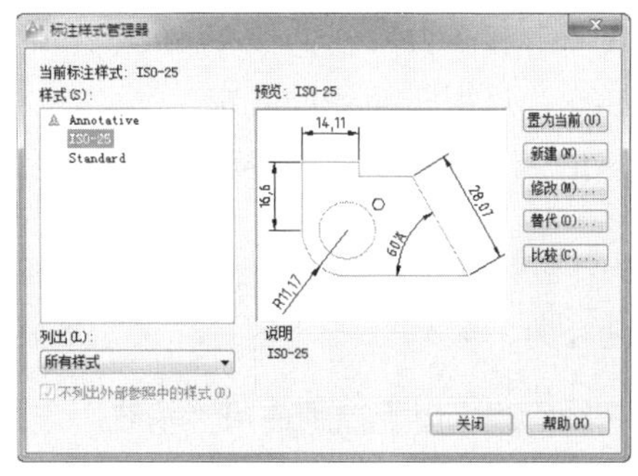

图7-24

提示：替代样式是当前样式的一个副本，只有个别选项不同。替代样式与原始样式相同的选项，在重新设置原始样式后可随之更新，但是其不同于原始样式的选项却保持“独立”，需要单独更改才会更新（建议少用替代样式）。

在“标注样式管理器”对话框中单击“新建”按钮，打开“创建新标注样式”对话框，在此对话框中输入新标注样式的名称等，单击“继续”按钮，可以打开标注样式设置对话框（在“标注样式管理器”对话框中单击“修改”按钮，也可打开此对话框，以对标注样式进行修改），设置完成后，单击“确定”按钮即可新建标注样式，如图7-25所示。

如图7-25右图所示的对话框中的各个选项卡，分别用于设置尺寸标注不同部分的样式，下面小节将逐一讲解。

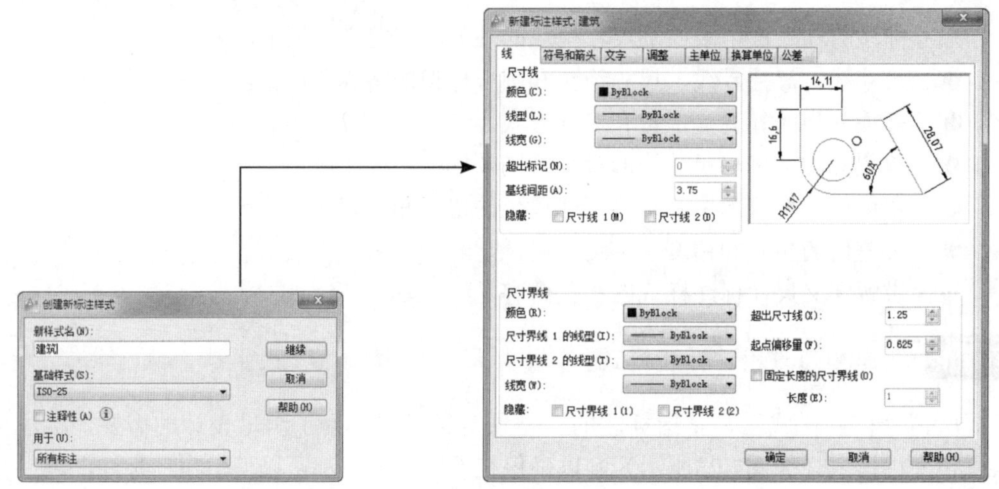

图7-25

7.6.2 调整尺寸线与尺寸界线的外观

如图7-25所示，在“线”选项卡中，可以设置尺寸标注的尺寸线与尺寸界线的外观形式。其中，“尺寸线”选项组用于设置尺寸线的颜色、线型、线宽、基线间距等，具体如下。

- 颜色：设置尺寸线的颜色。
- 线型：设置尺寸线的线型。
- 线宽：设置尺寸线的线宽。
- 超出标记：控制尺寸线超出尺寸界线的距离，其效果如图7-26所示。

提示：默认情况下“超出标记”文本框不可用，只有当在“符号和箭头”选项卡中将箭头设置为“倾斜”或“建筑标记”等样式时，该文本框才可用。

- 基线间距：用于控制使用“基线”方式进行尺寸标注时平行尺寸线之间的距离。
- 隐藏：用于控制是否显示标注文字左右两侧的尺寸线，如图7-27所示。

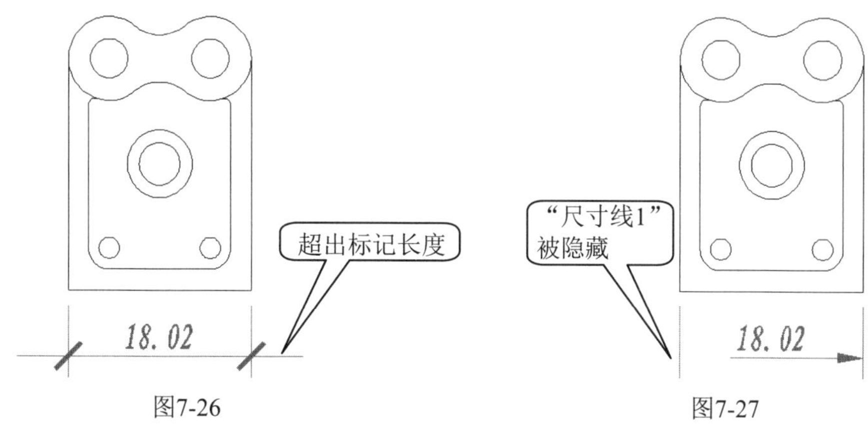

图7-26　　　　图7-27

“尺寸界线”选项组用于设置尺寸界线的颜色、线宽、超出尺寸线的长度和起点偏移量等，具体如下。

- 颜色：设置尺寸界线的颜色。
- 尺寸界线1的线型：设置第一条尺寸界线的线型。
- 尺寸界线2的线型：设置第二条尺寸界线的线型。
- 线宽：设置尺寸界线的线宽。
- 隐藏：用于控制是否显示第一条和第二条尺寸界线，如图7-28所示为左侧尺寸界线被隐藏的效果。
- 超出尺寸线：设置尺寸界线超出尺寸线的距离，如图7-29所示。
- 起点偏移量：用于设置尺寸界线偏移标注端点的距离，如图7-30所示。

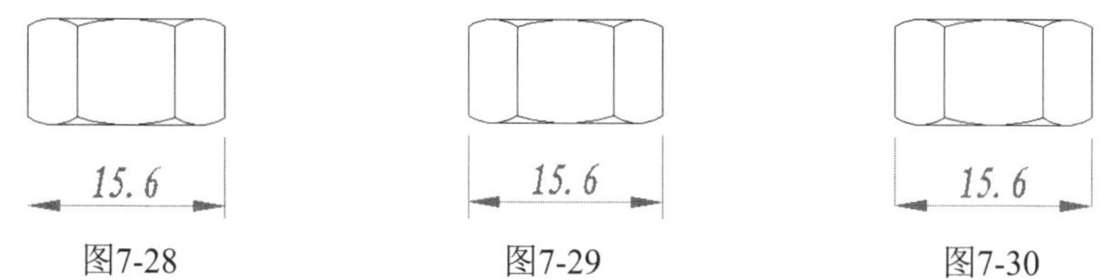

图7-28　　　　图7-29　　　　图7-30

- 固定长度的尺寸界线：通过该选项可以将尺寸界线设置为一个固定的长度。长度的起点为尺寸线，终点为标注端点。

7.6.3 调整尺寸终端符号的特性

在“符号和箭头”选项卡（如图7-31所示）中，用户可以设置尺寸标注的终端符号、圆心标记、弧长符号等，具体如下。

- “箭头”选项组：用于控制尺寸箭头的外观。其中，“第一个”和“第二个”下拉列表，用于设置尺寸线的箭头类型；“引线”下拉列表，用于设置引线的箭头类型（执行LE命令可添加引线，如图7-32所示，参见7.8.1节）；“箭头大小”文本框，用于设置箭头的大小。不同设置效果如图7-33所示。
- “圆心标记”选项组：用于控制圆心标记的类型和大小。其中，单击“无”单选按钮，表示不创建圆心标记；单击“标记”单选按钮，表示在圆心位置以短十字线标注圆心；单击“直线”单选按钮，表示创建中心线；“大小”文本框用于设置圆心标记的大小。设置效果如图7-34所示（执行DCE命令可创建圆心标记，参见7.7.9节）。

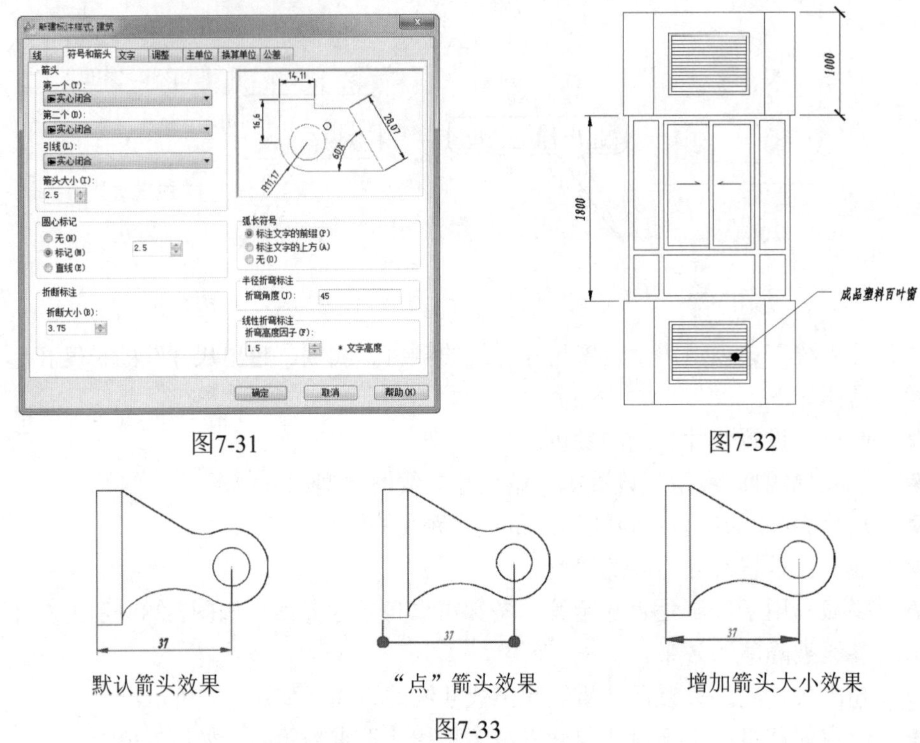

图7-31　　图7-32

默认箭头效果　　“点”箭头效果　　增加箭头大小效果

图7-33

- “折断标注”选项组：用于设置打断标注的间距大小（关于“打断标注”，参见7.10.2节）。
- “弧长符号”选项组：控制弧长标注所添加弧长符号的位置，如图7-35所示（关于“弧长标注”，参见7.7.8节）。

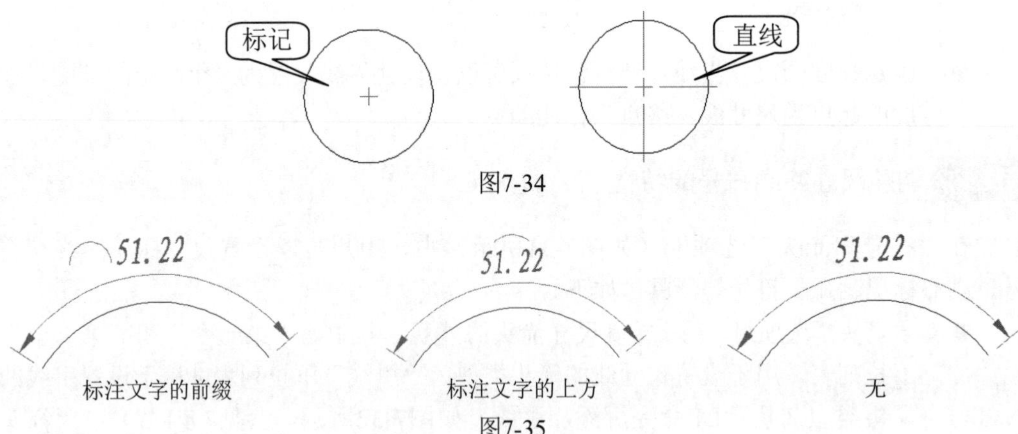

图7-34

标注文字的前缀　　标注文字的上方　　无

图7-35

- “半径折弯标注”选项组：控制进行半径折弯标注时的折弯角度，即连接半径标注的尺寸线和尺寸界线的横向直线的角度，如图7-36所示（关于“半径折弯标注”，参见7.7.7节）。

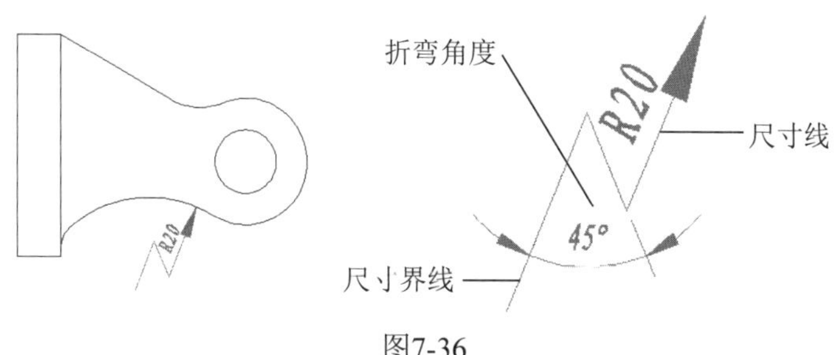

图7-36

- “线性折弯标注”选项组：通过形成折弯的角度的两个顶点之间的距离确定折弯高度，折弯高度为折弯高度因子与文字高度的乘积，即标注文字高度的倍数，如图7-37所示（关于“线性折弯标注”，参见7.10.3节）。

图7-37

7.6.4 调整尺寸标注文字的样式与位置

在“文字”选项卡中，可以设置标注文字的外观、位置和对齐方式等，如图7-38所示，具体如下。

- “文字外观”选项组：用于设置标注文字的外观。其中，“文字样式”用于选择所创建的文字样式；“文字颜色”用于设置文字的颜色；“填充颜色”用于设置标注文字的背景填充色；“文字高度”用于设置标注文字的大小；“分数高度比例”用于控制分数或公差高度相对于标注文字的比例，如图7-39所示。

提示：默认情况下，“分数高度比例”文本框不可用，只有在“主单位”选项卡中将“单位格式”设置为“分数”，或选择了某一公差形式后，该文本框才可用。

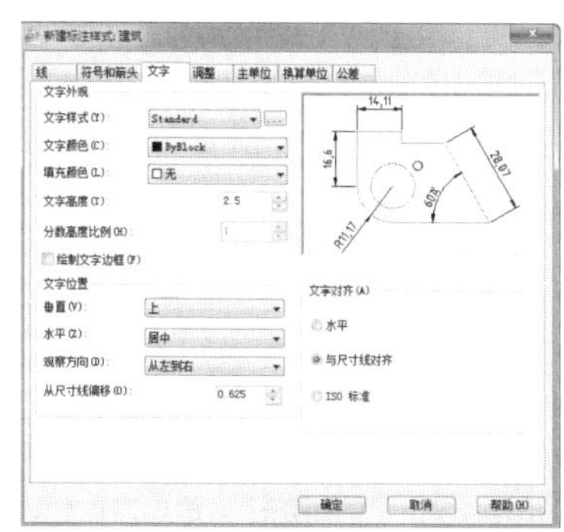

图7-38

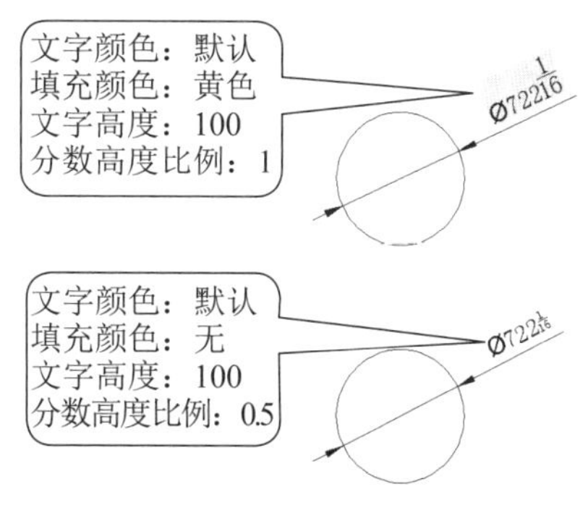

图7-39

- “文字位置”选项组：用于控制标注文字相对于尺寸线和尺寸界线的位置。其中，“垂直”用于控制标注文字相对于尺寸线的垂直位置；“水平”用于控制标注文字相对于尺寸界线的水平位置；“从尺寸线偏移”用于控制标注文字与尺寸线之间的偏移距离，如图7-40所示。

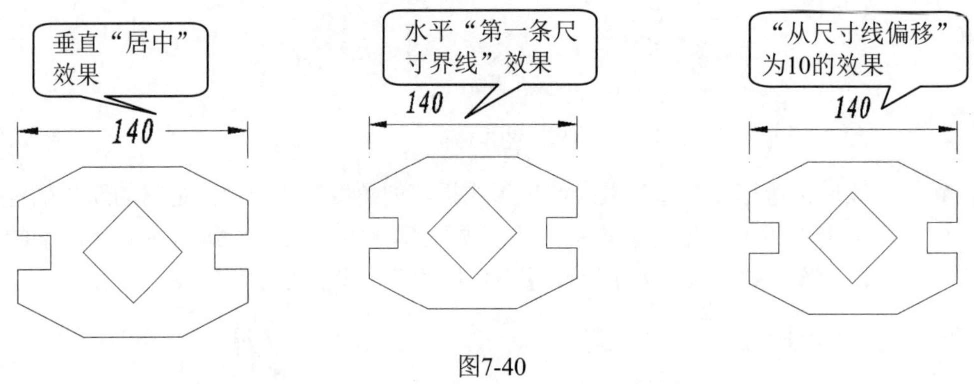

图7-40

提示：“垂直”中的“JIS”选项表示遵循日本工业标准放置方式。

- “文字对齐”选项组：用于控制标注文字是否沿水平方向或平行于尺寸线方向放置。其中，“水平”表示始终沿水平方向放置标注文字；“与尺寸线对齐”表示设置沿尺寸线方向放置标注文字；“ISO标准”表示按照国际标准放置标准文字，如图7-41所示。

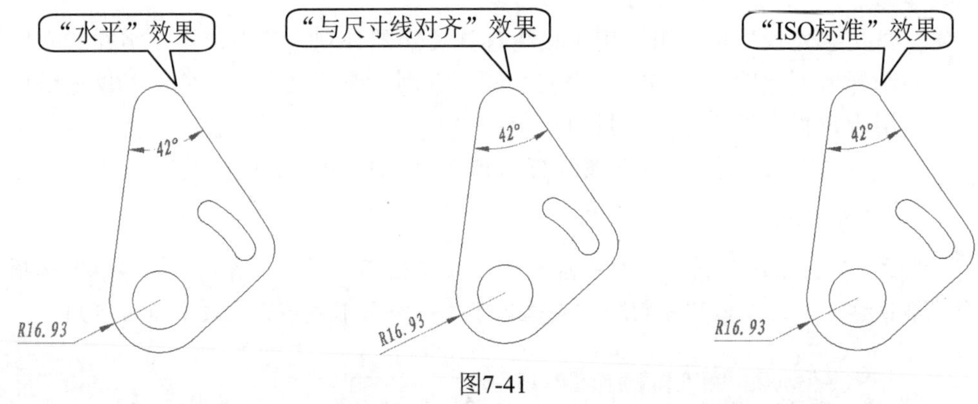

图7-41

提示：在选用“ISO标准”选项时，当能够将标注文字放置在尺寸界线的内部时，采用“与尺寸线对齐”方式放置，否则采用“水平”方式放置。

7.6.5 调整尺寸标注组成元素之间的位置关系

在“调整”选项卡中，可以设置标注文字和箭头的放置方式，如图7-42所示。在“调整选项”选项组中，可以根据尺寸界线之间的空间控制标注文字和箭头的放置方式，如图7-43所示，具体如下。

- 文字或箭头（最佳效果）：系统自动选择最佳放置方式。当两条尺寸界线之间没有足够大的空间时，系统将自动移动文字或箭头。

- 箭头：若空间不足，则先将箭头放在尺寸界线之外。
- 文字：若空间不足，则先将文字放在尺寸界线之外。
- 文字和箭头：若空间不足，则将文字和箭头放在尺寸界线之外。
- 文字始终保持在尺寸界线之间：总将文字放在尺寸界线之间。
- 若箭头不能放在尺寸界线内，则将其消除：当不能将箭头和文字放在尺寸界线内时，则隐藏箭头。

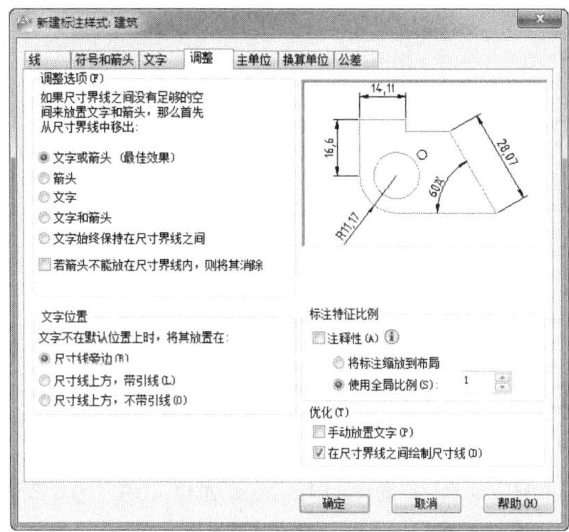

图7-42

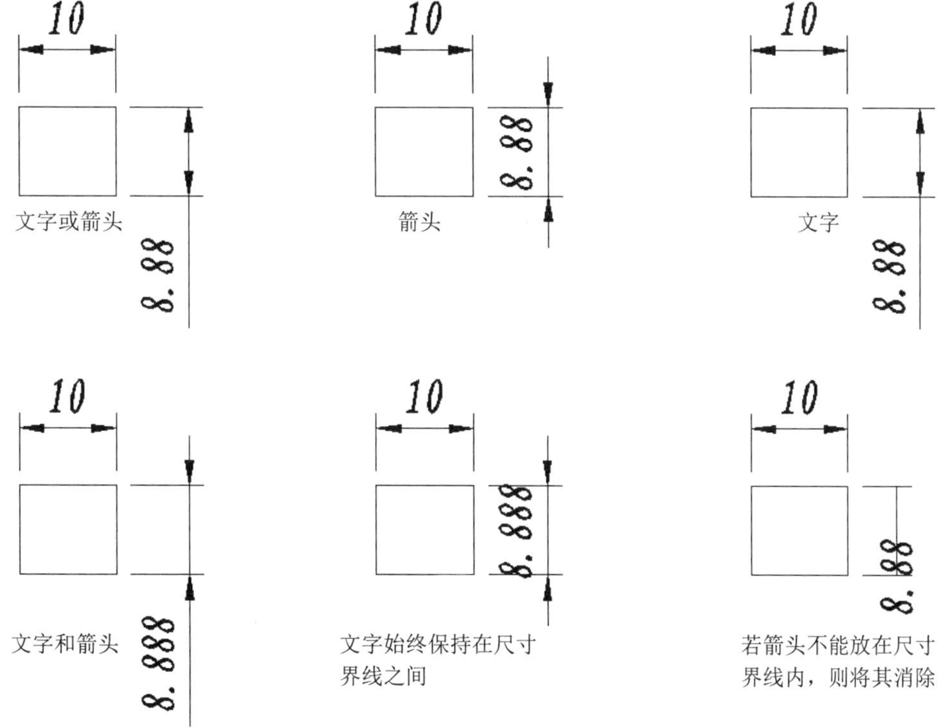

图7-43

在“文字位置”选项组中可以设置标注文字的位置，如图7-44所示，具体如下。

- 尺寸线旁边：将标注文字放在尺寸线的旁边。
- 尺寸线上方，带引线：将标注文字从尺寸界线移开，并用引线连接标注文字与尺寸线。
- 尺寸线上方，不带引线：将标注文字从尺寸界线移开，但是不用引线连接。

在“标注特征比例”选项组中，可以设置全局比例或图纸空间比例，从而统一缩放尺寸标注的各组成元素。

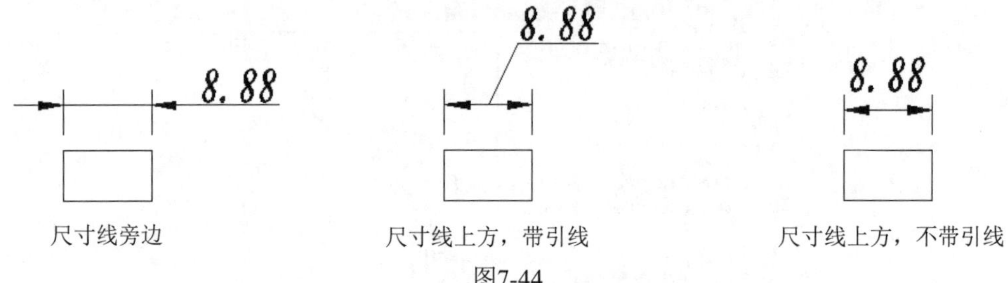

图7-44

在“优化”选项组中可以设置其他调整选项，具体如下。

- 手动放置文字：选中该复选框，可手动放置标注文字。
- 在尺寸界线之间绘制尺寸线：选中该复选框，AutoCAD将总在尺寸界线之间绘制尺寸线；否则，当尺寸箭头移至尺寸界线外侧时，将不绘制尺寸线，如图7-45所示。

图7-45

7.6.6 调整线性标注及角度标注

在“主单位”选项卡（如图7-46所示）中，可以调整尺寸标注的单位格式、精度、小数分隔符、前缀、后缀及消零方法等。

“线性标注”选项组各项具体讲解如下。

- 单位格式：设置除角度之外的所有标注类型的单位格式。
- 精度：设置标注文字的小数位个数。
- 分数格式：设置“单位格式”为“分数”或“建筑”时的标注文字的放置方式。默认情况下，该列表框不可用。只有在“单位格式”列表框中选择“分数”或“建筑”选项时，该列表框才可用，其中可选择的选项包括“水平”“对角”“非堆叠”，不同设置效果如图7-47所示。

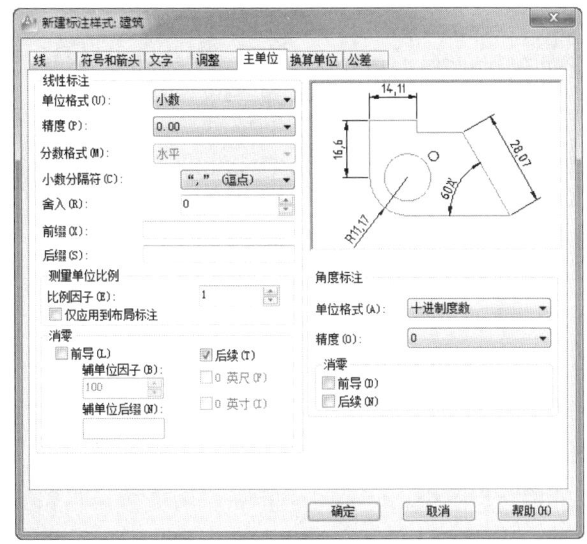

图7-46

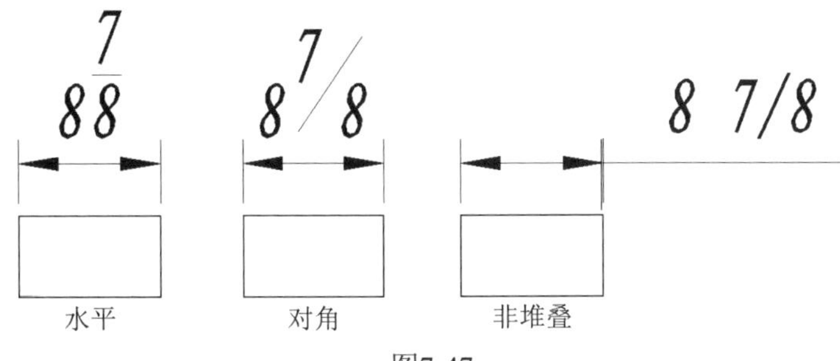

图7-47

- 小数分隔符：系统提供了“句点”“逗号”“空格”三种分隔符（我国绘图标准通常使用“句点”）。
- 舍入：为除角度之外的所有标注类型设置标注测量值的小数位数和舍入规则。
- 前缀：用于输入放置标注文字前的文本。
- 后缀：用于输入放置标注文字后的文本。

提示：可以在“前缀”文本框中输入文字或用控制代码显示特殊符号。例如，输入“%%c”，可在标注文字前添加直径符号“ϕ”。输入的前缀内容将覆盖AutoCAD生成的前缀，如直径和半径符号等。

- 测量单位比例：用于设置测量单位的比例因子及控制该比例因子是否仅应用到布局标注。
- 消零：设置是否消除线性标注数字前面的0或后面的0。

在“角度标注”选项组中，可以设置角度标注的单位格式、精度和消零方法。

7.6.7 设置换算单位

在“换算单位”选项卡（如图7-48所示）中，可以设置是否同时显示主单位和换算

单位（英寸），以及以何种格式显示换算单位，具体如下（此处仅讲解与主单位不同的选项）。

- 换算单位倍数：用于设置主单位与换算单位的转换比例，即一个图形单位为多少英寸。
- 位置：用于设置换算单位的位置。单击“主值后”单选按钮，表示将换算单位放置在主单位的后面；单击“主值下”单选按钮，表示将换算单位放置在尺寸线的下方，如图7-49所示。

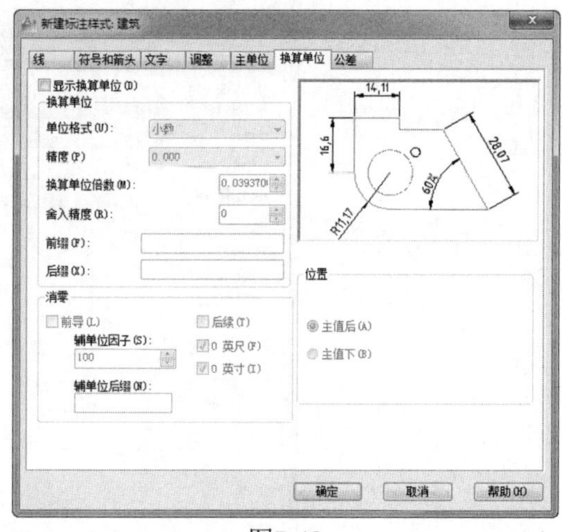

图7-48

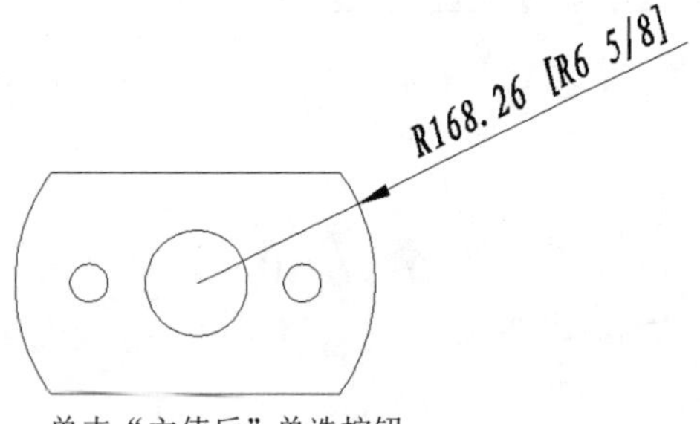

单击“主值后”单选按钮

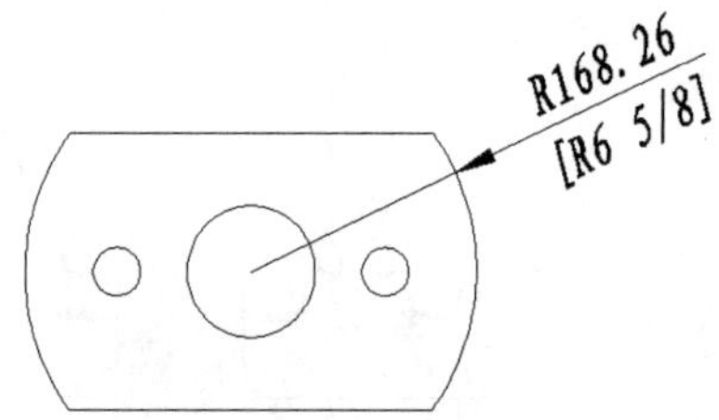

单击“主值下”单选按钮

图7-49

7.6.8 设置尺寸标注公差样式

在“公差”选项卡（如图7-50所示）中，可以设置公差的精度和位置等。众所周知，机械上任何一个关键尺寸都需要给出公差，否则就无法生产与装配。具体如下。

- 方式：用于选择公差标注的形式。选择“无”选项，表示不添加公差；选择“对称”选项，将显示上、下极限偏差绝对值相等的公差；选择“极限偏差”选项，将控制基本尺寸的允许误差范围；选择“极限尺寸”选项，将显示基本尺寸允许的最大值与最小值；选择“基本尺寸”选项，将基本尺寸置于方框中。不同设置效果如图7-51所示。

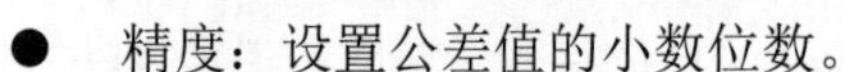

- 精度：设置公差值的小数位数。
- 上偏差：设置偏差的上界。如果在“方式”下拉列表中选择“对称”选项，也使用此值。

图7-50

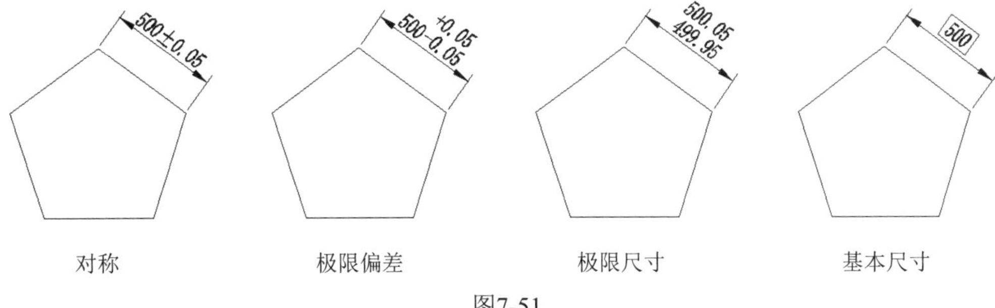

图7-51

- 下偏差：设置偏差的下界。
- 高度比例：控制公差文字相对于基本尺寸的高度比例，如图7-52所示。

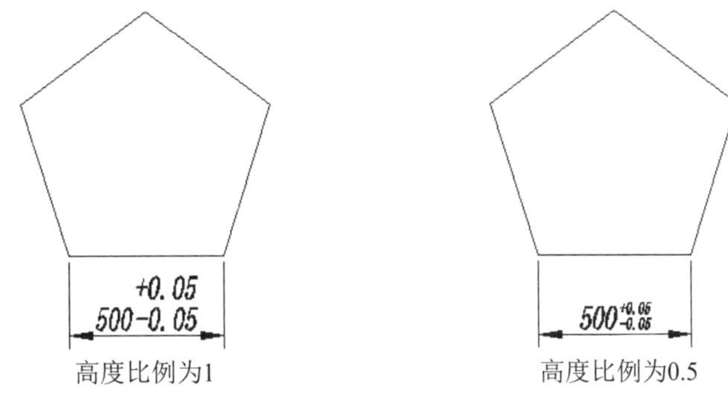

图7-52

- 垂直位置：指定公差与基本尺寸的位置关系，如图7-53所示。

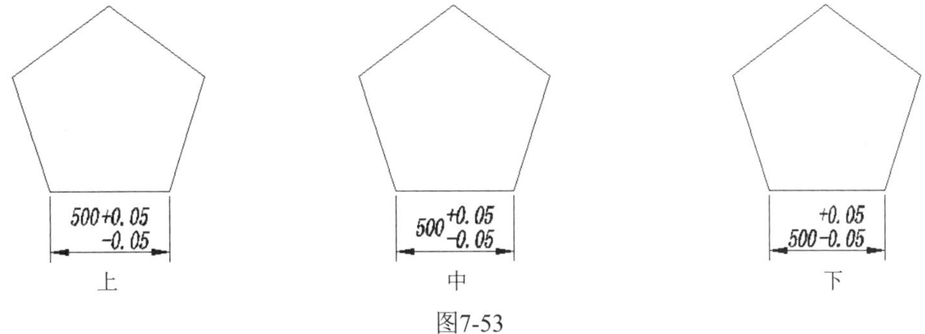

图7-53

- 公差对齐：堆叠时控制上偏差值和下偏差值的对齐方式，可单击“对齐小数分隔符”或“对齐运算符”单选按钮。
- 消零：控制是否消除公差前面或后面的0。

7.7　添加各种尺寸标注

在AutoCAD中，有多种标注工具可以使用，以标注两点之间的长度、角度、直径、半径和弧长等。本节讲解这些标注工具的使用技巧。

7.7.1 线性标注

执行“标注”→“线性”菜单命令，或执行DLI命令，选择起点和终点，然后指定尺寸线放置的位置，即可标注两个点之间的水平或垂直距离，如图7-54所示。

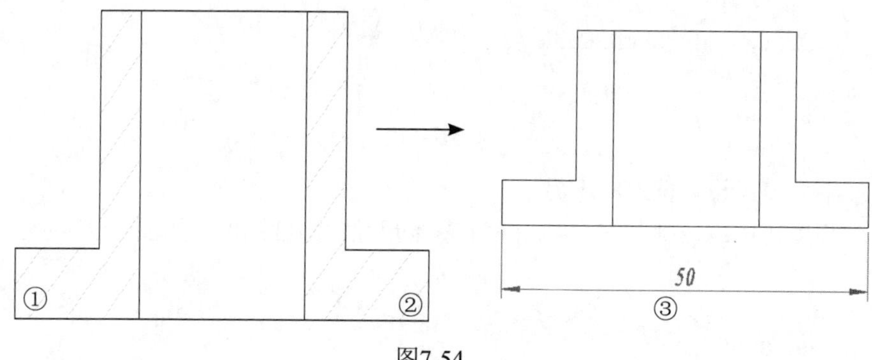

图7-54

在执行线性标注的过程中，当命令行提示“指定第一条尺寸界线原点或 <选择对象>:”时，可按Enter键直接选择要标注的对象；当命令行提示“指定尺寸线位置或[多行文字(M)/文字(T)/角度(A)/水平(H)/垂直(V)/旋转(R)]:”时，可以对尺寸线进行更多设置，具体如下。

- 多行文字：选择该选项，可打开在位文字编辑器，对系统默认的测量值进行修改，如输入文字或添加特殊符号等，效果如图7-55所示。
- 文字：添加单行文字。
- 角度：设置标注文字的旋转角度，如图7-56所示。
- 水平：标注两点之间水平方向上的距离。
- 垂直：标注两点之间垂直方向上的距离。
- 旋转：用于测量指定方向上两个点之间的直线距离，此时需要指定旋转角度。

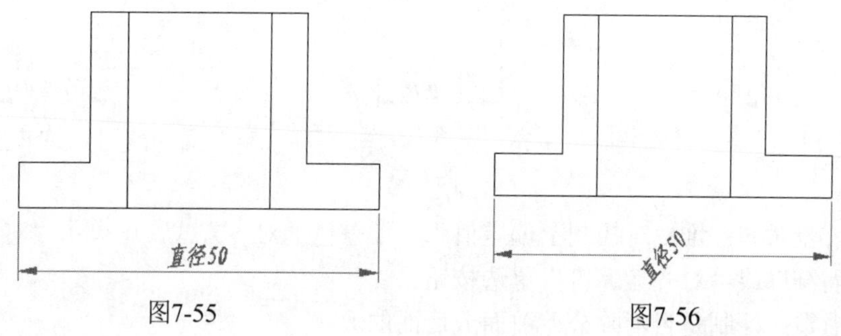

图7-55　　图7-56

7.7.2 对齐标注

执行“标注”→“对齐”菜单命令，或执行DAL命令，选择直线的起点和终点，然后指定尺寸线放置的位置，即可标注两点之间的直线距离，此时尺寸线与标注点之间的连线平行，如图7-57所示。

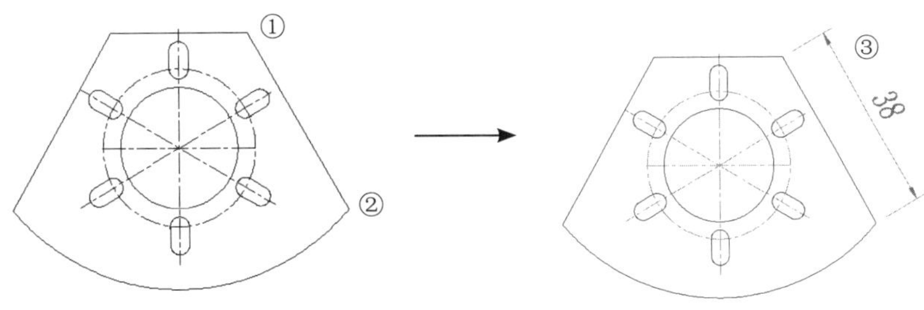

图7-57

在执行对齐标注的过程中，命令行会提示“指定尺寸线位置或[多行文字(M)/文字(T)/角度(A)]:”，其中各选项的作用与“线性”标注相似，此处不再赘述。

7.7.3 坐标标注

“坐标标注”是指以当前UCS原点为基准创建的任意点的x轴或y轴的绝对坐标值。执行“标注”→“坐标”菜单命令，或执行DOR命令，单击一个要标注坐标的点，然后左右或上下移动鼠标指针（左右移动鼠标指针标注x坐标值；上下移动鼠标指针标注y坐标值），再在特定的位置单击以确定引线端点的位置，即可完成此点某方向坐标的标注，如图7-58所示。

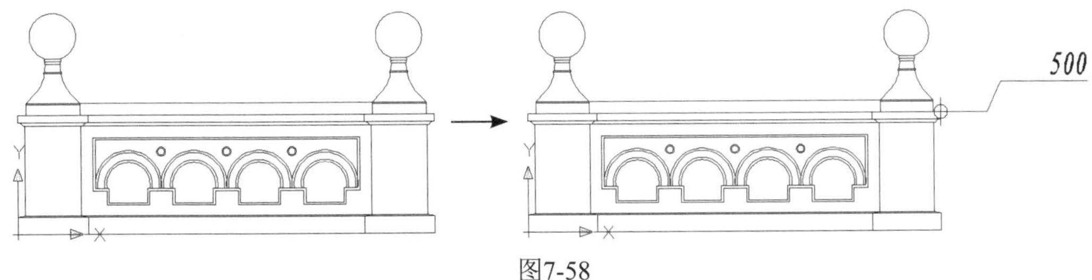

图7-58

在执行DOR命令时，当命令行提示“指定引线端点或 [X 基准(X)/Y 基准(Y)/多行文字(M)/文字(T)/角度(A)]:”时，选择“X 基准”选项将标注x坐标，选择“Y 基准”选项将标注y坐标，其他选项与“线性”标注相似，此处不再赘述。

7.7.4 角度标注

执行“标注”→“角度”菜单命令，或执行DAN命令，顺序单击指定两条直线，再单击指定标注弧度的位置，即可标注两条直线间的角度值，如图7-59所示。

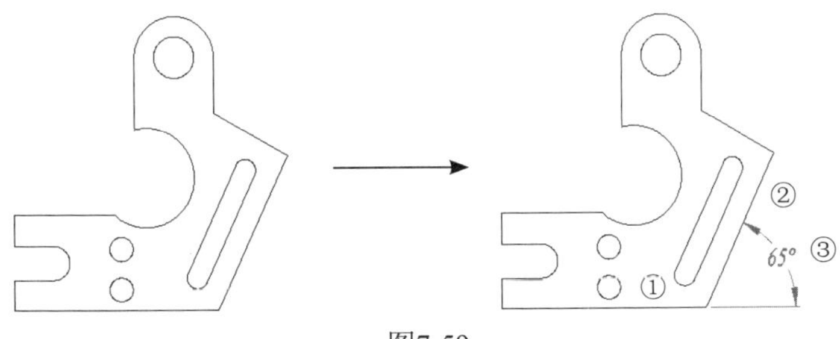

图7-59

除了可以使用DAN命令标注两条直线间的夹角外，在执行命令的过程中，当命令行提示“选择圆弧、圆、直线或 <指定顶点>:”时，如果直接按Enter键，可以首先指定顶点，然后再选择与顶点相连的两条直线以指定角度值，如图7-60所示。

提示：使用此方式标注角度的好处是，可以标注角度大于90°的外角。对于图7-60所示的图形，通过直接选择直线的方式将只能标出如图7-61所示的角度。

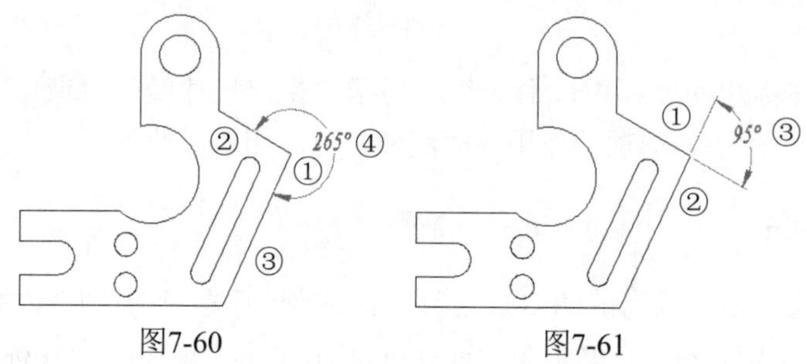

图7-60　　图7-61

此外，在标注时如果选择圆弧进行标注，则将直接标注此圆弧的弧度值，如图7-62所示；如果选择圆进行标注，则将标注圆上指定两点间的角度值，如图7-63所示。

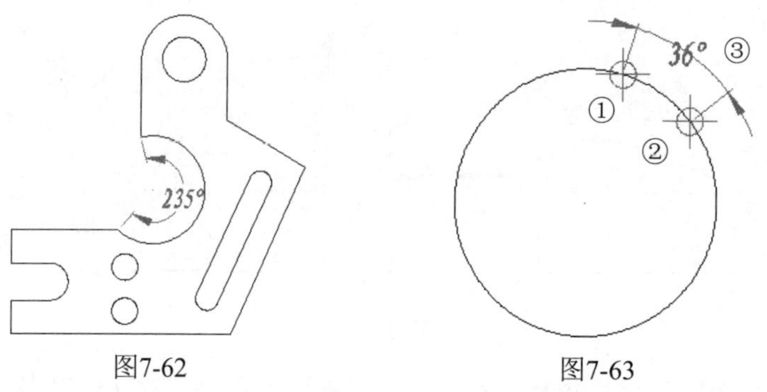

图7-62　　图7-63

提示：当命令行提示“指定标注弧线位置或 [多行文字(M)/文字(T)/角度(A)/象限点(Q)]:”时，选择“象限点”选项，可指定将标注锁定到的象限，如图7-64所示（其他选项的意义请参见线性标注的讲解）。

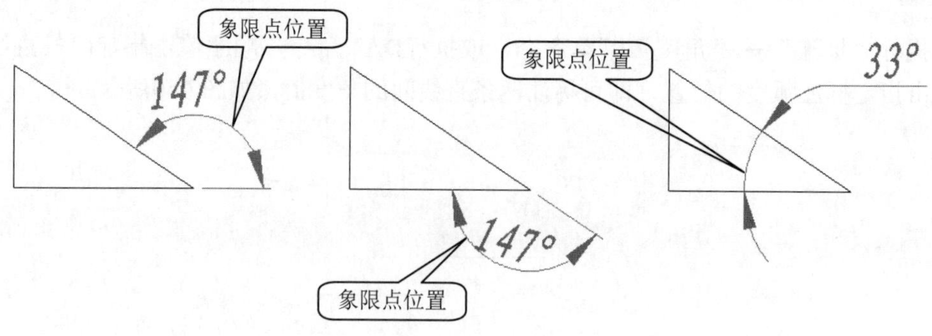

图7-64

7.7.5 半径标注

执行“标注”→“半径”菜单命令，或执行DRA命令，然后选择圆弧或圆，再单击一点指定尺寸线的位置，即可为图形添加半径标注，如图7-65所示。

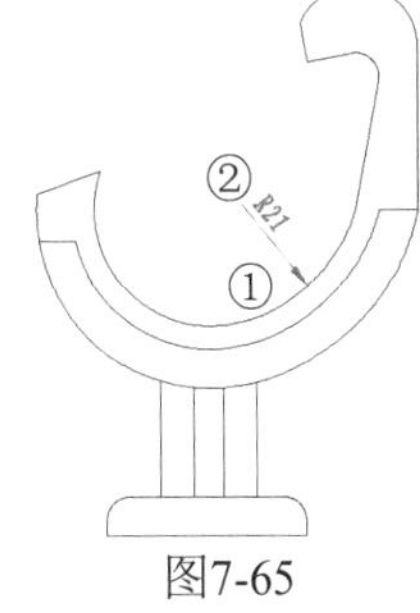

图7-65

提示：在执行半径标注操作后，系统将自动在标注文字前添加“*R*”作为半径的标志。

7.7.6 直径标注

与半径标注相同，执行“标注”→“直径”菜单命令，或执行DDI命令，然后选择圆弧或圆，再单击一点指定尺寸线的位置，即可为图形添加直径标注，如图7-66所示。

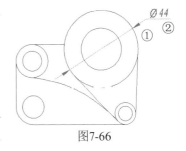

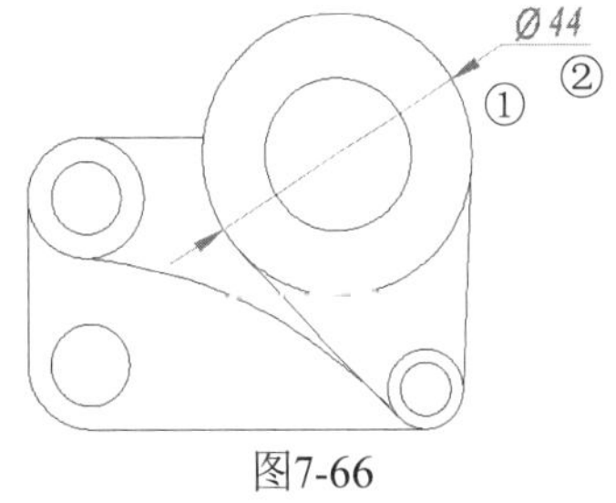

图7-66

提示：在执行直径标注操作后，系统将自动在标注文字前添加“ϕ”作为直径的标志。此外，尺寸线的位置不同，直径标注的表现方式也不同，用户可自行尝试。

7.7.7 折弯标注

当圆或圆弧的半径过大，不宜通过圆心位置标注直径或半径时，可采用折弯标注方式标注半径。

执行“标注”→“折弯”菜单命令，或执行JOG命令，然后选择圆弧或圆，单击一点指定假设中心点的位置，再拖动鼠标指针在合适位置单击以指定尺寸线的位置，最后拖动鼠标指针在合适位置单击以指定折弯的位置，即可为图形添加折弯标注，如图7-67所示。

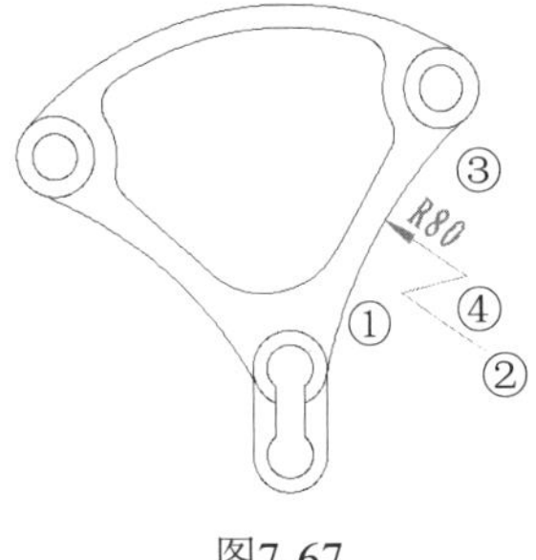

图7-67

提示：折弯标注默认的折弯角度为45°，通过“符号和箭头”选项卡中的“折弯角度”文本框，可以重新设置折弯标注的折弯角度。

7.7.8 弧长标注

执行“标注”→“弧长”菜单命令，或执行DAR命令，然后选择圆弧，再单击一点指定弧长标注的位置，即可为图形添加弧长标注，如图7-68所示。

在执行弧长标注操作的过程中，选择要标注的弧线段后，命令行会提示“指定弧长标注位置或 [多行文字(M)/文字(T)/角度(A)/部分(P)/引线(L)]:”，其中，“部分”用于标注所选圆弧的部分弧长，如图7-69所示；“引线”用于为弧长标注添加指向圆心的引线，如图7-70所示（只有所选圆弧夹角大于90°时，才会显示“引线”选项）。

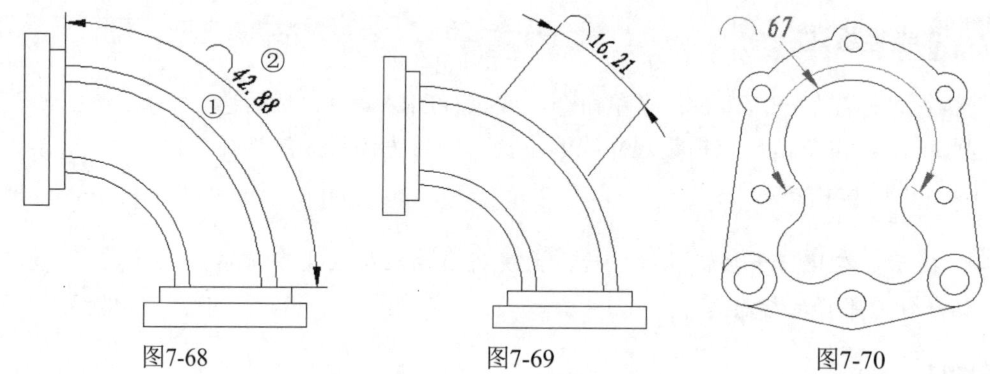

图7-68　　图7-69　　图7-70

提示：用户可通过7.6.3节讲解的“符号和箭头”选项卡中的“弧长符号”选项组，设置弧长符号的放置位置。

7.7.9 圆心标记

执行“标注”→“圆心标记”菜单命令，或执行DCE命令，然后选择圆弧或圆，即可添加圆心标记，如图7-71所示。

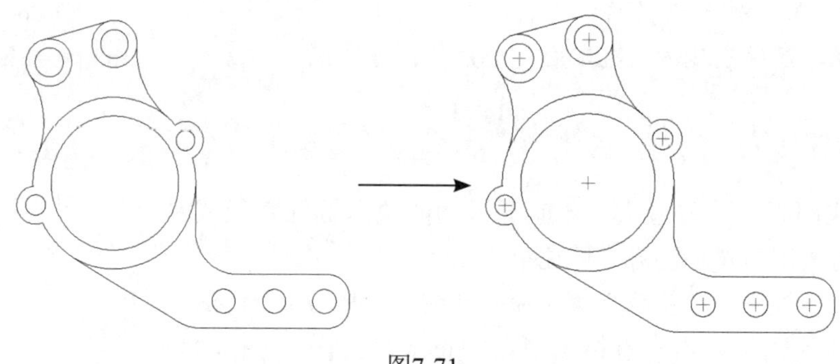

图7-71

提示：用户可通过7.6.3节讲解的“符号和箭头”选项卡中的“圆心标记”选项组，设置圆心标记的样式。

7.8 标注注释与公差

非正规的标注通常是由一个箭头引出，然后添加文字说明，在AutoCAD中可以通过多重引线来添加此类注释。此外，还可以为机械工程图标注重要的尺寸公差和形位公差。本节将讲解多重引线和各种公差的标注方法。

7.8.1 多重引线标注

执行“标注”→“多重引线”菜单命令，或执行MLD命令，然后单击一点指定引线箭头的位置，再拖动鼠标指针至合适位置单击以指定引线基线的位置，最后输入引线文字，即可添加多重引线标注，如图7-72所示。

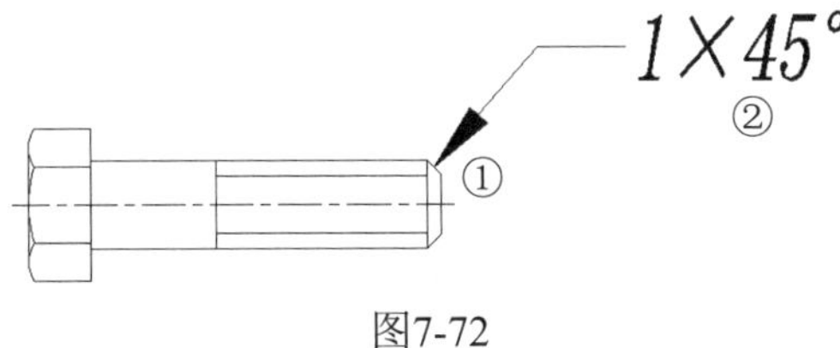

图7-72

引线标注由箭头、引线、基线和文字四部分组成，如图7-73所示。其中，“引线”是指向对象的一条线或样条曲线，其一端为箭头，另一端为水平基线，终端连接文字或块。

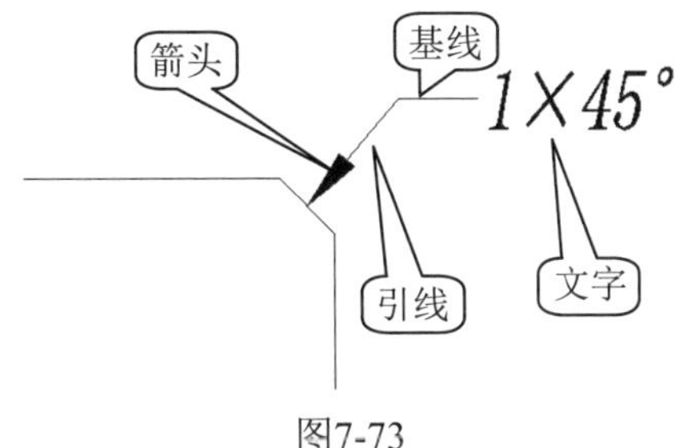

图7-73

在执行MLD命令的过程中，命令行会提示“指定引线箭头的位置或 [引线基线优先(L)/内容优先(C)/选项(O)] <选项>:”。各选项讲解如下。

- 引线基线优先：选择此选项，可以先指定引线基线的位置，再指定引线箭头的位置。
- 内容优先：选择此选项，可以先指定引线文字的位置，然后输入文字，再指定引线箭头的位置。
- 选项：通过此选项的子选项，可以设置多重引线的部分样式，如引线类型、内容类型和最大节点数等（也可以执行MLS命令进行设置，此处不再赘述）。

提示：单击“多重引线”工具栏中的“添加引线”按钮和“删除引线”按钮，可为选中的多重引线添加和删除引线（删除引线时，选中多重引线后，要再次单击选择引线），如图7-74和图7-75所示。

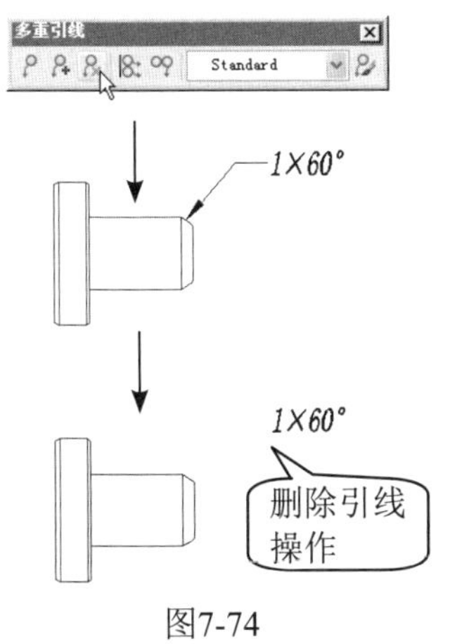

图7-74

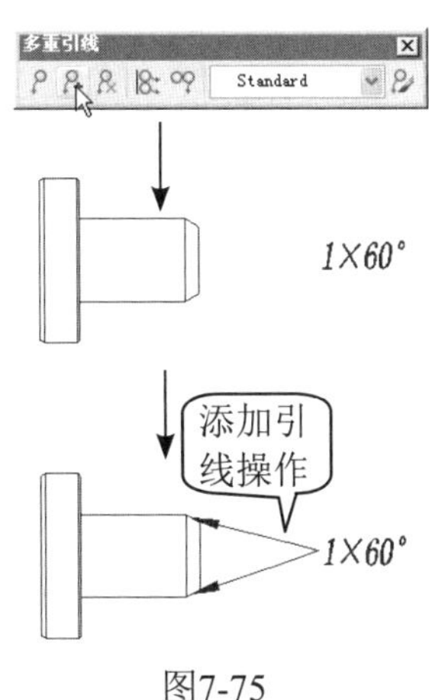

图7-75

提示：执行MLEADERSTYLE（或MLS）命令，打开“多重引线样式管理器”对话框，然后单击“修改”按钮，打开“修改多重引线样式：***”对话框，通过此对话框可以对多重引线的样式进行修改。

执行MLEADERALIGN（或MLA）命令，可以对齐多重引线的文字、引线，或按一定间距对齐多重引线。

执行MLEADERCOLLECT（或MLC）命令，选择多条多重引线，然后指定合并方式，或者直接单击确定合并后的多重引线定位点，可以将多条单独的引线合并为一条引线。

7.8.2 标注形位公差

执行“标注”→“公差”菜单命令，或执行TOL命令，打开“形位公差”对话框，如图7-76所示，选择公差符号，输入公差值和基准符号值，单击“确定”按钮，然后在绘图区中要标注公差的位置单击，即可标注形位公差，如图7-77所示。

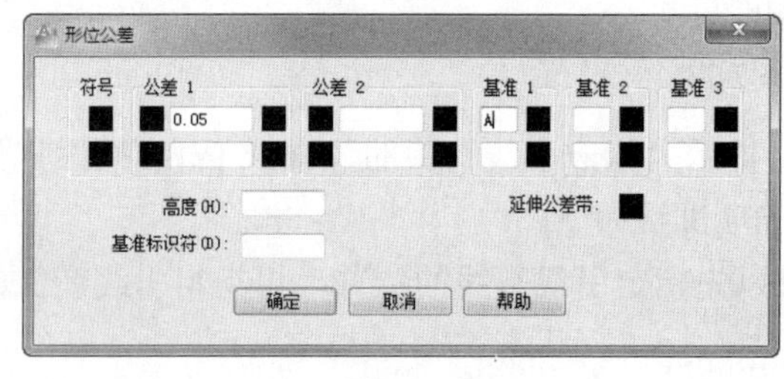

图7-76

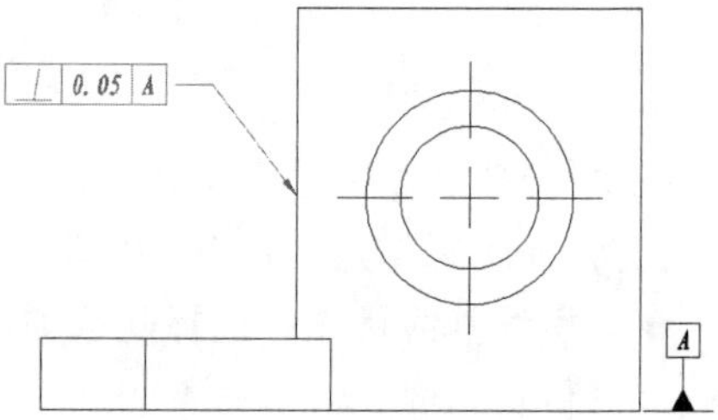

⊥ 0.05 A

A

图7-77

提示：在实际绘图的过程中，通过TOL命令只能添加形位公差框内的值，如⊥ 0.05 A，而无法添加其指向实体的线。

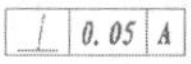

可以使用多重引线提前绘制引线，或执行快速引线命令LE（此命令的使用参见7.9.4节），然后选择S选项，并指定标注类型为“公差”，再添加引线和形位公差即可，如图7–78所示。

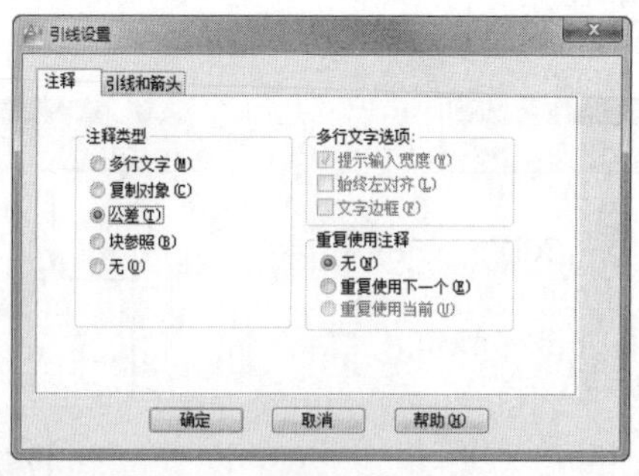

图7-78

形位公差包括形状公差和位置公差。机械加工后零件的实际形状或相互位置与理想几何体规定的形状或相互位置不可避免地存在差异，形状的差异就是形状误差，而相互位置的差异就是位置误差。这类误差会影响机械产品的功能，设计时应规定相应的公差并按规定的符号标注在图样上，即标注所谓的“形位公差”。

下面讲解形位公差中基本构成元素的含义，如图7-79所示。

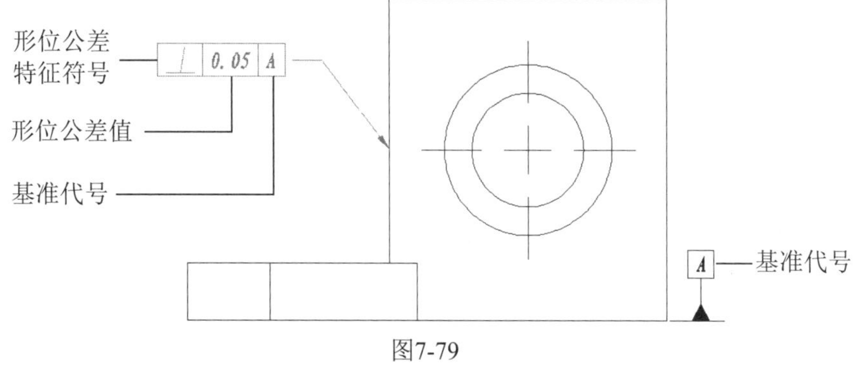

图7-79

- 形位公特征符号：指定此形位公差为何种形位公差，如⊥表示“垂直度”。
- 形位公差值：规定形位公差的偏差范围，应不超过此数值。
- 基准代号：指定形位公差的参照（基准代号需要单独绘制，其绘制要求参见下面提示）。

图7-79中|⊥|0.05|A|形位公差的含义为：箭头指定面（零件竖面）与*A*面（零件底面）垂直，其误差值应不超过0.05°。

提示：需要绘制的基准代号应由实心的基准三角形、基准方格、连线和字母（大写）组成，如图7-80所示（AutoCAD无单独的绘制基准代号的命令，绘图时使用线条和文字进行绘制即可）。

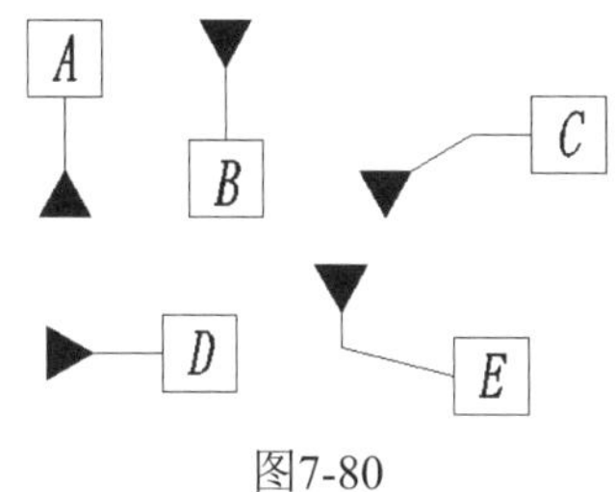

图7-80

“形位公差”对话框中各选项的主要作用如图7-81所示。

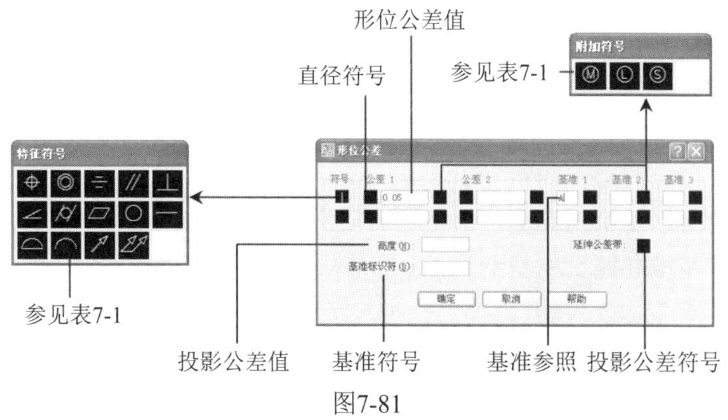

图7-81

为了能够进一步理解各选项的作用，下面进行具体讲解。

- 符号：单击后打开“特征符号”对话框，用于选择表示此形位公差为何种形位公差的公差符号（各符号的含义如表7-1所示）。

表7-1　公差符号的分类和称谓

<table>
<tr><th colspan="2">类 别</th><th>项 目</th><th>符 号</th></tr>
<tr><td colspan="2" rowspan="4">形状公差</td><td>直线度</td><td>—</td></tr>
<tr><td>平面度</td><td>▱</td></tr>
<tr><td>圆度</td><td>○</td></tr>
<tr><td>圆柱度</td><td>⌭</td></tr>
<tr><td colspan="2" rowspan="2">形状或位置公差</td><td>线轮廓度</td><td>⌒</td></tr>
<tr><td>面轮廓度</td><td>⌓</td></tr>
<tr><td rowspan="8">位置公差</td><td rowspan="3">定向</td><td>平行度</td><td>//</td></tr>
<tr><td>垂直度</td><td>⊥</td></tr>
<tr><td>倾斜度</td><td>∠</td></tr>
<tr><td rowspan="3">定位</td><td>同心度</td><td>◎</td></tr>
<tr><td>对称度</td><td>⌯</td></tr>
<tr><td>位置度</td><td>⌖</td></tr>
<tr><td rowspan="2">跳动</td><td>圆跳动</td><td>↗</td></tr>
<tr><td>全跳动</td><td>⌰</td></tr>
<tr><td colspan="2" rowspan="3">其他有关符号</td><td>最大实体要求</td><td>Ⓜ</td></tr>
<tr><td>最小实体要求</td><td>Ⓛ</td></tr>
<tr><td>独立原则RFS</td><td>Ⓢ</td></tr>
</table>

- 直径符号：当公差带为圆形或圆柱形时，可在公差值前添加此符号，表示右侧框内的值为直径的形位公差值。
- 形位公差值：用于设置公差值的大小。
- 附加符号：用于指定形位公差与尺寸公差的关系，如指定“最大实体要求”等。
- 基准参照：用于指定此形位公差对应的基准参照。
- 投影公差符号、投影公差值：投影公差也被称为“延伸公差”，用于指定此公差值在某方向延伸的距离。
- 基准符号：用于指定理论上精确的几何参照，以确定其他几何体的位置（实际上是“基准参照”的基准）。

提示：下面讲解几个不易理解的公差符号。

- 圆跳动：是指绕基准轴线作无轴向移动，在指定方向上指示器测得的最大读数差。

- 全跳动：是指绕基准轴线作无轴向移动，同时指示器作平行或垂直于基准轴线的移动，整个过程中指示器测得的最大读数差。
- 最大实体要求：用于指出当前标注的形位公差是在被测要素处于最大实体状态下给定的。
- 最小实体要求：用于指出当前标注的形位公差是在被测要素处于最小实体状态下给定的。
- 独立原则RFS：用于表示无论被测要素处于何种尺寸状态，形位公差的值不变。

7.8.3 标注尺寸公差

模型加工后的尺寸值不可能精确得与理论数值完全相等，通常允许在一定的范围内浮动，这个浮动的值即所谓的“尺寸公差”。

尺寸公差也可以被理解为“尺寸的允许变动范围”。AutoCAD中没有单独标注尺寸公差的命令，需要对已标注的尺寸进行更改。如图7-82所示，双击一个尺寸标注，打开其“特性”面板，在“公差”选项组中设置“显示公差”的样式，再设置上、下偏差的值。

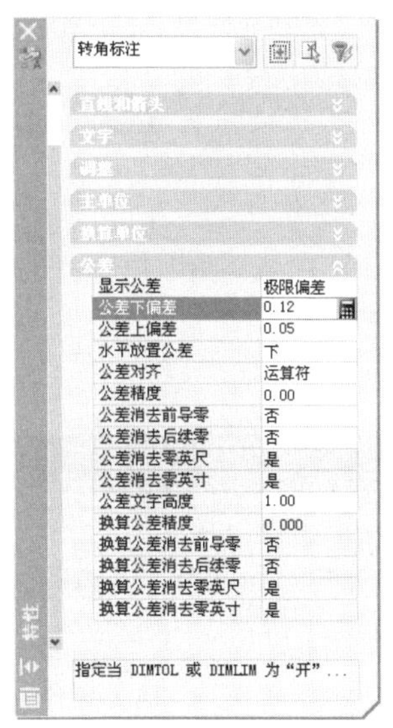

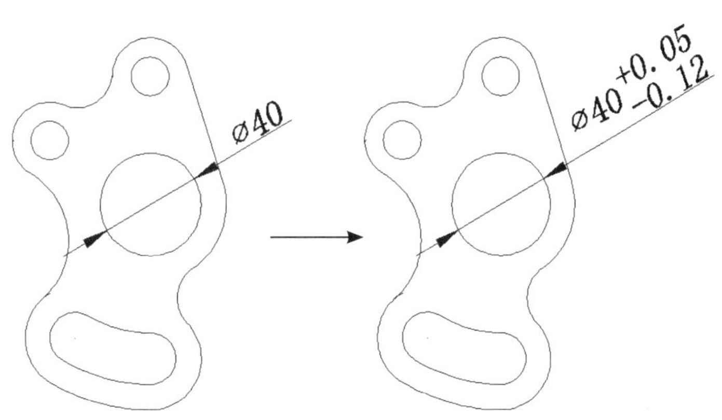

图7-82

提示：除了可以通过上述方式标注尺寸公差外，执行DST命令打开“标注样式管理器”对话框，再单击“修改”按钮，打开“修改标注样式：***”对话框，在此对话框的“公差”选项卡中也可以对公差样式进行设置，设置完成后，绘图区中的所有标注将添加相同的公差值（如图7–83所示，参见7.6.8节）。

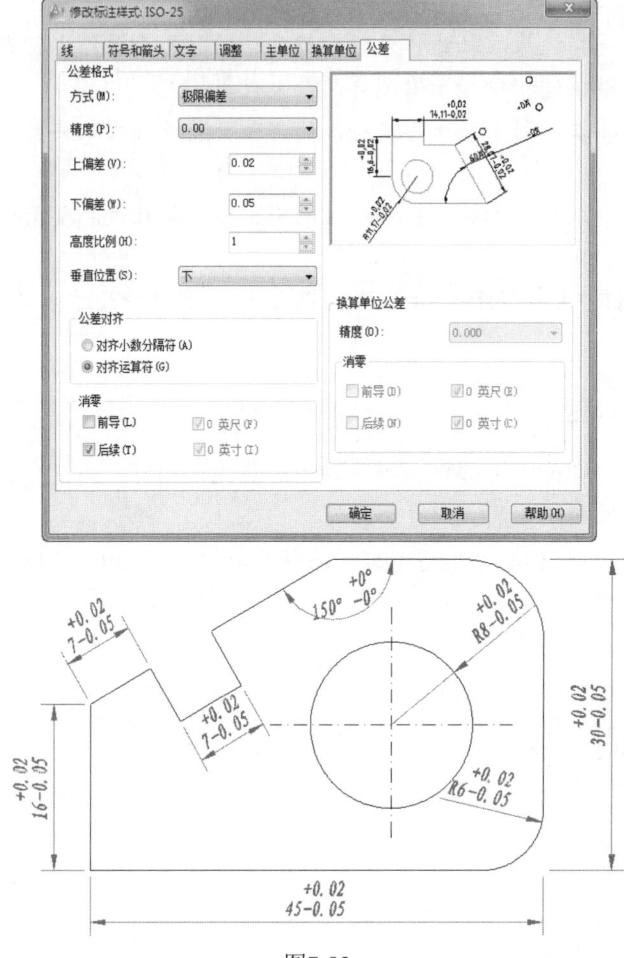

图7-83

7.9 快速标注方法

当绘图区中的对象较多时，对每个对象进行单独标注非常烦琐，且容易出现错误，为此，AutoCAD提供了快速标注图形的方法。例如，使用基线标注可以一次创建多个线性标注或角度标注，使用连续标注可以连续标注多个对象的尺寸，等等。本节将介绍这些快速标注方法。

7.9.1 基线标注

使用基线标注，可以以用户创建的上一个尺寸对象或选择的尺寸对象的尺寸界线为基线，创建一系列线性标注或角度标注，如图7-84所示。

执行“标注”→“基线”菜单命令，或执行DBA命令，然后选择参考标注（系统将以此参考标注的一个端点为起点顺序添加新标注），再顺序指定新标注的另一个端点，即可不断添加新标注，完成后按Esc键即可。

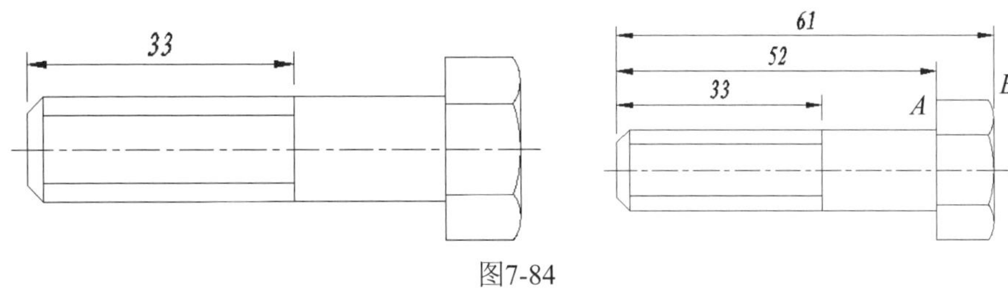

图7-84

提示：如果在执行DBA命令前执行了创建标注操作，那么系统将自动选择最后创建的尺寸标注作为基准标注，并将该标注的第一条尺寸界线作为基准尺寸界线。

执行DBA命令后，如果系统自动选择了基准标注，按Enter键可以选择其他标注作为基准标注。

此外，如果通过单击方式选择某个尺寸标注，那么单击靠近哪一侧，就以那一侧的尺寸界线为基准尺寸界线。

可以执行基线标注的标注类型有线性、坐标和角度标注。

7.9.2 连续标注

通过连续标注，可以创建一系列首尾相接的线性标注或角度标注，如图7-85所示。

执行“标注”→“连续”菜单命令，或执行DCO命令，然后选择参考标注（系统将以此参考标注的一个端点为起点添加新标注），再顺序指定新标注的另一个端点，即可不断以新标注的第二个端点为起点添加新标注，完成后按Esc键即可。

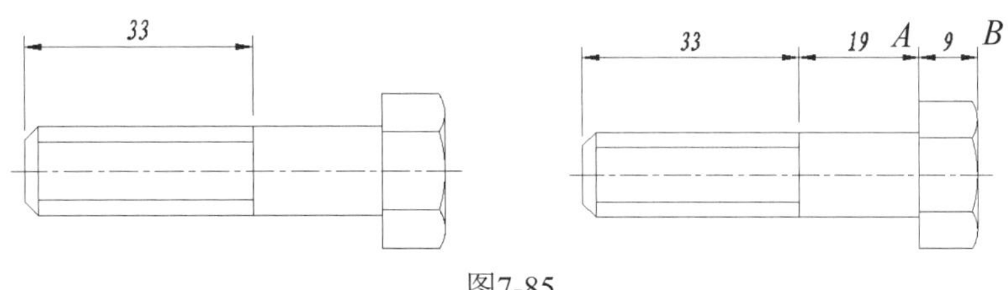

图7-85

提示：执行DCO命令后，系统自动以最近创建的尺寸标注作为起始参考标注，按Enter键，可以选择其他尺寸标注作为起始参考标注。同样，只可以对线性、坐标和角度标注执行连续标注操作。

7.9.3 快速标注

使用快速标注可以一次标注多个对象，如创建一系列基线、连续、半径或直径尺寸标注，如图7-86所示。

执行“标注”→“快速标注”菜单命令，或执行QDIM命令，然后选择一个或多个对象，按Enter键，再拖动鼠标指针至适当位置单击以确定标注的位置，即可快速创建一个或多个对象的尺寸标注。

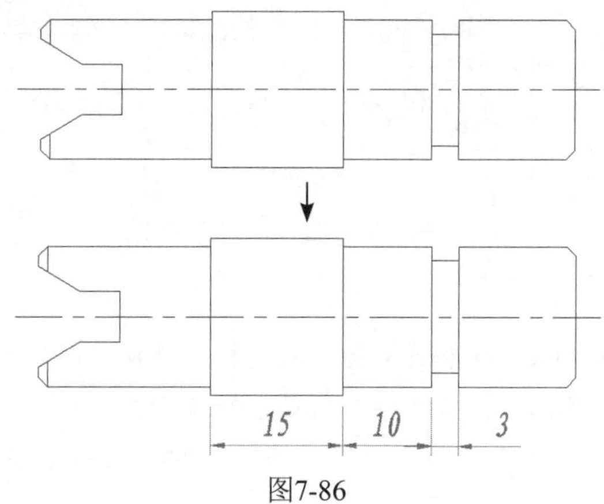

图7-86

执行QDIM命令，选择要标注的对象后，命令行会提示“指定尺寸线位置或 [连续(C)/并列(S)/基线(B)/坐标(O)/半径(R)/直径(D)/基准点(P)/编辑(E)/设置(T)] <连续>:”。各选项讲解如下。

- 连续：创建一系列连续尺寸标注。
- 并列：创建一系列并列尺寸标注，通常被用于对称机件的标注，如图7-87所示。
- 基线：创建一系列基线标注。
- 坐标：创建一系列坐标标注。
- 半径：创建一系列半径尺寸标注。
- 直径：创建一系列直径尺寸标注。
- 基准点：为基线标注和坐标标注设置新的基准点。
- 编辑：添加或删除标注点。
- 设置：为尺寸界线原点设置对象捕捉模式（系统默认以“端点”作为尺寸界线的原点捕捉模式）。

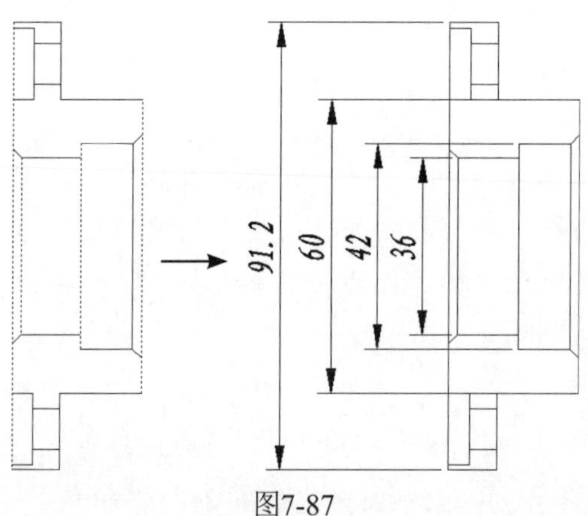

图7-87

7.9.4 快速引线

执行QLEADER或LE命令，可以先绘制引线，然后快速绘制多重引线标注和公差，也可以复制标注（关于“多重引线”，参见7.8.1节）。

在执行此命令的过程中，命令行会提示“指定第一个引线点或 [设置(S)]:”，输入“S”并按Enter键，可以打开“引线设置”对话框，通过此对话框可以设置快速引线默认的标注类型（是多行文字还是公差等），也可以对快速标注的引线样式、点数、箭头样式及附着文字的位置等进行设置，如图7-88所示。

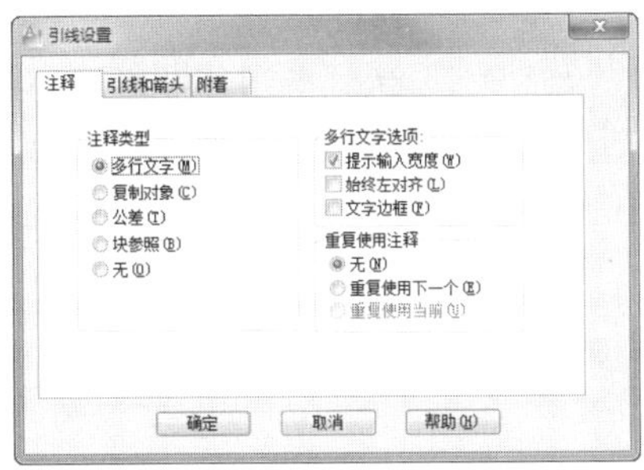

图7-88

下面针对“引线设置”对话框中的部分选项进行具体讲解。

- 单击“多行文字”“块参照”“无”单选按钮，具后续操作与多重引线标注相同。
- 单击“复制对象”单选按钮，在绘制引线后选择其他标注的文本，可以将该文本复制过来。
- 单击“公差”单选按钮，在绘制引线后可以打开“形位公差”对话框继续绘制形位公差。

7.10 编辑尺寸标注

编辑尺寸标注是对已经标注的尺寸对象的组成元素（如文字的样式与内容，以及箭头的大小与形状等）进行必要的修改。本节将讲解编辑尺寸标注的一些方法。

7.10.1 调整标注间距

执行“标注”→“标注间距”菜单命令，或执行DIMSPACE命令，然后选择多个类型相同的标注，再指定标注的间距，即可调整标注间的距离，如图7-89所示。

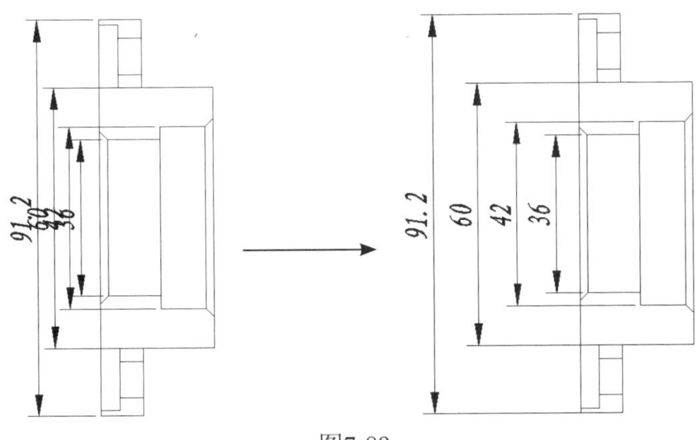

图7-89

提示：对于线性标注，被调整的标注必须平行；对于角度标注，被调整的标注必须同圆心。

7.10.2 打断标注

通过打断标注，可以将与其他标注或对象相交的标注或尺寸界线打断。

执行“标注”→“标注打断”菜单命令，或执行DIMBREAK命令，然后选择要打断的标注，再选择打断标注的对象，即可将该标注的引线或尺寸界线在所选对象的两侧打断，如图7-90所示。

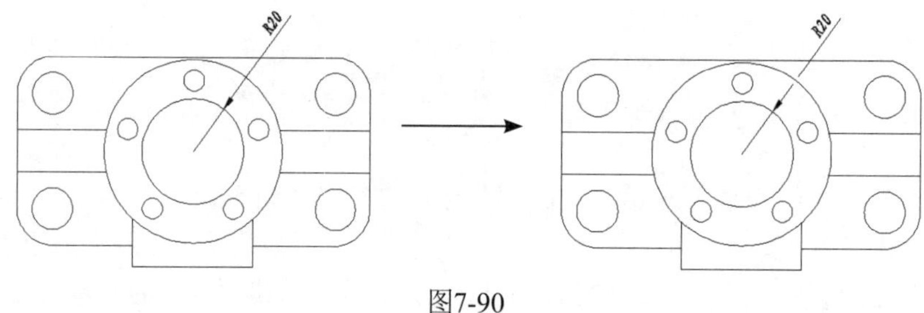

图7-90

在执行标注打断操作的过程中，命令行会提示“选择要打断标注的对象或 [自动(A)/恢复(R)/手动(M)] <自动>:”。各选项讲解如下。

- 自动：自动打断标注，即所有经过对象的引线或尺寸界线都会被打断，如图7-91所示。
- 恢复：从选中的标注中删除现有的打断。
- 手动：在尺寸线或尺寸界线上指定两个点进行打断，如图7-92所示。选择此选项后，在移动交叉对象时将不能更新打断。

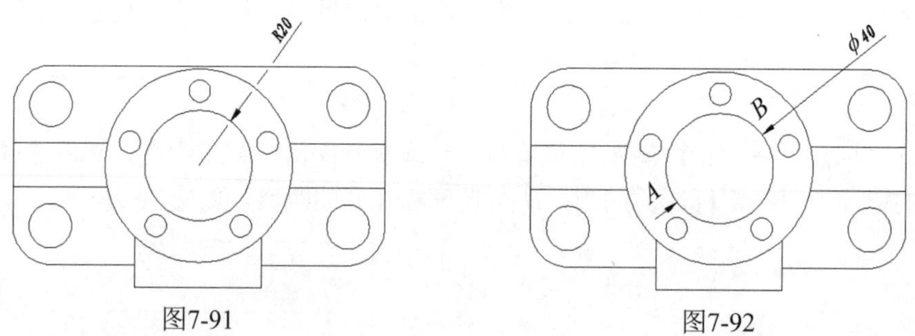

图7-91　　图7-92

提示：对于标注，可在“修改标注样式：***”对话框的“符号和箭头”选项卡中，通过“折断大小”文本框设置打断的长度；对于多重引线，可在“修改多重引线样式：***”对话框的“引线格式”选项卡中，通过“打断大小”文本框设置打断的长度。

7.10.3 折弯线性标注

使用折弯线性标注，可在尺寸线中添加折弯，用以表示实际测量值与尺寸界线之间的长度不匹配。

执行“标注”→“折弯线性”菜单命令，或执行DJL命令，然后选择要添加折弯的标注，再指定添加折弯的位置，即可添加折弯，如图7-93所示。

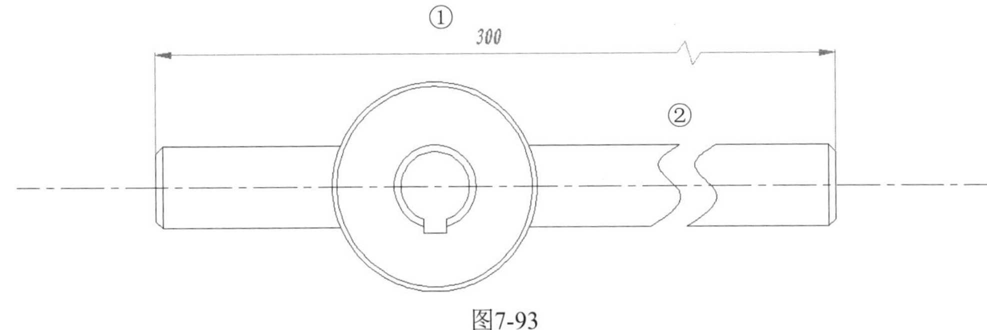

图7-93

在执行折弯线性标注的过程中，当命令行提示“选择要添加折弯的标注或 [删除(R)]:”时，输入“r”，可删除指定标注中的折弯；当命令行提示“指定折弯位置 (或按 ENTER 键):”时，按Enter键，可将折弯放置在标注文字和第一条尺寸界线之间的中点处。

提示：在“修改标注样式：***”对话框的“符号和箭头”选项卡中，通过“线性折弯标注”选项组可设置折弯的大小。此外，拖动折弯的夹点可以改变折弯的位置。

7.10.4 检验标注

检验标注用于指定零件制造商检查其度量的频率，以确保标注值和零件公差在指定的范围内。

执行“标注”→“检验”菜单命令，或执行DIMINSPECT命令，打开“检验标注”对话框，单击“选择标注”按钮，选择要添加检验标注的标注，然后设置“检验率”等参数，即可为标注添加检验标注，如图7-94所示。

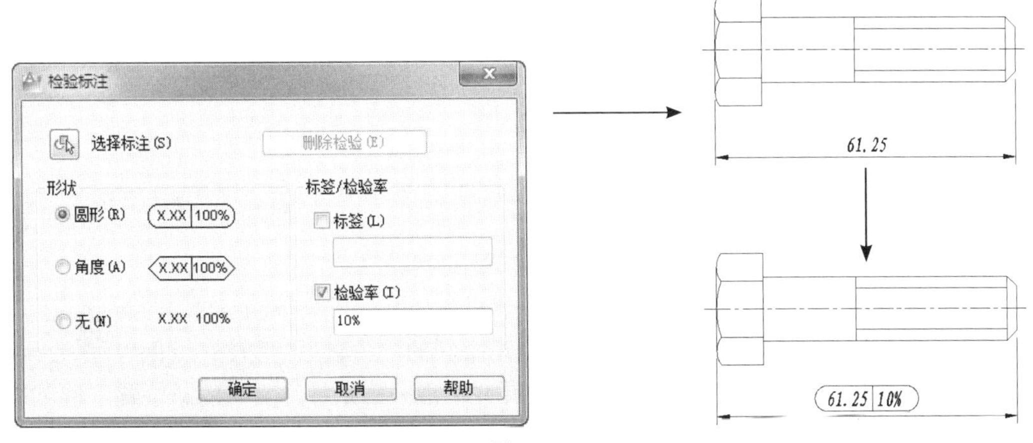

图7-94

提示：为标注添加的检验标注值，用于表示零件制造商检查零件是否合格的频率。图7−94中标明“10%”，即表示100个产品中必须检验10个产品以上。

“检验标注”对话框用于对检验标注的形状、频率、标签等进行设置。各选项讲解如下。

- “选择标注”按钮：单击此按钮，可选择要添加或删除检验标注的标注（可同时为多个标注添加检验标注）。
- “删除检验”按钮：单击此按钮，可删除选中标注中的检验标注。
- “形状”选项组：用于选择围绕检验标注的边框形状。
- “标签/检验率”选项组：选中“标签”复选框，可以为检验标注添加说明性文字；选中“检验率”复选框，可以设置检验率值。

此外，要修改检验标注，可双击该检验标注，在打开的“特性”面板中的“其他”选项组中进行修改。

7.10.5 倾斜标注

倾斜标注用于调整尺寸界线的倾斜角度，适于标注与其他对象冲突时。

执行“标注”→“倾斜”菜单命令，然后选择要进行倾斜的标注，按Enter键，再输入倾斜角度，按Enter键，即可添加倾斜标注，如图7-95所示。

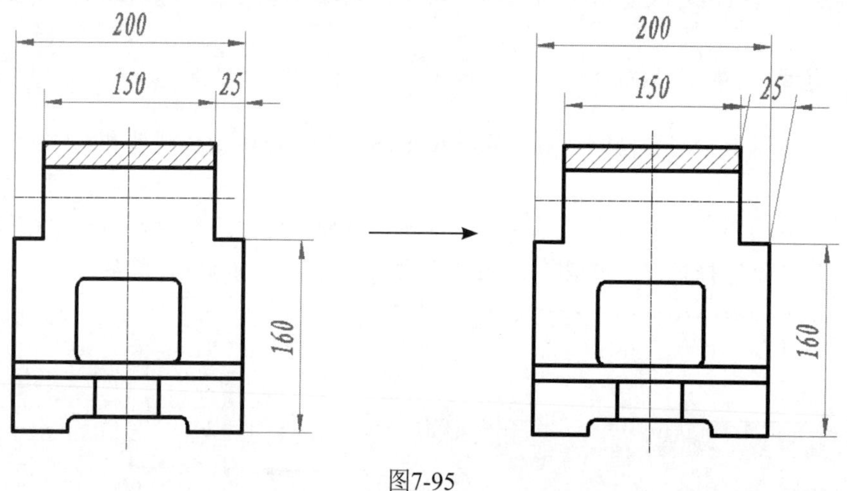

图7-95

7.10.6 对齐标注文字

通过“对齐文字”命令，可以重新定位标注文字。

执行“标注”→“对齐文字”菜单下的子菜单命令，或执行DIMTEDIT命令，然后选择要修改的标注，命令行会提示“指定标注文字的新位置或 [左(L)/右(R)/中心(C)/默认(H)/角度(A)]:”，此时可通过移动鼠标指针并单击来确定标注文字的新位置，也可通过选择选项来调整标注文字的位置。这些选项讲解如下（效果如图7-96所示）。

- 左：标注文字沿尺寸线左对齐于尺寸界线。

- 右：标注文字沿尺寸线右对齐于尺寸界线。
- 中心：将标注文字放置在尺寸线的中间。
- 默认：将标注文字的位置返回默认形式。
- 角度：指定标注文字的倾斜角度。

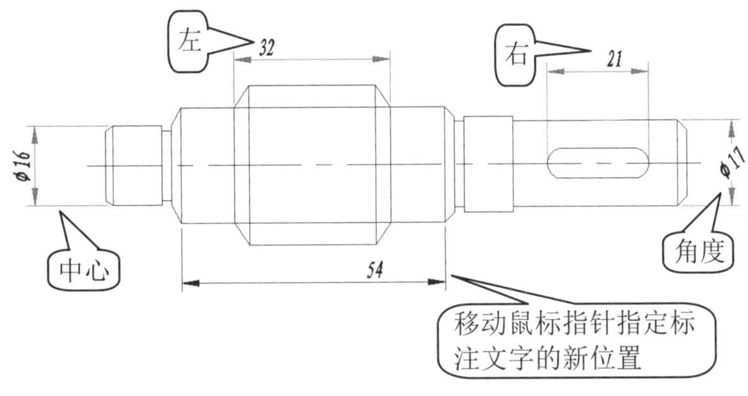

图7-96

7.10.7 利用DDEDIT命令和DIMEDIT命令编辑尺寸标注文字

执行DDEDIT命令，然后选择标注文字，可打开在位文字编辑器，对标注文字进行修改或替换，如图7-97所示。

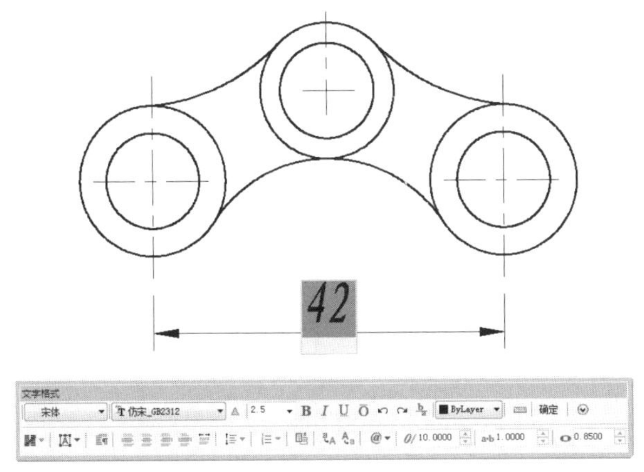

图7-97

提示：如果需要编辑其他标注文字，可继续单击选择并进行编辑；否则，可按Enter键结束DDEDIT命令。

此外，执行DIMEDIT命令，然后选择“新建”选项，打开在位文字编辑器，出现蓝色背景的文字“0”，此时可在“0”前后输入文字来为标注文字添加前缀或后缀，再选择相应的标注文字，并按Enter键完成操作，如图7-98所示。

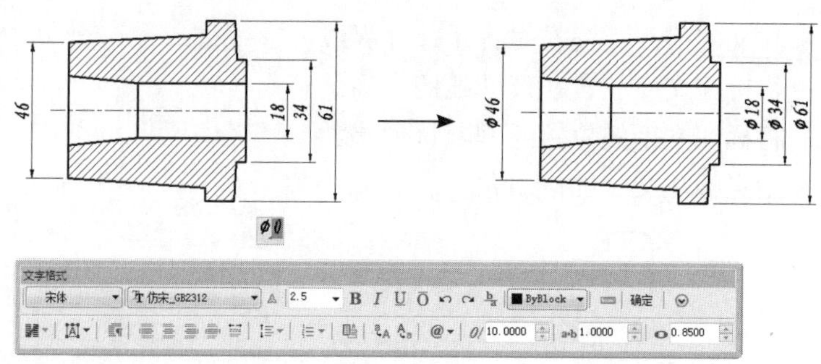

图7-98

提示：蓝色背景的“0”表示默认的尺寸标注文字。该命令的优点在于可一次编辑多个标注文字。例如，要为多个标注文字添加“ϕ”，可使用该命令完成。

7.10.8 利用“特性”面板编辑尺寸标注

双击标注，打开其“特性”面板，在此“特性”面板中可对标注的所有组成要素（如标注文字、高度，以及箭头的形状、大小等）进行修改，此处不再赘述。

在“特性”面板的“文字”选项组的“文字替代”文本框中，可使用“<>”符号表示原数据（“%%c”表示“ϕ”）。

7.10.9 重新关联标注

执行“标注”→“重新关联标注”菜单命令，或执行DRE命令，然后选择要执行重新关联的标注，再重新指定标注关联的点，可将所选标注与其他关联点重新关联，如图7-99所示。

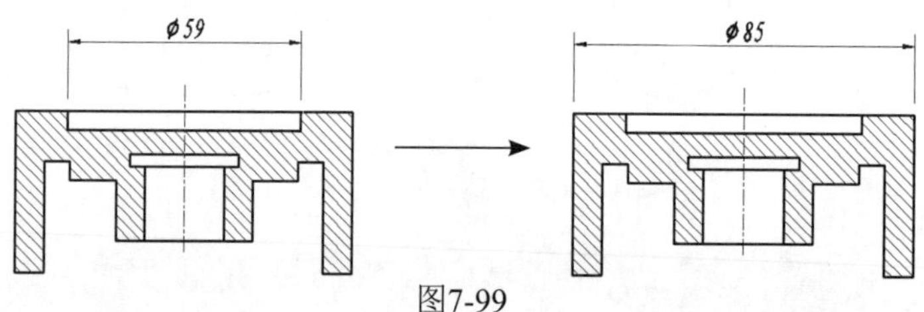

图7-99

在执行DRE命令的过程中，当命令行提示“指定第一个尺寸界线原点或[选择对象(S)]<下一个>:”时，输入“s”，可通过选择要关联的图形对象，将标注与对象关联；直接按Enter键，可开始设置下一个标注关联点。

7.11 样题解答

步骤1 打开图形文件（C:\2012CADST\Unit6\CADST6-5.dwg），执行“格式”→“图层”菜单命令，打开“图层特性管理器”面板，单击“新建图层”按钮，创建“标注层”图层，设置“颜色”为绿色，如图7-100所示。

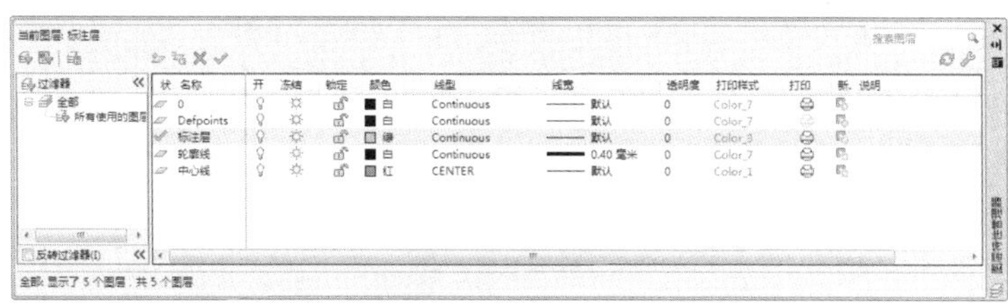

图7-100

步骤2　执行“格式”→“文字样式”菜单命令（或执行ST命令），打开“文字样式”对话框，设置“Standard”文字样式的字体为“仿宋_GB2312”，“宽度因子”为“0.9000”，倾斜角度为“10”，如图7-101所示。

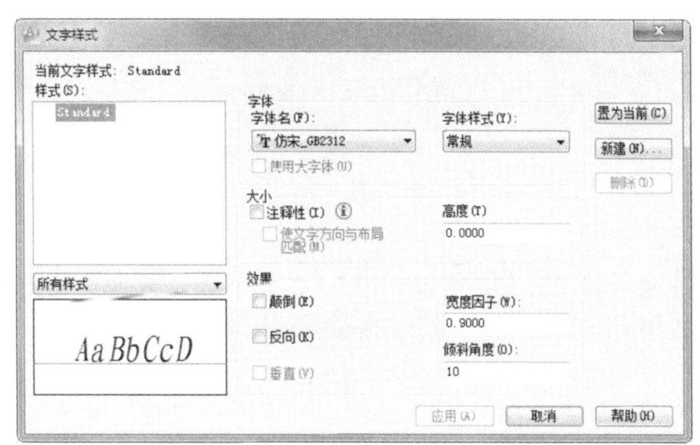

图7-101

步骤3　执行“格式”→“标注样式”菜单命令（或执行DST命令），打开“标注样式管理器”对话框，创建“标注1”“标注2”“标注3”三个标注样式，如图7-102所示；设置“文字高度”为“3.5”，“箭头大小”为“3”，其他选项根据需要进行设置（其中，“标注1”与“标注2”的不同之处在于，“标注1”默认添加“%%c”前缀，如图7-103所示，用于标注横向的带直径符号“ϕ”的线性标注；“标注3”与“标注2”的不同之处在于，“标注3”隐藏了两个尺寸界线，如图7-104所示，用于标注底部的半径标注；此外，设置“标注3”的“文字对齐”为“ISO标准”）。

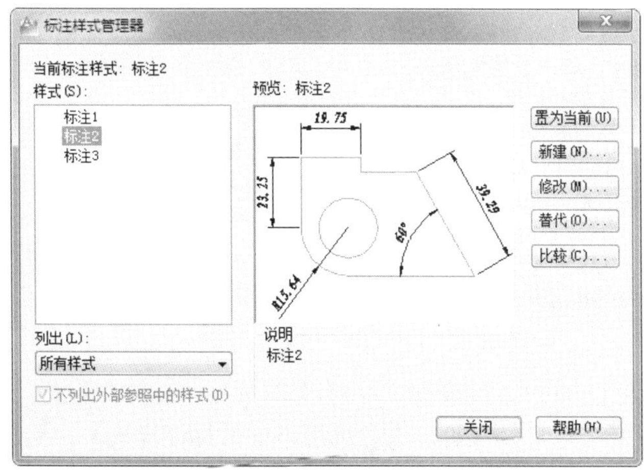

图7-102

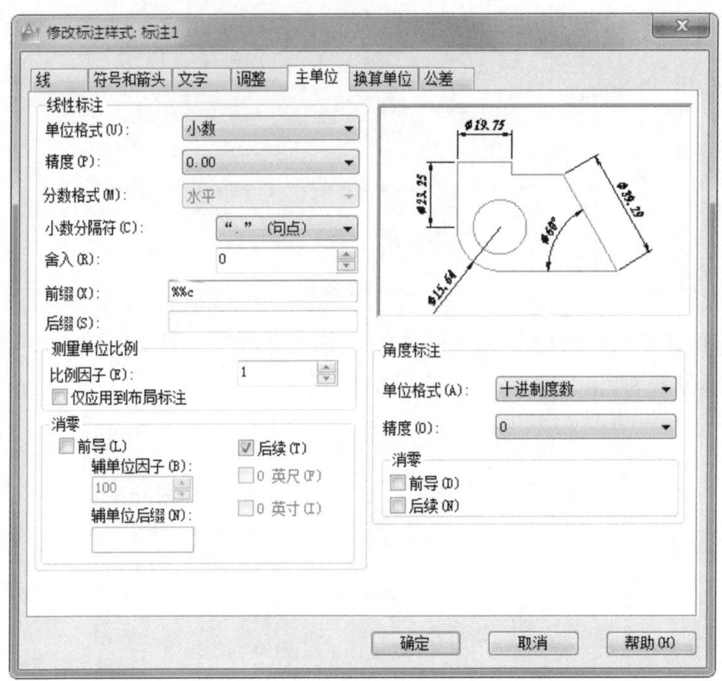

图7-103

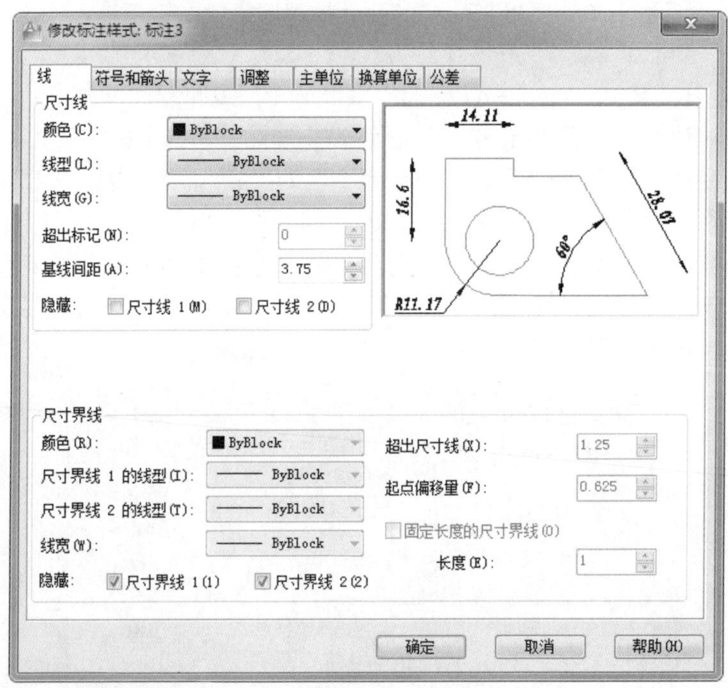

图7-104

步骤4　使用创建的标注样式和文字样式，执行“标注”菜单下的命令（如“线性”“对齐”“角度”“半径”等，注意选用不同的标注样式），通过捕捉相应的端点和轮廓线等，为图形添加适当的标注，如图7-105所示。

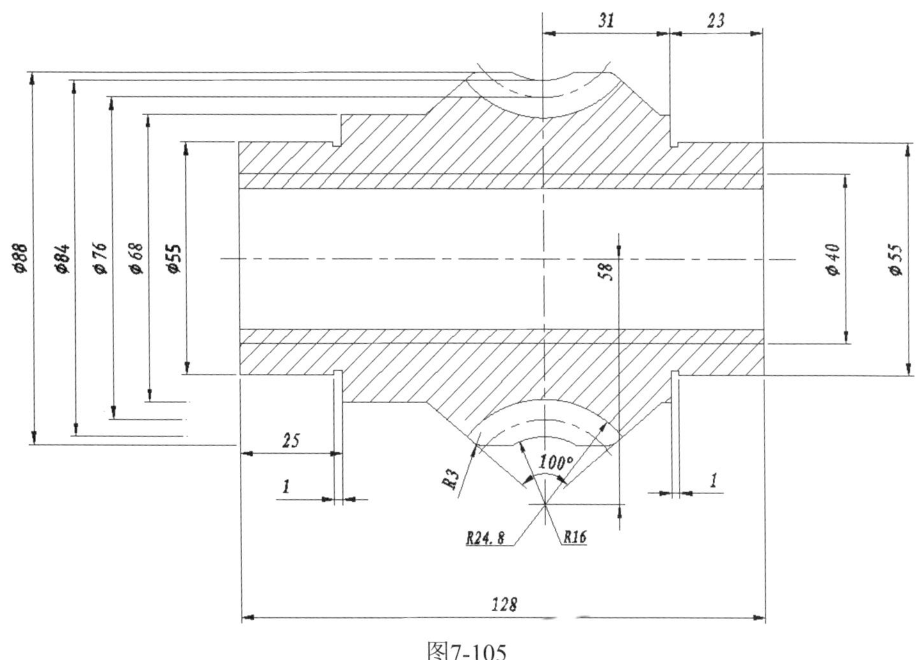

图7-105

步骤5　通过双击，对某些标注了直径的线性标注进行修改，添加加工精度和个数等内容，效果如图7-106所示。

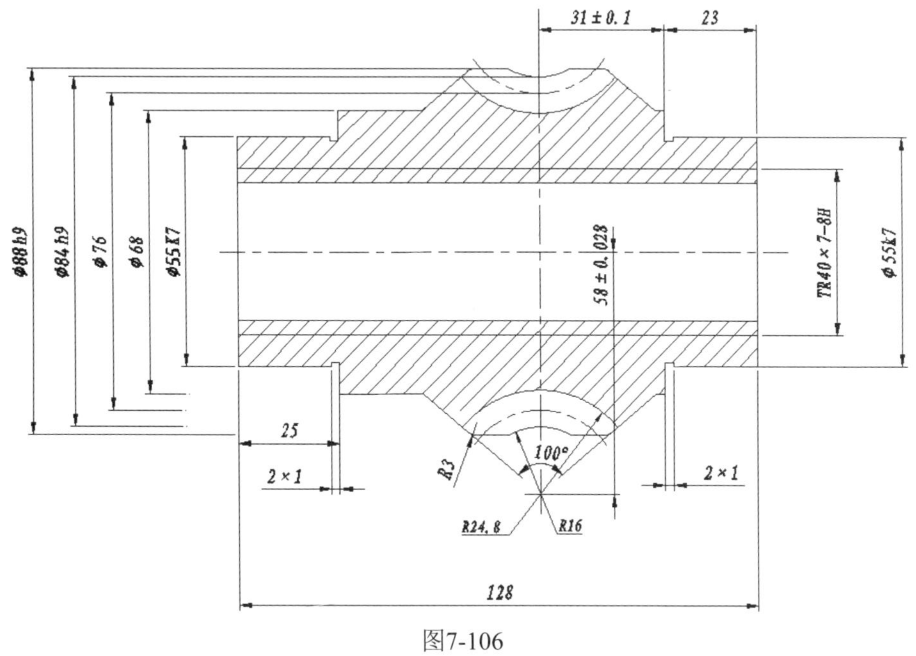

图7-106

步骤6　绘制如图7-107上图所示的图线，执行"绘图"→"块"→"定义属性"菜单命令，插入高度为3.5的属性文字，然后执行"绘图"→"块"→"创建"菜单命令，将绘制的图形定义为块，再执行"插入"→"块"菜单命令，插入两个刚才绘制的块，分别将其设置为A基准和B基准，最后将其移动到正确的位置，如图7-107下图所示。

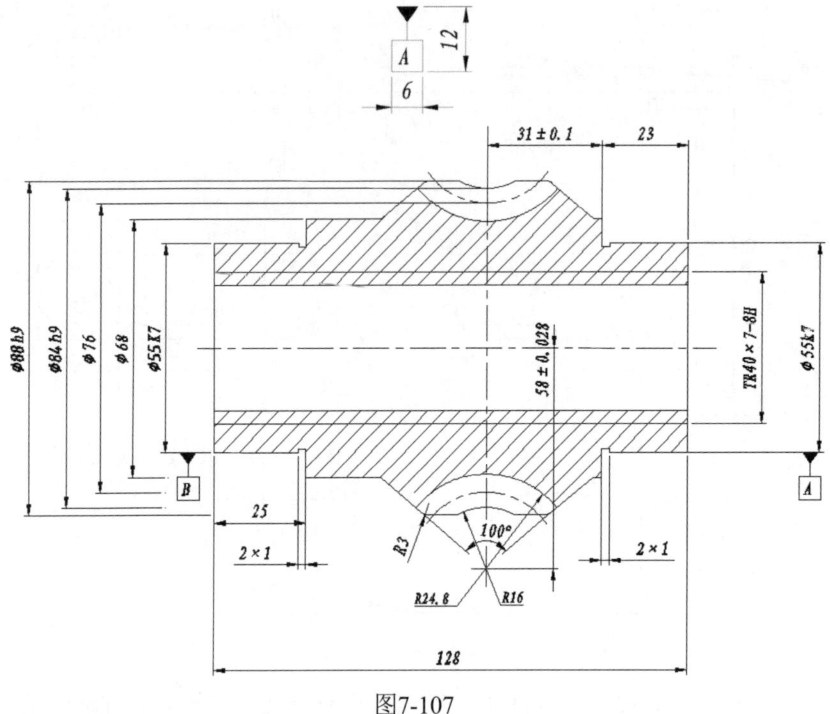

图7-107

步骤7 执行“格式”→“多重引线样式”菜单命令，打开“多重引线样式”对话框，单击“修改”按钮，在打开的“修改多重引线样式：Standard”对话框中，修改系统默认添加的“Standard”多重引线样式，在“箭头”选项组中设置“符号”为“实心闭合”，“大小”为“3”，如图7-108所示。

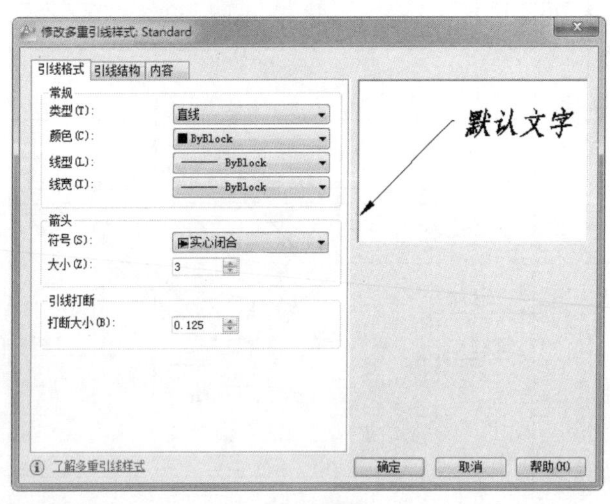

图7-108

步骤8 执行LE命令，输入“S”后按Enter键，打开“引线设置”对话框，如图7-109左图所示，单击“公差”单选按钮，单击“确定”按钮，然后绘制引线；引线绘制完成后，系统自动打开“形位公差”对话框，如图7-109右图所示，输入需要的形位公差值，在图形需要的位置标注形位公差（执行多次，标注多个形位公差）。

步骤9 执行“绘图”→“文字”→“多行文字”菜单命令（或执行MT命令），为图形添加“技术要求”等相关文字，其中，标题的高度为4，其余文字的高度为3，效果如图7-110所示，完成所有操作。

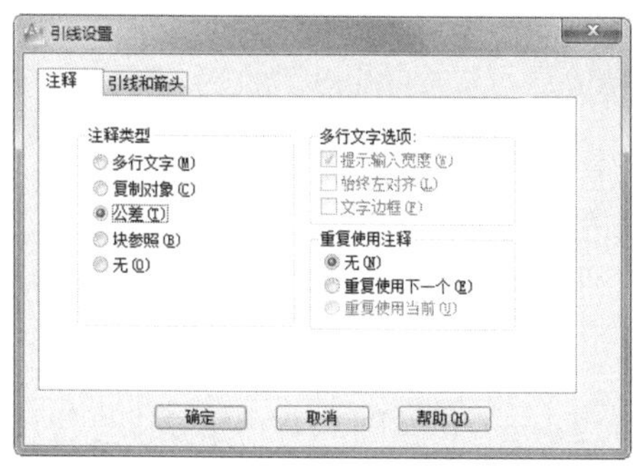

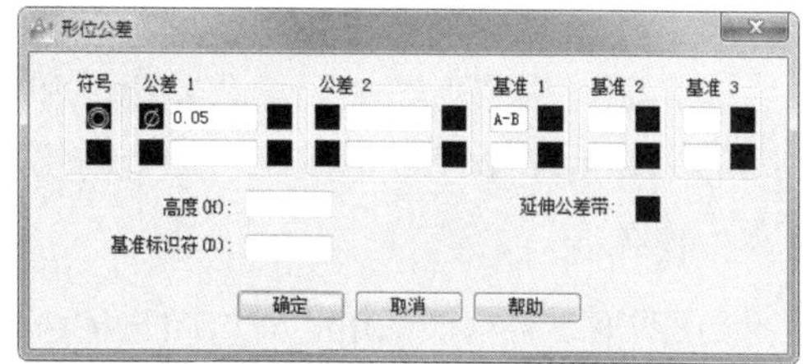

图7-109

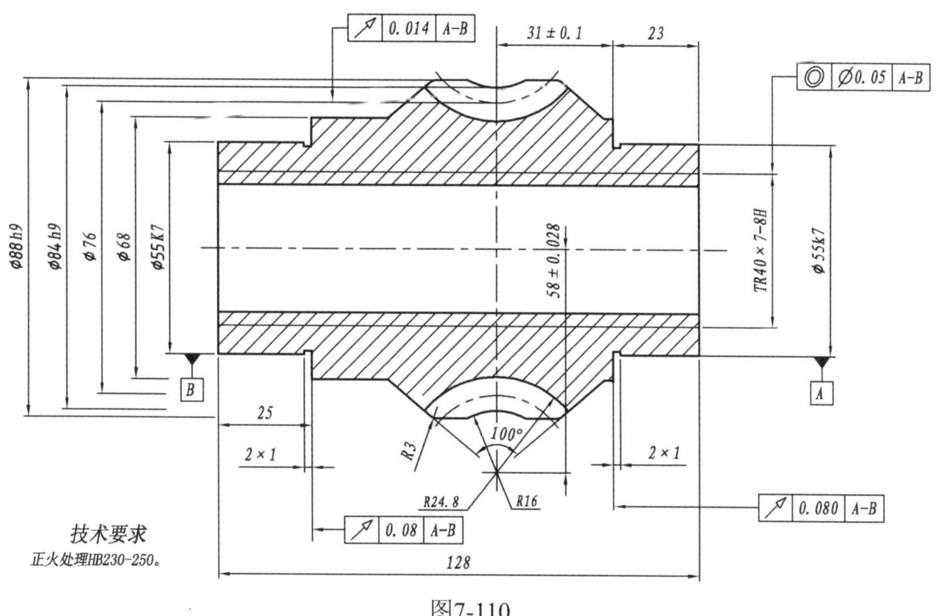

图7-110

步骤10 将图形文件存入考生文件夹，并将图形文件命名为“KSCAD6-5.dwg”。

7.12 习题

1. 填空题

（1）AutoCAD中的文字包含__________与__________两类。

（2）创建单行文字时，要输入直径符号“ϕ”，可输入__________控制代码。

（3）要输入总长度不变（不随文字的多少而改变）且高度不变的单行文字，需要使用单行文字的________特性。

（4）创建多行文字时，要输入直径、正负号、度数等符号，可以______________。

（5）要标注一条斜线的长度，可使用____________命令。

（6）基线标注拥有共同的____________。

2．问答题

（1）如何创建和修改文字样式？

（2）如何修改单行与多行文字？

（3）什么是引线标注？如何设置引线标注的格式？

（4）如何为图形添加尺寸公差标注和形位公差标注？

（5）要为多个尺寸标注统一加上前缀“ϕ”，应如何操作？

3．操作题

打开图形文件（C:\2012CADST\Unit6\CADST6-17.dwg），按图7-111所示要求标注尺寸与文字，要求文字样式、文字大小、尺寸样式等设置合理、恰当。本题为《试题汇编》第6单元第6.17题。

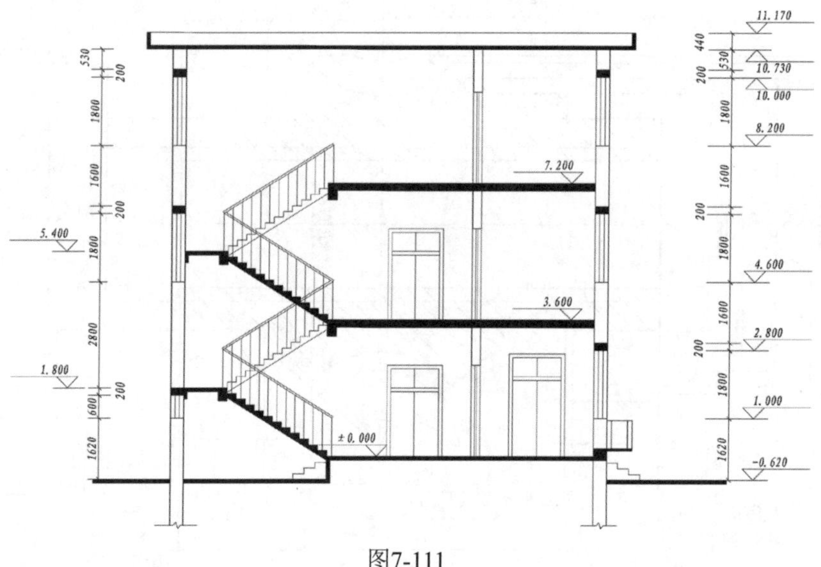

图7-111

提示：

步骤1　打开图形文件（C:\2012CADST\Unit6\CADST6-17.dwg），执行“格式”→“图层”菜单命令，打开“图层特性管理器”面板，单击“新建图层”按钮，创建“标注”图层，设置“颜色”为绿色，如图7-112所示。

当前图层: 标注

状	名称	开	冻结	锁定	颜色	线型	线宽	透明度	打印样式	打印	新.	说明
	0				白	Continuous	默认	0	Color_7			
	Defpoints				白	Continuous	默认	0	Color_7			
✓	标注				绿	Continuous	默认	0	Color_3			
	浇柱				白	Continuous	默认	0	Color_7			
	门窗				蓝	Continuous	默认	0	Color_5			
	剖面				白	Continuous	默认	0	Color_7			
	墙线				白	Continuous	0.30 毫米	0	Color_7			

全部: 显示了 7 个图层，共 7 个图层

图7-112

步骤2　执行“格式”→“文字样式”菜单命令（或执行ST命令），打开“文字样式”对话框，新建“文字样式”文字样式，设置其字体为“仿宋_GB2312”，“宽度因子”为“0.9000”，“倾斜角度”为“10”，如图7-113所示。

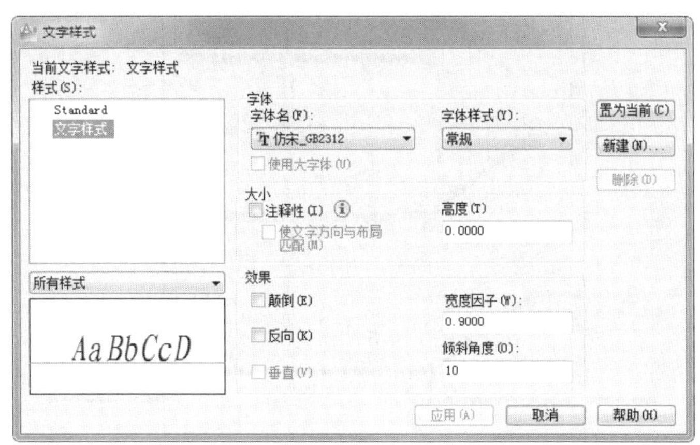

图7-113

步骤3　执行“格式”→“标注样式”菜单命令（或执行DST命令），打开“标注样式管理器”对话框，新建“尺寸样式”标注样式，设置“文字高度”为“2.5”，“箭头大小”为“1.2”，全局比例因子为“100”，其他选项根据需要进行设置，如图7-114所示。

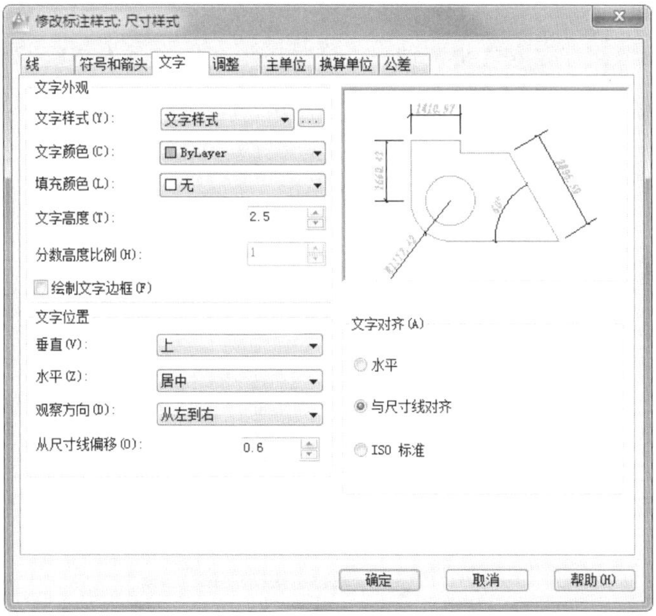

图7-114

步骤4　使用创建的标注样式和文字样式，执行“标注”菜单下的命令（如“线性”“连续”等），通过捕捉相应的端点和轮廓线等，为图形添加适当的标注，如图7-115所示。

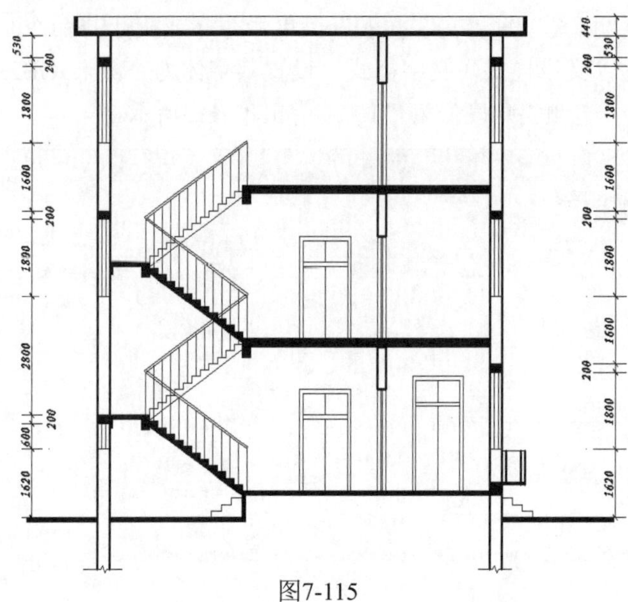

图7-115

步骤5　绘制如图7-116上图所示的图线，执行“绘图”→“块”→“定义属性”菜单命令，插入高度为250个图形单位的属性文字，然后执行“绘图”→“块”→“创建”菜单命令，将绘制的图形定义为块，再执行“插入”→“块”菜单命令，插入多个刚才绘制的块，并修改块的文字为合适的值（作为“标高值”），最后将块移动到正确的位置，完成所有操作，如图7-116下图所示。

步骤6　将图形文件存入考生文件夹，并将图形文件命名为“KSCAD6-17.dwg”。

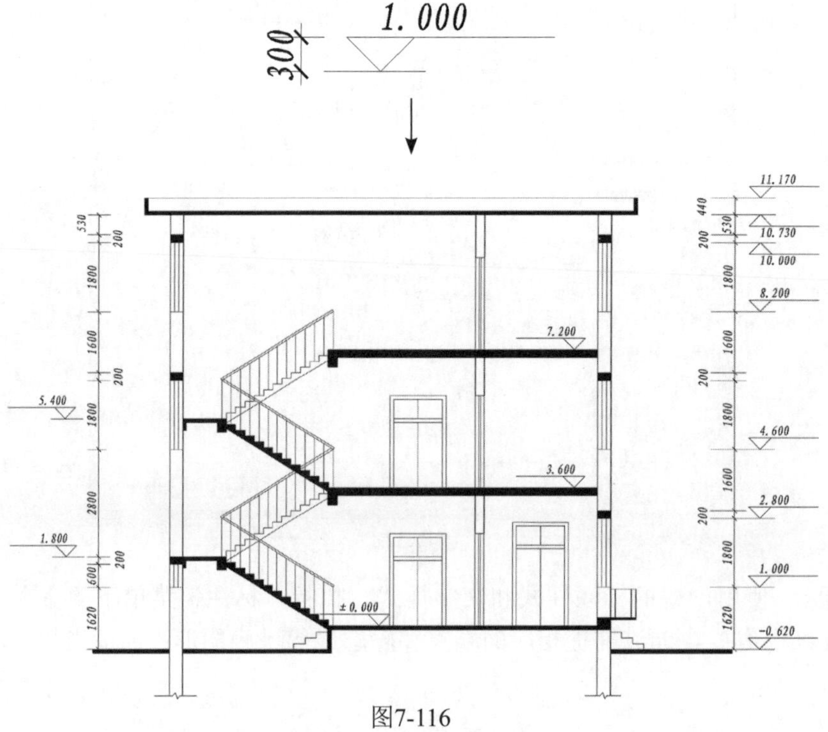

图7-116

第8章　三维绘图

除了绘制二维图形的功能，实际上AutoCAD也提供了绘制三维图形的功能。在AutoCAD中绘制三维图形，沿袭AutoCAD的二维绘图理念，学习起来会较为简单。本章主要介绍AutoCAD绘制三维图形的基础知识，以及调整三维图形和创建实体的方法，如调整三维图形和创建实体的显示、调整三维坐标系、创建基本实体、拉伸和旋转实体，以及三维移动和旋转、三维倒角和圆角等操作。

本章主要内容

- 三维绘图基础
- 三维坐标系
- 三维线条的绘制
- 基本实体的绘制
- 利用平面图形创建实体
- 三维面的绘制
- 三维操作
- 编辑实体面
- 编辑实体
- 实体的布尔运算
- 三维尺寸标注

评分细则

本章试题共有三个评分点，每题20分。

序号	评分点	分值	得分条件	判分要求
1	新建图形文件	2	设置绘图参数符合要求	有不符时扣分
2	建立三维视图	17	按照题目要求绘制三维图形	有错扣分
3	保存	1	文件名、扩展名、保存位置	必须全部正确才得分

本章导读

上述明确了本章所要学习的主要内容，以及对应《试题汇编》的评分点、得分条件和判分要求等。下面先在“样题示范”中展示《试题汇编》中一道“零件三维图形绘制”的真实试题，然后在“样题分析”中对如何解答这道试题进行分析，并详细讲解本章所涉及的技能考核点，最后通过“样题解答”演示“零件三维图形绘制”这道试题的详细操作步骤。

8.1　样题示范

【练习目的】

从《试题汇编》中选取样题，了解本章题目类型，掌握本章技能考核点。

【样题来源】

《试题汇编》第7单元第7.9题。

【操作要求】

1．新建图形文件：新建图形文件，图形界限等自行设置。

2．绘制三维图形：建立三维视图，按图8-1给出的尺寸绘制三维图形。

3．保存：将完成的图形文件以“KSCAD7-9.dwg”为文件名保存在考生文件夹中。

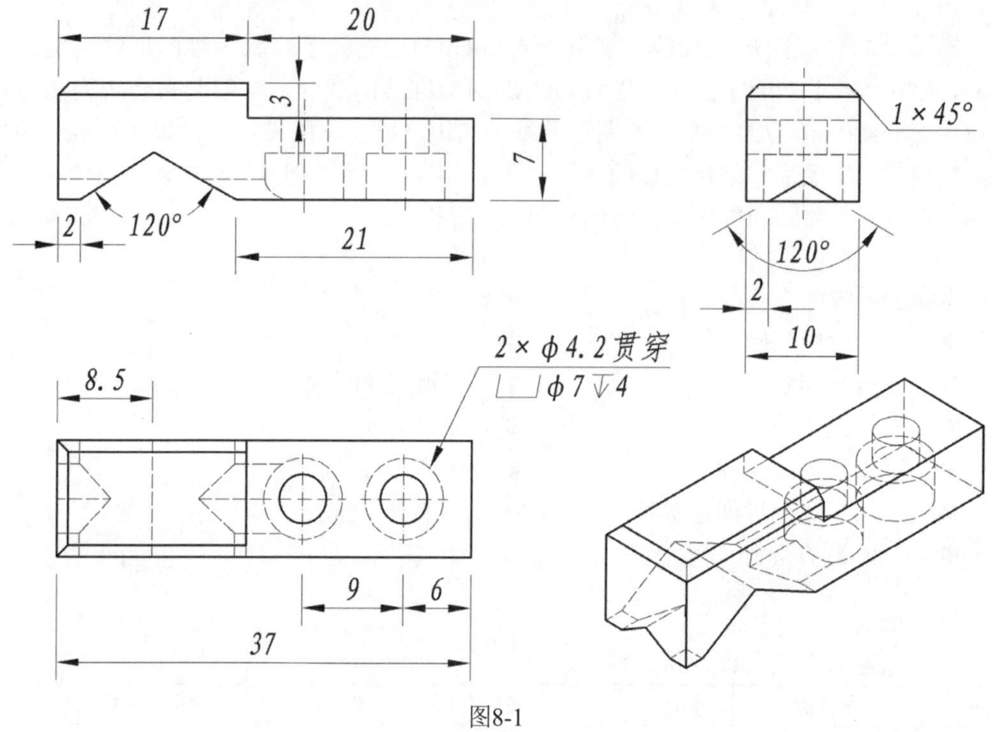

图8-1

8.2 样题分析

本题是关于三维图形绘制和调整的试题，主要考查的是三维图形的绘制能力。

本题的解题思路是，首先绘制一些平面图形，如零件侧面的二维图形、三角形和孔的三维图形等，然后使用创建的二维图形创建三维图形，再在零件的底面绘制辅助线，然后通过三维操作，将绘制的三维图形移动到特定的位置，最后通过布尔运算，得到图形的最终效果。

要解答本题，需要掌握三维图形绘制和编辑等相关技能。下面开始介绍这些技能。

8.3 三维绘图基础

本节介绍三维绘图的基础知识，包括三维图形显示样式的调整，视图显示方向的调整，3D导航立方体的使用，动态观察视图的方法，视图的消隐和重生成，曲面轮廓线显示的调整，等等。

8.3.1 调整三维图形的显示样式

为了更好地观察视图，执行“视图”→“视觉样式”菜单下的子菜单命令，或执行VSCURRENT命令，以切换不同的视觉样式。AutoCAD共提供了五种视觉样式，下面分别进行讲解（如图8-2所示）。

- 二维线框：系统用直线和曲线表示边界对象，且光栅对象、OLE对象、线型和线宽可见。
- 三维线框：系统用直线和曲线表示边界对象，但此时系统会显示一个已着色的三维UCS图标，并显示特定的背景色（“三维线框”状态下，光栅对象的显示更加清晰）。
- 三维隐藏：显示用三维线框表示的对象，并隐藏不可见的线。
- 概念：系统对对象进行着色，并使对象的边平滑。着色使用冷色和暖色进行过渡，效果缺乏真实感，但是立体感明显增强。
- 真实：系统对对象进行着色，并使对象的边更加平滑，而且可以显示已附着到对象上的材质，使对象的显示更加逼真。

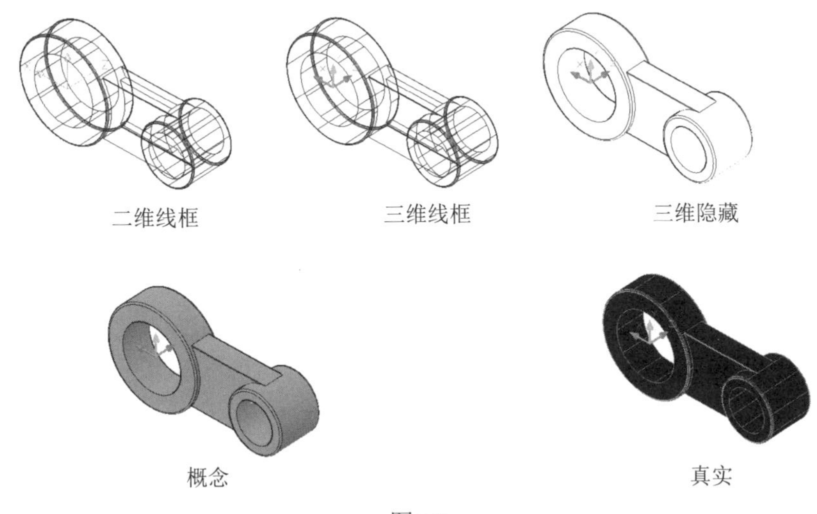

图8-2

提示：着色对象被保存后，当再次打开时其着色模式不变。

8.3.2 调整视图的显示方向

通常在二维模式下按住Shift键的同时按住鼠标滚轮拖动，可直接进入三维显示环境。

此外，执行“视图”→“三维视图”菜单下的子菜单命令，也可由二维空间转换为三维空间，如图8-3所示。

在“三维视图”子菜单命令中，“俯视”“仰视”等主要用于在某个平面视图中观察图形；“西南等轴测”等主要用于观察三维图形，也是绘制三维图形的常用视图；其他如“视点”等不易理解，简单讲解如下。

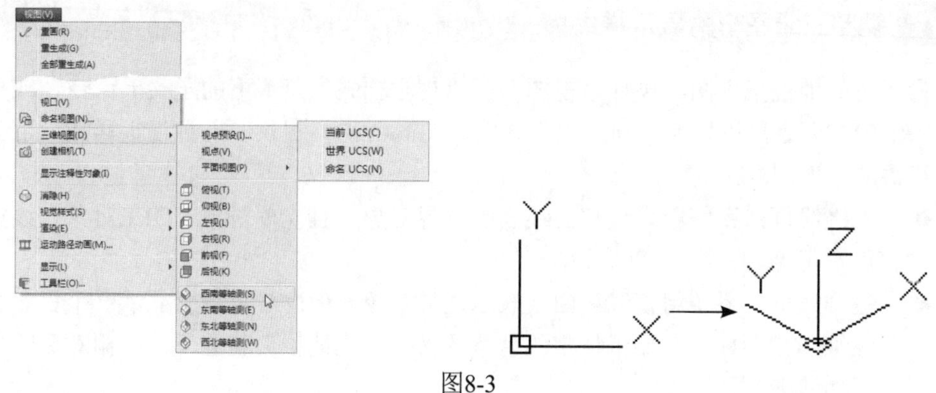

图8-3

- 视点预设：选择此菜单命令，将打开“视点预设”对话框，如图8-4所示，通过此对话框可精确设置当前视图的视点。

提示：所谓“视点”，是指用户的观察方向。假设用户绘制了一个球体，如果用户当前位于平面坐标系，即z轴垂直于屏幕，则此时仅能看到球体在xy平面上的投影（即一组同心圆和若干直线）；如果用户调整视点至当前坐标系的左上方，则可看到一个立体的球体，如图8-5所示。

- 视点：此菜单命令实际上与“视点预设”菜单命令相似，也被用于设置当前视图的视点，只是在选择此菜单命令后，将显示罗盘和三维坐标系，如图8-6所示，用户可通过这两个工具动态定义当前视图的视点。

提示：通过“视点”菜单命令只能设置相对于世界坐标系（WCS）的视点，而不能设置其他坐标系的视点。

- 平面视图：其子菜单命令用于设置调整时的参照坐标系。

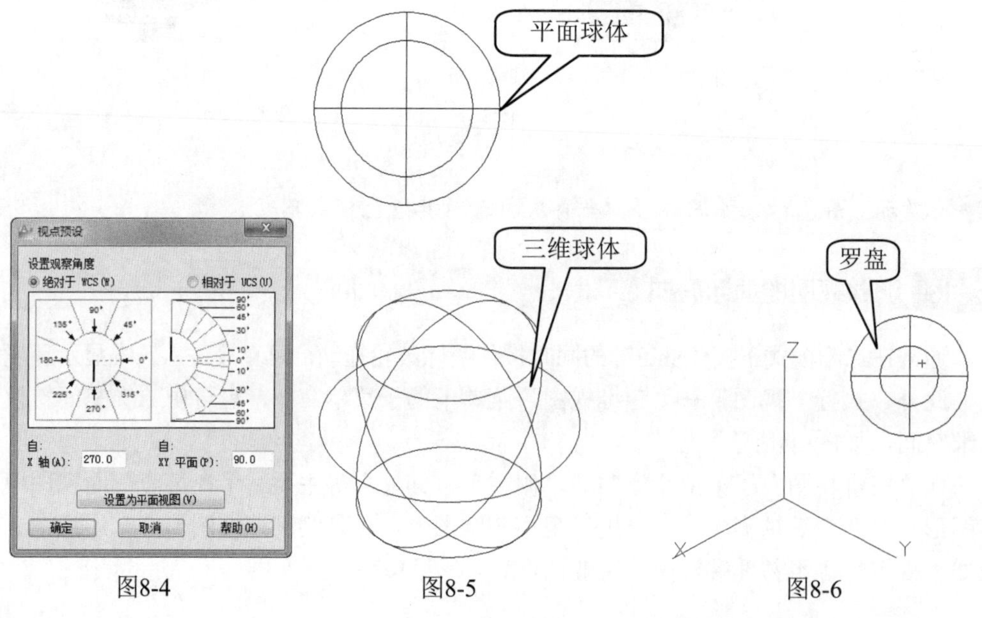

图8-4　图8-5　图8-6

8.3.3 3D导航立方体

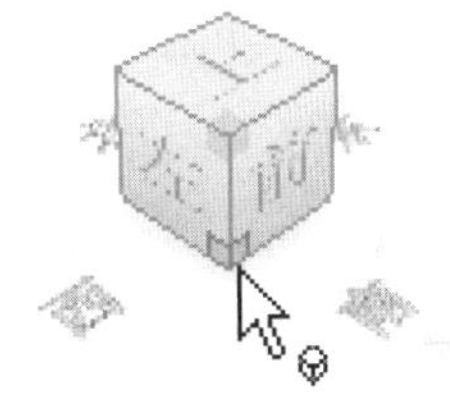

图8-7

自AutoCAD 2009开始，系统在操作界面的右上角引入了3D导航立方体（ViewCube），如图8-7所示，当鼠标指针在此立方体上移动时会亮显热点，单击某一热点即可切换到其相关视图。

提示："二维线框"视觉样式下不显示3D导航立方体，其他视觉样式下显示此立方体。

8.3.4 动态观察视图

选择"视图"→"动态观察"菜单下的子菜单命令，或执行3DORBIT、3DFORBIT、3DCORIT命令，可通过模拟相机（视点）移动，以视口中心为目标点，在三维空间内动态观察对象，具体讲解如下。

- 受约束的动态观察（3DORBIT）：显示三维动态观察图标，以视口中心为目标点随意旋转视图，如图8-8所示（也可按住Shift键+鼠标滚轮，执行该命令）。
- 自由动态观察（3DFORBIT）：将鼠标指针移进大圆时，鼠标指针显示为，此时的功能与受约束的动态观察相同；将鼠标指针移出大圆时，鼠标指针显示为，此时按住鼠标左键并进行拖动，视图将绕大圆旋转；将鼠标指针移进大圆上下边或左右边的小圆时，鼠标指针显示为，此时可绕大圆的水平轴或垂直轴旋转，如图8-9所示。
- 连续动态观察（3DCORIT）：连续进行动态观察。执行该命令后，在绘图区中单击并沿任意方向拖动鼠标指针，释放鼠标指针，即沿此方向开始动画演示，再次单击，可结束动画演示，如图8-10所示。

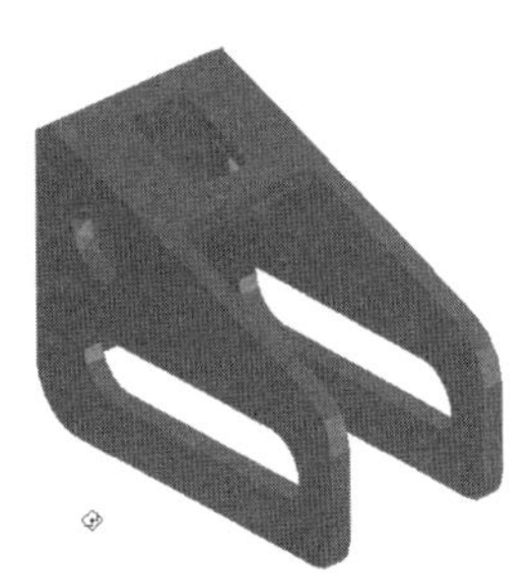
图8-8

图8-9

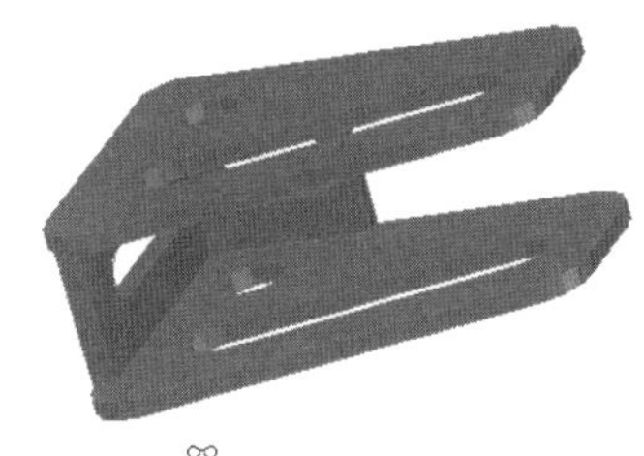
图8-10

提示：可按Enter键或Esc键，退出动态观察状态。

8.3.5 视图的消隐和重生成

执行"视图"→"消隐"菜单命令，或执行HI命令，可遮挡位于三维实体背面看不见的线，并在三维实体正面添加较多斜线，以使用户更好地观察视图，如图8-11所示。

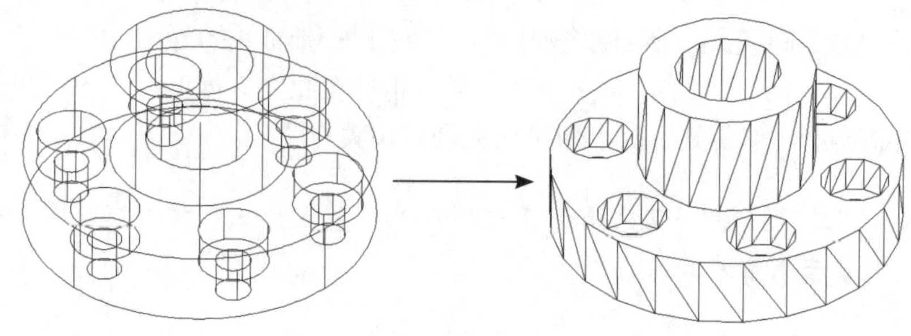

图8-11

视图被消隐后无法进行平移、缩放等操作，可执行“视图”→“重生成”菜单命令，或执行RE命令，重新生成视图，并取消视图的“消隐”显示状态。

8.3.6 调整曲面轮廓线的显示

系统显示三维图形的默认网线数目为4，此时所表达的图形并不一定完整，执行ISOLINES命令，然后输入新的数字（如“6”），可以调整网线数目，效果如图8-12所示。调整完成后，执行“视图”→“重生成”菜单命令，可以查看调整后的效果。

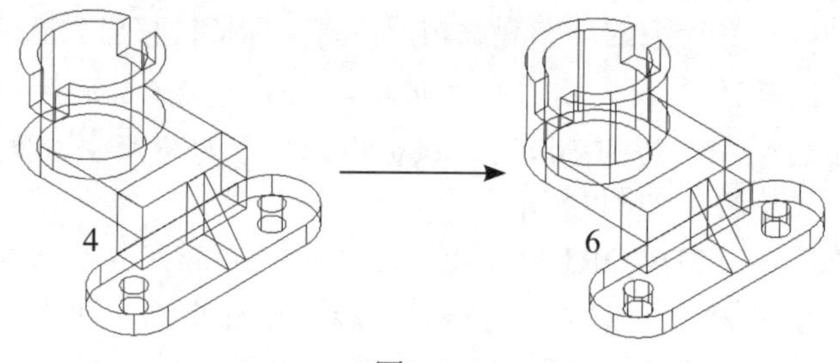

图8-12

8.4 三维坐标系

三维图形的图线较为复杂，在绘制图形时不能保证所绘图线一定位于某个平面上或通过某个点，因此，在三维建模的过程中需要不断变换坐标系（以及视图调整的相对坐标系），才能保证在特定的平面上绘制出需要使用的二维图线。

本节解决四个问题：如何在三维空间中定位点？什么是世界坐标系和用户坐标系？如何自定义用户坐标系？如何管理坐标系？具体讲解如下。

8.4.1 在三维空间中定位点

绘制三维图形的一个关键要素是要知道所绘制点的坐标值，以正确定义所绘图形的大小。通常有如下三种方式在三维空间中定位点。

- 利用动态UCS定位点：单击状态栏中的“动态UCS”按钮DUCS，可打开动态UCS功能。利用该功能，可将捕捉到的平面作为临时坐标系的xy平面，而将靠近捕捉点的平面角点作为临时坐标系的原点，如图8-13所示。

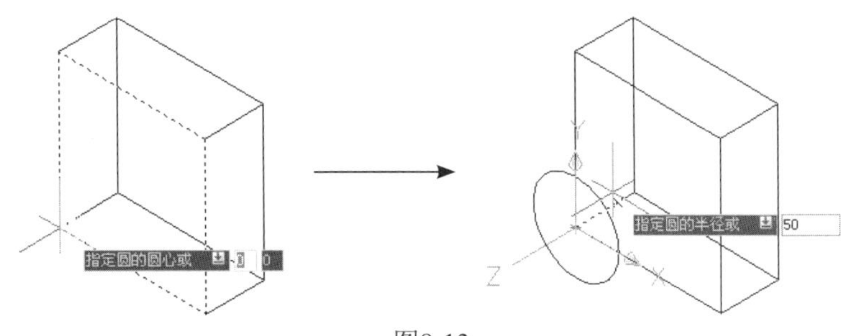

图8-13

- 使用对象捕捉、对象捕捉追踪等定位点：绘制三维图形时同样可以使用对象捕捉和对象捕捉追踪，例如，可执行如图8-14所示的操作，在一个长方体的侧面中心画一个圆。

提示：最好将对象捕捉与动态UCS功能结合使用，否则将只能在当前坐标系的*xy*平面或与*xy*平面平行的平面上画图。

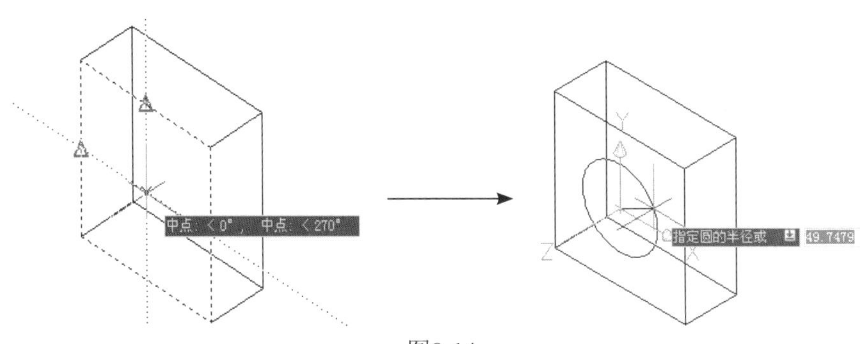

图8-14

- 利用三维坐标定位点：用户在绘制三维图形时除了可直接使用（x,y,z）的坐标形式来定位点外，还可使用柱坐标和球坐标来定位点。

  柱坐标：使用*xy*距离、*xy*平面角度和*z*坐标来定位点，如图8-15所示。例如，（50<45,30）和（@80<45,200）。

  球坐标：使用点到坐标系原点或上一点的*xyz*距离、*xy*平面角度、和*xy*平面的夹角来定位点，如图8-16所示。例如，（100<50<20）和（@110<120<30）。

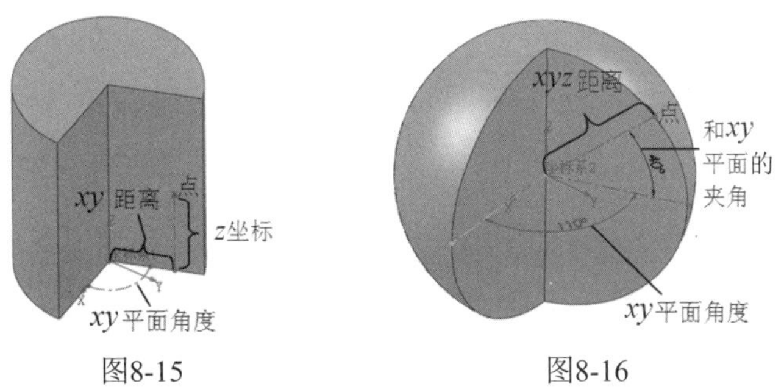

图8-15　　　　图8-16

8.4.2 自定义用户坐标系

在创建自定义的用户坐标系之前，这里再次对世界坐标系（WCS）和用户坐标系（UCS）进行讲解。

在新创建的图纸中，AutoCAD自动将当前的坐标系设置为世界坐标系（WCS），它包括*x*轴、*y*轴和*z*轴。WCS坐标轴的交汇处显示一个“口”形标记，如图8-17所示。

在AutoCAD中进行三维绘图时，为了能够更好地辅助绘图，用户经常需要修改坐标系的原点和方向，这时世界坐标系将变为用户坐标系（UCS）。UCS坐标轴不再有“口”形标记，如图8-18所示。

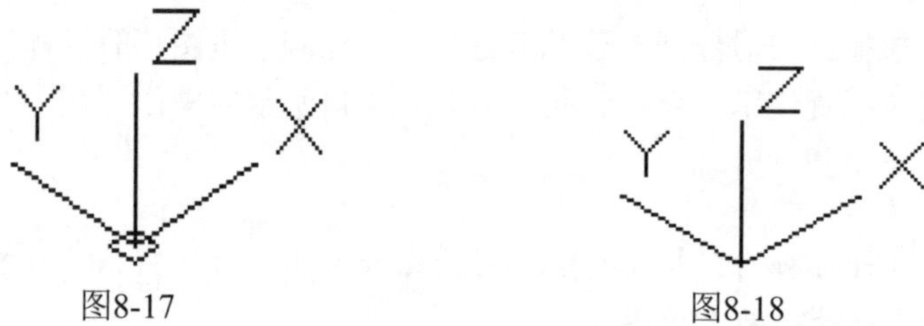

图8-17　　　　图8-18

尽管UCS的三个轴之间仍然互相垂直，但是UCS的原点和*x*、*y*、*z*轴的方向都可以被移动或旋转为需要的方位，使三维图形绘制具有更大的灵活性。

下面讲解在三维空间中创建用户坐标系的方法。

执行“工具”→“新建UCS”菜单下的子菜单命令，或执行UCS命令，命令行会提示“指定UCS的原点或[面(F)/命名(NA)/对象(OB)/上一个(P)/视图(V)/世界(W)/X/Y/Z/Z轴(ZA)]<世界>:”，选择其中的选项，可以以多种方式创建UCS。下面进行具体讲解。

- 指定UCS的原点：在绘图区中选择一个点作为坐标原点，按Enter键，即可创建新的坐标系，如图8-19所示，也可根据需要定义新坐标轴的方向。

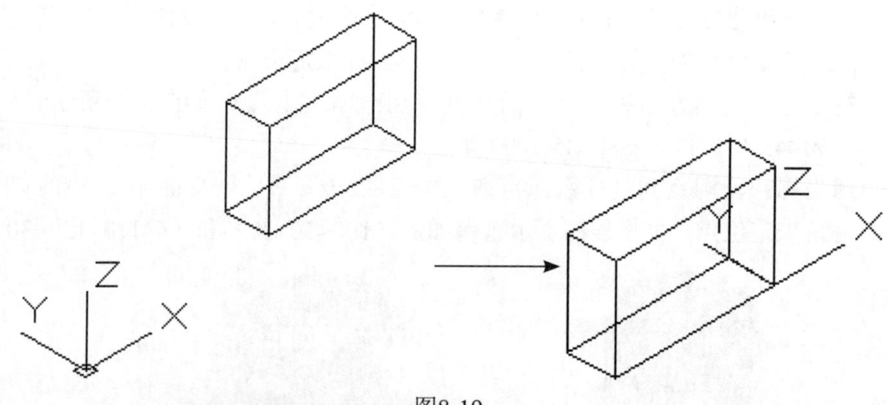

图8-19

- 面：在实体对象的选中面上创建用户坐标系。在选中面上单击，用户坐标系的*x*、*y*轴将被自动调整到该面上，坐标原点位于单击位置处，如图8-20所示。执行命令后，也可根据提示调整创建的用户坐标系。

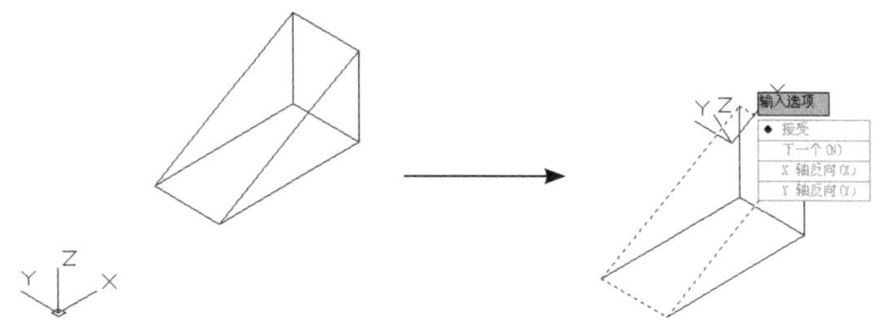

图8-20

- 命名：命名保存坐标系，或切换坐标系，或删除保存的坐标系。
- 对象：根据用户选择的对象快速创建用户坐标系，新UCS的*z*轴方向垂直于选择对象所在的平面，*x*轴和*y*轴方向取决于所选对象的类型（如圆弧、圆、尺寸标注等）。
- 上一个：将当前坐标系恢复到上次使用的坐标系。
- 视图：以垂直于观察方向（平行于屏幕）的平面为*xy*平面建立新的坐标系。UCS的原点保持不变，*z*轴垂直于屏幕向外，如图8-21所示。

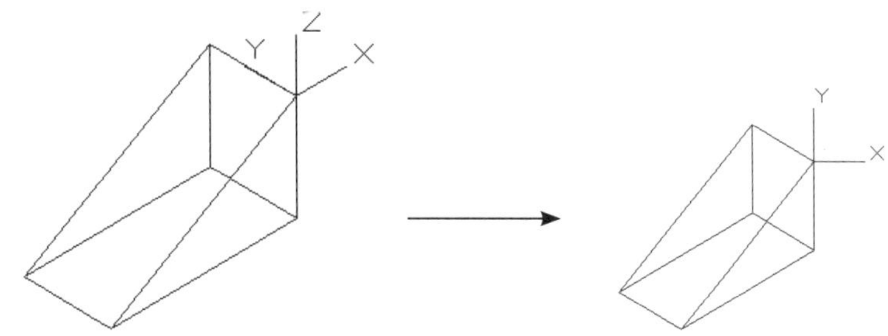

图8-21

- 世界：将当前的用户坐标系恢复到世界坐标系。
- X、Y、Z：绕指定轴旋转当前坐标系以定义新的UCS。该轴旋转的正方向可由右手定则来确定，如图8-22所示。
- Z轴：用指定的*z*轴的正半轴定义UCS。用户需要选择两点，第一点为新坐标系的原点，第二点则指定*z*轴的正方向。

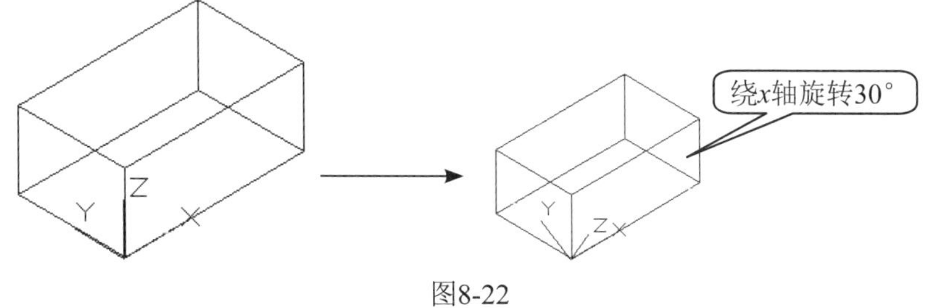

图8-22

8.4.3 管理坐标系

执行“工具”→“命名”菜单命令，或执行UC命令，打开“UCS”对话框，如图8-23所示，其中各选项卡具体讲解如下。

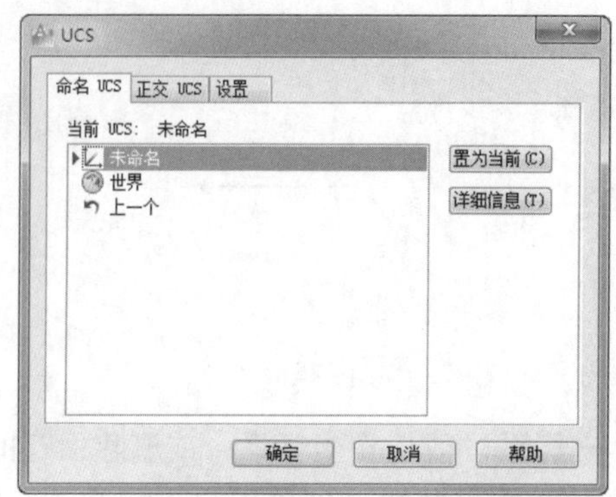

图8-23

- “命名UCS”选项卡：用于将调整后的坐标系命名保存。

  双击“未命名”项，输入自定义的坐标名称，即可为新坐标系命名。如果以后要使用该坐标系，可重新打开“UCS”对话框，选择以前保存的坐标系名称，然后单击“置为当前”按钮。

  “详细信息”按钮主要用于查看某一坐标系相对于指定坐标系的详细信息（需要在打开的对话框中选择相对坐标系）。

- “正交UCS”选项卡：用于设置六个正交UCS的坐标位置及其相对于的基准坐标系（基准坐标系可以是世界坐标系，也可以是用户自定义的坐标系）。此外，右击六个正交UCS右侧的“深度”值，在弹出的快捷菜单中选择“深度”命令，可以在打开的“正交 UCS 深度”对话框中调整正交UCS的坐标原点与基准坐标系的原点在该方向上的距离，如图8-24所示。

- “设置”选项卡：用于设置UCS图标的显示方式和应用范围等，如图8-25所示。

  “开”复选框用于打开UCS图标，取消选中状态后将不显示UCS图标。

  “显示于UCS原点”复选框用于在原点显示UCS图标，取消选中状态后将图标显示在左下角。

  “应用到所有活动视口”复选框用于设置前面两项的视口应用范围。

  “UCS与视口一起保存”复选框用于命名视口时保存UCS设置。

  “修改UCS时更新平面视图”复选框用于设置在修改UCS后图形的显示方向随之改变。

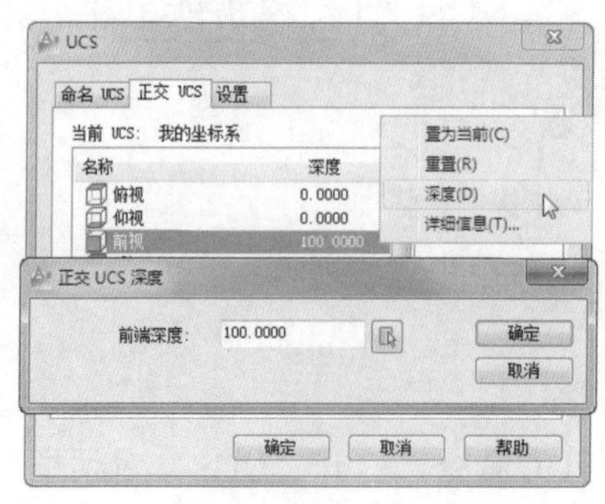

图8-24

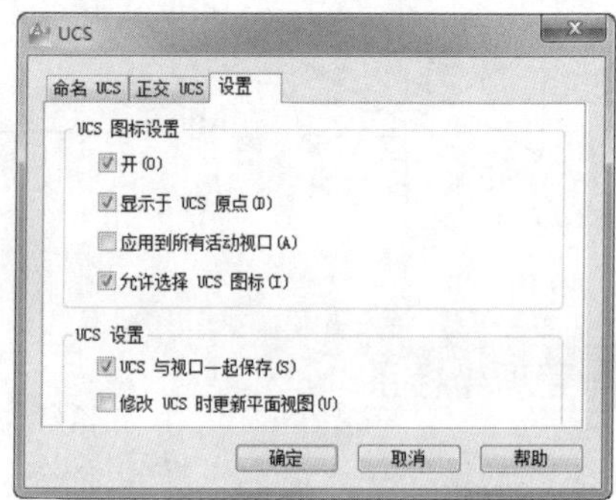

图8-25

8.5 三维线条的绘制

在AutoCAD中，很多绘制命令都是只能在二维模式下使用的专有命令，如绘制圆、多段线、矩形等（直线除外）。AutoCAD也提供了几个三维线条绘制命令，如绘制三维多段线和螺旋，本节进行具体讲解。

8.5.1 绘制三维多段线

执行“绘图”→“三维多段线”菜单命令，或执行3DPOLY命令，然后连续输入端点坐标值或捕捉三维图形的端点，即可绘制三维多段线，如图8-26所示。

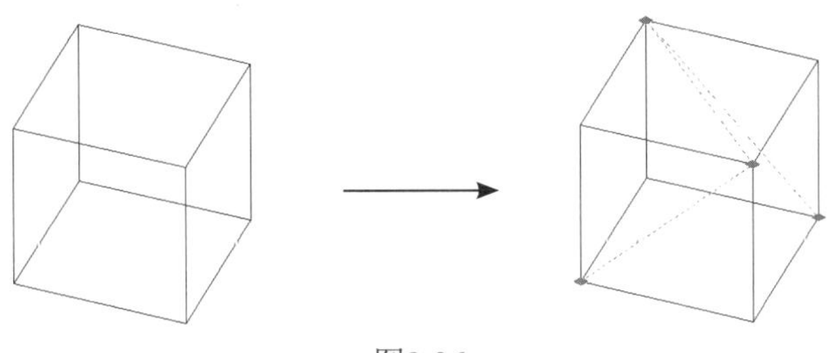

图8-26

提示：三维多段线与直线的绘制方法相同（不可绘制圆弧），只是三维多段线绘制完成后为一个对象，且可使用多段线编辑命令PEDIT对其进行编辑，而直线绘制完成后为多个对象。

8.5.2 绘制螺旋

执行“绘图”→“螺旋”菜单命令，或执行HELIX命令，然后指定螺旋底面的中心点，并拖动鼠标指针指定螺旋底面的半径，再拖动鼠标指针指定螺旋顶面的半径，最后上下拖动鼠标指针指定螺旋的高度，即可绘制螺旋，如图8-27所示。

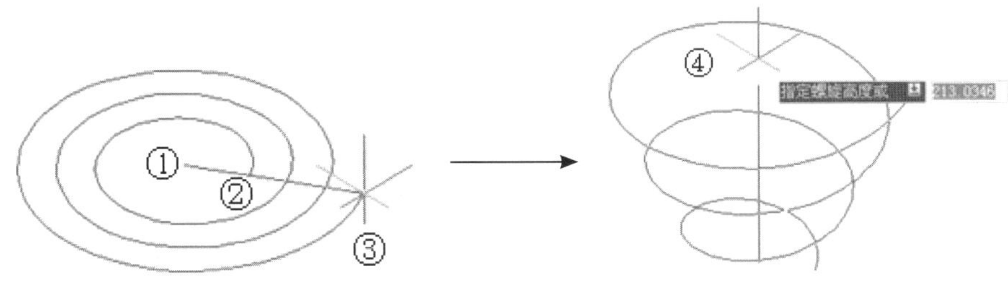

图8-27

在绘制螺旋的过程中，命令行会提示“指定螺旋高度或[轴端点(A)/圈数(T)/圈高(H)/扭曲(W)]:”，其中各选项讲解如下。

- 轴端点：选择该选项后，可在三维空间中的任意位置指定螺旋轴的端点，从而确定螺旋的长度和方向。
- 圈数：选择该选项后，可设置螺旋的圈数。

- 圈高：选择该选项后，可设置螺旋内一个完整圈的高度。指定圈高后，螺旋的圈数将相应地自动更新。
- 扭曲：选择该选项后，可指定是以顺时针方向还是以逆时针方向绘制螺旋，系统默认绘制逆时针螺旋。

8.6 基本实体的绘制

本节讲解长方体、楔体、多段体、球体、圆柱体、圆锥体、圆环体和棱锥面等基本实体的快捷绘制方法。

8.6.1 绘制长方体

执行“绘图”→“建模”→“长方体”菜单命令，或执行BOX命令，然后指定长方体的第一个角点，再指定其对角点，最后指定高度，即可绘制一个长方体，如图8-28所示。

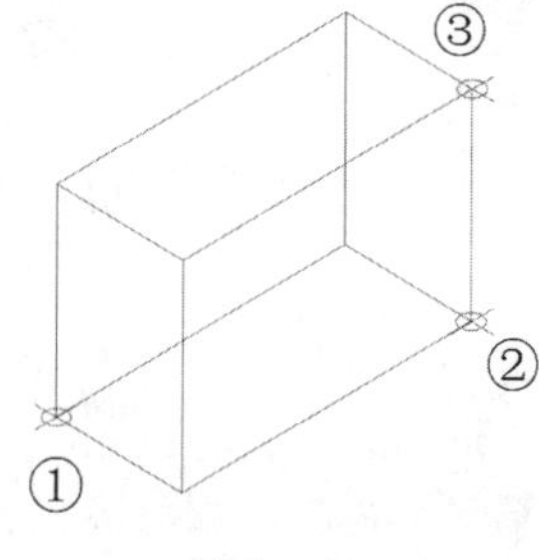

图8-28

提示：在绘制长方体的过程中，命令行会提示“指定其他角点或 [立方体(C)/长度(L)]:”。选择“立方体”选项，可以绘制立方体；选择“长度”选项，可以以“先确定底面两个边长，再确定高度”的方式绘制长方体。

8.6.2 绘制楔体

执行“绘图”→“建模”→“楔体”菜单命令，或执行WE命令，然后指定楔体的第一个角点，再指定其底部面的对角点，最后指定高度，即可绘制一个楔体（与长方体的绘制方法基本一致），如图8-29所示。

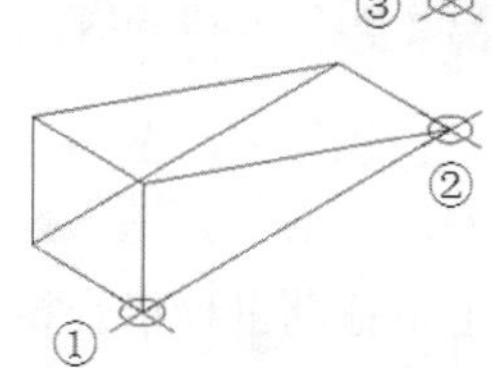

图8-29

8.6.3 绘制多段体

多段体实际上可以被看作是具有固定宽度和高度的多段线，如图8-30所示。

执行“绘图”→“建模”→“多段体”菜单命令，或执行POLYSOLID命令，即可像绘制多段线一样直接绘制多段体；也可以将现有直线、二维多段线、圆弧或圆等转换为多段体。

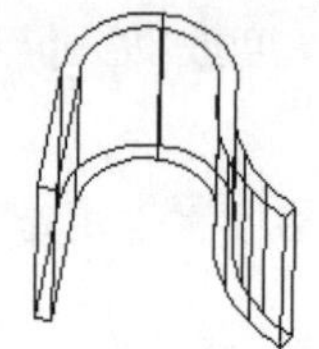
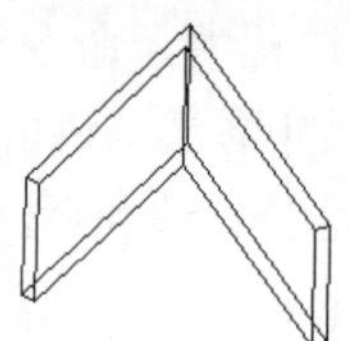

图8-30

在绘制多段体的过程中，命令行会提示“指定起点或 [对象(O)/高度(H)/宽度(W)/对正(J)] <对象>:”，各选项讲解如下。

- 直接单击可以绘制多段线。
- 选择“对象”选项，可以选择已有对象并将其转换为多段体。
- 选择“高度”和“宽度”选项，可以指定多段体的高度与宽度（默认高度为80，宽度为5）。
- 选择“对正”选项，可以设置多段体的对正方式（例如，多段线是位于多段体的左侧、右侧，还是位于多段体的中部）。

8.6.4 绘制球体

执行“绘图”→“建模”→“球体”菜单命令，或执行SPHERE命令，然后指定球体的球心坐标和球体的半径，即可绘制球体，如图8-31所示。

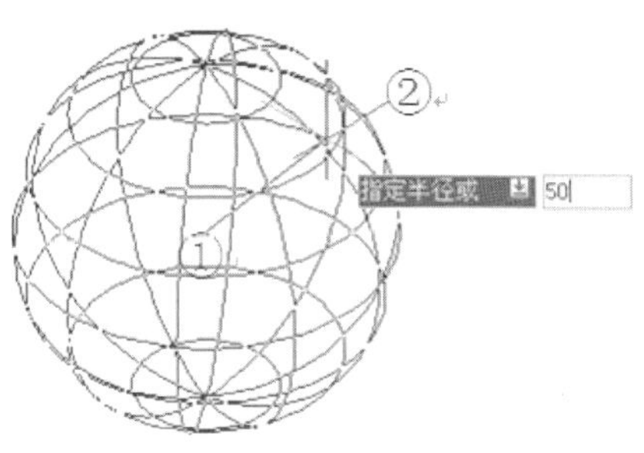

图8-31

在绘制球体的过程中，命令行会提示“指定中心点或 [三点(3P)/两点(2P)/相切、相切、半径(T)]:”，各选项讲解如下。

- 三点：选择该选项后，可通过在三维空间中指定三个不共线的点来定义球体，球体表面经过这三个点，且其最大截面也经过由这三个点所决定的面。
- 两点：选择该选项后，可通过在三维空间中任意指定两点来定义球体，球体表面经过这两个点，且以这两个点之间的距离为直径生成球体。
- 相切、相切、半径：选择该选项后，可定义具有指定半径且与两个对象相切的球体。

8.6.5 绘制圆柱体

执行“绘图”→“建模”→“圆柱体”菜单命令，或执行CYL命令，然后单击两点绘制圆柱体的底面圆，并指定其高度，即可完成圆柱体的绘制，如图8-32所示。

在绘制圆柱体的过程中，命令行会提示“指定底面的中心点或 [三点(3P)/两点(2P)/相切、相切、半径(T)/椭圆(E)]:”，选择“椭圆”选项，可以绘制底面为椭圆的圆柱体（其他选项参见8.6.4节）。

此外，在命令行提示“指定高度或[两点(2P)/轴端点(A)]<××>:”时，选择“轴端点”选项，可通过指定轴端点的位置来确定圆柱体的长度和方向，如图8-33所示。

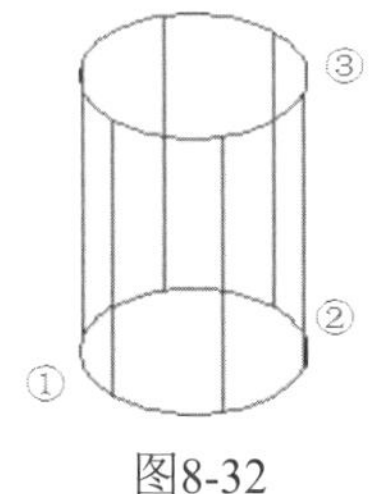

图8-32

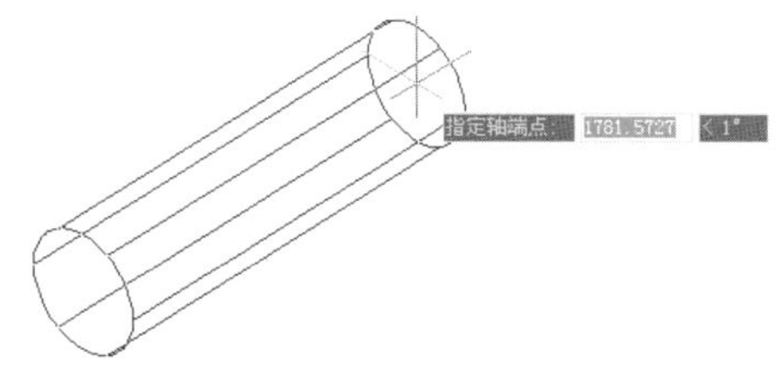

图8-33

8.6.6 绘制圆锥体

执行“绘图”→“建模”→“圆锥体”菜单命令，或执行CONE命令，可按照与绘制圆柱体相同的操作绘制圆锥体，如图8-34所示。

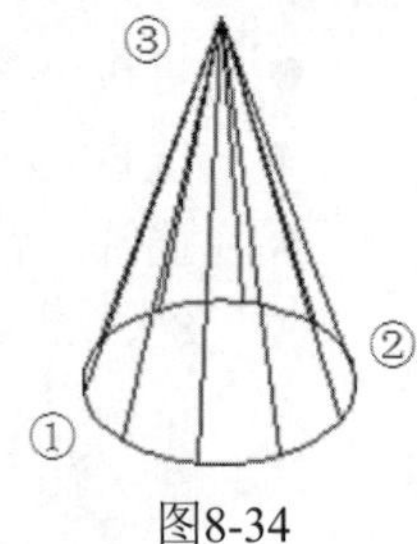

图8-34

在绘制圆锥体的过程中，命令行会提示“指定高度或 [两点(2P)/轴端点(A)/顶面半径(T)] <××>:”，选择“顶面半径”选项，可通过指定顶面半径来绘制圆台或椭圆台，如图8-35所示。

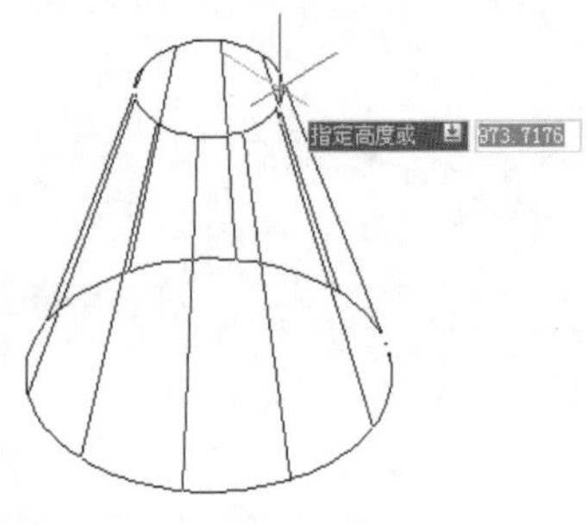

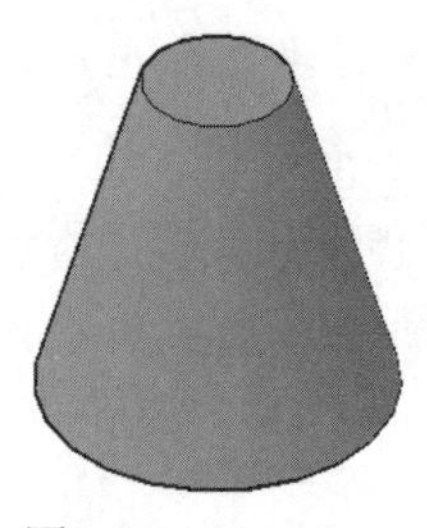
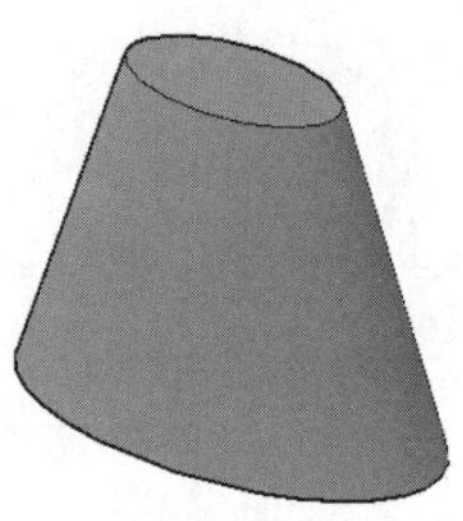

图8-35

8.6.7 绘制圆环体

执行“绘图”→“建模”→“圆环体”菜单命令，或执行TORUS命令，然后指定圆环的中心点，并指定圆环的半径，再指定圆管的半径，即可绘制圆环体，如图8-36所示。

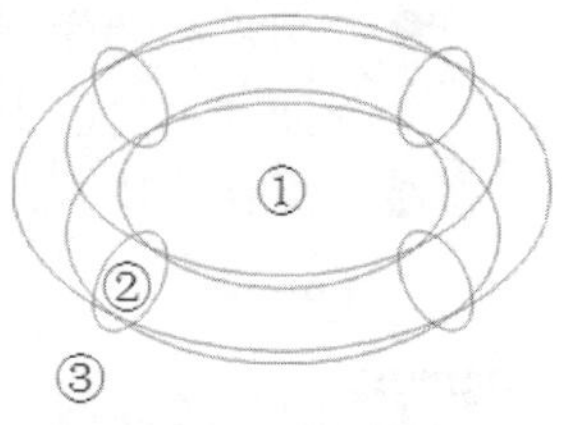

图8-36

提示：在绘制圆环体的过程中，命令行会提示“指定中心点或 [三点(3P)/两点(2P)/相切、相切、半径(T)]:”，各选项参见8.6.4节，此处不再赘述。

8.6.8 绘制棱锥面

执行“绘图”→“建模”→“棱锥面”菜单命令，或执行PYRAMID命令，然后指定棱锥底面的中心点，并指定棱锥底面的半径，再指定棱锥的高度，即可绘制棱锥面，如图8-37所示。

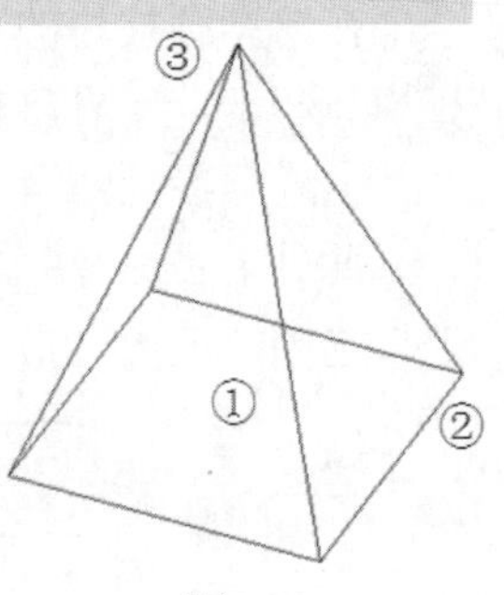

图8-37

在绘制棱锥面的过程中，命令行会提示“指定底面的中心点或 [边(E)/侧面(S)]:”，各选项讲解如下。

- 边：通过指定底面多边形一条边线的长度来定义多边形的大小。
- 侧面：指定侧面数，即指定棱锥面的棱数。

当命令行提示“指定底面半径或 [内接(I)] <××>:”时，可设置底面多边形“内接(I)”或“外切(C)”于底面圆。

当命令行提示“指定高度或 [两点(2P)/轴端点(A)/顶面半径(T)]:”时，各选项讲解如下。

- 两点：通过指定两点定义棱锥的高度。
- 轴端点：通过指定轴端点绘制倾斜棱锥面，如图8-38所示。
- 顶面半径：通过指定棱锥的顶面半径绘制棱台，如图8-39所示。

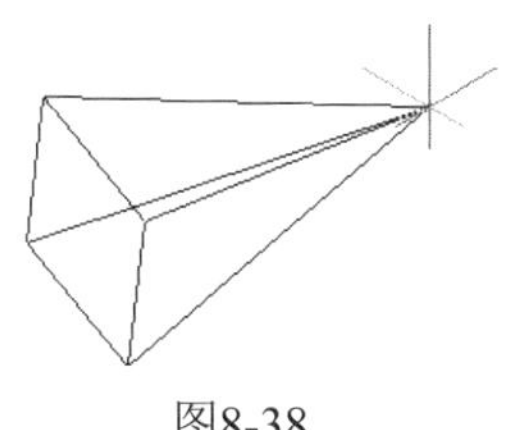

图8-38

图8-39

8.7　利用平面图形创建实体

通过拉伸、旋转、扫掠和放样等命令，可以将平面图形延伸一定的距离，从而创建实体，本节进行具体讲解。

8.7.1　通过拉伸创建实体

执行“绘图”→“建模”→“拉伸”菜单命令，或执行EXTRUDE命令，然后选择要拉伸的封闭图形或面域，并指定拉伸的高度，即可创建拉伸实体，如图8-40所示。

图8-40

在执行拉伸操作的过程中，命令行会提示“指定拉伸的高度或 [方向(D)/路径(P)/倾斜角(T)] <××>:”，各选项讲解如下。

- 方向：通过指定两点来设置拉伸方向，如图8-41所示（如果不进行此项设置，系统默认以垂直于封闭图形面的方向进行拉伸）。
- 路径：设置图形沿指定路径进行拉伸，如图8-42所示。
- 倾斜角：指定拉伸面与被拉伸图形所在面之间的夹角，可以拉伸出具有一定锥度的实体，如图8-43所示。

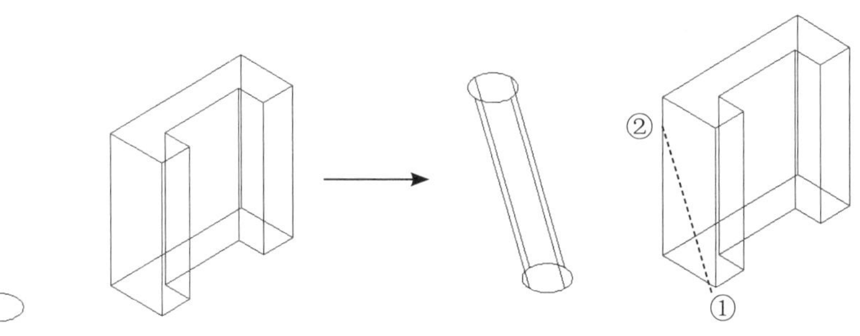

图8-41

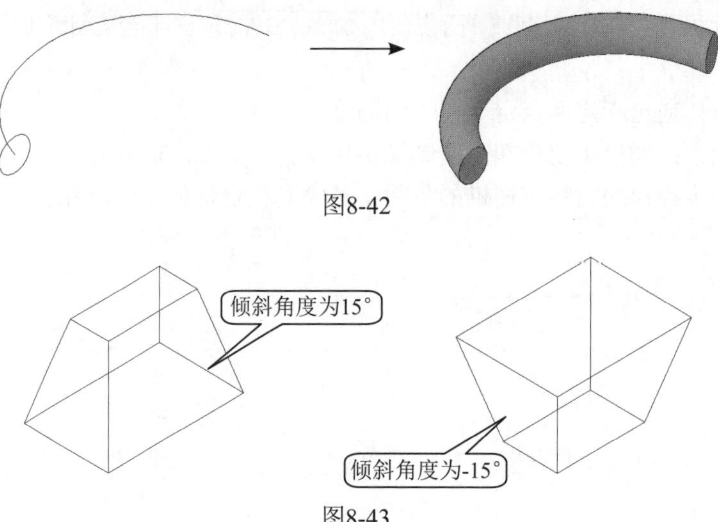

图8-42

图8-43

沿指定路径拉伸图形时要注意以下几点。

- 路径不能与被拉伸图形共面。
- 如果路径中包含曲线，则该曲线应不带尖角。
- 如果路径中包含相连但不相切的线段，则在连接点处，拉伸会沿线段的角平分面斜接此连接点。

提示：如果被拉伸的封闭区域由多个对象组成（如圆弧和直线），此时将生成曲面，除非先将它们转换为面域或封闭多段线。

8.7.2 通过旋转创建实体

执行“绘图”→“建模”→“旋转”菜单命令，或执行REV命令，然后选择用于旋转的二维图形，并分别指定旋转轴的两个端点，再指定旋转角度，即可创建旋转实体，如图8-44所示。

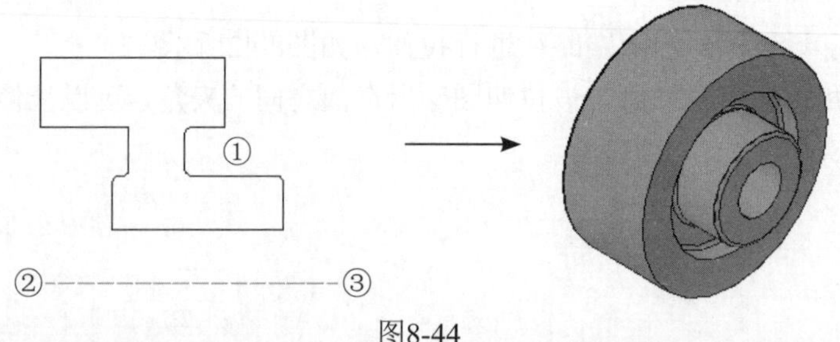

图8-44

在执行旋转操作的过程中，命令行会提示“指定轴起点或根据以下选项之一定义轴[对象(O)/X/Y/Z] <对象>:”。选择“对象”选项，可以指定一个对象作为旋转轴；选择“X”“Y”或“Z”选项，可以指定x、y、z轴作为旋转轴。

提示：可以通过拖动实体的夹点来调整实体，只是该方式较难控制，所以较少使用。

8.7.3 通过扫掠创建实体

扫掠操作类似于拉伸操作中的“沿路径拉伸”。执行“绘图”→“建模”→“扫掠”菜单命令，或执行SWEEP命令，然后选择要执行扫掠的对象，并选择扫掠路径，即可创建扫掠实体，如图8-45所示。

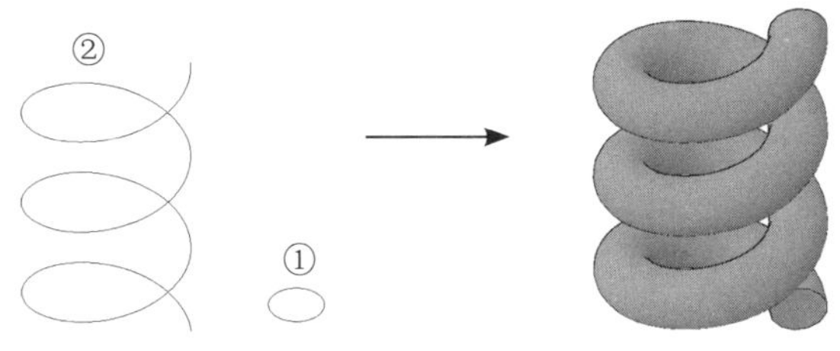

图8-45

在执行扫掠操作的过程中，命令行会提示“选择扫掠路径或 [对齐(A)/基点(B)/比例(S)/扭曲(T)]:”，选择不同的选项可以对扫掠进行更多的设置，具体讲解如下。

- 对齐：选择该选项后，可设置扫掠轮廓是否始终垂直于扫掠路径（默认为对齐）；如果设置为不对齐，则将以轮廓的原始曲面方向为截面进行扫掠，效果如图8-46所示。
- 基点：选择该选项后，可指定要扫掠轮廓的基点，即穿过扫掠路径的点。
- 比例：选择该选项后，可在扫掠的过程中放大或缩小扫掠轮廓，以形成尖状的扫掠实体，如图8-47所示。
- 扭曲：选择该选项后，可设置扫掠轮廓的扭曲角度，如图8-48所示。

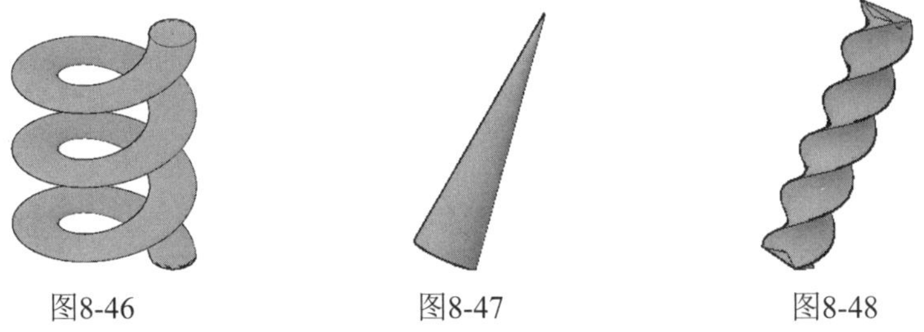

图8-46　　图8-47　　图8-48

8.7.4 通过放样创建实体

执行“绘图”→“建模”→“放样”菜单命令，或执行LOFT命令，然后选择用于放样的横截面，按Enter键，在弹出的快捷菜单中选择“仅横截面”命令，即可创建放样实体，如图8-49左图所示。

如果在弹出的快捷菜单中选择“设置”命令，将打开“放样设置”对话框，如图8-49右图所示。通过该对话框可以进行更多的设置操作（设置不同，所生成的放样实体也不同），具体讲解如下。

- 直纹：指定实体或曲面在横截面之间是直纹（直的），并且在横截面处具有鲜明边界，如图8-50所示。

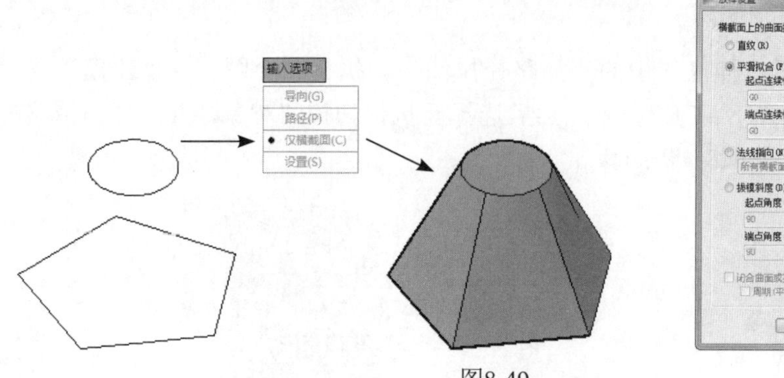

图8-49

- 平滑拟合：指定在横截面之间绘制平滑实体或曲面，并且在起点和终点横截面处具有鲜明边界，如图8-51所示。
- 法线指向：设置放样实体的外表面与横截面的法线相切（可以设置“起始面”“终止面”“所有横截面”相切等），如图8-52所示。

图8-50　　图8-51　　图8-52

- 拔模斜度：控制放样实体外表面的第一个和最后一个横截面与相邻面切面之间的角度，如图8-53所示。

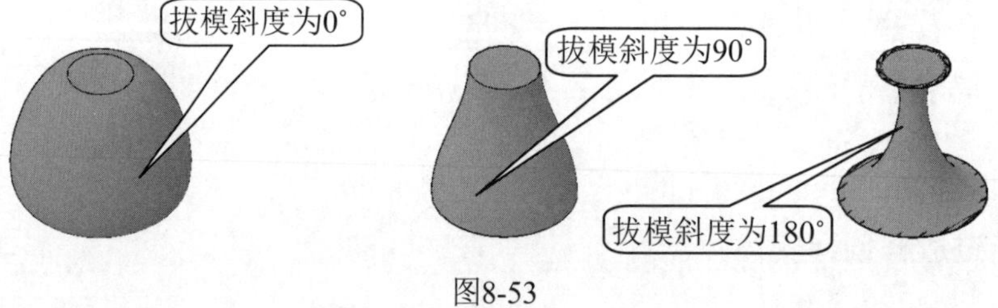

图8-53

- 闭合曲面或实体：控制是否将生成的放样实体闭合，如图8-54所示。

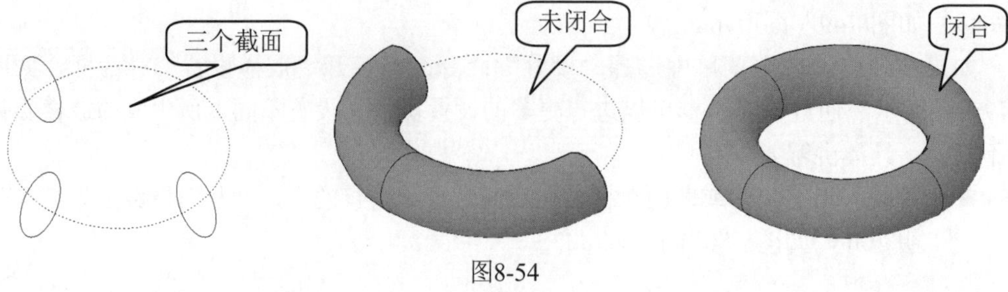

图8-54

- 周期（平滑端点）：创建平滑的闭合曲面，在重塑该曲面时其接缝不会扭折。仅当放样为直纹（或平滑拟合）且选中“闭合曲面或实体”复选框时，该复选框才可用。

此外，在执行放样操作的过程中，命令行会提示“输入选项 [导向(G)/路径(P)/仅横截面(C)] <仅横截面>:”，其中，“导向”和“路径”选项讲解如下。

- 导向：利用导向曲线控制放样效果。选择该选项后，系统将要求选择导向曲线，如图8-55所示。

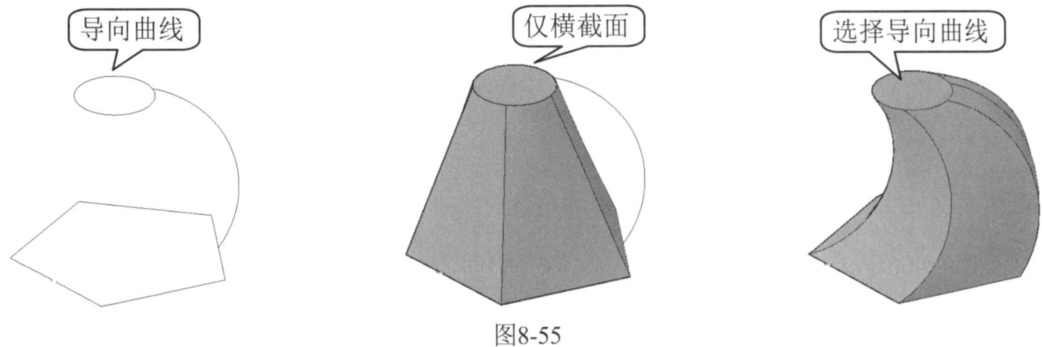

图8-55

- 路径：选择该选项后，可沿路径曲线对截面进行放样控制，如图8-56所示。

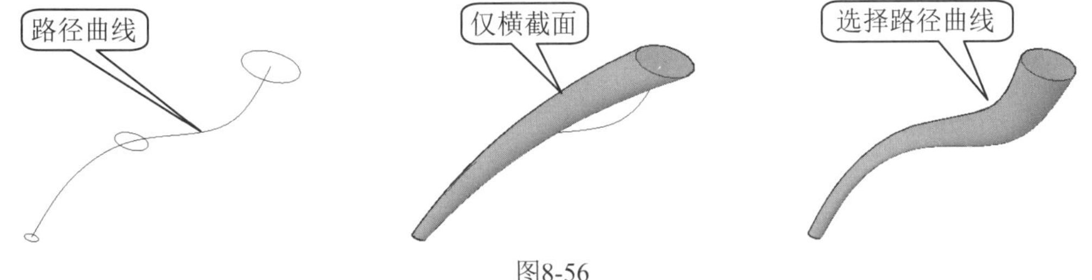

图8-56

提示：导向曲线放样和路径曲线放样的区别是，导向曲线多用于控制三维实体的外部轮廓走向；而路径曲线多用于控制放样中轮廓渐变经过的路线。

8.7.5 通过按住并拖动创建实体

按Shift+Ctrl+E组合键，或执行PRESSPULL命令，可以拾取一个共面的封闭区域，然后拖动鼠标指针来创建实体，如图8-57所示。

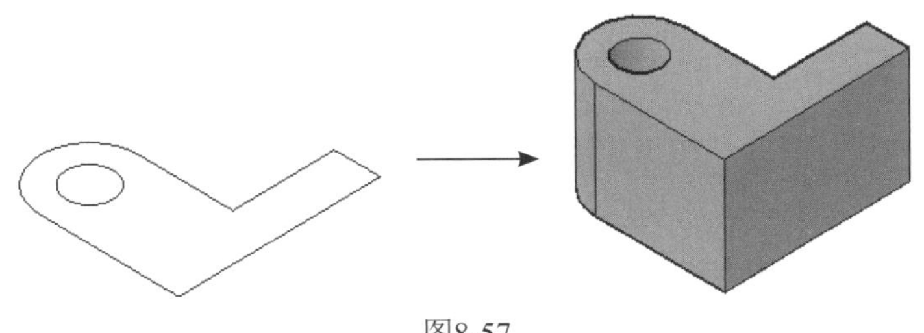

图8-57

该操作与拉伸操作类似，但也有不同，具体讲解如下。

- 执行拉伸操作时，如果封闭区域由多个对象组成，则拉伸将生成曲面；而执行按住并拖动操作仍将生成实体。
- 执行拉伸操作时，必须选中对象；而执行按住并拖动操作时，只需将鼠标指针移至封闭的二维图形区域单击，系统便会自动分析出拉伸边界。
- 执行拉伸操作后，源对象将被删除；而执行按住并拖动操作后，源对象将被保留。

8.8 三维面的绘制

除了绘制三维实体，还可以直接绘制三维面，如球面、圆环面、直纹面等。下面具体讲解这些三维面的绘制方法。

8.8.1 绘制平面曲面

平面曲面可以被理解为“在一个平面上的面”。执行“绘图”→“建模”→“曲面”→“平面”菜单命令，或执行PLANESURF命令，然后顺序指定两个对角点，即可绘制一个平面曲面，如图8-58所示。

在执行平面曲面绘制操作的过程中，命令行会提示“指定第一个角点或 [对象(O)] <对象>:”，此时选择“对象”选项，可以选择已有封闭图形来创建各种形状的平面曲面，如图8-59所示。

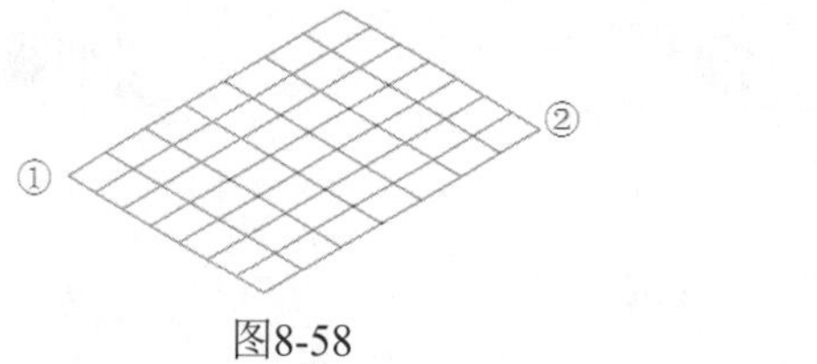

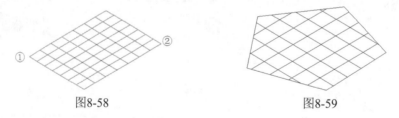

图8-58

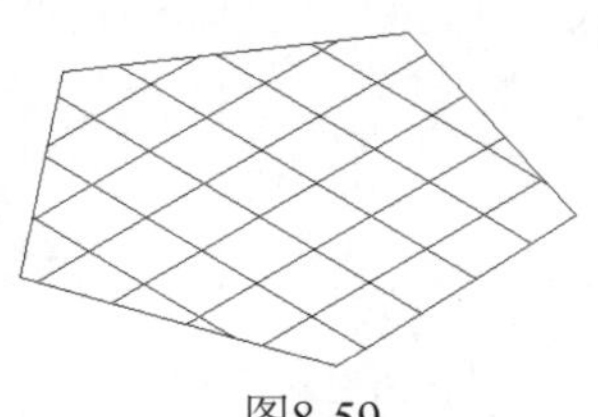

图8-59

8.8.2 绘制二维填充网格

执行SO命令，然后指定同一平面上的四个点，即可绘制二维填充网格，如图8-60所示。

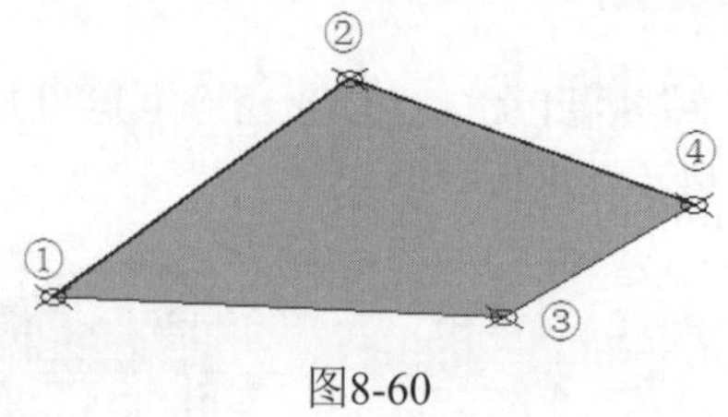

图8-60

提示：指定四个点后，后两个点构成下一填充区域的第一条边，可继续指定下一填充区域的第三点和第四点，以不断绘制网格。此外，指定三个点后按Enter键，可以绘制三角形网格。

8.8.3 绘制三维面

执行“绘图”→“建模”→“网格”→“三维面”菜单命令，或执行3F命令，然后指定三维空间内的任意四个点，即可绘制三维面。

与绘制二维填充网格不同的是，可以使用空间内的任意点绘制三维面，而且所绘制的三维面中的每三个点构成一个三角形平面区域，如图8-61所示。

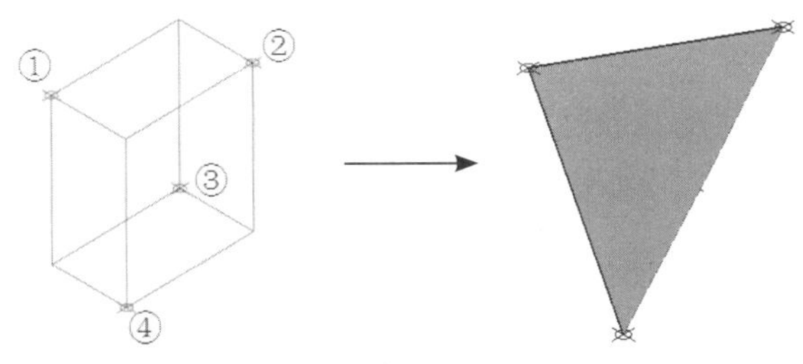

图8-61

在执行三维面绘制操作的过程中，命令行会提示“指定第一点或 [不可见(I)]:”，选择“不可见”选项，可使该三维面的边线不显示。

提示：不显示边线的三维面在线框图中不显示，但会遮挡其他形体。此外，可以执行EDGE命令，重新显示三维面的边线。

8.8.4 绘制三维网格

首先绘制构成三维网格的矩阵点，然后执行3DMESH命令，再设置三维网格M方向（第一方向）与N方向（第二方向）上点的数目，最后顺序选择各个点，即可绘制三维网格，如图8-62所示。

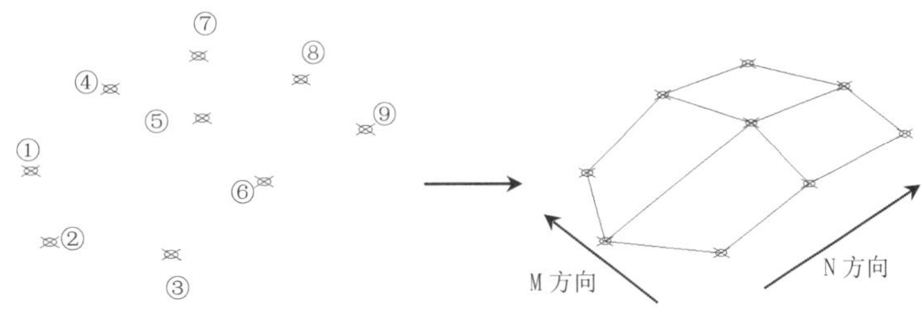

图8-62

提示：使用PEDIT命令可对绘制的三维网格进行编辑，如编辑顶点、平滑三维网格、在M方向和N方向上闭合三维网格等。

8.8.5 绘制旋转网格

执行“绘图”→“建模”→“网格”→“旋转网格”菜单命令，或执行REVSURF命令，然后选择旋转对象，再选择旋转轴，最后顺序指定旋转的起点角度与包含角，即可绘制旋转网格，如图8-63所示。

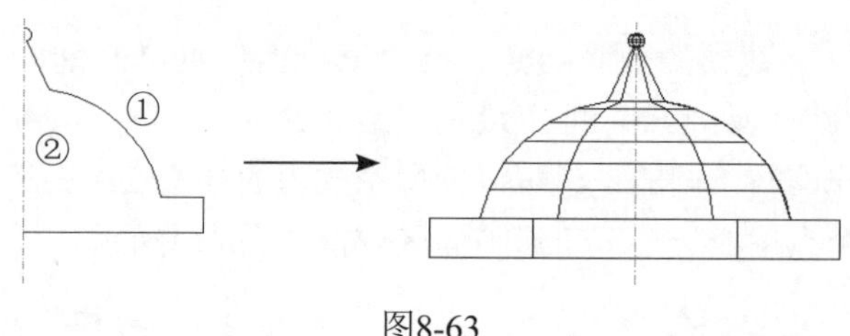

图8-63

在执行旋转网格绘制操作的过程中，命令行会提示“当前线框密度: SURFTAB1=20 SURFTAB2=6”，用于控制当前网格在横向与纵向的网格密度。此密度值不同，所绘制的网格也不同，如图8-64所示。

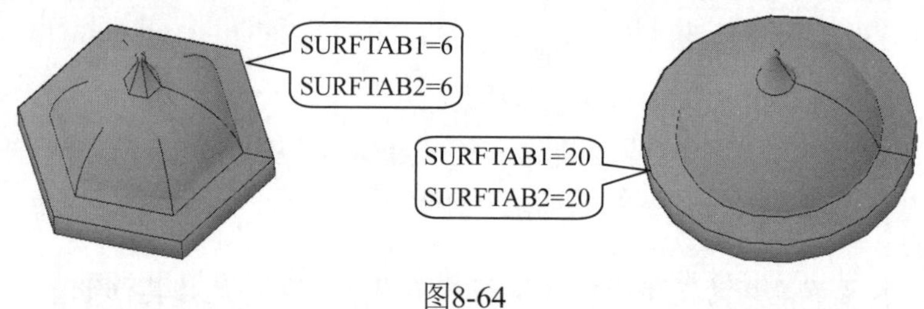

图8-64

提示：执行SURFTAB1和SURFTAB2命令，输入数值，可重新设置SURFTAB1和SURFTAB2两个系统变量的值，从而控制网格密度。

8.8.6 绘制平移网格

执行“绘图”→“建模”→“网格”→“平移网格”菜单命令，或执行TABSURF命令，然后选择用于平移的轮廓曲线，再选择方向矢量对象，即可绘制平移网格（方向矢量对象的位置决定网格平移的方向，方向矢量对象的长度决定网格平移的距离），如图8-65所示。

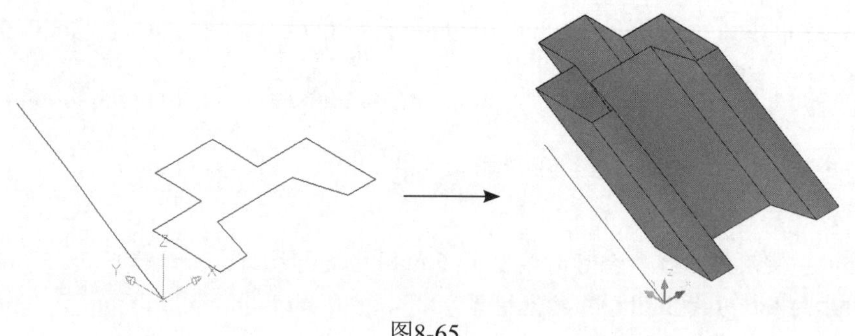

图8-65

提示：方向矢量对象必须为直线，且在选择方向矢量对象时，所选位置能够决定网格平移的方向，例如，所选点在中点上部则向上平移，所选点在中点下部则向下平移。

此外，通过执行SURFTAB1命令设置变量值，可以更改平移网格的网格密度。

8.8.7 绘制直纹网格

执行“绘图”→“建模”→“网格”→“直纹网格”菜单命令，或执行RULESURF命令，然后任意选择两个曲线对象（不共线），即可创建直纹网格，如图8-66所示。

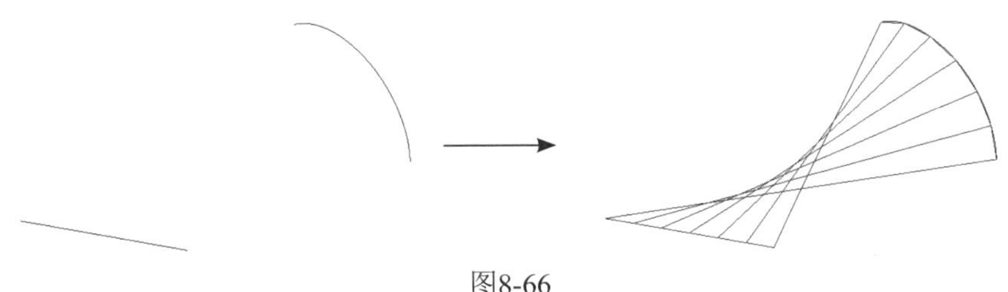

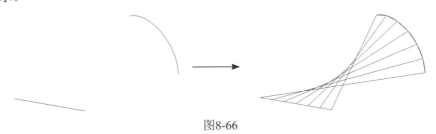

图8-66

提示：构成直纹网格的两个曲线对象只能有一个是点，而且如果一个曲线对象闭合，那么另一个曲线对象也必须闭合。此外，应注意在选择曲线对象时所选点的位置，靠近单击点的端点为起始对应点。

同样，通过执行SURFTAB1命令，可以控制直纹网格的网格密度。

8.8.8 绘制边界网格

首先绘制首尾相连的四条曲线，然后执行“绘图”→“建模”→“网格”→“边界网格”菜单命令，或执行EDGESURF命令，再顺序选择这四条曲线，即可绘制边界网格，如图8-67所示。

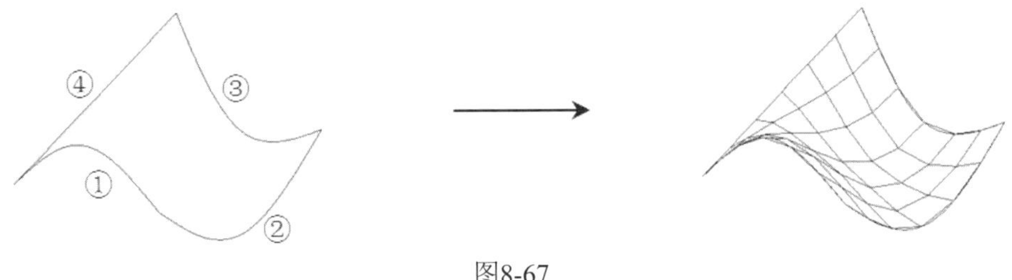

图8-67

提示：选择的第一条曲线确定了网格的M方向，选择的第二条曲线确定了网格的N方向。

同样，通过执行SURFTAB1和SURFTAB2命令设置系统变量值，可以设置边界网格在M方向和N方向上的网格密度。

8.9 三维操作

可以对已创建的三维对象执行移动、旋转、对齐、镜像和阵列等操作，以快速、灵活地复制或定位三维对象。下面具体讲解相关操作。

8.9.1 三维移动

执行“修改”→“三维操作”→“三维移动”菜单命令，或执行3M命令，然后选择要移动的三维对象，再指定基点，并指定移动到的点，即可移动三维对象，如图8-68所示。

此外，在移动三维对象的过程中，将鼠标指针悬停在移动坐标系的轴上，可以沿指定轴移动三维对象，如图8-69所示；而将鼠标指针悬停在两条轴句柄的三角区，则可以沿指定的平面移动三维对象，如图8-70所示。

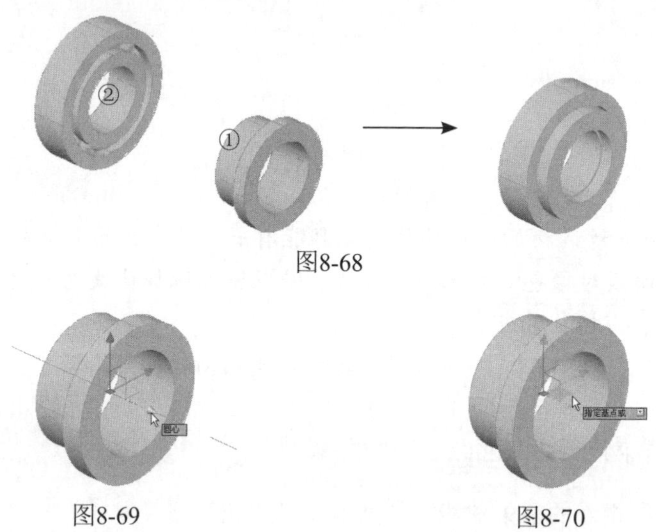

图8-68

图8-69　　图8-70

提示：“三维移动”命令的选项与“移动”命令的选项类似，这里不再赘述。

8.9.2 三维旋转

执行“修改”→“三维操作”→“三维旋转”菜单命令，或执行3R命令，然后选择要旋转的三维对象，此时系统会显示由三个互相垂直的圆组成的球坐标系，首先单击一点确定球坐标系的原点，再选择一个圆以其轴为旋转轴，最后在该圆上分别指定旋转起点和旋转终点，即可旋转三维对象，如图8-71所示。

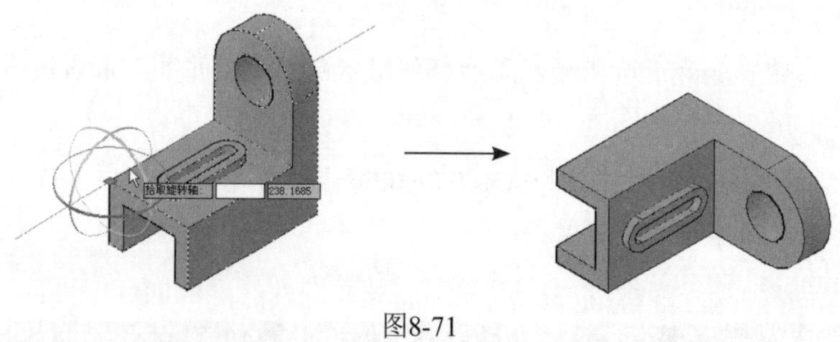

图8-71

提示：在旋转三维对象的过程中，当命令行提示“指定角的起点或键入角度:”时，可直接输入旋转角度以旋转三维对象。

8.9.3 三维对齐

执行“修改”→“三维操作”→“三维对齐”菜单命令，或执行3AL命令，然后选择要对齐的对象，并在要对齐的对象和被对齐的对象之间分别指定三对目标点和原点，即可将三维对象对齐，如图8-72所示。

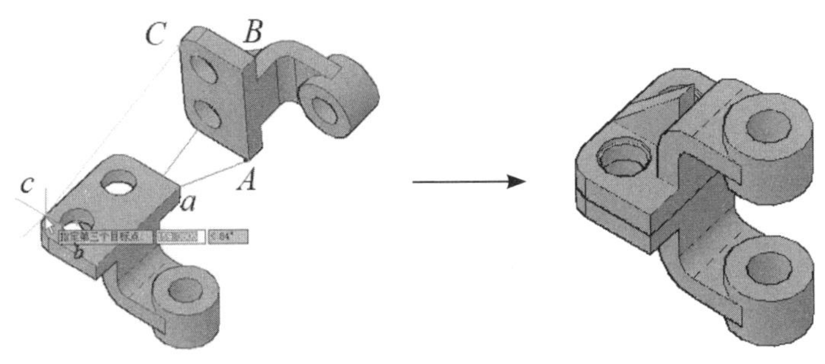

图8-72

8.9.4 三维镜像

执行“修改”→“三维操作”→“三维镜像”菜单命令，或执行MIRROR3D命令，然后选择要镜像的对象，并通过指定三个点确定一个镜像平面，再选择是否删除源对象，即可镜像三维对象，源对象将被镜像放置，或复制出一个镜像对象，如图8-73所示。

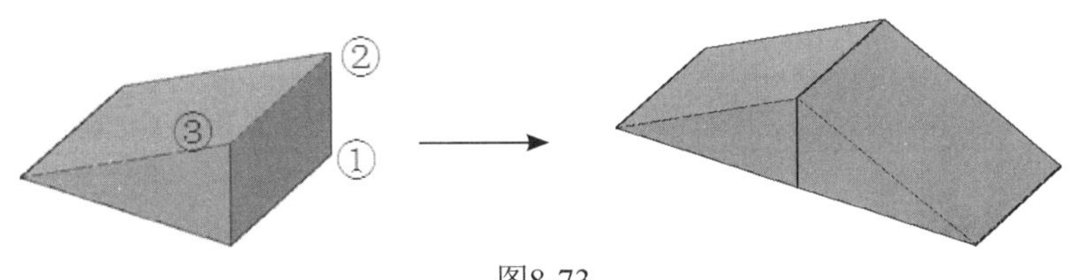

图8-73

在执行三维镜像操作的过程中，命令行会提示“指定镜像平面 (三点) 的第一个点或[对象(O)/最近的(L)/Z 轴(Z)/视图(V)/XY 平面(XY)/YZ 平面(YZ)/ZX 平面(ZX)/三点(3)] <三点>:”，其中的选项用于设置指定镜像平面的方法，此处不再赘述。

8.9.5 三维阵列

执行“修改”→“三维操作”→“三维阵列”菜单命令，或执行3A命令，即可阵列三维对象。

“三维阵列”命令与二维模式下的“阵列”命令基本相同，只是增加了更多的设置。例如，在创建环形阵列时应指定旋转轴，而不仅仅只是指定旋转中心；在创建矩形阵列时除了设置行、列的间距和数量外，还应设置层的间距和数量，如图8-74和图8-75所示。

环形阵列的操作步骤为：执行3A命令→选择对象→选择“环形”选项→指定个数→指定阵列角度→指定是否旋转阵列对象→指定阵列轴第一点→指定阵列轴第二点。

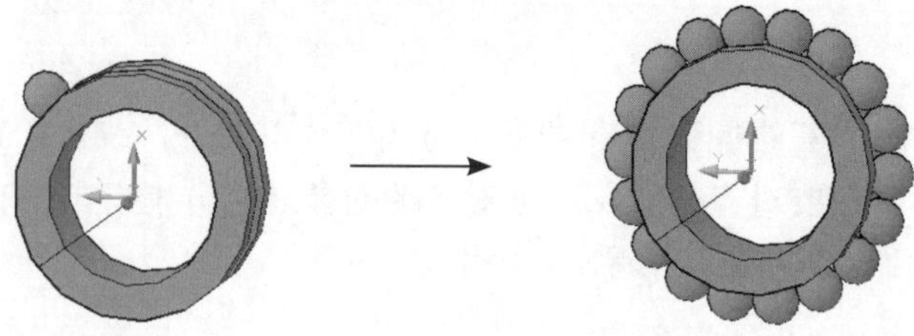

图8-74

矩形阵列的操作步骤为：执行3A命令→选择对象→选择“矩形”选项→输入行数→输入列数→输入层数→指定行间距→指定列间距→指定层间距。

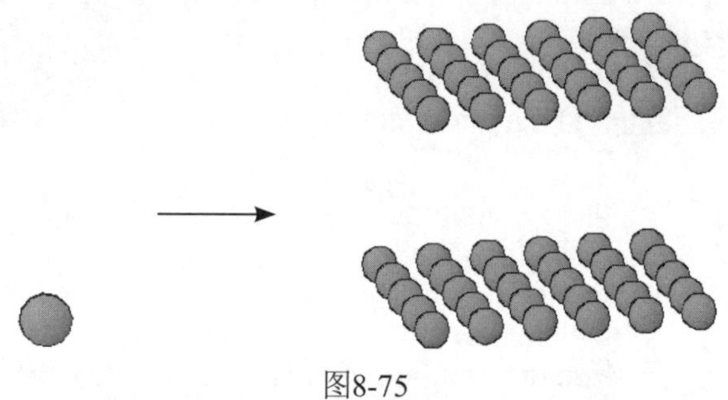

图8-75

提示：在操作时出现的“是否旋转阵列对象”选项，用于设置阵列时是否旋转对象，以使其与中心轴始终垂直。

8.10 编辑实体面

通过对三维实体的面进行编辑，可以在已有图形的基础上创建更加复杂的图形。下面具体讲解相关操作。

8.10.1 拉伸面

执行“修改”→“实体编辑”→“拉伸面”菜单命令（或执行SOLIDEDIT命令，在命令行中选择F选项，再选择E选项），然后选择要拉伸的面，指定拉伸的高度和拉伸的倾斜角度，即可将选择的面进行拉伸，完成操作后需要按两次Enter键结束“拉伸面”命令，如图8-76所示。

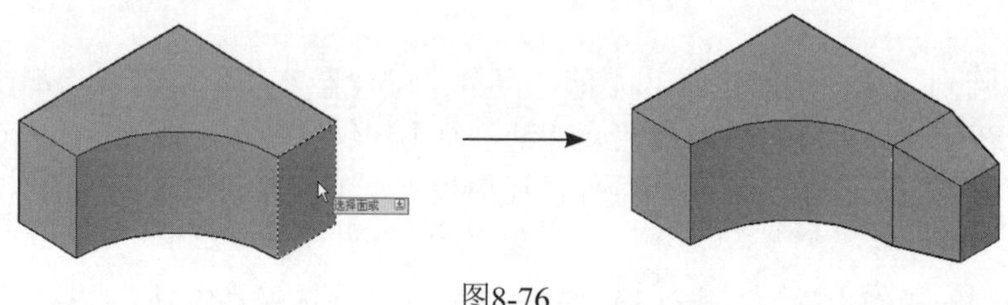

图8-76

在执行拉伸面操作的过程中，当命令行提示“选择面或[放弃(U)/删除(R)]:”时，选择“删除”选项，可取消前面对某个面的选择；当命令行提示“指定拉伸高度或 [路径(P)]:”时，选择“路径”选项，可沿选择的路径拉伸面。

8.10.2 移动面

执行“修改”→“实体编辑”→“移动面”菜单命令（或执行SOLIDEDIT命令，在命令行中选择F选项，再选择M选项），然后选择要移动的面，指定该移动面的基点，并指定要将面移动到的位移点，即可移动面，完成操作后需要按两次Enter键结束“移动面”命令，如图8-77所示。

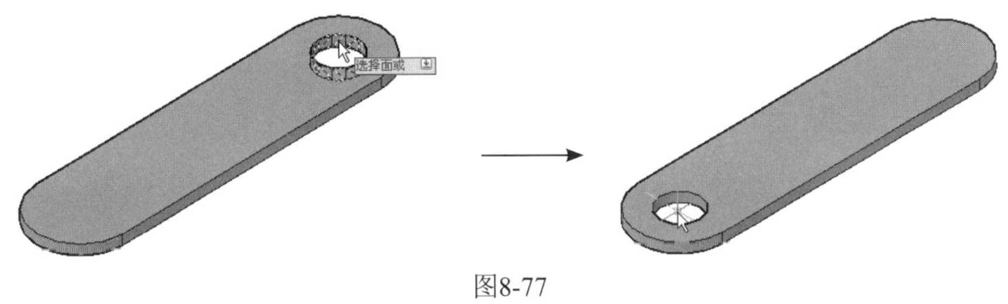

图8-77

8.10.3 偏移面

执行“修改”→“实体编辑”→“偏移面”菜单命令（或执行SOLIDEDIT命令，在命令行中选择F选项，再选择O选项），然后选择要偏移的面，并指定偏移距离，即可偏移面，完成操作后需要按两次Enter键结束“偏移面”命令，如图8-78所示。

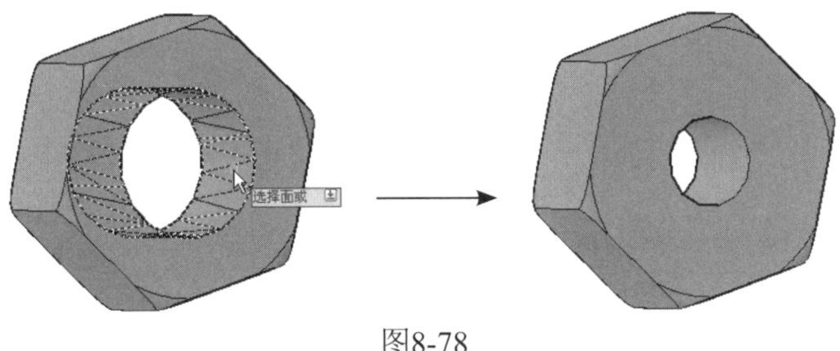

图8-78

提示：如果指定的偏移值为正值，将增大实体的尺寸或体积；如果指定的偏移值为负值，将减小实体的尺寸或体积。

8.10.4 删除面

执行“修改”→“实体编辑”→“删除面”菜单命令（或执行SOLIDEDIT命令，在命令行中选择F选项，再选择D选项），然后选择要删除的面，再按Enter键，即可将选择的面删除，完成操作后需要按两次Enter键结束“删除面”命令，如图8-79所示。

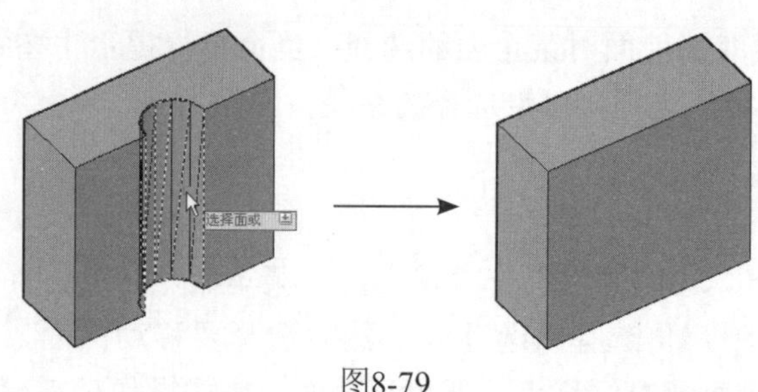

图8-79

被删除的面区域将由三维实体的其他面自动延伸后进行填充。如果系统找不出合适的延伸方式，将无法执行删除面操作，且会在命令行中提示“建模操作错误”。

提示：此命令不会生成三维曲面或网格。

8.10.5 旋转面

执行“修改”→“实体编辑”→“旋转面”菜单命令（或执行SOLIDEDIT命令，在命令行中选择F选项，再选择R选项），然后选择要旋转的面，再选择旋转轴线的第一点和第二点，并指定旋转角度，即可旋转面，完成操作后需要按两次Enter键结束“旋转面”命令，如图8-80所示。

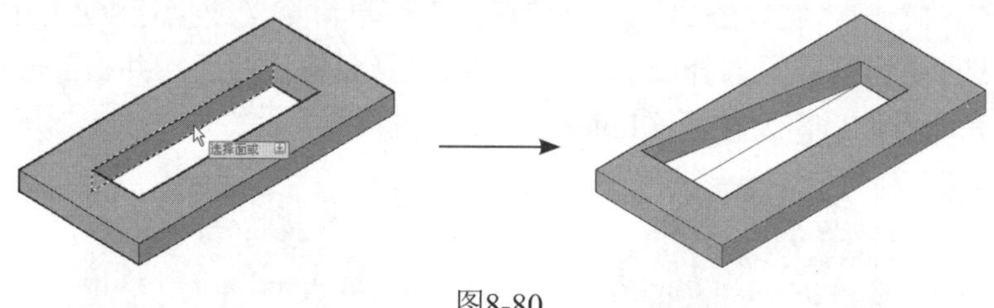

图8-80

在执行旋转面操作的过程中，当命令行提示“指定轴点或 [经过对象的轴(A)/视图(V)/X 轴(X)/Y 轴(Y)/Z 轴(Z)] <两点>:”时，可以通过选择不同选项来指定面的旋转轴。下面讲解几个不易理解的选项。

- 经过对象的轴：选择该选项后，可以以选择的直线作为旋转轴，也可以选择二维对象（如圆弧、圆）的轴线作为旋转轴，但不可以选择三维对象的轴线作为旋转轴。
- 视图：选择该选项后，将以经过当前选中点并垂直于屏幕方向的直线作为旋转轴来旋转选择的面。

8.10.6 复制面

执行“修改”→“实体编辑”→“复制面”菜单命令（或执行SOLIDEDIT命令，在命令行中选择F选项，再选择C选项），然后选择要复制的面，再指定该面的基点和要复制到的点，即可复制面，完成操作后需要按两次Enter键结束“复制面”命令，如图8-81所示。

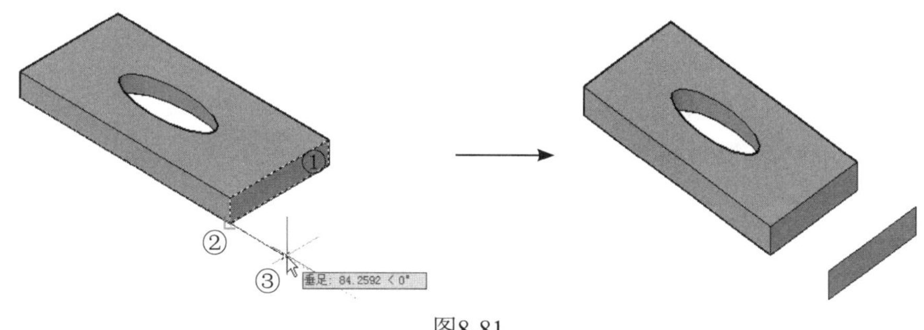

图8-81

8.11　编辑实体

为了达到美观或平滑等设计目的，在AutoCAD中往往需要对实体执行倒角或圆角操作，而这些操作又与二维图形中的倒角或圆角操作类似，因此，下面将主要讲解其不同点。

此外，AutoCAD还提供了抽壳功能，用于挖空实体的内部，留下有指定壁厚的壳。利用该功能，可以创建具有相同壁厚的机壳、盖和瓶体等（参见8.11.3节）。

8.11.1　倒角

在AutoCAD中，对三维实体的倒角操作与对二维图形的倒角操作使用的是同一个命令——“修改”→“倒角”菜单命令（或CHA命令），但是在进行三维操作时稍显复杂，下面看一个实例。

```
命令:CHA
("修剪"模式) 当前倒角距离 1 = 0.0000, 距离 2 = 0.0000
选择第一条直线或 [放弃(U)/多段线(P)/距离(D)/角度(A)/修剪(T)/方式(E)/多个(M)]:
    //在绘图区中选择要倒角的边线，如图8-82所示，通过此边线，系统判断出
    //要对三维实体（而不是二维图形）进行倒角，因此，系统随机选择了一个与
    //此边线相邻的面作为基准面
基面选择...
输入曲面选择选项 [下一个(N)/当前(OK)] <当前(OK)>:
    //使用当前选择的面作为基准面
指定基面的倒角距离: 30          //指定在基准面上的倒角距离
指定其他曲面的倒角距离 <50.0000>: 50
    //指定在其他面上的倒角距离
选择边或 [环(L)]: 选择边或 [环(L)]:
  //选择倒角边线，如图8-83所示，实体基准面上可能有多条邻边，所以需要
  //进行选择，效果如图8-84所示
```

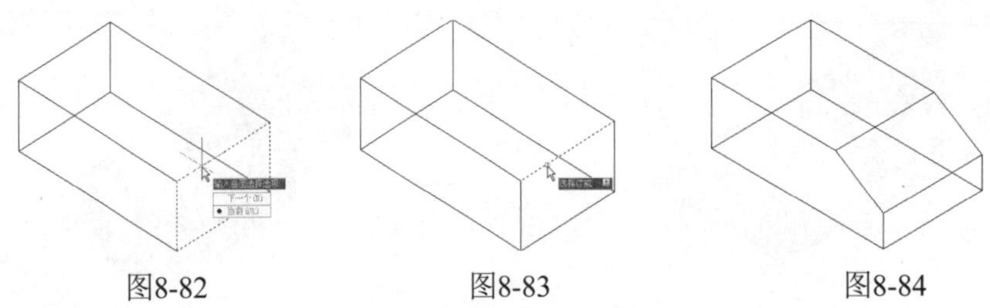

图8-82　　图8-83　　图8-84

提示：在执行倒角操作的过程中，当命令行提示“选择边或 [环(L)]:”时，选择“环”选项，可一次选择基准面上的所有边进行倒角。

此外，关于倒角的其他选项，可参见5.8.2节。

8.11.2 圆角

在AutoCAD中，对三维实体的圆角操作同样与对二维图形的圆角操作使用的是同一个命令——“修改”→“圆角”菜单命令（或F命令）。

执行F命令，然后选择要进行圆角操作的边线（系统通过此边线判断是否为三维实体），并指定圆角半径，再选择要进行圆角操作的边线（可选择多条），按Enter键，即可在三维实体上生成圆角，如图8-85所示。

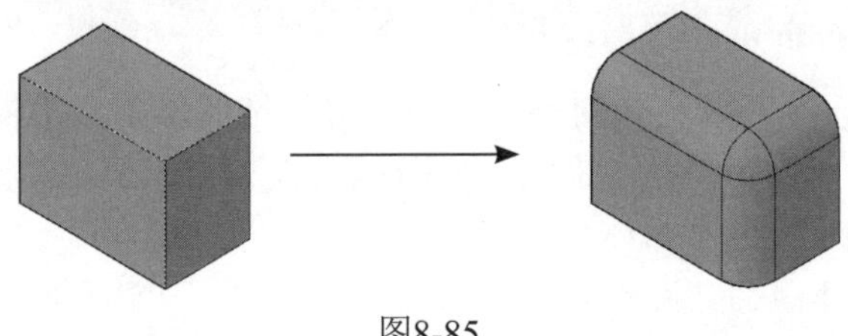

图8-85

提示：在进行圆角操作的过程中，当命令行提示“选择边或 [链(C)/半径(R)]:”时，选择“链”选项，与被选择的边线相切的所有边线（边链）均被圆角；选择“半径”选项，可重新定义圆角的半径。

8.11.3 实体抽壳

执行“修改”→“实体编辑”→“抽壳”菜单命令（或执行SOLIDEDIT命令，在命令行中选择B选项，再选择S选项），然后选择要进行抽壳的三维实体，并选择要删除的面，再指定抽壳的偏移距离（即抽壳后的壁厚），即可对三维实体进行抽壳，完成操作后需要按两次Enter键结束“抽壳”命令，如图8-86所示。

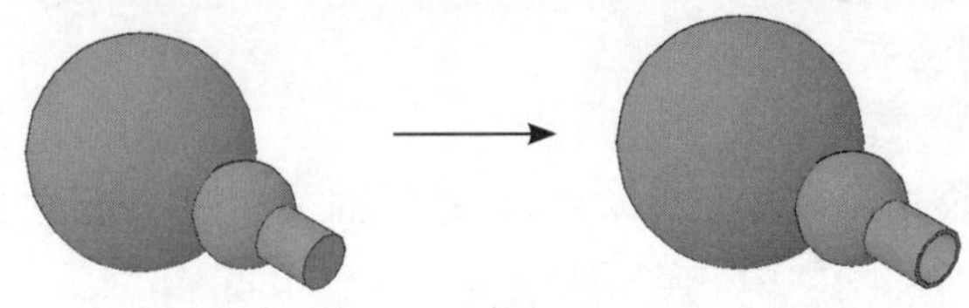

图8-86

提示：如果指定的抽壳距离为正值，则将从实体向内抽壳；如果指定的抽壳距离为负值，则将从实体向外抽壳。

8.12　实体的布尔运算

可以通过布尔运算对实体进行处理，此处仅作简单介绍。

- 并集运算：执行UNION命令，可以对两个实体进行并集运算，以将多个相交或相接触的对象组合在一起，如图8-87所示。

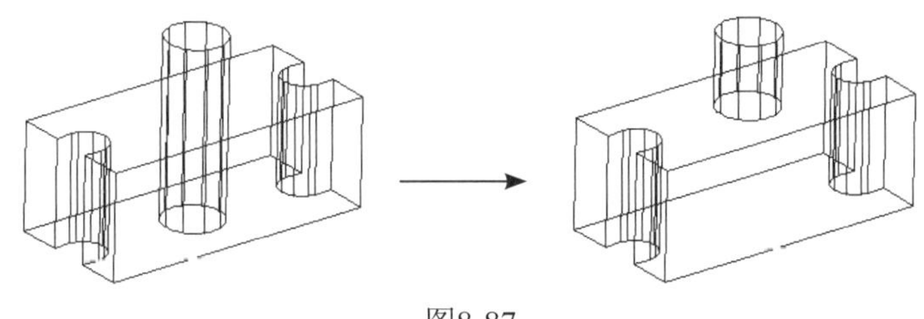

图8-87

- 差集运算：执行SUBTRACT命令，可以从实体中减去实体（可同时对多个实体进行操作），从而生成新的实体，如图8-88所示。

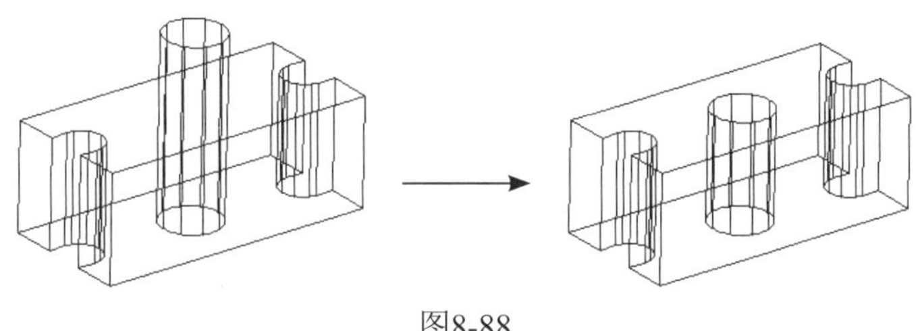

图8-88

- 交集运算：执行INTERSECT命令，可以将两个或多个实体的公共部分创建为一个新的实体，如图8-89所示。

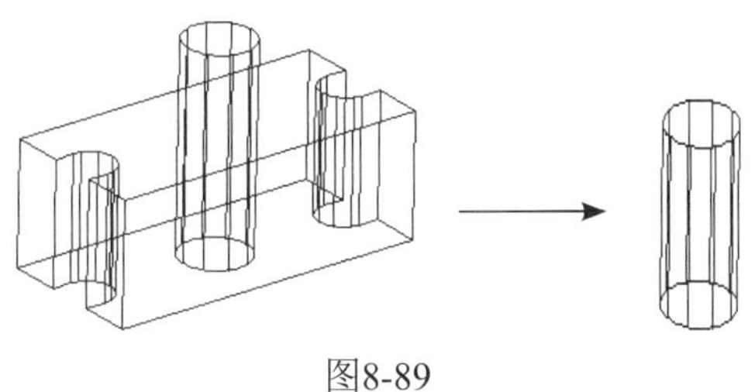

图8-89

8.13　三维尺寸标注

使用“标注”工具栏中的标注工具，同样可以为三维对象标注尺寸。不同的是，由于所有尺寸都必须被标注到当前坐标系的*xy*平面上，因此，在实际标注三维对象时，需

要不断变换坐标系的方向和位置，如图8-90所示（注意坐标系的方向和位置）。

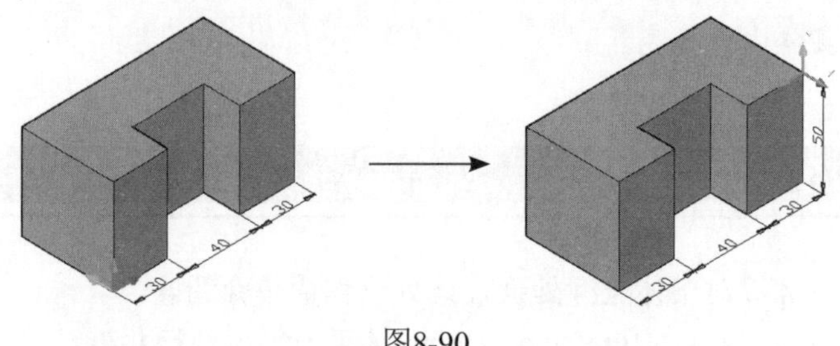

图8-90

提示：在标注三维对象时，除了应将坐标系的xy平面调整到要标注对象的平面上外，还应注意设置x、y轴的正确方向，设置错误会导致尺寸文字反向或颠倒。

8.14 样题解答

步骤1 新建空白图形文件，绘制如图8-91左图所示的二维图形，然后执行“视图”→“三维视图”→“西南等轴测”菜单命令，切换到西南等轴测视图，单击“建模”工具栏中的“按住并拖动”按钮，再单击所绘图形的中间空白处，并向上进行拖动，其间输入“10”，拖动出三维图形，如图8-91右图所示。

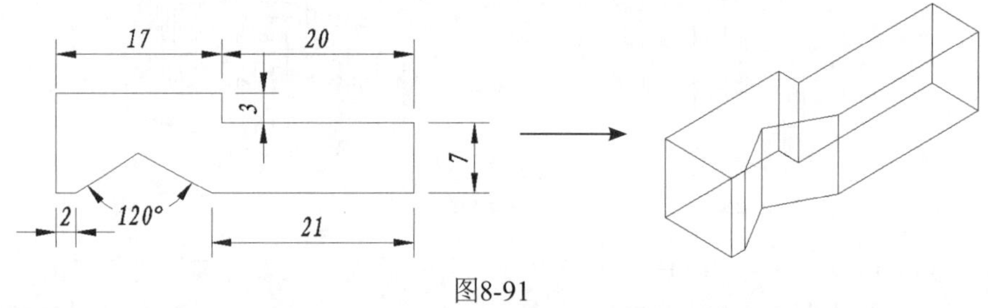

图8-91

步骤2 单击“建模”工具栏中的“圆柱体”按钮，绘制直径分别为7和4.2、高度分别为4和2的同心相连的两个圆柱体，如图8-92所示。

步骤3 执行“视图”→“三维视图”→“俯视”菜单命令，切换到俯视图，绘制如图8-93左图所示的二维图形，然后切换到西南等轴测视图，单击“建模”工具栏中的“按住并拖动”按钮，拖动出高度为22的三维图形，如图8-93右图所示。

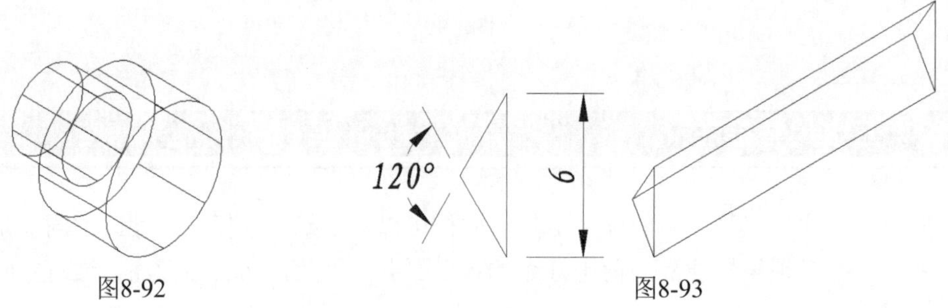

图8-92

图8-93

步骤4　通过捕捉面的方式，在步骤1绘制的三维图形的侧面上绘制辅助直线，两条线的长度分别为6和9，如图8-94所示。

步骤5　单击“建模”工具栏中的“三维旋转”按钮，将步骤2和步骤3绘制的三维图形旋转到需要的方位，如图8-95所示。

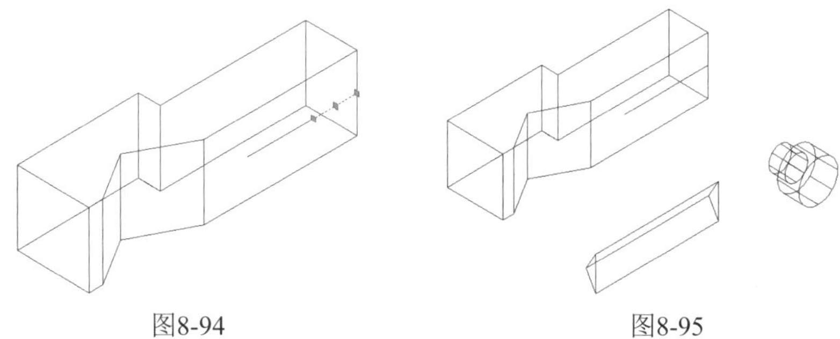

图8-94　　图8-95

步骤6　通过捕捉三维图形的图线中点等方式，并参照前面绘制的辅助线，将绘制的三维图形移动（或复制）到正确的位置，如图8-96所示。

步骤7　单击“建模”工具栏中的“差集”按钮，从步骤1中所绘制的三维图形中减去其余的三维图形；然后单击“实体编辑”工具栏中的“倒角”按钮，选择三维图形靠内侧边面的三条边线，执行大小为1×45°的倒角操作，完成三维图形的创建，如图8-97所示。

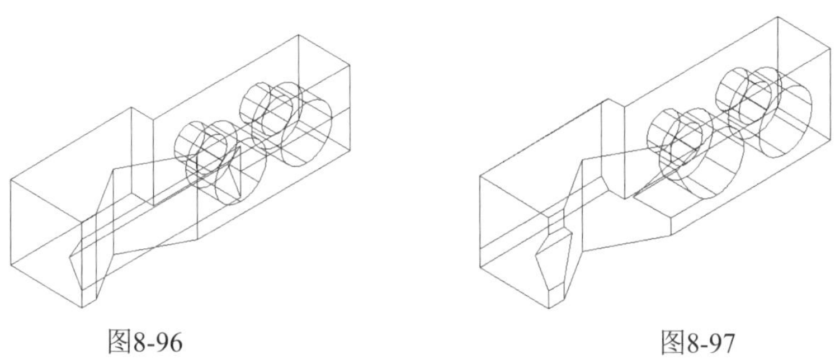

图8-96　　图8-97

步骤8　将图形文件存入考生文件夹，并将图形文件命名为“KSCAD7-9.dwg”。

8.15　习题

1．**填空题**

（1）通常在二维模式下按住__________键的同时按住鼠标滚轮拖动，可直接进入三维显示环境。

（2）要调整坐标系，可执行____________命令。

（3）____________视觉样式下不显示3D导航立方体，其他视觉样式下显示此立方体。

（4）视图被消隐后无法进行平移、缩放等操作，可执行_________→________菜

单命令，或执行RE命令，重新生成视图。

（5）系统显示三维图形的默认网线数目为4，此时所表达的图形不一定完整，执行____________命令，然后输入新的数字，可以调整网线数目。

（6）多段体实际上可以被看作是具有____________和________的多段线。

（7）三维图形的圆角操作与二维图形的圆角操作使用的是同一个命令，都为________命令。

（8）要使用扫掠方式创建实体，必须指定_____________与____________。

（9）AutoCAD提供了三种主要的布尔运算方式，分别是__________、_________和_________。

2．问答题

（1）什么是“视点”？

（2）如何自定义用户坐标系？

（3）如何设置俯视图的相对坐标系为某自定义坐标系？请简述其操作。

（4）执行三维阵列操作时，可以创建哪两种阵列？应如何操作？

（5）通过按住并拖动方式创建实体与通过拉伸方式创建实体有何区别？

3．操作题

绘制如图8-98所示的木箱三维图形，以复习本章学习的知识。本题为《试题汇编》第7单元第7.11题。

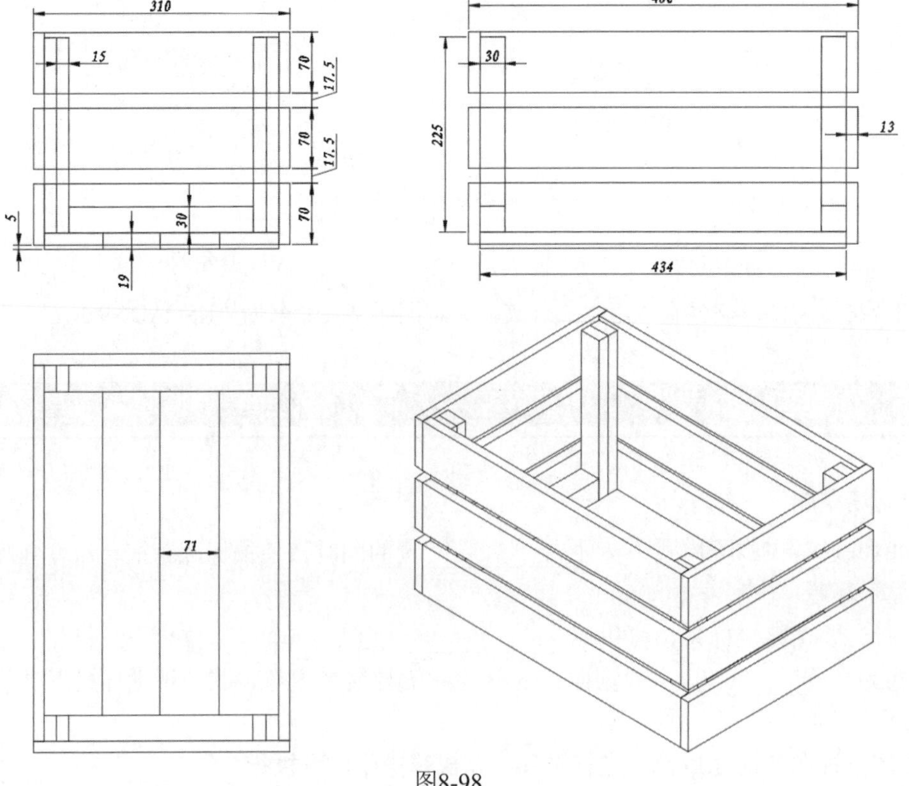

图8-98

提示：

步骤1　新建空白图形文件，执行“视图”→“三维视图”→“西南等轴测”菜单命令，切换到西南等轴测视图，单击“建模”工具栏中的“长方体”按钮，绘制一个底部长方形为434×70、高度为13的长方体，如图8-99所示。

步骤2　单击“建模”工具栏中的“三维阵列”按钮，对长方体执行行间距为87.5（操作时，在命令行中输入“S”后按Enter键，设置行间距）、层间距为297的矩形阵列操作，创建木箱一侧的木板实体，如图8-100所示。

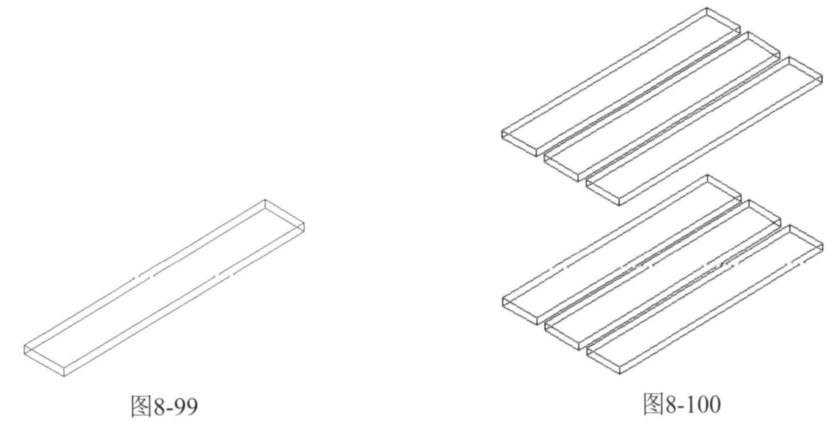

图8-99　　图8-100

步骤3　使用相同操作，单击“建模”工具栏中的“长方体”按钮，绘制一个底部长方形为310×70、高度为13的长方体，如图8-101左图所示；然后执行矩形阵列操作，阵列的行间距为87.5、层间距为447，如图8-101右图所示。

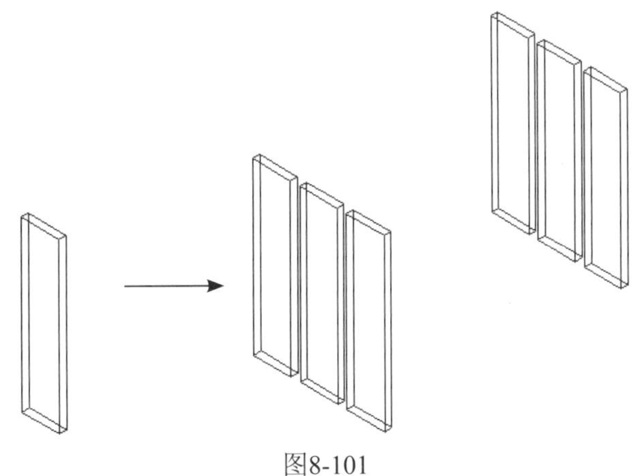

图8-101

步骤4　通过捕捉面的方式，将上面步骤中创建的两个实体阵列拖放到一起，完成木箱轮廓实体的创建，如图8-102所示。

步骤5　再次单击“建模”工具栏中的“长方体”按钮，绘制三个长方体，长方体的边长分别为434×71×19、225×30×15和224×30×30，参照已经绘制好的木箱轮廓实体部分，单击“建模”工具栏中的“三维旋转”按钮，将所绘制的三个长方体都旋转为正确的方位，如图8-103所示。

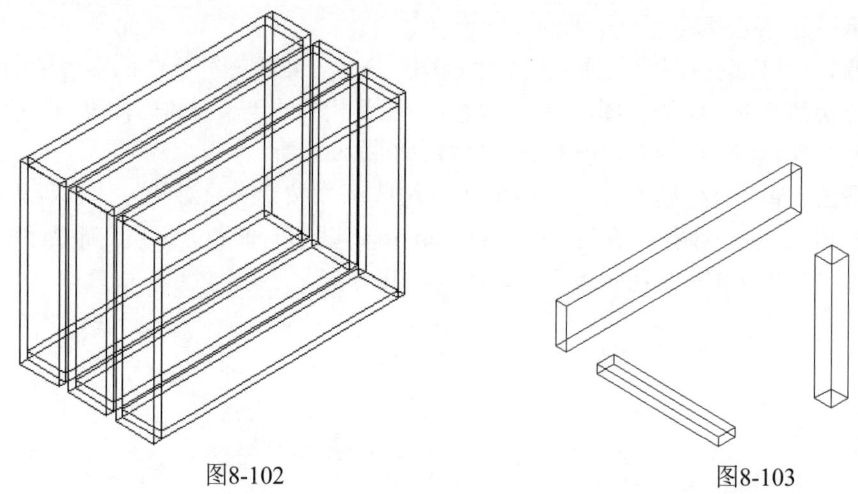

图8-102　　　　图8-103

步骤6　通过捕捉三维图形的端点等方式，使用多次移动和复制的方法，将步骤5绘制的三个长方体移动（或复制）到正确的位置（其中，箱体底部的木板应距离侧板5个图形单位），完成木箱的绘制，如图8-104所示。

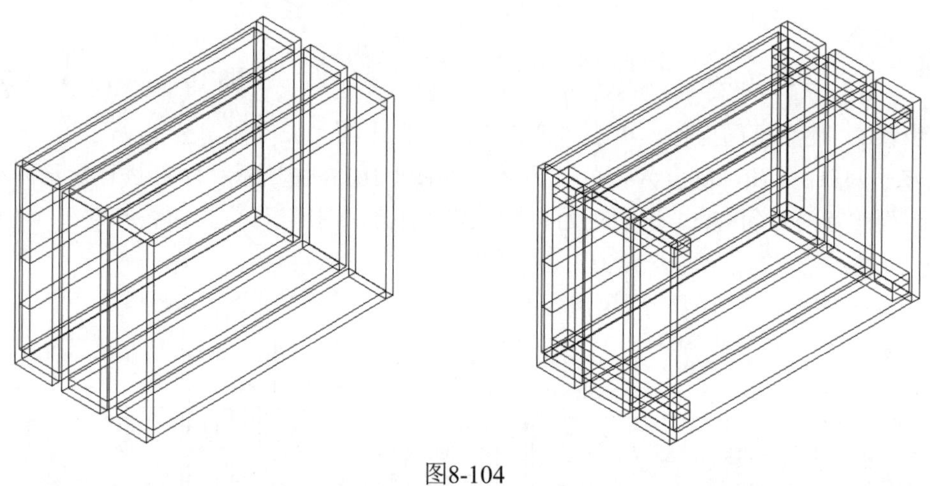

图8-104

步骤7　将图形文件存入考生文件夹，并将图形文件命名为“KSCAD7-11.dwg”。

第9章 综合绘图

本章主要介绍在AutoCAD中绘制并打印整张图纸的方法，具体包括图纸图框、技术要求和明细栏的创建，表格的创建和使用，修订云线和区域覆盖，以及打印和一些辅助功能的使用，等等。

本章主要内容

- 图纸的主要构成元素
- 设置对象的次序
- 创建表格
- 编辑表格
- 修订云线与区域覆盖
- 查询
- 辅助功能
- 绘制图框和标题栏
- 打印设置和打印

评分细则

本章第1～10题有四个评分点，每题20分。

序号	评分点	分值	得分条件	判分要求
1	新建图形文件	2	绘图参数设置符合要求	有不符时扣分
2	绘制图形	12	按照题目要求绘制图形	有错扣分
3	设置图框	5	图框应符合制图标准	有错扣分
4	保存	1	文件名、扩展名、保存位置	必须全部正确才得分

本章第11～20题有六个评分点，每题20分。

序号	评分点	分值	得分条件	判分要求
1	打开图形文件	1	正确打开图形文件	有错扣分
2	修改文字	5	文字大小、字型等调整合理	有错扣分
3	修饰尺寸标注	5	尺寸标注合理，尺寸修饰符合制图标准	有错扣分
4	修改图层属性	2	按照题目要求逐一修改图层属性	有错扣分
5	布图	6	布图合理	不合理时扣分
6	保存	1	文件名、扩展名、保存位置	必须全部正确才得分

本章导读

上述明确了本章所要学习的主要内容，以及对应《试题汇编》的评分点、得分条件和判分要求等。下面先在“样题示范”中展示《试题汇编》中一道“齿轮啮合图”的真实试题，然后在“样题分析”中对如何解答这道试题进行分析，并详细讲解本章所涉及的技能考核点，最后通过“样题解答”演示“齿轮啮合图”这道试题的详细操作步骤。

9.1 样题示范

【练习目的】

从《试题汇编》中选取样题，了解本章题目类型，掌握本章技能考核点。

【样题来源】

《试题汇编》第8单元第8.6题。

【操作要求】

1．新建图形文件：新建图形文件，绘图参数由考生自行确定。

2．绘制图形：参照图9-1绘制图形。绘制图框。要求图形层次清晰、布置合理，图形中文字、标注、图框等符合国家标准。

3．保存：将完成的图形文件以“KSCAD8-6.dwg”为文件名保存在考生文件夹中。

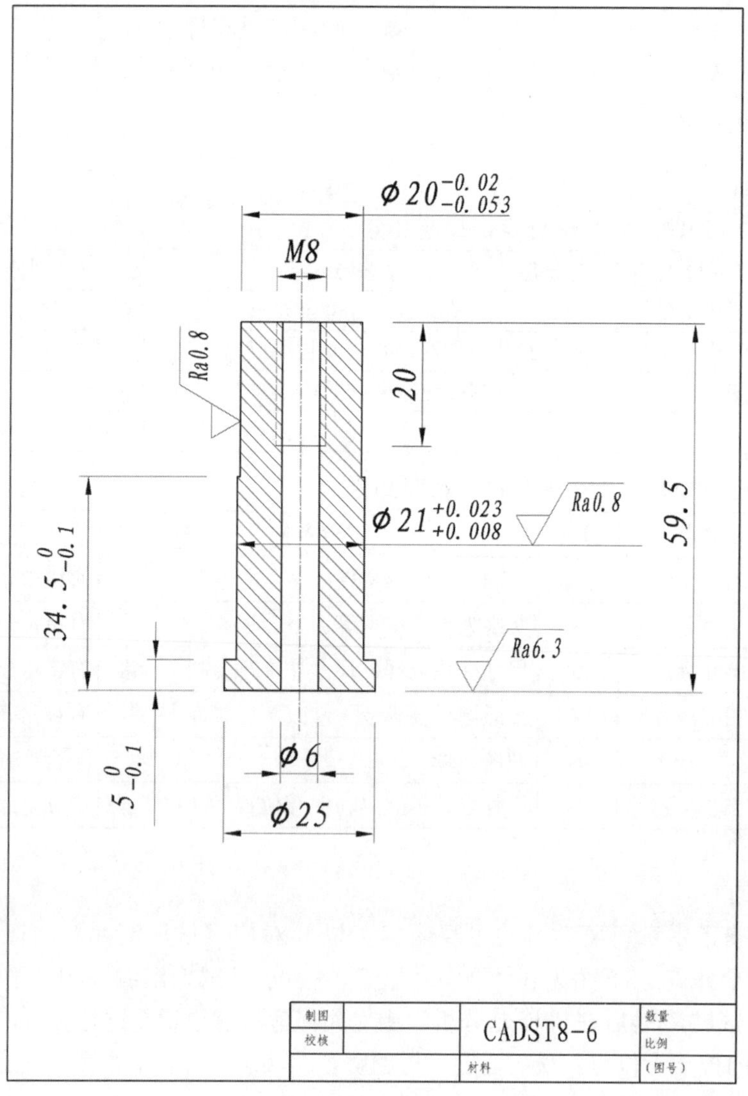

图9-1

9.2　样题分析

本题是关于绘制零件剖面图纸的试题，主要考查的是绘制图线和图框等的能力。

本题的解题思路是，首先绘制零件图，并添加正确的尺寸标注和粗糙度符号等信息，完成图形的绘制；然后绘制零件明细表和图框，完成图纸的绘制。

要解答本题，需要掌握图线的绘制和编辑，以及图框和标题栏的绘制等相关技能。下面开始介绍这些技能。

9.3　图纸的主要构成元素

图纸（这里以机械零件图纸为例）主要由视图、标注、标题栏、技术要求和图框等部分组成，具体讲解如下（如图9-2所示）。

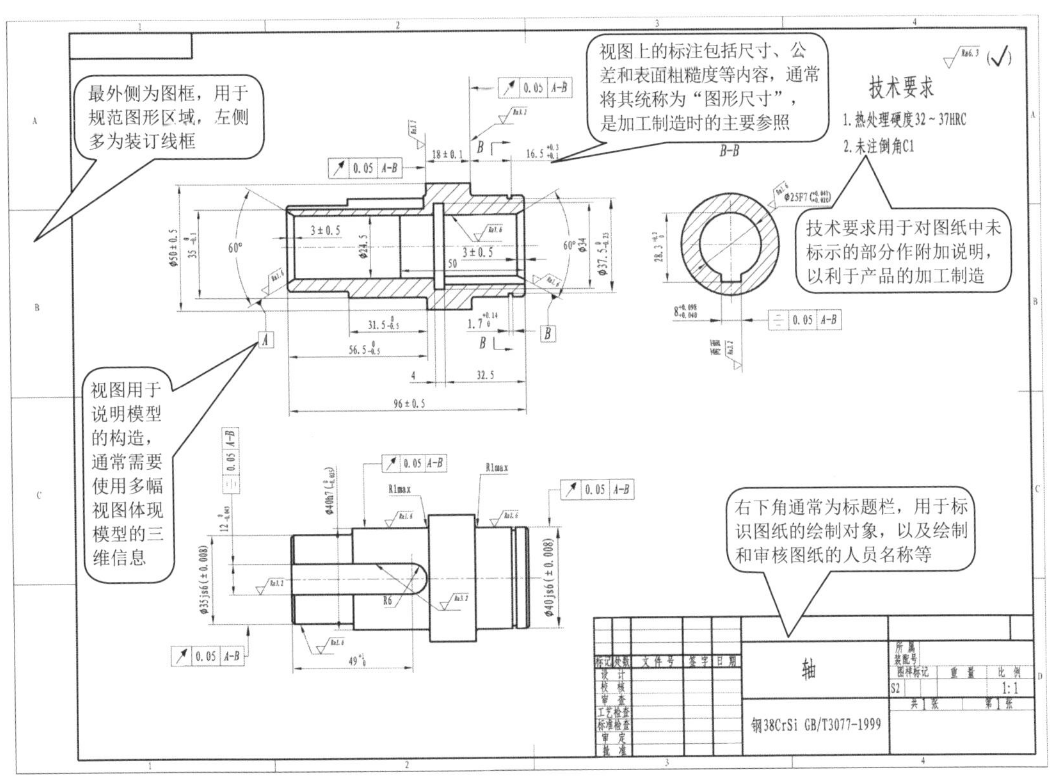

图9-2

- 视图：是指零件在某个方向上的投影轮廓线，包括基本视图（前视图、后视图、左视图、右视图等）、剖视图和局部视图等。
- 标注：在视图上标示零件的尺寸、公差和表面粗糙度等参数，加工人员可以根据这些参数来加工零件（如果是建筑图纸，则可以根据标注的尺寸来进行施工）。
- 标题栏：标示零件的名称、数量、比例、图号，以及设计人、制图人、校核人、审定人等的姓名和制图日期等。

- 技术要求：顾名思义，用于标示零件加工的技术要求，如尺寸公差、形位公差、表面粗糙度及热处理（如要求进行高频淬火）等，该项可根据需要设置有无。
- 图框：标示图纸的界限和装订位置等，超出图框的图形可设置不打印。

9.4 设置对象的次序

在默认情况下，对象是按照创建时的次序进行显示的。在某些特殊情况下，如两个或更多对象相互覆盖时，常需要修改对象的绘制和打印次序，以保证正确的显示和打印输出。本节讲解设置对象次序的操作方法。

9.4.1 前置和后置

执行“工具”→“绘图次序”菜单下的子菜单命令，或执行DR命令，然后选择要操作的对象，并选择“最前”或“最后”选项，可以将该对象放置于所有对象之前或之后，如图9-3所示。

执行“工具”→“绘图次序”菜单下的子菜单命令，或执行DR命令，然后选择要操作的对象，并选择“对象上”或“对象下”选项，再选择要对比的对象，可以将前一个选择的对象放置于后一个选择的对象之上或之下，如图9-4所示。

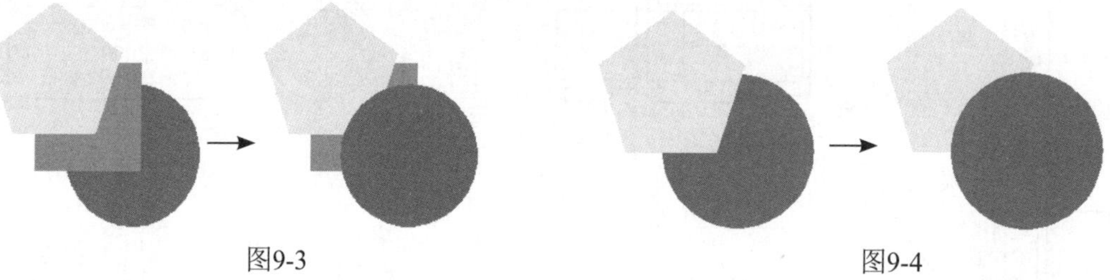

图9-3　　图9-4

9.4.2 文字和标注前置

执行TEXTTOFRONT命令，命令行会提示“前置 [文字(T)/标注(D)/两者(B)] <两者>:”。选择“文字”选项，会将所有文字内容前置；选择“标注”选项，会将所有标注前置；选择“两者”选项，会将文字和标注全部前置，如图9-5所示。

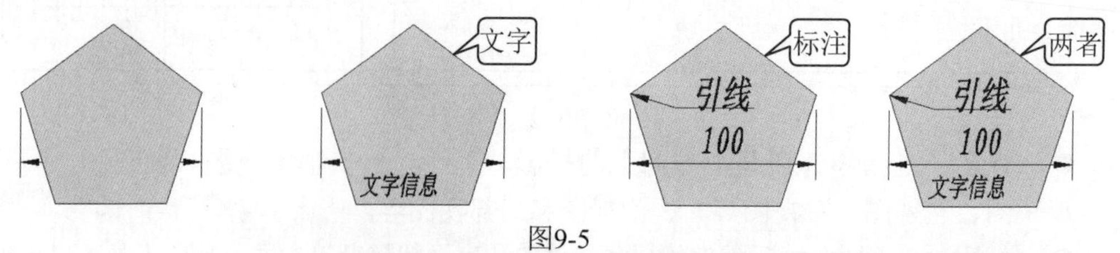

图9-5

9.5 创建表格

通常将行和列的组合称为“表格”。表格的主要特点是可以用条理化的方式显示繁杂的信息，因此，当视图中的标注过多使图纸显得凌乱时，使用表格进行说明是一种明智的选择。

在AutoCAD中，可以使用表格形式显示零件明细栏（明细表）、标题栏、焊件表等多种需要对图纸进行附加说明的信息。

9.5.1 创建和修改表格样式

执行“格式”→“表格样式”菜单命令，或执行TS命令，打开“表格样式”对话框，在此对话框中可以选择当前使用的表格样式，如图9-6所示。

此外，选择某个表格样式后，单击“修改”按钮，可以打开“修改表格样式：***”对话框（如图9-7所示），在此对话框中可以对表格的填充颜色、对齐方式、边框特性等进行设置，具体讲解如下。

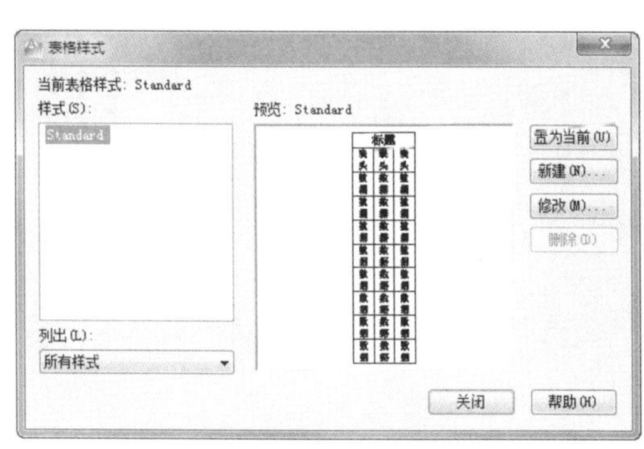

图9-6　　　　图9-7

- “起始表格”选项组：单击“选择起始表格”按钮，可在绘图区中指定一个表格用作样例来设置表格样式；单击“删除表格”按钮，可使用原始表格样式。
- “常规”选项组：设置表格的方向。在下拉列表中选择“向下”选项，将创建自上而下读取的表格；选择“向上”选项，将创建自下而上读取的表格，如图9-8所示。

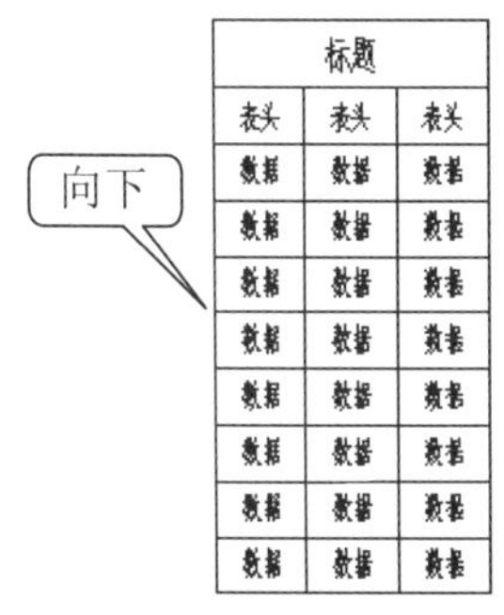

图9-8

- “单元样式”选项组：选择要设置的单元样式。其中，在“单元样式”下拉列

表中可以选择当前要进行设置的单元样式；单击“创建新单元样式”按钮，可以创建新的单元样式；单击“管理单元样式”按钮，可以对单元样式进行统一管理，如删除、新建、重命名等。

提示：新创建的单元样式并不在左侧预览区中显示，如果需要使用新创建的单元样式，则在创建表格时进行选择。

“单元样式”各选项卡：用于设置在按钮区中选择的单元区域的样式。其中，“常规”选项卡用于设置“填充颜色”“对齐”“类型”等；“文字”选项卡用于设置文字类型；“边框”选项卡用于设置边框类型，如图9-9所示。

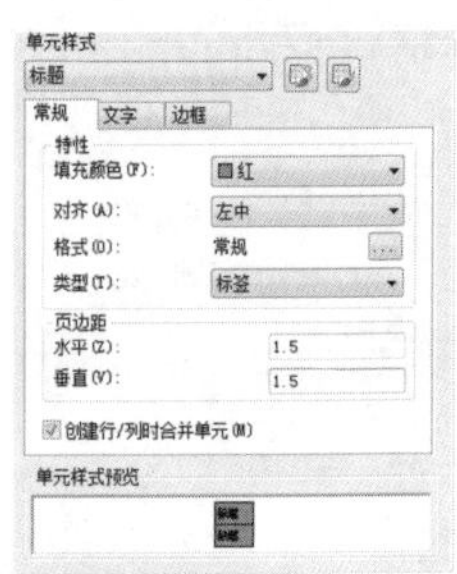

图9-9

提示：选中“创建行/列时合并单元”复选框，可使创建的所有新行或新列合并为一个单元。

9.5.2 创建表格并输入内容

执行“绘图”→“表格”菜单命令，或执行TB命令，打开“插入表格”对话框，如图9-10所示，选择使用的表格样式，设置行/列的个数、行高和列宽，再设置使用的表单元样式，然后单击“确定”按钮，此时在绘图区中单击，即可插入表格。

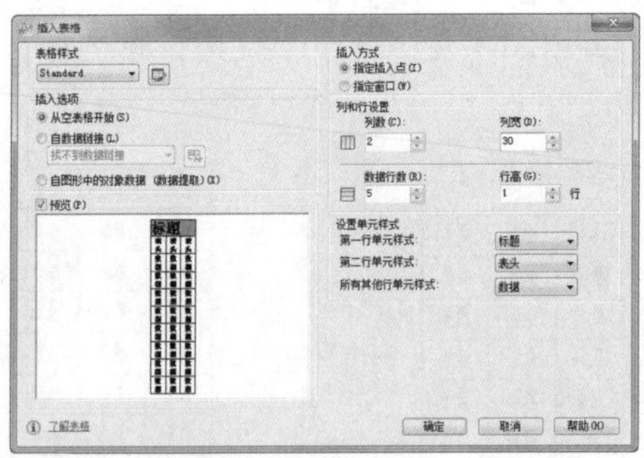

图9-10

插入表格后，可以在表格中像输入单行文字一样为各个表单元输入数据，如图9-11所示。

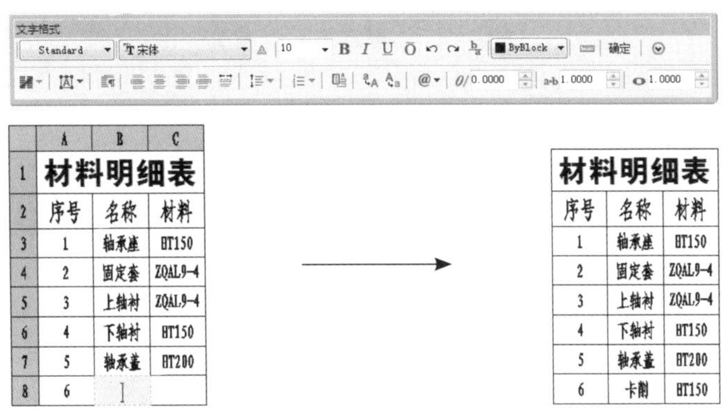

	A	B	C
1	材料明细表		
2	序号	名称	材料
3	1	轴承座	HT150
4	2	固定套	ZQAL9-4
5	3	上轴衬	ZQAL9-4
6	4	下轴衬	HT150
7	5	轴承盖	HT200
8	6		

材料明细表		
序号	名称	材料
1	轴承座	HT150
2	固定套	ZQAL9-4
3	上轴衬	ZQAL9-4
4	下轴衬	HT150
5	轴承盖	HT200
6	卡箍	HT150

图9-11

下面讲解“插入表格”对话框中的各选项。

- “表格样式”选项组：可以选择要使用的表格样式。单击右侧的“启动‘表格样式’对话框”按钮，可以创建新表格样式。
- “插入选项”选项组：用于设置插入表格的方式。其中，单击“从空表格开始”单选按钮，可以创建手动填充数据的空表格；单击“自数据链接”单选按钮，可以根据外部电子表格数据创建表格；单击“自图形中的对象数据（数据提取）”单选按钮，可以打开数据提取向导，按照向导提示，从已创建的图形中提取数据，从而创建表格。
- “插入方式”选按组：用于指定表格的定位方式。其中，单击“指定插入点”单选按钮，可以指定表格角点的位置为表格插入点的位置；单击“指定窗口”单选按钮，可以通过两个点定义一个区域，从而指定表格的位置和大小。
- “列和行设置”选项组：用于设置行/列的个数、行高和列宽。
- “设置单元样式”选项组：使用表格样式中定义的单元样式来指定新创建表格的各区域样式。

提示：表格创建完毕后，双击表单元区域，可以对其中的数据进行修改。此外，选中表单元区域，系统将显示“表格”工具栏（如图9-12所示），通过此工具栏可以对表格灵活进行各种操作，如插入或删除列、合并表单元等，其操作方式与Word中的表格操作基本相同，此处不再赘述。

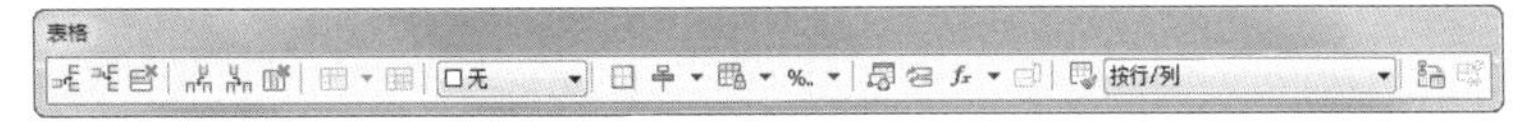

图9-12

9.5.3 在表格中使用公式

通过在表格中插入公式，可以对表单元执行求和、均值等各种运算。例如，要在如图9-13所示的表格中使用求和公式计算螺栓的总数，可执行如下操作。

规格	螺栓	螺母
M16×1.5	10	10
M16×1.0	20	20
M14×1.5	5	10
M12×1.5	6	6
M12×1.25	7	7
合计		

图9-13

单击选中表单元B7，单击“表格”工具栏中的“插入公式”按钮fx，在弹出的下拉列表中选择“求和”选项，然后框选表单元B2到B6，如图9-14所示。

此时在表单元B7中会显示计算公式，保持默认文字格式不变，单击“文字格式”工具栏中的“确定”按钮，即可完成求和操作，如图9-15所示。

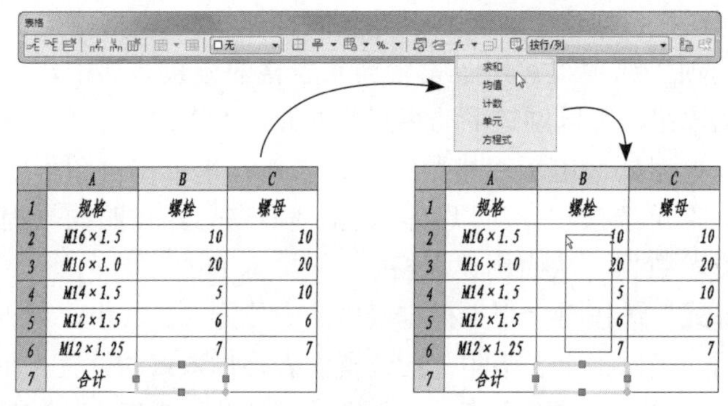

图9-14

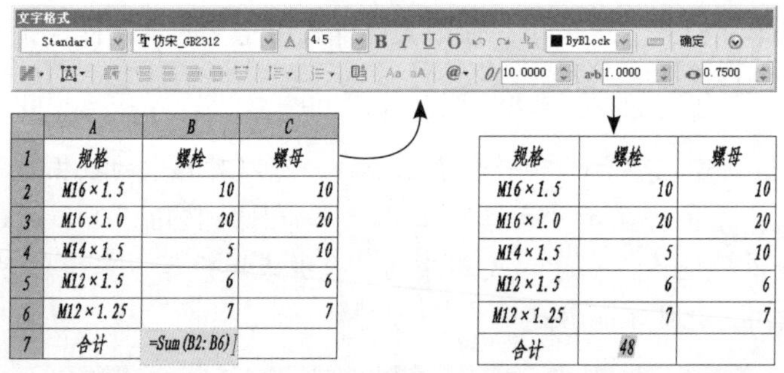

图9-15

提示：也可以通过快捷菜单插入公式，首先选择表单元，然后右击，在弹出的快捷菜单中执行“插入点”→“公式”菜单下的子菜单命令。

9.6 编辑表格

在AutoCAD中，用户可以方便地编辑表格内容，合并表单元，以及调整表单元的行高与列宽等。

9.6.1 选择表格与表单元

要调整表格的外观，如合并表单元、插入或删除行或列，应首先掌握如何选择表格、表单元和表单元区域，具体方法如下。

- 选择整个表格：可直接单击表格的边框，或利用选择窗口选择整个表格。表格被选中后，表格的框线将显示为断续线，并显示一组夹点，如图9-16所示。

	A	B	C
1	规格	螺栓	螺母
2	M16×1.5	10	10
3	M16×1.0	20	20
4	M14×1.5	5	10
5	M12×1.5	6	6
6	M12×1.25	7	7
7	合计	48	

图9-16

- 选择表单元：可直接在该表单元中单击，此时将在所选表单元的四周显示夹点，并显示“表格”工具栏，如图9-17所示。

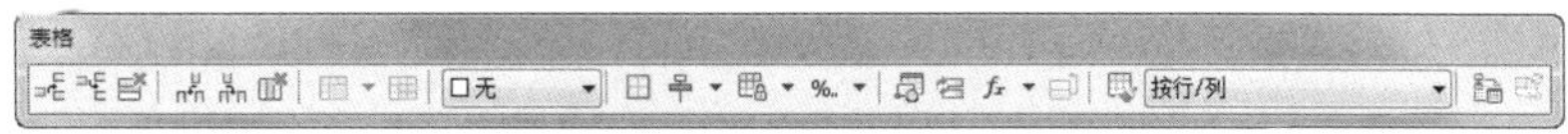

	A	B	C
1	规格	螺栓	螺母
2	M16×1.5	10	10
3	M16×1.0	20	20
4	M14×1.5	5	10
5	M12×1.5	6	6
6	M12×1.25	7	7
7	合计	48	

图9-17

- 选择表单元区域：通过框选即可（或先单击选中某个角点的表单元，然后按住Shift键，再单击对角表单元）。
- 选择整行和整列：单击表格中的行号或列号，可以选择整行或整列。

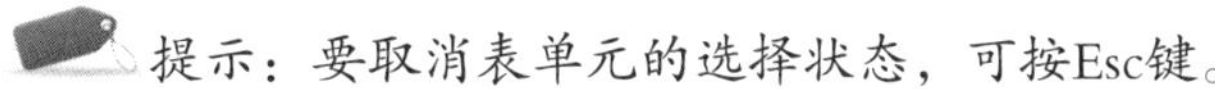
提示：要取消表单元的选择状态，可按Esc键。

9.6.2 编辑表格内容

要编辑表格内容，只需双击表单元中的文字，打开在位文字编辑器，进入文字编辑状态，然后修改内容或通过“文字格式”工具栏修改文字特性即可。

通过按Delete键，可以删除表单元中的内容。

9.6.3 调整表格的行高与列宽

选中表格、表单元或表单元区域后，通过拖动不同夹点，可以移动表格的位置、调整表格的行高与列宽，这些夹点的功能如图9-18所示。

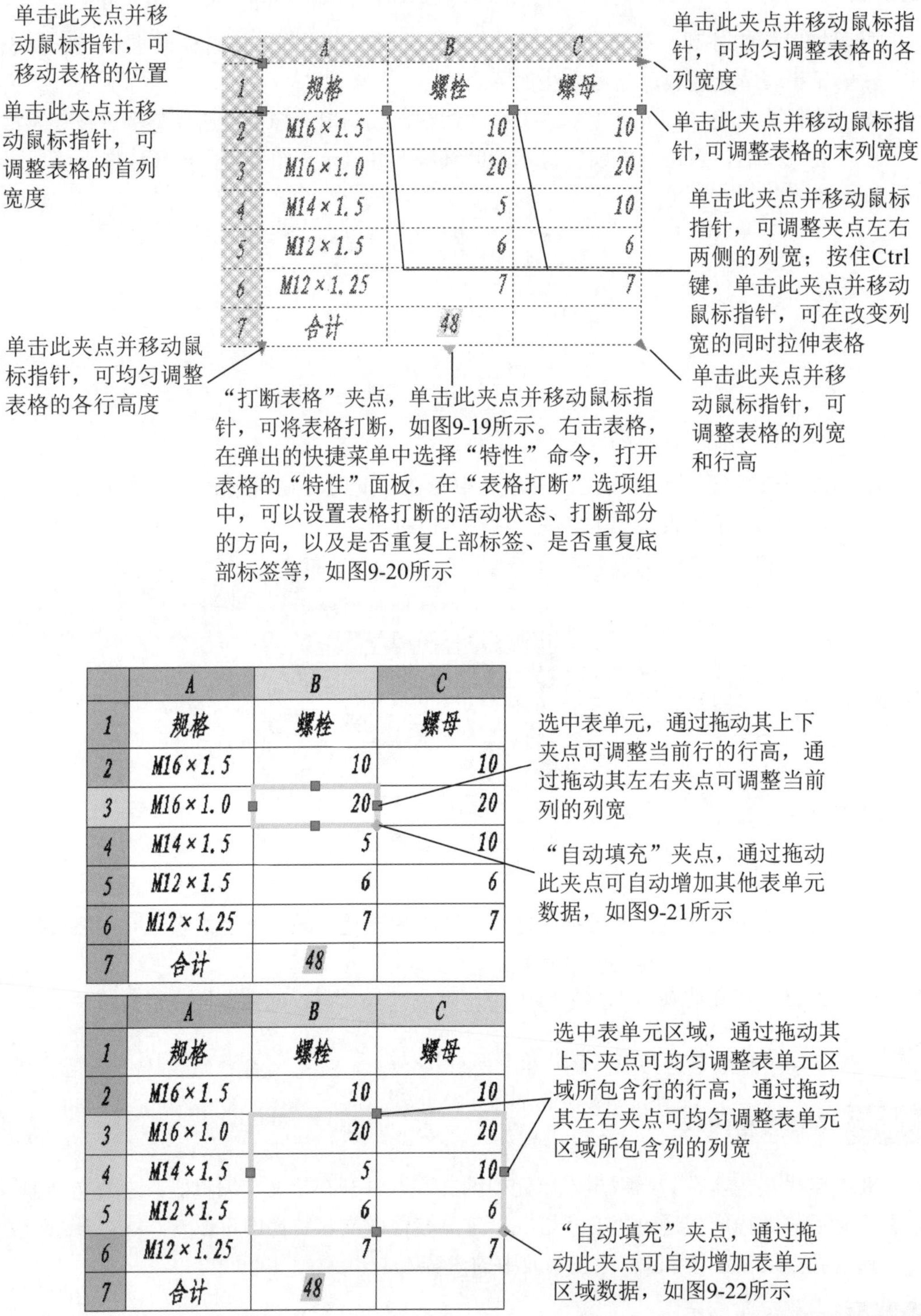

	A	B	C
1	规格	螺栓	螺母
2	M16×1.5	10	10
3	M16×1.0	20	20
4	M14×1.5	5	10
5	M12×1.5	6	6
6	M12×1.25	7	7
7	合计	48	

	A	B	C
1	规格	螺栓	螺母
2	M16×1.5	10	10
3	M16×1.0	20	20
4	M14×1.5	5	10
5	M12×1.5	6	6
6	M12×1.25	7	7
7	合计	48	

	A	B	C
1	规格	螺栓	螺母
2	M16×1.5	10	10
3	M16×1.0	20	20
4	M14×1.5	5	10
5	M12×1.5	6	6
6	M12×1.25	7	7
7	合计	48	

选中表单元区域，通过拖动其上下夹点可均匀调整表单元区域所包含行的行高，通过拖动其左右夹点可均匀调整表单元区域所包含列的列宽
“自动填充”夹点，通过拖动此夹点可自动增加表单元区域数据，如图9-22所示

单击此夹点并移动鼠标指针，可移动表格的位置
单击此夹点并移动鼠标指针，可调整表格的首列宽度

单击此夹点并移动鼠标指针，可调整表格的末列宽度
单击此夹点并移动鼠标指针，可调整夹点左右两侧的列宽；按住Ctrl键，单击此夹点并移动鼠标指针，可在改变列宽的同时拉伸表格

“打断表格”夹点，单击此夹点并移动鼠标指针，可将表格打断，如图9-19所示。右击表格，在弹出的快捷菜单中选择“特性”命令，打开表格的“特性”面板，在“表格打断”选项组中，可以设置表格打断的活动状态、打断部分的方向，以及是否重复上部标签、是否重复底部标签等，如图9-20所示

图9-18

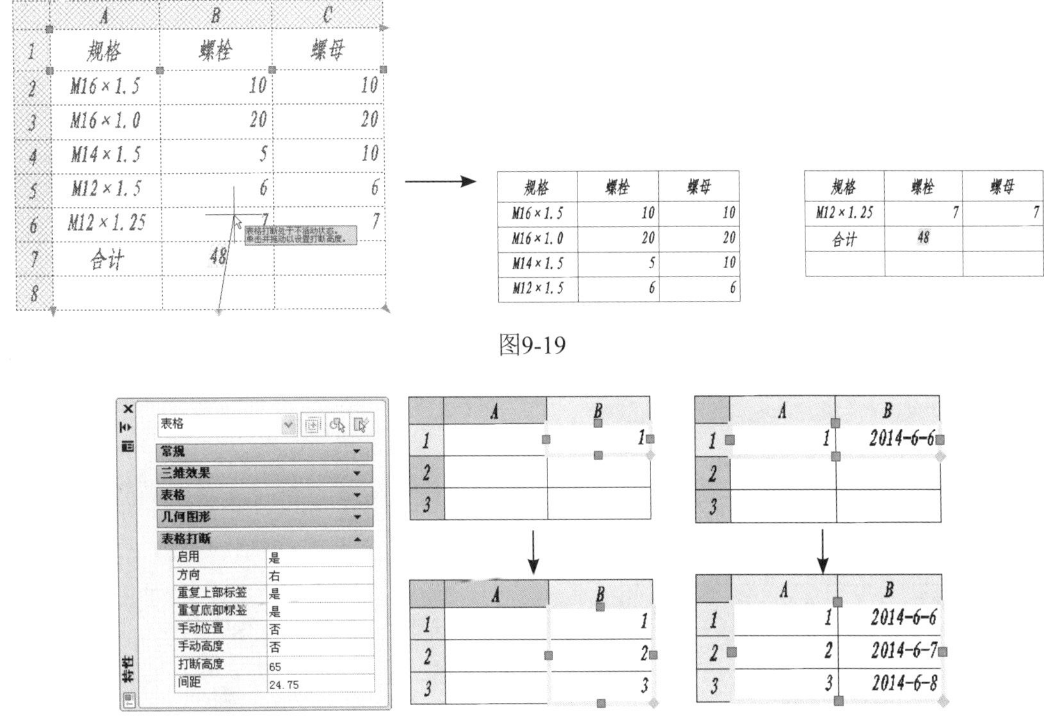

图9-19

图9-20　　图9-21　　图9-22

下面讲解表格下方“打断表格”夹点的操作技巧。当此夹点的箭头指向下时▼，表格打断处于非活动状态（但是仍然可以打断表格），在添加新行时，新行将被添加到表格的底部；当此夹点的箭头指向上时▲（双击此箭头，可调整夹点的箭头方向），表格打断处于活动状态，此时向上拖动夹点可以打断表格，不同的是，在添加新行时，所添加的行将创建新的表格。

此外，要均匀调整表格的列宽和行高，可以在选中表格后右击表格，在弹出的快捷菜单中选择“均匀调整列大小”和“均匀调整行大小”命令。

9.6.4 插入、删除行或列

要在某个表单元的上方或下方插入行，可首先选中表单元，然后单击“表格”工具栏中的“在上方插入行”按钮或“在下方插入行”按钮，如图9-23所示。

要删除行，则选中表单元，然后单击“表格”工具栏中的“删除行”按钮，删除表单元所在行，如图9-24所示。

同样，要在某个表单元的左侧或右侧插入列，可首先选中表单元，然后单击“表格”工具栏中的“在左侧插入列”按钮或“在右侧插入列”按钮。

要删除列，则选中表单元，然后单击“表格”工具栏中的“删除列”按钮，删除表单元所在列。

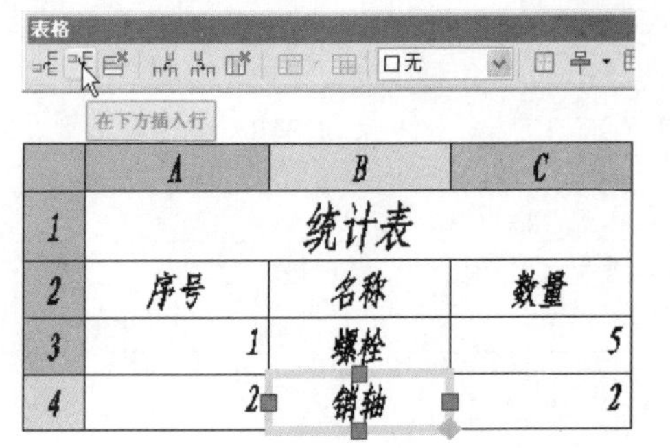

→

	A	B	C
1	统计表		
2	序号	名称	数量
3	1	螺栓	5
4	2	销轴	2
5			

图9-23

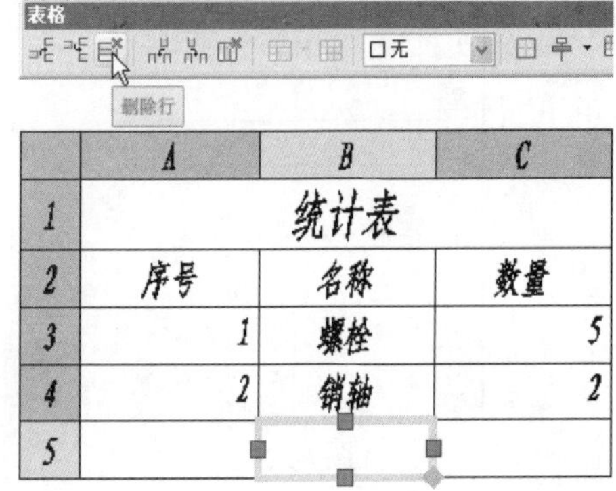

→

	A	B	C
1	统计表		
2	序号	名称	数量
3	1	螺栓	5
4	2	销轴	2

图9-24

提示：选中表单元并右击，在弹出的快捷菜单中选择“行”或“列”子菜单命令，也可以插入、删除行或列。

9.6.5 表单元的合并与取消

要合并表单元，可首先选中这些表单元，然后单击“表格”工具栏中的“合并单元”按钮，在弹出的下拉列表中根据需要选择“全部”“按行”“按列”选项；或者右击，在弹出的快捷菜单中选择“合并”子菜单命令。具体讲解如下。

- 全部：将选中的多个表单元合并为一个表单元，如图9-25所示。
- 按行：水平合并表单元，如图9-26所示。
- 按列：垂直合并表单元，如图9-27所示。

合并表单元后，如果希望撤销合并，可选择合并的表单元，单击“表格”工具栏中的“取消合并单元”按钮；或者右击，在弹出的快捷菜单中选择“取消合并”命令。

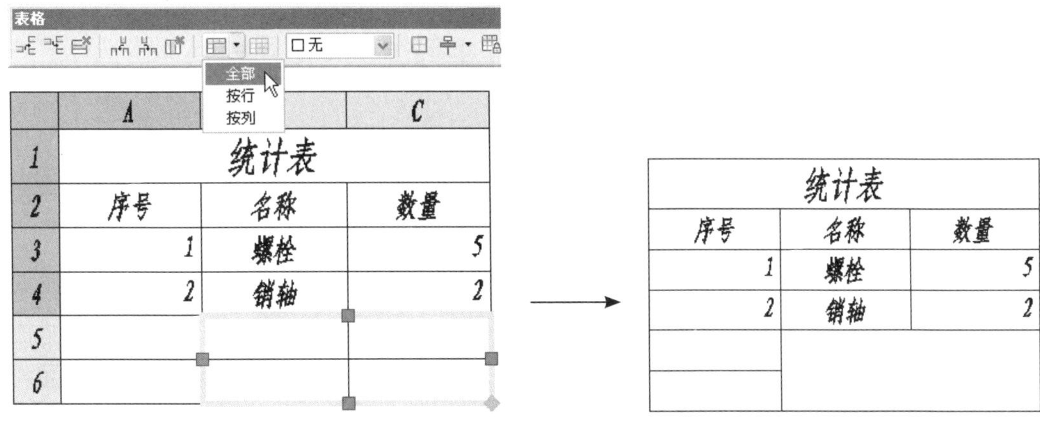

图9-25

统计表		
序号	名称	数量
1	螺栓	5
2	销轴	2

图9-26

统计表		
序号	名称	数量
1	螺栓	5
2	销轴	2

图9-27

9.6.6 调整表格内容的对齐方式

要调整表格内容的对齐方式，可首先选中要调整的表单元或表单元区域，然后单击“表格”工具栏中的“对齐”按钮，在弹出的下拉列表中选择对齐的方式，如图9-28所示；或者右击，在弹出的快捷菜单中选择“对齐”子菜单命令。

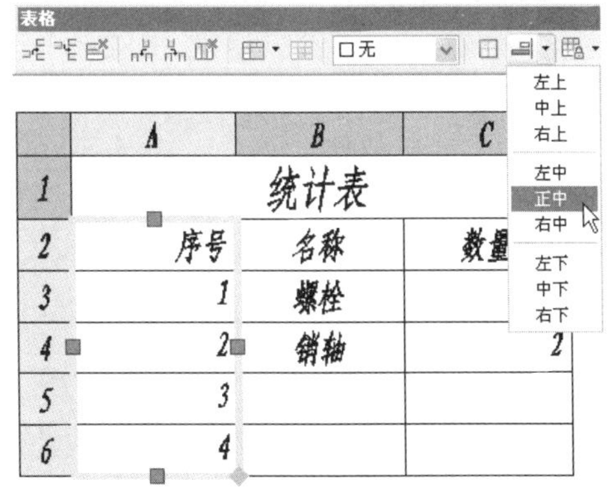

统计表		
序号	名称	数量
1	螺栓	5
2	销轴	2
3		
4		

图9-28

9.6.7 调整表格边框

要调整表格边框，可首先选中要调整的边框的表单元，然后单击“表格”工具栏中的“单元边框”按钮（或者右击表单元，在弹出的快捷菜单中选择“边框”命令），在打开的“单元边框特性”对话框中进行设置，如图9-29所示。

例如，在“线宽”下拉列表中选择“0.40mm”选项，在“颜色”下拉列表中选择“蓝”选项，单击“应用于”选项组中的“外边框”按钮，然后单击“确定”按钮，即可调整表格边框。

提示：在“单元边框特性”对话框中，除了可在“应用于”选项组中单击预览区周围的按钮，选择设置某些边框的特性之外，还可单击选择预览区中的边框，将设置的边框特性赋予此边框。

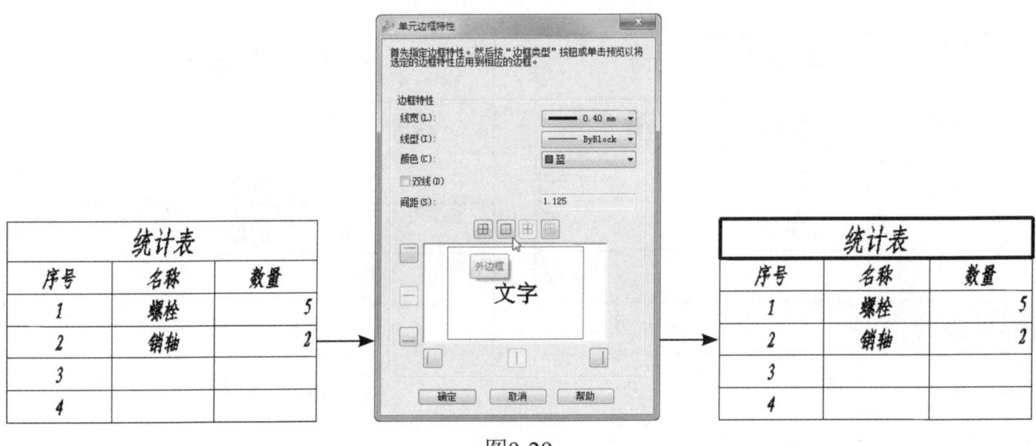

图9-29

9.7 修订云线与区域覆盖

修订云线是由连续的圆弧组成的多段线，主要用于在检查对象或用红线圈阅对象时为对象做标记，以提高工作效率，如图9-30所示。区域覆盖是将现有对象生成一个空白区域，它可以使用当前背景色屏蔽底层的对象，用于添加注释或详细的屏蔽信息，如图9-31所示。下面讲解绘制修订云线和区域覆盖的方法。

9.7.1 绘制修订云线

执行“绘图”→“修订云线”菜单命令，或执行REVCLOUD命令，然后单击修订云线的起点，从起点开始移动鼠标指针，再回到起点，即可完成修订云线的绘制。

在执行绘制修订云线操作的过程中，命令行会提示“指定起点或 [弧长(A)/对象(O)/样式(S)] <对象>:”，下面讲解各选项。

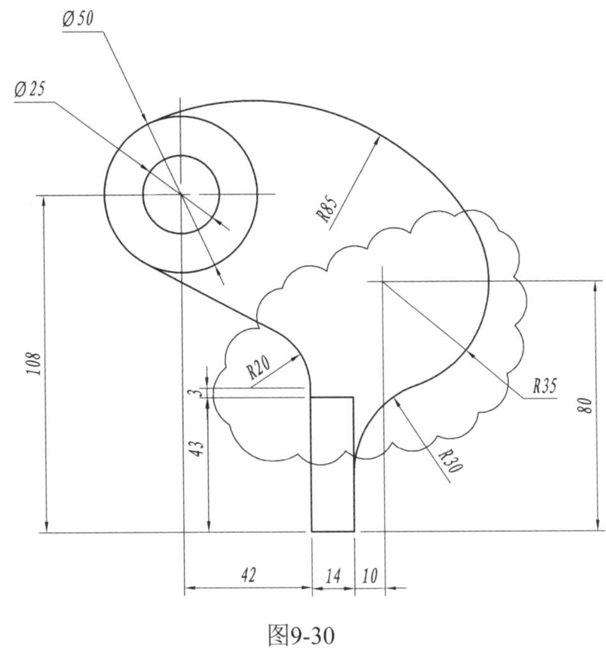

图9-30

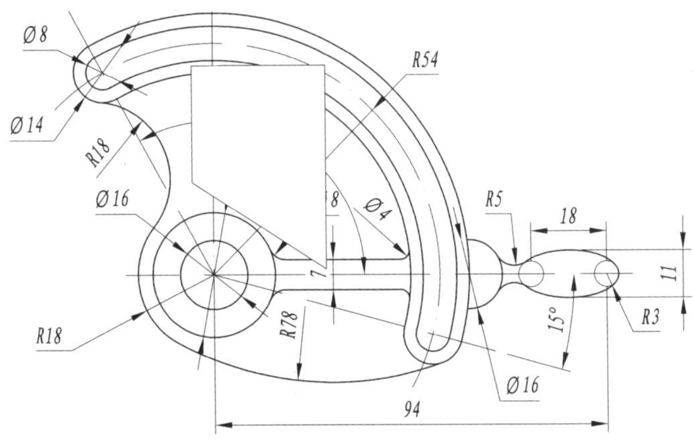

图9-31

- 指定起点：用户可以直接在绘图区中单击以指定修订云线的起点，并通过移动鼠标指针绘制修订云线。在绘制过程中可以随时按Enter键停止绘制修订云线，此时命令行会提示“反转方向 [是(Y)/否(N)] <否>:”，选择“是”选项表示要反转圆弧的方向，选择“否”选项表示不反转圆弧的方向，如图9-32所示。如果要绘制闭合的修订云线，则指定修订云线的终点回到它的起点即可。
- 弧长：指定修订云线的圆弧长度范围。选择此选项后，命令行会提示“指定最小弧长 <0.5000>:”，输入最小弧长数值后，命令行会提示“指定最大弧长 <0.5000>:”，此时输入最大弧长数值，即可回到绘制修订云线的状态。

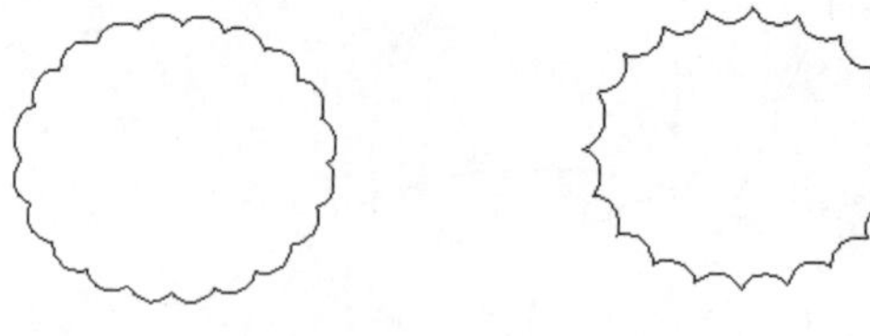

选择“否”，不反转圆弧　　选择“是”，反转圆弧

图9-32

提示：最大弧长数值不能超过最小弧长数值的三倍。

- 对象：通过此选项可以将选择的图形转换成修订云线，如图9-33所示。

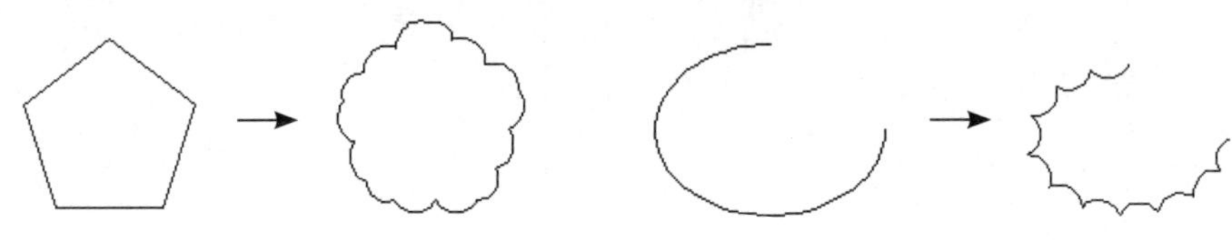

图9-33

- 样式：设置修订云线圆弧的样式。选择此选项后，命令行会提示“选择圆弧样式 [普通(N)/手绘(C)] <普通>:”，如果选择“手绘”选项，绘制出的修订云线很像是使用画笔绘制的，如图9-34所示。

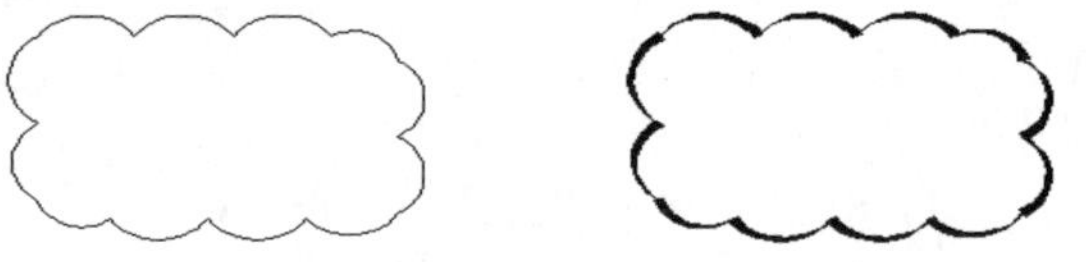

选择“普通”选项的绘制效果　　选择“手绘”选项的绘制效果

图9-34

9.7.2 绘制区域覆盖

执行“绘图”→“区域覆盖”菜单命令，或执行WIPEOUT命令，然后使用鼠标指针不断单击以绘制多边形，完成后按Enter键，即可绘制区域覆盖。

在执行绘制区域覆盖操作的过程中，命令行会提示“指定第一点或 [边框(F)/多段线(P)] <多段线>:”，各选项讲解如下。

- 指定第一点：指定一系列点以确定区域覆盖的多边形边界。
- 边框：设置是否显示所有区域覆盖的边框。选择此选项后，命令行会提示“输入模式 [开(ON)/关(OFF)] <ON>:”，选择“开”选项表示显示边框，选择“关”选项表示不显示边框，如图9-35所示。
- 多段线：根据选中的封闭多段线创建区域覆盖。当选择某一封闭多段线后，命令行会提示“是否要删除多段线？[是(Y)/否(N)] <否>:”，选择“是”选项将删除用来创建区域覆盖的多段线，否则，将保留该多段线。

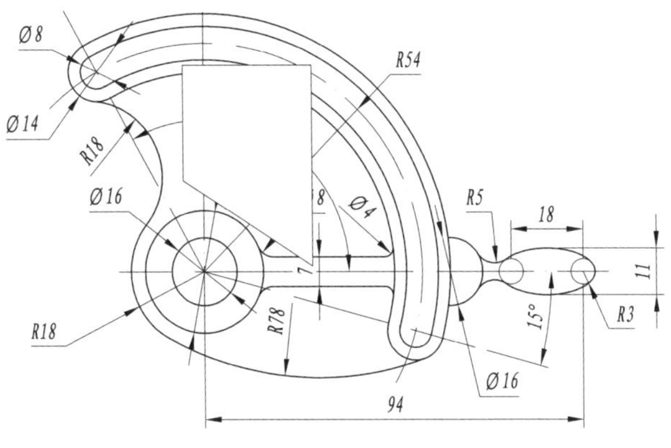

选择“开”选项的效果

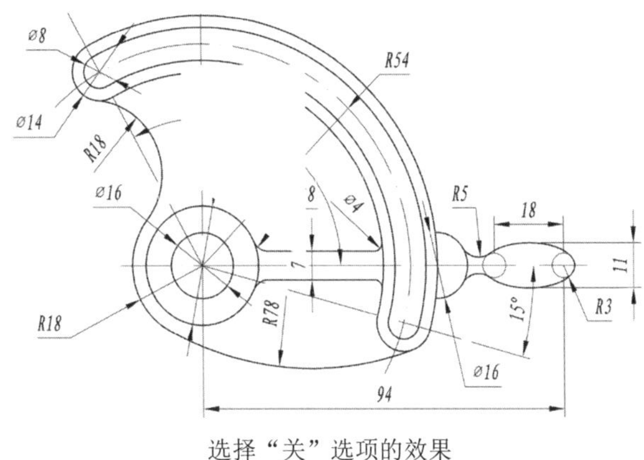

选择“关”选项的效果

图9-35

提示：通过多段线创建区域覆盖时，该多段线必须闭合，且该多段线只能包括直线段、宽度为0。

9.8　查询

“查询”命令是重要的统计和分析工具，如查询面积、查询距离、查询坐标、查询对象特性，以及查询和设置系统变量等。根据查询的数值，用户可以快速地掌握图形信息，从而对图形作必要的调整。

9.8.1　查询距离和面积

执行“工具”→“查询”→“距离”菜单命令，或执行DI命令，然后指定两个点，即可查询这两个点之间的直线距离。

查询的结果将在命令行中显示，如可显示下列信息。

```
距离 = 179.1168,
XY 平面中的倾角 = 200,
```

与 XY 平面的夹角 = 339
X 增量 = -157.1871,
Y 增量 = -57.2114,
Z 增量 = -64.0459

各项信息的意义如图9-36所示。

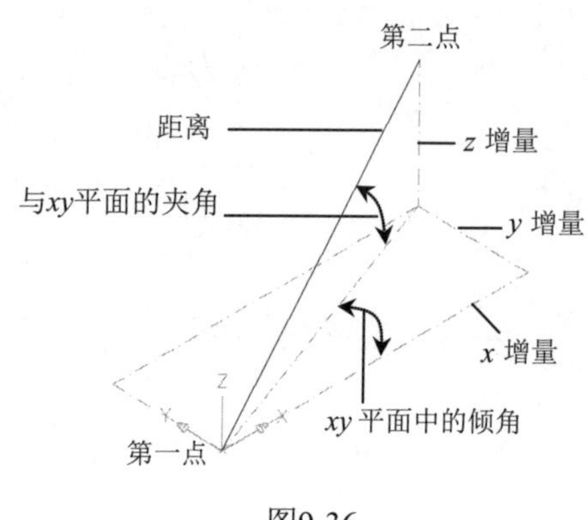

图9-36

执行“工具”→“查询”→“面积”菜单命令，或执行AA命令，然后顺序指定多个点，按Enter键，即可查询由这些点的连线所围成的区域的面积（及所有连线的周长），如图9-37所示。

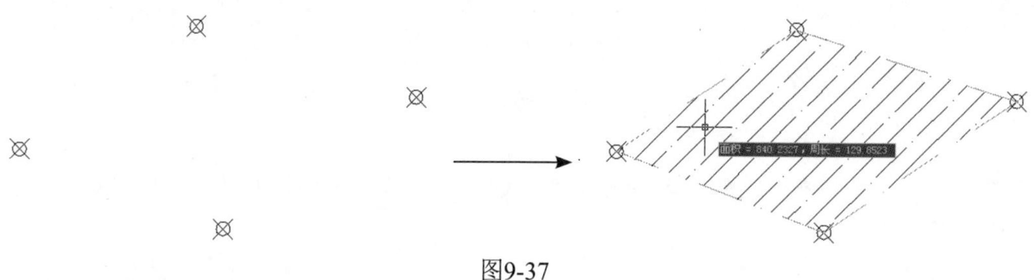

图9-37

在执行查询面积操作的过程中，命令行会提示“指定第一个角点或 [对象(O)/加(A)/减(S)]:”，其中各选项讲解如下。

- 对象：用于计算选中对象的面积和周长。需要注意的是，如果要计算开放的多段线或样条曲线，系统将假设使用直线闭合所围成的区域，然后计算面积，但计算周长时将不包括该直线的长度，如图9-38所示。

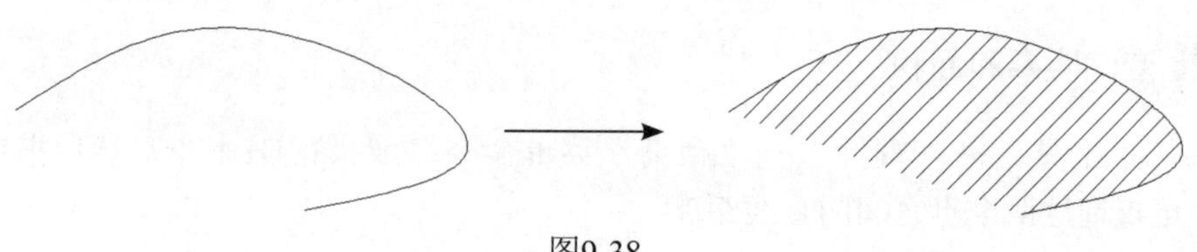

图9-38

- 加：计算几个区域的总面积和单个区域的面积。下面演示操作步骤，其示意图如图9-39所示。

```
命令:AA
指定第一个角点或 [对象(O)/加(A)/减(S)]: A
指定第一个角点或 [对象(O)/减(S)]: O
("加" 模式) 选择对象:                    //选择对象一
面积 = 1151.2189, 圆周长 = 120.2774
总面积 = 1151.2189
("加" 模式) 选择对象:                    //选择对象二
面积 = 798.4243, 周长 = 127.7670
总面积 = 1949.6432
("加" 模式) 选择对象: *取消*              //按Esc键结束操作
```

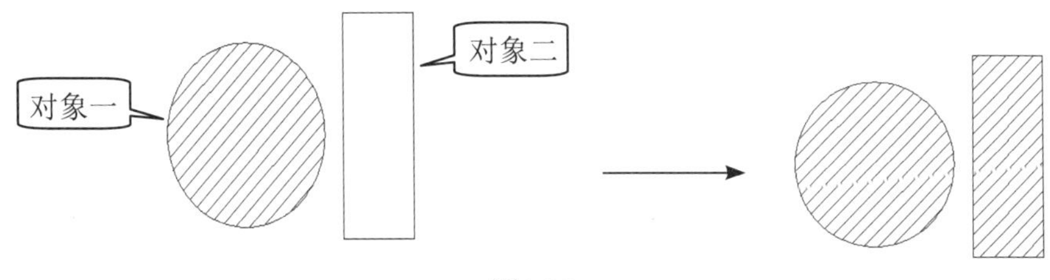

图9-39

- 减：计算从某个区域中减去部分区域后的面积，其示意图如图9-40所示（操作步骤此处不再演示）。

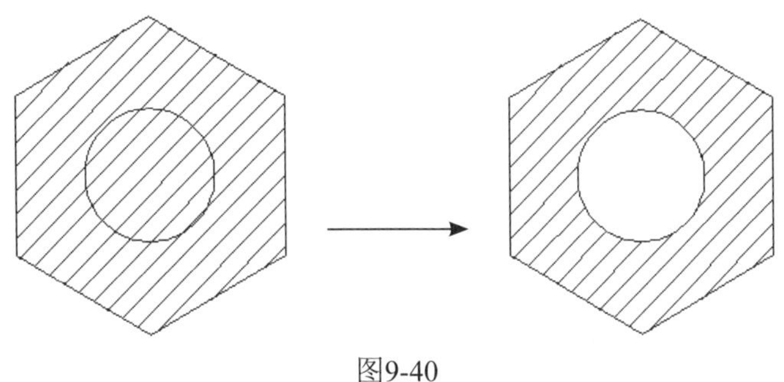

图9-40

9.8.2 列表显示对象特性

执行“工具”→“查询”→“列表”菜单命令，或执行LI命令，然后选择一个或多个对象，按Enter键，即可在文本窗口中显示对象的特性信息，如图9-41所示。

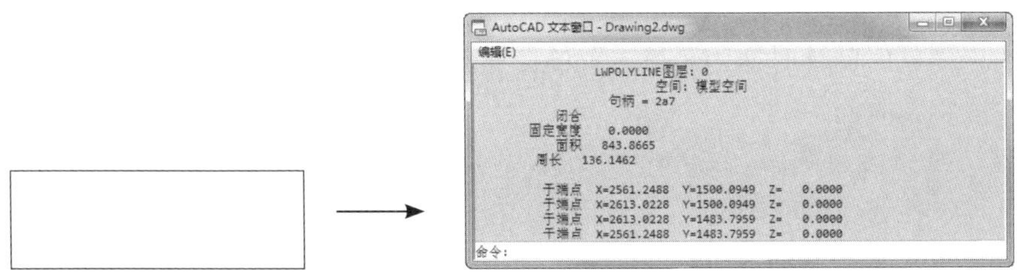

图9-41

文本窗口中各项信息的意义如表9-1所示。

表9-1　文本窗口中各项信息的意义

项目	意义
对象	对象的类型（如圆等，图9-41中的“LWPOLYLINE”为矩形）
图层	对象所在的图层
空间	对象是在模型空间还是在图纸空间
句柄	对象的句柄。图形中的每个对象都有句柄，并在图形数据库中作为对象的标志
附加信息	所选对象不同，附加信息也不同，如会显示直线的端点，圆的圆心、半径，样条曲线的控制点和拟合点，等等

9.8.3 查询点坐标

执行“工具”→“查询”→“点坐标”菜单命令，或执行ID命令，然后在绘图区中任意指定一点，在命令行和鼠标指针附近会显示该点的x、y、z坐标值，如图9-42所示。

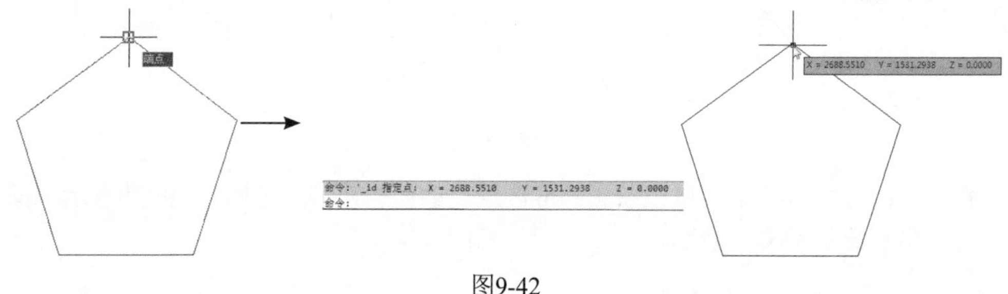

图9-42

9.8.4 查询时间与当前状态

执行“工具”→“查询”→“时间”菜单命令，或执行TIME命令，将会在文本窗口中显示当前时间、图形的创建时间、上次更新时间、累计编辑时间、消耗时间计时器和下次自动保存时间等信息，如图9-43所示。

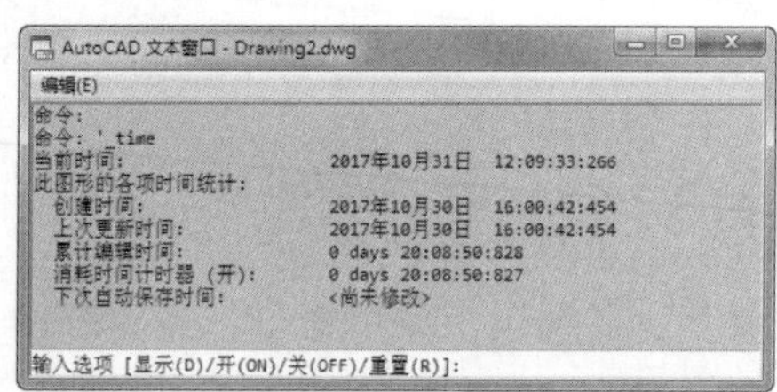

AutoCAD 文本窗口 - Drawing2.dwg

编辑(E)

```
命令:
命令: '_time
当前时间:                2017年10月31日  12:09:33:266
此图形的各项时间统计:
  创建时间:              2017年10月30日  16:00:42:454
  上次更新时间:          2017年10月30日  16:00:42:454
  累计编辑时间:          0 days 20:08:50:828
  消耗时间计时器 (开):   0 days 20:08:50:827
  下次自动保存时间:      <尚未修改>

输入选项 [显示(D)/开(ON)/关(OFF)/重置(R)]:
```

图9-43

其中，消耗时间计时器为系统内置的计算图形编辑时间的计时器，将其关闭后将不再记录总的编辑时间。

此外，执行此命令后，命令行会提示“输入选项 [显示(D)/开(ON)/关(OFF)/重置(R)]:”，其中各选项讲解如下。

- 显示：重新显示当前时间信息。
- 开：打开消耗时间计时器。

- 关：关闭消耗时间计时器。
- 重置：将消耗时间计时器重置为0。

执行“工具”→“查询”→“状态”菜单命令，或执行STATUS命令，即可在文本窗口中显示当前图形的基本信息，如当前图形中的对象数、模型空间图形界限、当前线型、当前颜色等，用户可从中查找需要了解的信息，如图9-44所示。

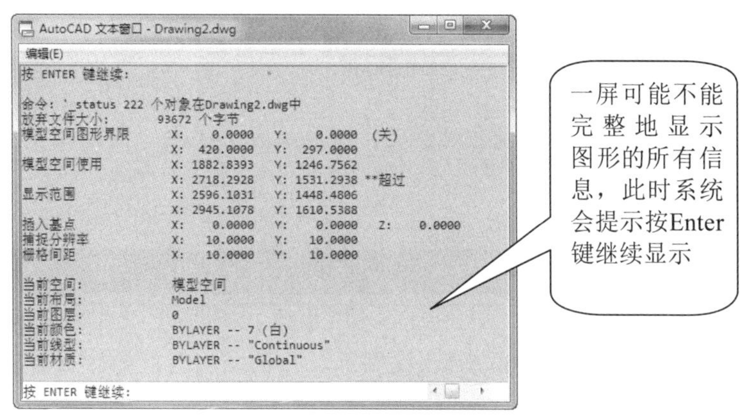

图9-44

9.8.5 查询面域/质量特性

执行“工具”→“查询”→“面域/质量特性”菜单命令，或执行MASSPROP命令，然后选择一个或多个面域（或实体），按Enter键，即可在文本窗口中显示其质量特性，如面积、周长、体积、质量等，如图9-45所示（选择的对象不同，所呈现的信息也会有所不同）。

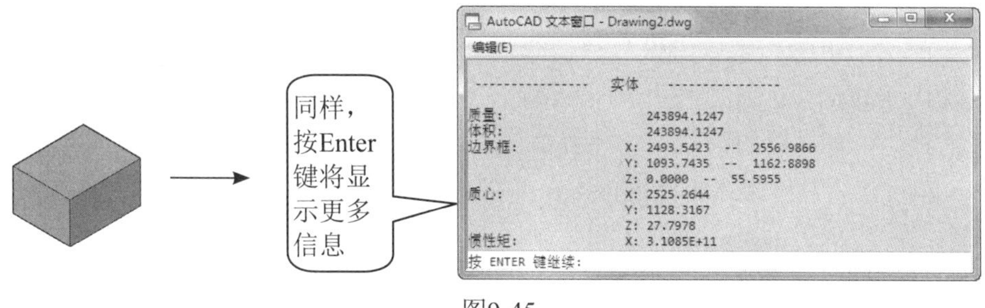

图9-45

此外，在所有信息显示完毕后，系统会提示“是否将分析结果写入文件？[是(Y)/否(N)] <否>:”，输入“y”并按Enter键，可将查询结果保存到MPR文件中。

9.8.6 查询和设置变量

执行“工具”→“查询”→“设置变量”菜单命令（或执行SET命令，然后输入“？”，按两次Enter键），即可查看当前所有系统变量的设置值，如图9-46所示。

此外，执行SET命令，然后输入变量名称，按Enter键，即可为此变量设置新的变量值。

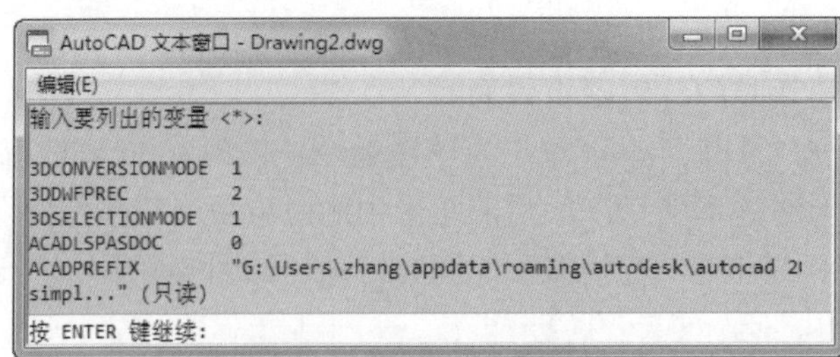

图9-46

提示：各系统变量及其变量值的意义，可在AutoCAD的“帮助”中查找，此处不再赘述。

9.9 辅助功能

为了便于设计和绘图，AutoCAD还提供了一些辅助功能，如计算器、核查和修复图形等。本节对这些辅助功能进行讲解。

9.9.1 使用计算器

执行“工具”→“选项板”→“快速计算器”菜单命令，或执行QC命令，可以打开“快速计算器”选项板，如图9-47所示。此选项板与标准计算器的界面相似，也包含标准计算器的大多数功能，如可以进行数学、科学和几何计算等操作。此外，此选项板还具有AutoCAD的一些专有功能，如几何函数、单位转换和变量的应用等。

图9-47

对于此选项板的“数字键区”“科学”“单位转换”选项组，由于较简单，此处不作过多讲解，下面主要讲解其顶部工具栏中各按钮的作用。

- 清除：清除输入框中的内容，并将其重置为0。
- 清除历史记录：清除历史记录区域中的内容。
- 将值粘贴到命令行：将输入框中的值粘贴到命令行中。
- 获取坐标：获取用户在图形中指定点的坐标值。
- 两点之间的距离：计算在图形中指定的两个点之间的距离。
- 由两点定义的直线的角度：计算用户在图形中指定的两个点的连线与x轴的夹角的角度。
- 由四点定义的两条直线的交点：计算用户在图形中指定的四个点组成的两条直线的交点的坐标值。

提示：在“变量”选项组中提供了很多变量（实际上可将其看作函数）。这些变量可作为计算表达式的一部分，用于辅助精确绘制图形或定位点等。

9.9.2 清除图形

对于图形文件中一些未使用的命名对象，如图层、线型、块、文字样式等，可使用“清理”命令进行清理，以减少图形占用的空间。

执行“文件”→“图形实用工具”→“清理”菜单命令，或执行PU命令，打开“清理”对话框，如图9-48所示。选择要清理的对象（或某个类别，如块），并单击“清理”按钮，即可将该对象清除。

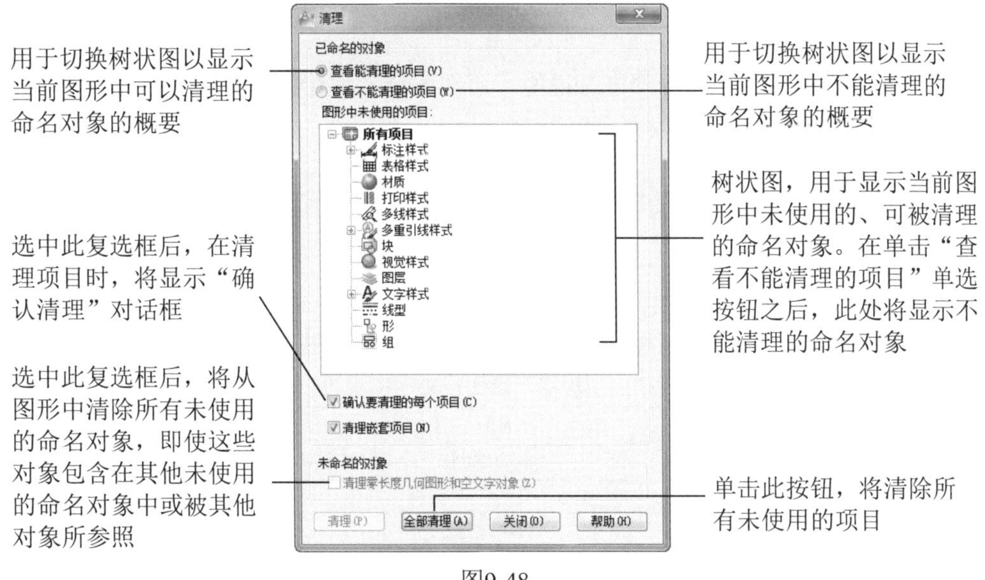

图9-48

9.9.3 修复图形

在绘图过程中如果出现停电等意外事故，可能会使绘制的图形出现错误，此时可使用“核查”命令更正检测到的一些错误，或者使用“修复”命令更正图形中的部分错误数据。

1．核查图形

执行“文件”→“图形实用工具”→“核查”菜单命令，或执行AUDIT命令，命令行会提示“是否更正检测到的任何错误？[是(Y)/否(N)] <N>:”，如果选择“是”选项，AutoCAD将自动修复所有检测到的错误，并在文本窗口中显示检测报告，给出检测到的错误和采取的修复措施的详细信息；如果选择“否”选项，则AutoCAD只显示发现错误的报告，而不去修复它们。

2．修复图形

执行“文件”→“图形实用工具”→“修复”菜单命令，或执行RECOVER命令，打开“选择文件”对话框，从中选择要进行修复的文件，然后单击“打开”按钮，即可进行修复，并在文本窗口中显示修复报告。

提示：AutoCAD有自动备份文件的功能。例如，在与图形文件相同的目录中，系统会自动备份扩展名为“.bak”的文件；在“系统盘:\Documents and Settings\用户名\Local Settings\Temp”目录中，扩展名为“.sv$”的文件是其临时文件。当发生意外状况时，先找到备份文件，然后将其扩展名更改为“.dwg”，即可恢复该文件的部分内容。

9.10　绘制图框和标题栏

在绘制图形时，为了对图形进行说明，通常还会为所绘制的图形添加必要的图框和标题栏。本节介绍绘制图框和标题栏的相关操作。

9.10.1　绘制图框

为了使制图规格基本一致，图面清晰简明，符合设计、加工、存档等的需要，国家对图幅（图框大小、边界线及其间距等）作了统一规定（一般使用A0~A4图纸），如表9-2所示（参照图9-49）。通常使用直线或多段线来绘制图框。

表9-2　幅面尺寸

幅面代号		A0	A1	A2	A3	A4
$B \times L$		841×1 198	594×841	420×594	297×420	210×297
不留装订边	e	20		10		
留装订边	c	10			5	
	a	25				

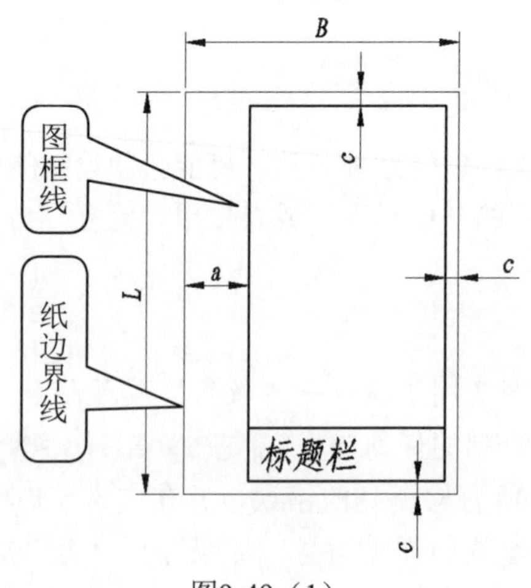

图9-49（1）

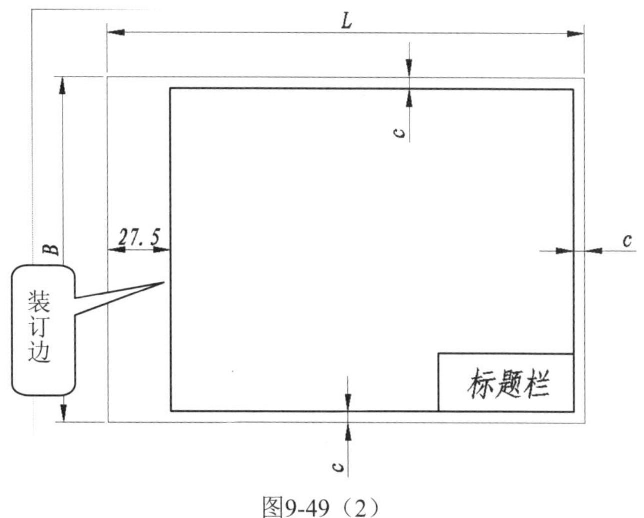

图9-49（2）

此外，图框分不留装订边和留装订边两种，图9-49为留装订边的图纸格式，图9-50为不留装订边的图纸格式。

提示：同一个产品的图纸不宜多于两种幅面，以短边作为水平边的图纸为立式幅面，如图9-49（1）所示；以短边作为垂直边的图纸为横式幅面，如图9-49（2）所示。一般A0～A3图纸宜用横式。

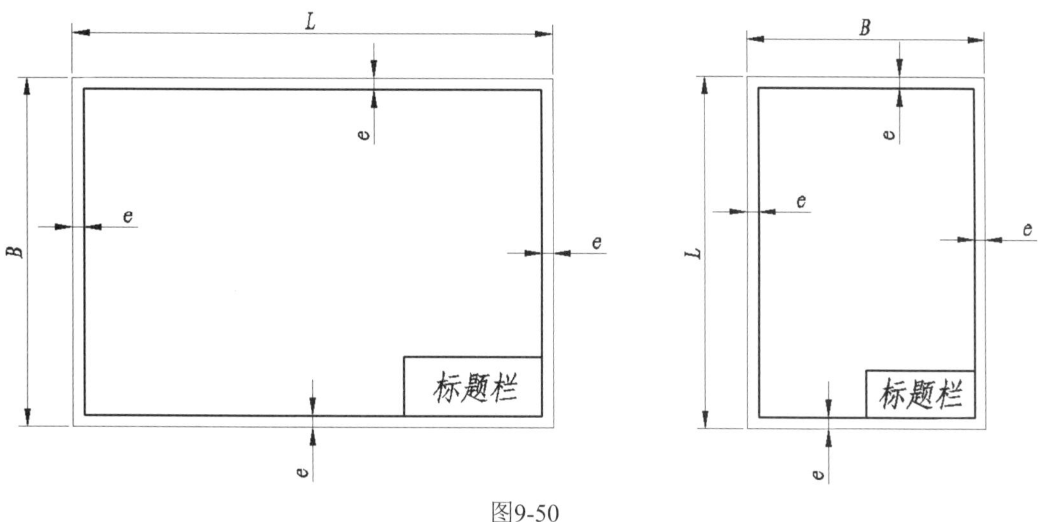

图9-50

提示：图框中的纸边界线为细实线，操作时要按照表9-2的要求，使用直线或矩形首先绘制出来，然后再按照表9-2中的距离要求，向内绘制图框线，图框线和标题栏边界都为粗实线。

9.10.2 绘制标题栏

通常使用直线或表格在图框线的右下角（或图纸下方）绘制标题栏。标题栏的格式主要有两种，一种是国标规定的标题栏，如图9-51所示；一种是制图时推荐使用的标题栏，如图9-52所示。

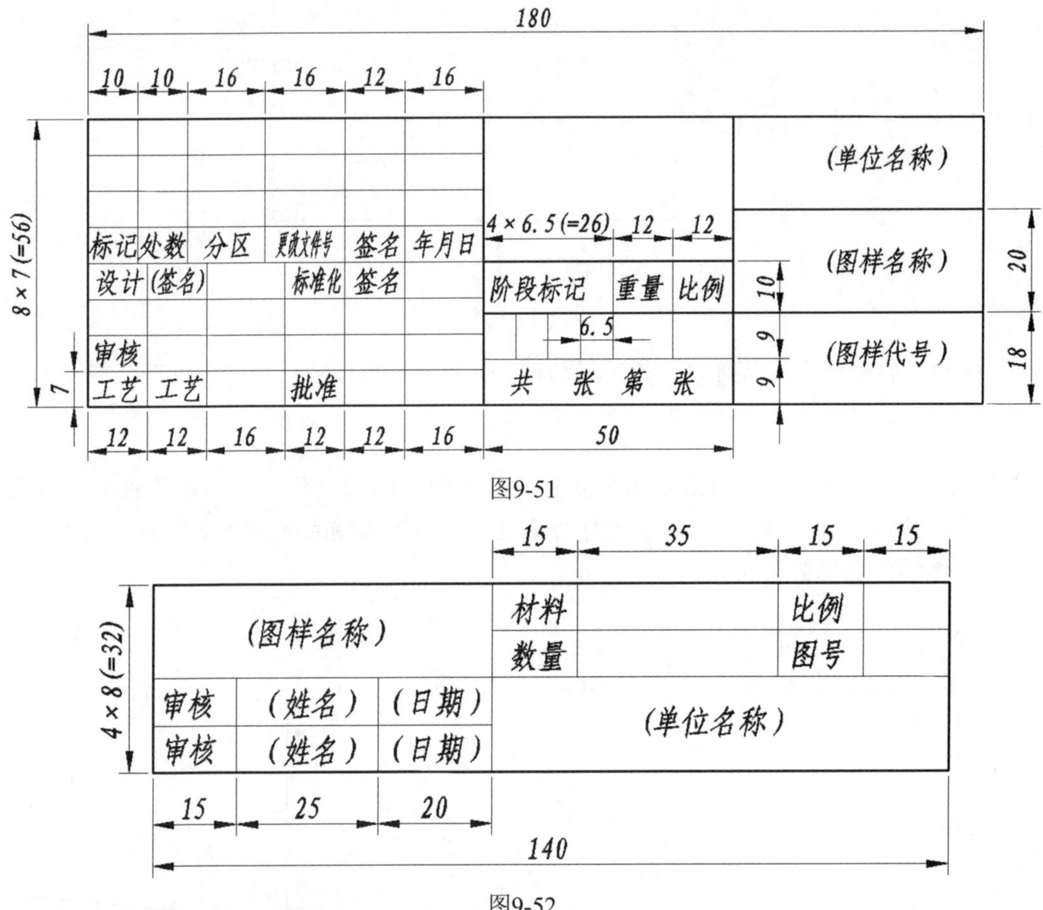

图9-51

图9-52

根据国家标准，标题栏中的字号、字体和线宽有以下规定。

- 字号：标题栏中应使用国标规定的八种标准字号，其高度分别为1.8、2.5、3.5、5、7、10、14、20（mm）。一般情况下，使用A3、A4图纸时，通常采用高度为3.5mm的文字；使用A0、A1、A2图纸时，通常采用高度为5mm的文字。
- 字体：同标注中的文字，标题栏中的文字一般采用长仿宋字体；可采用直体和斜体，斜体的倾斜角度为10°～15°。
- 线宽：粗线的宽度可为0.13、0.18、0.25、0.35、0.5、0.7、1、1.4和2（mm），细线的宽度应为粗线宽度的一半。

提示：在AutoCAD中，图框线的宽度、标题栏中文字的大小应根据出图比例作适当的调整。如果使用1：1的出图比例，字体、字号和线宽可按上面介绍的设置要求进行设置；如果使用1：2的出图比例，字号和线宽都需要加倍（例如，原来的字号为5个图形单位，现在需要使用10个图形单位）。

9.11　打印设置和打印

在AutoCAD中，要将设计的图纸按照预期正确地打印出来，需要进行一定的设置，以保证图纸方向、图纸比例、清晰度及打印范围等符合要求，或进行黑白打印等。本节将对这些内容进行具体讲解。

9.11.1　图纸打印输出的基本步骤

要打印输出AutoCAD图纸，实际上只需三步，分别是选择打印机、设置图纸尺寸和设置打印范围。

如图9-53所示，图纸绘制完成后，执行“文件”→“打印”菜单命令，或执行PLOT命令，打开“打印-模型”对话框，在“打印机/绘图仪”选项组的“名称”下拉列表中选择要用于打印输出的设备，在“图纸尺寸”选项组的下拉列表中选择纸张型号，在“打印区域”选项组的“打印范围”下拉列表中选择“窗口”选项，然后通过框选方式选择要打印输出的图形区域，单击“确定”按钮，即可将图纸打印输出。

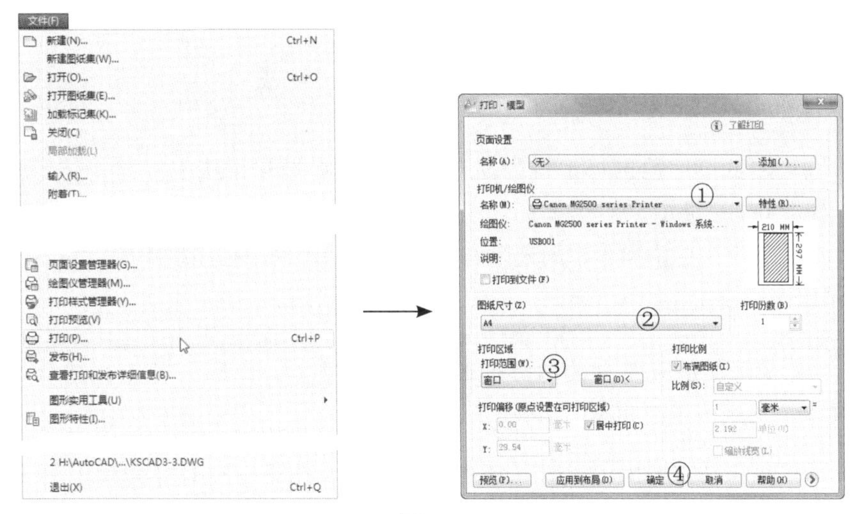

图9-53

在“打印-模型”对话框中，通常会选中“居中打印”和“布满图纸”复选框，以保证上面操作中框选的图形区域能够被全部打印出来。通过在“居中打印”复选框左侧的“X”“Y”文本框中输入数值，可以设置选中的区域相对于图纸的位移。

需要注意的是，直接选中“布满图纸”复选框，在打印输出后，由于所选区域的自动缩放，标注文字等有可能不符合制图规定。关于此问题，将在9.11.3节中进行讲解，此处只需了解如何将图纸打印出来即可。

提示：在“打印－模型”对话框中单击“确定”按钮将图纸打印输出之前，单击“应用到布局”按钮，可以将当前设置保存到默认的页面设置中（此设置可被一起保存在DWG文件中），这样在下次执行打印操作时，系统将在“打印–模型”对话框中使用上次使用过的页面设置（而不必重新设置）。

执行“文件”→“页面设置管理器”菜单命令，可以打开“页面设置管理器”对话框，在此对话框中单击“新建”按钮，可以新建页面设置，如图9–54所示，此页面设置可以在“打印－模型”对话框的“页面设置”选项组的“名称”下拉列表中被选用。

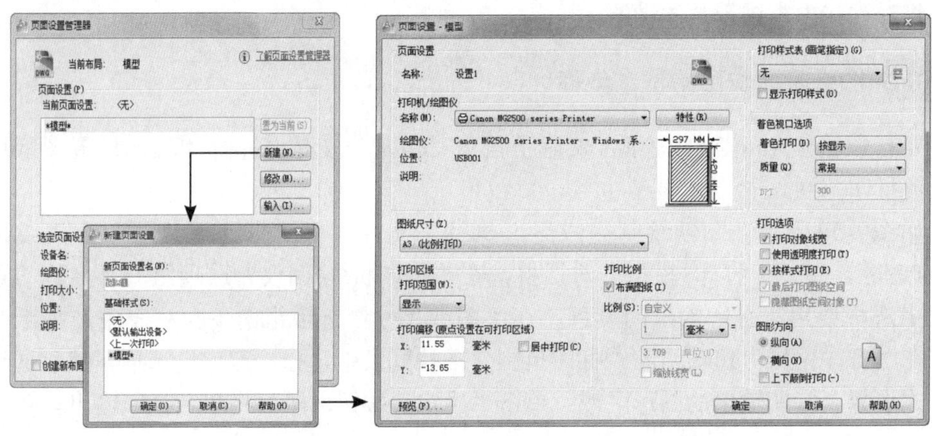

图9-54

9.11.2 设置打印范围

打印机和图纸尺寸的选择都较为简单。只需要在操作系统中提前安装好打印机驱动，即可在“打印-模型”对话框的“打印机/绘图仪”选项组中选择需要使用的打印机；而“图纸尺寸”下拉列表中的选项与打印机驱动有关，打印机不同，可选择的纸张型号也不同。

提示：常用的纸张型号为国标的A0、A1、A2、A3、A4，其中，建筑图纸使用A1、A2较多，机械图纸使用A3、A4较多。

在模型空间中打印输出图纸时，还需要设置打印范围。9.11.1节讲到，在“打印范围”下拉列表中选择“窗口”选项，之后可以在绘图区中框选需要打印输出的范围；此外，还可以选择“范围”“图形界限”“显示”选项。

下面分别讲解这三个选项。

- 范围：选择此选项后，AutoCAD将自动查找所有图形对象，并进行打印输出。
- 图形界限：选择此选项后，将打印使用LIMITS命令定义的图形界限内的图形对象。

● 显示：打印当前显示的视图内容。

以上这三个选项很难严格定义打印输出的范围，在此推荐选择“窗口”选项。

需要注意的是，使用“窗口”方式框选打印输出的范围时，通常需要在模型空间中绘制相应大小的图框，并将其定义为块，然后框选此图框即可，如图9-55所示。

图框的大小需要通过预定义的出图比例提前计算出来，如果绘图前已经确定了所用图纸的大小为A2（594mm×420mm），出图比例为1：100，那么图框的大小应该为59 400×42 000个图形单位。

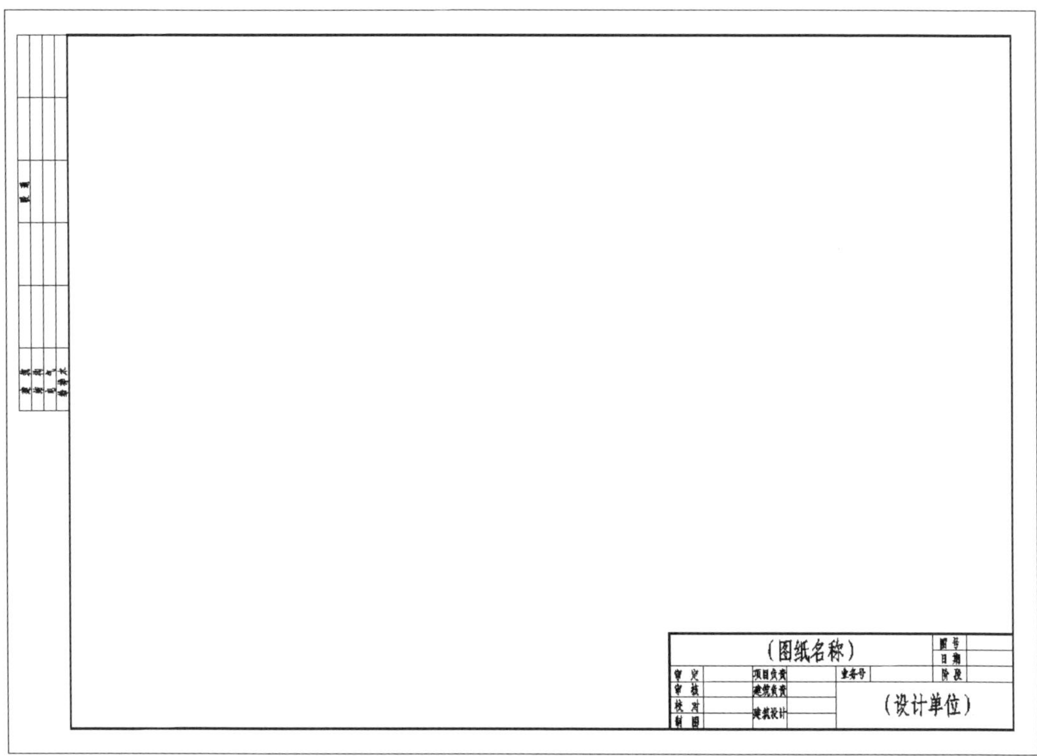

图9-55

9.11.3 设置打印比例

“打印比例”是指图形被打印到图纸上的大小与当前图形的大小之间的比值。例如，要将图形打印到A4纸上，即输出图形的大小为210mm×297mm，而当前图形的大小为21 000×29 700个图形单位，那么打印时则需要使用210：21 000=1：100的输出比例。

实际上，在绘图之前即需要考虑图纸打印输出后标注文字的大小、图线的宽度、图名和标题栏中文字的大小等，以保证在用纸最少的情况下图纸可以足够清晰，输出时在“打印-模型”对话框的“比例”下拉列表中根据所绘制的图纸恰当选择打印比例即可。

如果提前绘制了适当的图框，也可以以“窗口”方式框选打印输出的范围，然后在“打印-模型”对话框中直接选中“布满图纸”复选框，并进行打印输出。

9.11.4 设置图形方向

在打印输出图纸前，要在“打印-模型”对话框中设置正确的图形方向——“横向”或“纵向”。单击“打印-模型”对话框下方的“更多选项”按钮⊙，然后在“图形方向”选项组中单击相应的单选按钮，如图9-56所示，可参照此选项组中的预览图进行设置。

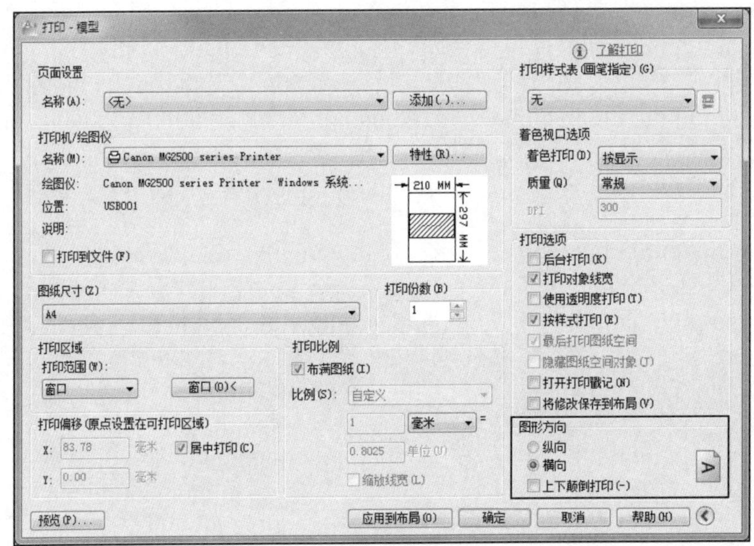

图9-56

9.11.5 设置打印精度

在“打印-模型”对话框中展开更多选项后，在“着色视口选项”选项组的“质量”下拉列表中，可以设置打印输出的精度，其最高打印输出精度为300dpi。如果需要设置更高的打印输出精度，可选择“自定义”选项，并在下面的文本框中进行设置（必须是打印机可以达到的精度值）。

展开更多选项后的“打印-模型”对话框中有几个不易理解的选项（如图9-57左图所示），下面集中进行讲解。

- 打印样式表（画笔指定）：在其下拉列表中可以根据不同输出要求为绘图仪（或打印机）选择打印样式表。打印样式表是配置各绘图笔的参数表，用于总体设置打印图形的外观，如颜色、线型、线宽等（打印输出后的颜色，可以与设置的颜色不同）。
- 按样式打印：按打印样式表中的样式打印图形。

提示：系统默认选中“按样式打印”复选框，此时可在“打印样式表（画笔指定）”下拉列表中选择“monochrome.ctb”打印样式表进行黑白打印输出，其他打印样式表较少采用，此处不再赘述。

也可以对打印样式表进行自定义，在选中某个打印样式表后，单击其右侧的“编辑”按钮，打开“打印样式表编辑器-***”对话框，在其中设置原图形中的某个颜色及在打印输出时使用的打印颜色，如图9-57右图所示。

- 最后打印图纸空间：选中此复选框后，将先打印模型空间中的对象，然后再打印图纸空间中的对象，否则与此相反。
- 隐藏图纸空间对象：在图纸空间中不打印使用消隐操作隐藏的对象部分。
- 打开打印戳记：选中此复选框后，单击“打印戳记设置”按钮（选中“打开打印戳记”复选框，将显示该按钮），可在打开的“打印戳记”对话框中为图形添加图形名等戳记。

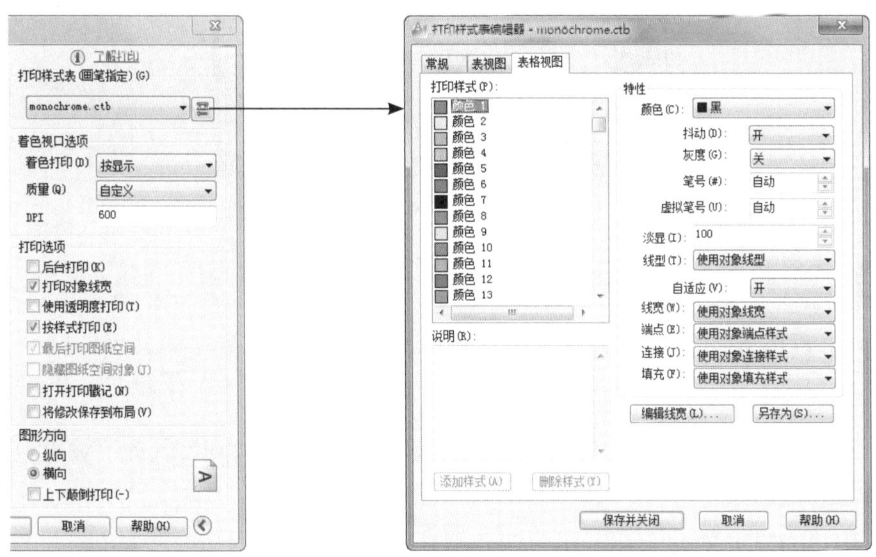

图9-57

9.11.6 打印预览

执行“文件”→“打印预览”菜单命令，或执行PRE命令，可以打开打印预览界面对打印效果进行预览，如图9-58所示。在打印预览界面中，为了利于观察图形，系统提供了有限的几个缩放、平移图形的按钮。此外，单击“取消”按钮，可以关闭预览状态，回到原界面；单击“打印”按钮，可以直接打印输出图形。

需要注意的是，一定要在“打印-模型”对话框中设置好打印机和图纸尺寸，最好设置好图形方向和打印范围，并单击“应用到布局”按钮，然后才能进行打印预览操作。

之所以执行上述操作，是因为打印预览显示的是某个打印方式下图形打印的预览界面，需要先进行打印设置。

图9-58

9.11.7 输出为图片文件和PDF文件

本节讲解将图形输出为图片文件和PDF文件的操作。

1. 输出为图片文件

执行“文件”→“输出”菜单命令，或执行EXP命令，可在打开的“输出数据”对话框中设置文件的输出类型为BMP位图文件或WMF图元文件。

2. 输出为PDF文件

执行EXPORTPDF命令，可以直接将图形输出为PDF文件。此功能只有AutoCAD 2009以上版本支持，所输出的PDF文件的页面大小等采用当前页面设置中的参数。

9.12 样题解答

步骤1 新建空白图形文件，执行LA命令，打开“图层特性管理器”面板，创建“中心线”图层，设置“颜色”为红色，“线型”为CENTER2；创建“标注”图层，设置“颜色”为绿色；创建“轮廓线”图层，设置“线宽”为0.53mm；创建“填充线”图层，设置“颜色”为洋红；创建“虚线”图层，设置“颜色”为青色，“线型”为ACAD_ISO02W100，如图9-59所示。

步骤2 按照图9-60所示的尺寸绘制图线，将中心线绘制在“中心线”图层中，将零件的轮廓线绘制在“轮廓线”图层中，将填充线绘制在“填充线”图层中，将虚线绘制在“虚线”图层中。在下面的操作中，将标注绘制在“标注”图层中。

当前图层: 标注

名称	颜色	线型	线宽	透明度	打印...
0	白	Continuous	默认	0	Color_7
Defpoints	白	Continuous	默认	0	Color_7
标注	绿	Continuous	默认	0	Color_3
轮廓线	白	Continuous	0.53 毫米	0	Color_7
填充线	洋红	Continuous	默认	0	Color_6
虚线	青	ACAD_ISO02W100	默认	0	Color_4
中心线	红	CENTER2	默认	0	Color_1

全部: 显示了 7 个图层，共 7 个图层

图9-59

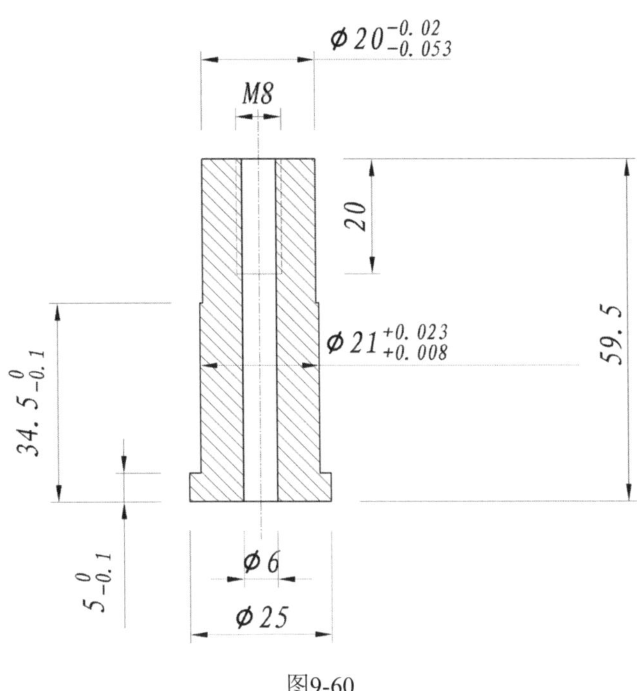

图9-60

步骤3　执行ST命令，打开“文字样式”对话框，设置“Standard”文字样式的字体为“仿宋_GB2312”，“倾斜角度”为“10”（用于尺寸标注），如图9-61所示；创建“文字样式”文字样式，设置字体为“仿宋_GB2312”，“倾斜角度”为“0”。

步骤4　执行DST命令，打开“标注样式管理器”对话框，设置“ISO-25”标注样式，设置“文字高度”为“4”、“箭头大小”为“3”，其他选项根据需要进行设置，如图9-62所示。

步骤5　使用创建的标注样式和文字样式，为图形添加适当的标注，标注添加完成后，需要进行适当的调整，效果参见图9-60。

文字样式
当前文字样式：Standard
样式(S)：
Standard
文字样式
字体
字体名(F)：
仿宋_GB2312
字体样式(Y)：
常规
使用大字体(U)
置为当前(C)
新建(N)...
删除(D)
大小
注释性(I)
使文字方向与布局匹配(M)
高度(T)
0.0000
所有样式
效果
颠倒(E)
反向(K)
垂直(V)
宽度因子(W)：
1.0000
倾斜角度(O)：
10
AaBbCcD
应用(A)
取消
帮助(H)

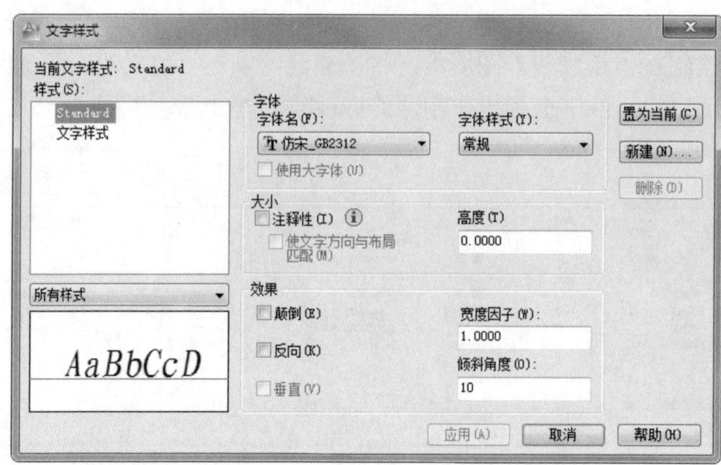

图9-61

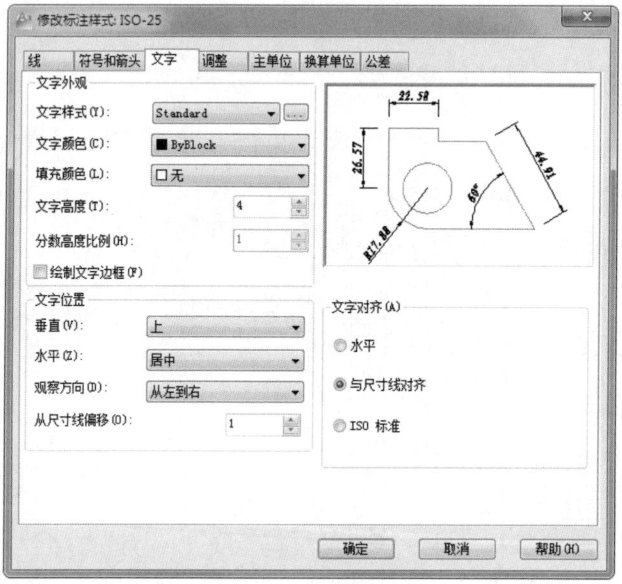

修改标注样式: ISO-25
线
符号和箭头
文字
调整
主单位
换算单位
公差
文字外观
文字样式(Y)：
Standard
文字颜色(C)：
ByBlock
填充颜色(L)：
无
文字高度(T)：
4
分数高度比例(H)：
1
绘制文字边框(F)
文字位置
垂直(V)：
上
水平(Z)：
居中
观察方向(D)：
从左到右
从尺寸线偏移(O)：
1
文字对齐(A)
水平
与尺寸线对齐
ISO 标准
确定
取消
帮助(H)

图9-62

步骤6　在“0”图层中绘制如图9-63上图所示的图线，并创建块属性，设置块属性文字样式的“高度”为“3.5000”，“宽度因子”为“0.7000”，“倾斜角度”为“10”，然后将绘制的图形定义为块，使用创建的块为图形标注粗糙度，如图9-63下图所示。

步骤7　按照图9-64所示的尺寸，在“轮廓线”图层中绘制直线，并对直线进行阵列及修剪等操作，然后创建文字（文字高度为3.5和1.5个图形单位），并将文字置于线框内的正确位置处，以创建图纸的标题栏。

步骤8　绘制矩形，其大小如图9-65所示（矩形位于“轮廓线”图层中），将其作为图框。

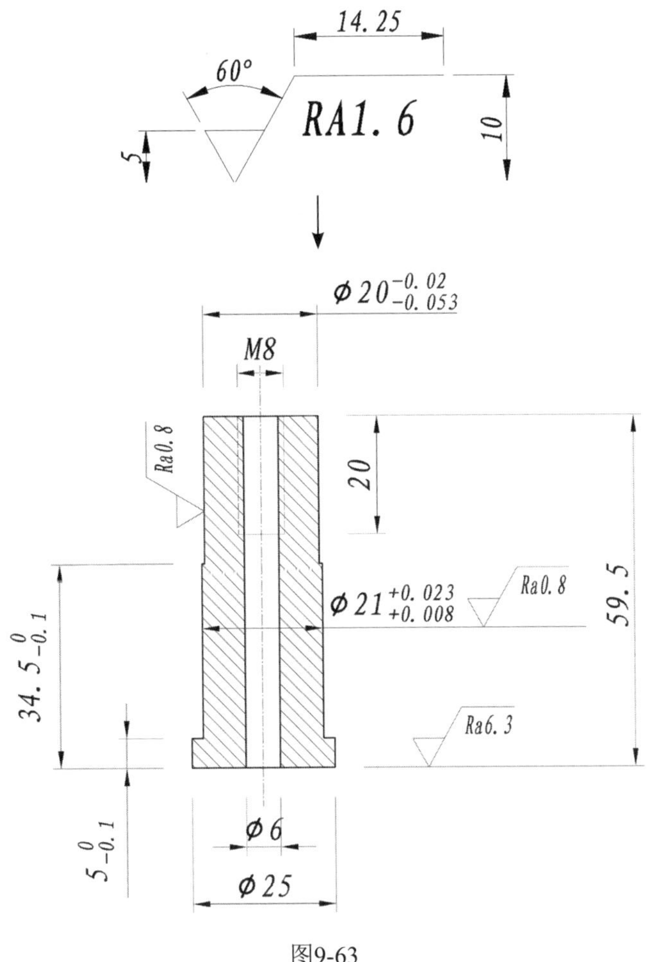

图9-63

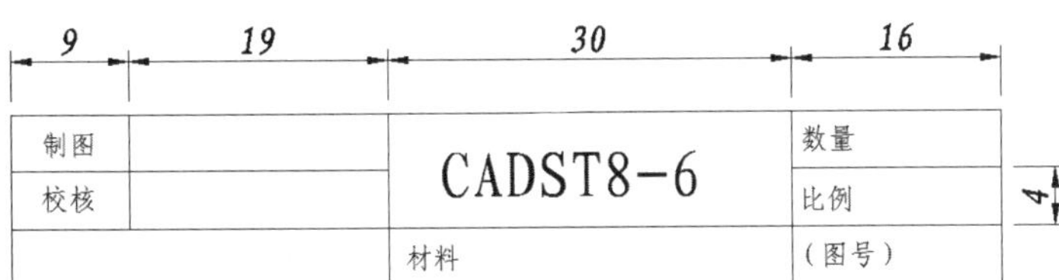

图9-64

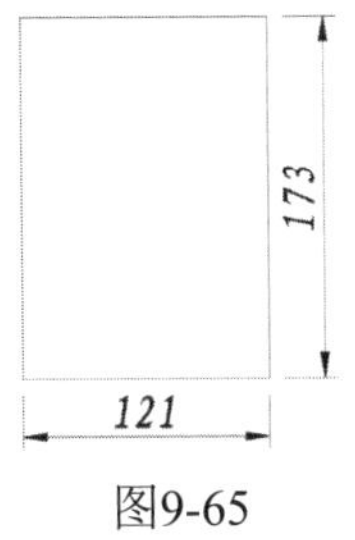

图9-65

步骤9 将绘制的标题栏整体移动到步骤8绘制的图框的右下角位置处，再将上面步骤绘制的图形（包括标注和粗糙度符号等）移动到图框内合适的位置处，完成全部图形的绘制，效果如图9-66所示。

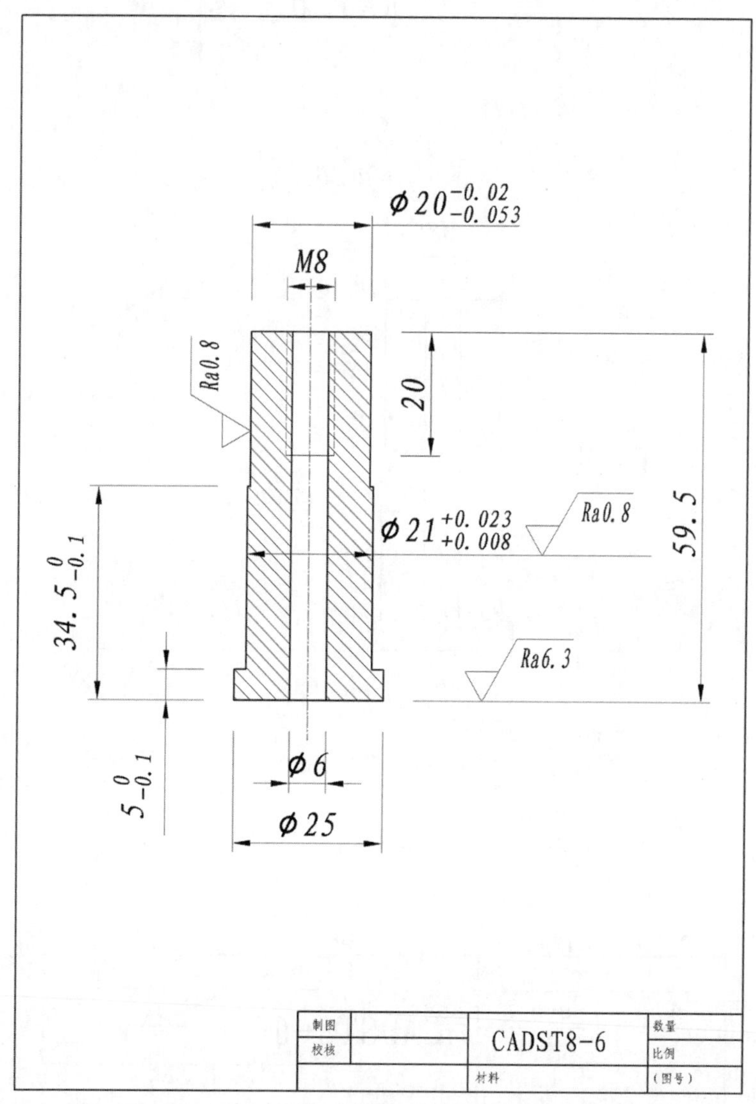

图9-66

步骤10 将图形文件存入考生文件夹，并将图形文件命名为“KSCAD8-6.dwg”。

9.13 习题

1．填空题

（1）按照国家规定，建筑图纸幅面应从______、_____、_____、_____和_____五种幅面中选择使用。

（2）标题栏位于图纸的下方，通常应有______、______、______、设计单位、设计人、制图人、校核人、审定人等的签字栏目。

（3）为了使图面清晰、美观，能够正确地表达设计思想，图纸中各处图线的宽度不尽相同，通常可将图线分为______、______和______，这几种线的宽度比例为______。

（4）要打印输出AutoCAD图形，实际上只需三步，分别是__________________、____________和____________。

（5）要设置正确的图形方向，需要单击“打印-模型”对话框中的__________按钮，然后在“图形方向”选项组中单击相应的单选按钮。

（6）在“打印-模型”对话框的“着色视口选项”选项组的__________下拉列表中，可以设置打印输出的精度。

2．问答题

（1）简单解释修订云线和区域覆盖的作用。

（2）如何查询面积？查询面积有什么用？

（3）应如何设置打印比例？请简述设置打印比例时需要考虑的因素。

（4）如何将文件输出为PDF格式？

3．操作题

绘制如图9-67所示的零件图，以复习本章学习的知识。本题为《试题汇编》中第8单元第8.9题。

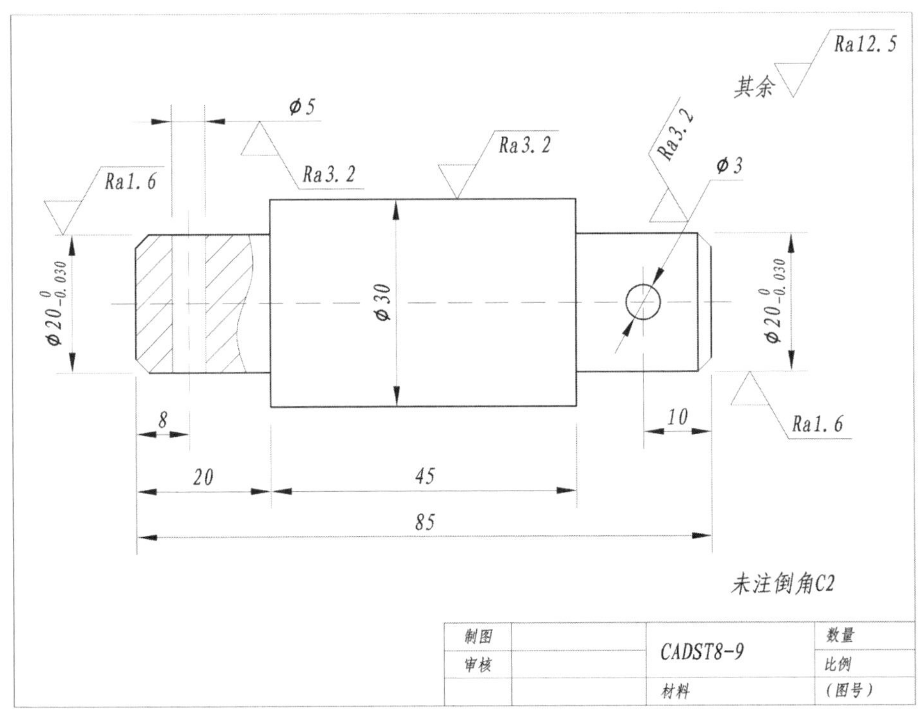

图9-67

提示：

步骤1 新建空白图形文件，执行LA命令，打开“图层特性管理器”面板，创建“中心线”图层，设置“颜色”为红色，“线型”为ACAD_ISO10W100；创建“尺寸线”图层，设置“颜色”为绿色；创建“粗实线”图层，设置“线宽”为0.60mm；创建“文字”图层，如图9-68所示。

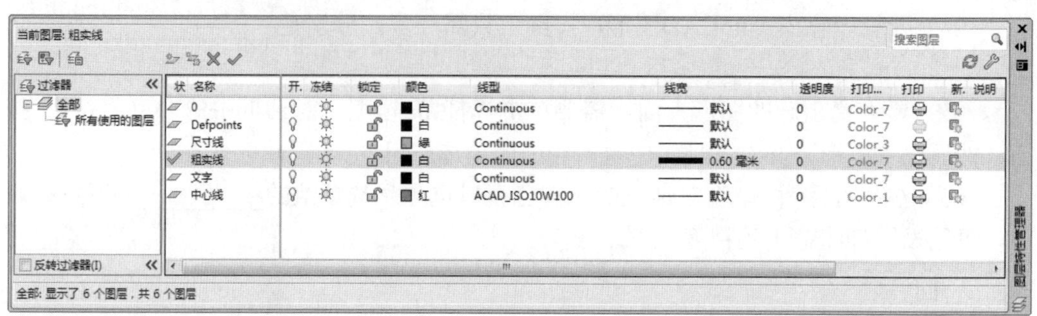

图9-68

步骤2 按图9-69所示的尺寸绘制图线，将中心线绘制在“中心线”图层中，将零件的轮廓线绘制在“粗实线”图层中，将填充线和断裂线绘制在“0”图层中。在下面的步骤中，将标注绘制在“尺寸线”图层中，将文字绘制在“文字”图层中。

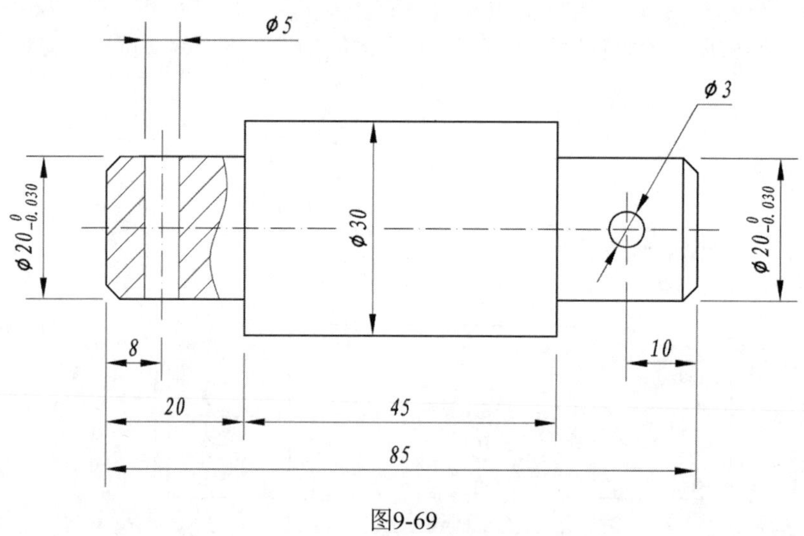

图9-69

步骤3 执行ST命令，打开“文字样式”对话框，设置“Standard”文字样式的字体为“仿宋_GB2312”，“宽度因子”为“0.9000”，“倾斜角度”为“10”，如图9-70所示。

步骤4 执行DST命令，打开“标注样式管理器”对话框，新建“尺寸”标注样式，设置“文字高度”为“2.5”，“箭头大小”为“3”，其他选项根据需要进行设置，如图9-71所示。

步骤5 使用创建的标注样式和文字样式，为图形添加适当的标注，标注添加完成后，需要进行适当的调整，效果参见图9-69。

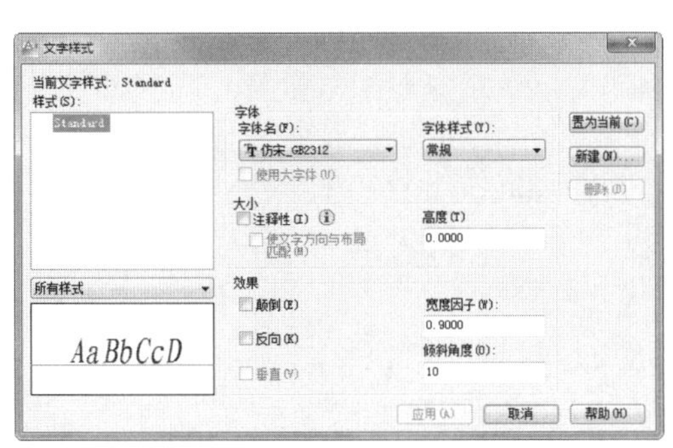

图9-70

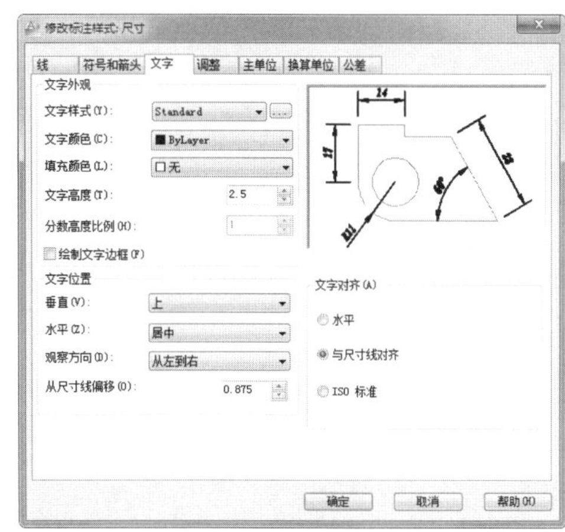

图9-71

步骤6 在“0”图层中绘制如图9-72上图所示的图线，并创建块属性，设置块属性文字样式的“高度”为“2.5000”，“宽度因子”为“0.9000”，“倾斜角度”为“10”，然后将绘制的图形定义为块，使用创建的块为图形标注粗糙度，如图9-72下图所示。

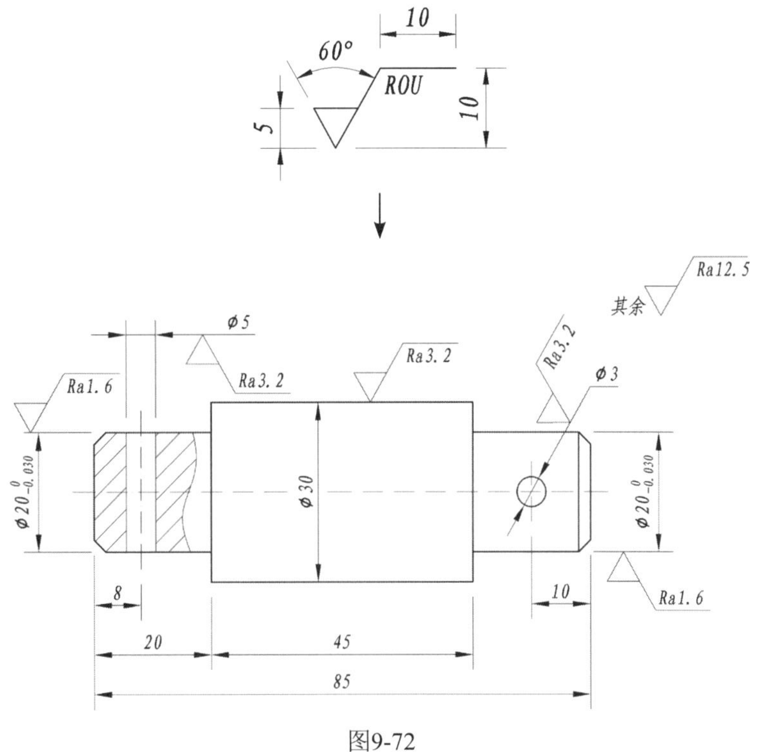

图9-72

步骤7 按照图9-73所示的尺寸，在“0”图层中绘制直线，并对直线进行阵列及修剪等操作，然后创建文字（文字高度为2.5和1.75个图形单位），并将文字置于线框内的正确位置处，创建图纸的标题栏。

步骤8 绘制矩形，其大小如图9-74所示，将其作为图框。

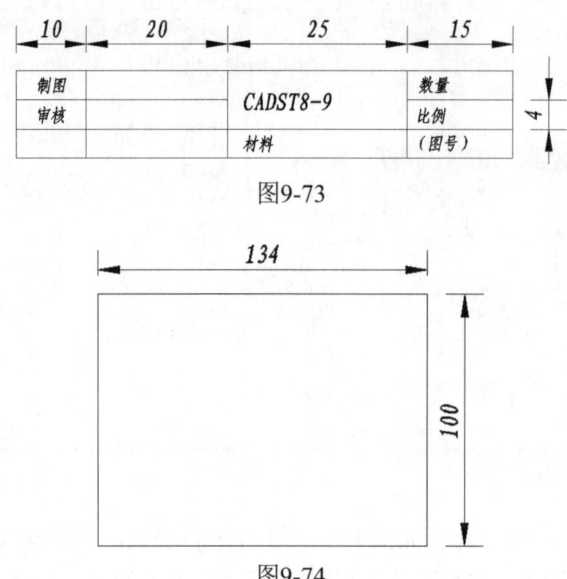

图9-73

图9-74

步骤9　将绘制的标题栏整体移动到步骤8绘制的图框的右下角位置处，再将上面步骤绘制的图形（包括标注和粗糙度符号等）移动到图框内合适的位置处，完成全部图形的绘制，效果如图9-75所示。

步骤10　将图形文件存入考生文件夹，并将图形文件命名为“KSCAD8-9.dwg”。

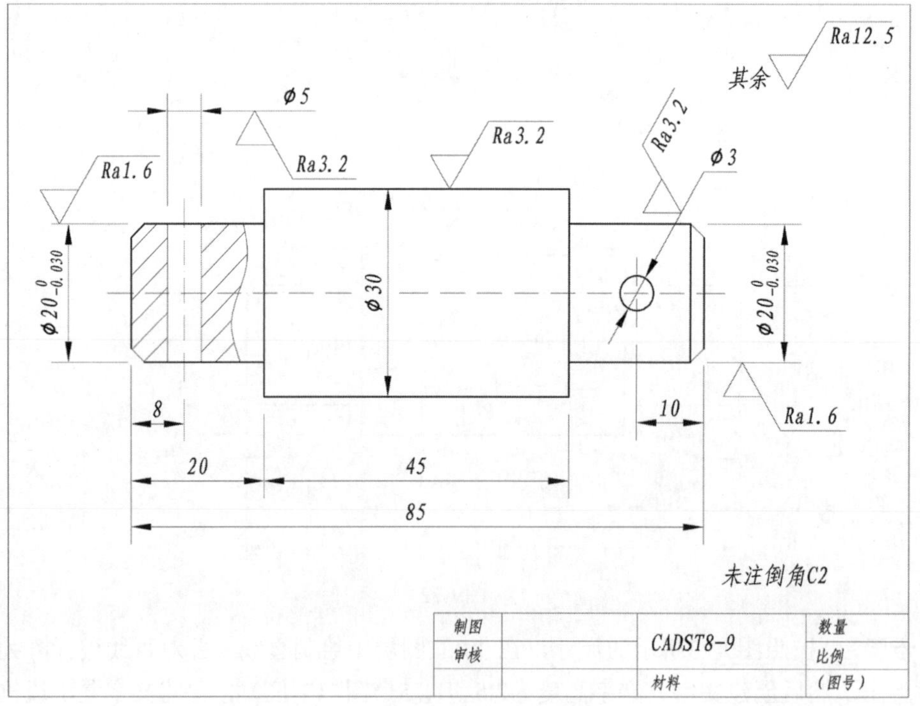

图9-75